U0239557

高等职业教育工程造价专业系列教材

建筑识图与构造

第2版

主 编 魏 松 林淑芸
副主编 张 玮 杨志刚
参 编 张 喆 陈海杰 薛 毅
主 审 卢绪首

机 械 工 业 出 版 社

本书根据目前高职高专院校工程造价等专业的教学基本要求编写而成。本书共13章，包括建筑概述，建筑制图与识图的基本知识，基础，墙体，楼板层与地面，楼梯，屋顶，门与窗，变形缝，工业建筑构造，建筑施工图的识读，结构施工图的识读，建筑装饰施工图的识读等内容。

本书可作为高等职业院校工程造价、建筑工程技术、建筑工程管理、工程监理等专业的教材，也可供建筑工程技术人员学习、参考。

为方便教学，本书配有电子课件，凡使用本书作为教材的教师可登录机工教育服务网 www.cmpedu.com 注册下载。咨询邮箱：cmpgaozhi@sina.com。咨询电话：010-88379375。

图书在版编目（CIP）数据

建筑识图与构造/魏松，林淑芸主编. —2版. —北京：机械工业出版社，2014.1（2024.9重印）

高等职业教育工程造价专业系列教材

ISBN 978-7-111-45002-3

Ⅰ.①建… Ⅱ.①魏… ②林… Ⅲ.①建筑制图-识别-高等职业教育-教材②建筑构造-高等职业教育-教材 Ⅳ.①TU2

中国版本图书馆CIP数据核字（2013）第289914号

机械工业出版社（北京市百万庄大街22号 邮政编码100037）

策划编辑：覃密道 责任编辑：覃密道 臧程程

版式设计：霍永明 责任校对：纪 敬

封面设计：张 静 责任印制：常天培

固安县铭成印刷有限公司印刷

2024年9月第2版第6次印刷

184mm×260mm · 19印张 · 455千字

标准书号：ISBN 978-7-111-45002-3

定价：49.00元

电话服务

客服电话：010-88361066

010-88379833

010-68326294

网络服务

机 工 官 网：www.cmpbook.com

机 工 官 博：weibo.com/cmp1952

金 书 网：www.golden-book.com

机工教育服务网：www.cmpedu.com

第2版前言

“建筑识图与构造”是高等职业教育工程造价专业的一门主要专业课，重点介绍建筑制图的基本知识、民用建筑的构造、工业建筑的构造及建筑工程图的识读。本书把培养学生的专业思想、岗位能力和技术应用能力作为中心内容，对建筑制图、建筑构造、建筑识图等内容进行有机组织，并强调了相关内容的衔接。

随着建筑业的发展，新的施工方法、施工工艺和建筑材料不断涌现，为了适应当前情况，达到教育部对高职高专人才培养的目标和要求，本书采用了现行的新规范、规程和标准；结合高职高专的教育特点，采用了大量建筑实例照片，使插图更加生动清晰，体现出内容新颖、重点突出、图文并茂、通俗易懂的特点。

为了便于学生学习，本书在每章开始设有学习目标，在每章之后附有本章小结、思考题和练习题。

本书由魏松、林淑芸任主编，张玮、杨志刚任副主编，本书编写人员及分工：魏松（第1、10章）、林淑芸（第2、11章）、杨志刚（第3、6章）、张喆（第4、5章）、张玮（第7、8章）、薛毅（第9章）、陈海杰（第12、13章，附录）。本书由卢绪首任主审。

由于编者的水平有限，书中难免有缺陷，恳请使用本书的师生及其他读者批评指正，以便适时修改。

编　者

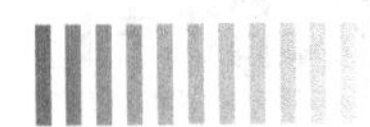

目　录

第1章 建筑概述

学习目标

掌握建筑物的分类；了解民用建筑的等级及划分原则；了解民用建筑的构造组成和常用建筑名词；掌握建筑标准化和模数协调标准的意义。

1.1 建筑物的分类

1.1.1 按建筑的使用性质分类

建筑物提供了人类生存和活动的各种场所，根据其使用功能，通常可分为生产性和非生产性建筑两大类。生产性建筑可以根据其生产内容划分为工业建筑、农业建筑；非生产性建筑则可统称为民用建筑。

1. 工业建筑

工业建筑是指为工业生产服务的生产车间、辅助车间、动力用房、仓库等建筑。

2. 农业建筑

农业建筑是指供农业、牧业生产和加工用的建筑，如温室、畜禽饲养场、水产品养殖场、农畜产品加工厂、农产品仓库、农机修理厂（站）等。

3. 民用建筑

民用建筑按使用情况可以分为以下两种：

(1) 居住建筑　居住建筑主要是指为家庭和集体提供生活起居用的建筑，如住宅、宿舍、公寓等。

(2) 公共建筑　公共建筑主要是指为人们提供进行各种社会活动的建筑，如生活服务性建筑、科研建筑、行政办公建筑、文教建筑、托幼建筑、医疗建筑、商业建筑、体育建筑、交通建筑、通信建筑、园林建筑、纪念建筑、观演建筑、展览建筑、旅馆建筑等。

1.1.2 按建筑层数或总高度分类

1. 住宅建筑

1~3层为低层住宅；4~6层为多层住宅；7~9层为中高层住宅；10层及以上为高层住宅。

2. 公共建筑及综合性建筑

建筑总高度不超过24m的建筑为普通建筑；建筑总高度超过24m（不包括单层主体

建筑）的建筑均为高层建筑。

3. 超高层建筑

建筑高度超过100m，不论住宅还是公共建筑均为超高层建筑。

1.1.3 按建筑结构的材料分类

1. 砖混结构

用砖墙（柱）、钢筋混凝土楼板及屋面板作为主要承重构件的建筑，属于墙体承重结构体系。

2. 钢筋混凝土结构

用钢筋混凝土材料作为建筑的主要结构构件的建筑，属于框架承重结构体系。

3. 钢结构

主要结构构件全部采用钢材，具有自重轻、强度高的特点，多属于框架承重结构体系。

4. 砖木结构

墙、柱用砖砌筑，楼板、屋顶用木料制作。此类建筑在城市已很少采用。

1.1.4 按建筑结构的承重方式分类

1. 墙体承重

由墙体承受建筑的全部荷载，并把荷载传递给基础的承重体系。这种承重体系适用于内部空间较小，建筑高度较小的建筑。

2. 框架承重

由钢筋混凝土梁、柱或型钢梁、柱组成框架承受建筑的全部荷载，墙体只起围护和分隔作用的承重体系。这种承重体系适用于跨度大、荷载大、高度大的建筑。

3. 框架-墙体承重

建筑内部由梁柱体系承重，四周用外墙承重。这种承重体系适用于局部设有较大空间的建筑。

4. 空间结构承重

由钢筋混凝土或型钢组成空间结构承受建筑的全部荷载，如网架、悬索、壳体等。这种承重体系适用于特种建筑、大空间建筑。

1.1.5 按规模和数量分类

1. 大量性建筑

大量性建筑是指建筑数量较多的民用建筑，如居住建筑和为居民服务的一些中、小型公共建筑——中小学、托儿所、幼儿园、食堂、诊疗所和小商店。

2. 大型性建筑

大型性建筑是指建造数量较少，但单栋建筑体量大的公共建筑，如大型体育馆、影剧院、航空站、海港、火车站等。

1.2 建筑物的等级划分

1.2.1 耐久等级

以建筑主体结构的正常使用年限分成下列四级：

一级：耐久年限为100年以上，适用于重要的建筑和高层建筑。

二级：耐久年限为50～100年，适用于一般性建筑。

三级：耐久年限为25～50年，适用于次要建筑。

四级：耐久年限为15年以下，适用于临时性建筑。

1.2.2 耐火等级

耐火等级是依据房屋主要构件的燃烧性能和耐火极限确定的。按材料的燃烧性能把材料分为不燃材料、难燃材料、可燃材料和易燃材料。耐火极限是指按时间-温度标准曲线，对建筑构件进行耐火试验，从受到火的作用时起，到失去支持能力或完整性破坏或失去分隔作用时止的这一段时间，用小时（h）表示。根据我国《建筑设计防火规范》（GB 50016—2006）规定，民用建筑的耐火等级分为四级，见表1-1。

表1-1 建筑物构件的燃烧性能和耐火极限（民用建筑） （单位：h）

构件名称		耐火等级			
		一级	二级	三级	四级
墙	防火墙	不燃烧体3.00	不燃烧体3.00	不燃烧体3.00	不燃烧体3.00
	承重墙	不燃烧体3.00	不燃烧体2.50	不燃烧体2.00	难燃烧体0.50
	非承重外墙	不燃烧体1.00	不燃烧体1.00	不燃烧体0.50	燃烧体
	楼梯间的墙 电梯井的墙 住宅单元之间的墙 住宅分户墙	不燃烧体2.00	不燃烧体2.00	不燃烧体1.50	难燃烧体0.50
	疏散走道两侧的隔墙	不燃烧体1.00	不燃烧体1.00	不燃烧体0.50	难燃烧体0.25
	房间隔墙	不燃烧体0.75	不燃烧体0.50	难燃烧体0.50	难燃烧体0.25
柱		不燃烧体3.00	不燃烧体2.50	不燃烧体2.00	难燃烧体0.50
梁		不燃烧体2.00	不燃烧体1.50	不燃烧体1.00	难燃烧体0.50
楼板		不燃烧体1.50	不燃烧体1.00	不燃烧体0.50	燃烧体
屋顶承重构件		不燃烧体1.50	不燃烧体1.00	燃烧体	燃烧体
疏散楼梯		不燃烧体1.50	不燃烧体1.00	不燃烧体0.50	燃烧体
吊顶(包括吊顶隔栅)		不燃烧体0.25	难燃烧体0.25	难燃烧体0.15	燃烧体

注：1. 除本规范另有规定者外，以木柱承重且以不燃烧体材料作为墙体的建筑物，其耐火等级应按四级确定。

2. 二级耐火等级建筑的吊顶采用不燃烧体时，其耐火极限不限。

3. 在二级耐火等级的建筑中，面积不超过100 m^2 的房间隔墙，如执行本表的规定确有困难时，可采用耐火极限不低于0.3h的不燃烧体。

4. 一、二级耐火等级建筑疏散走道两侧的隔墙，按本表规定执行确有困难时，可采用0.75h不燃烧体。

1.2.3 工程等级

建筑物按照其复杂程度分为不同的工程等级，这除了关系到建筑物许多细部处理的不同要求外，还关系到相关设计单位、设计人员，以及施工单位、施工管理人员的相应资质等的不同要求。

1. 特级工程

国家重点项目，有重大意义或技术要求复杂的公共建筑，高大空间有声、光等特殊要求的建筑，以及所有30层以上的建筑。

2. 一级工程

高级大型的公共建筑，技术要求复杂的中、小型公共建筑，以及16～29层或高度超过50m的公共建筑。

3. 二级工程

中、高级的大型公共建筑，技术要求较高的中、小型公共建筑，以及16～29层的住宅。

4. 三级工程

中级、中型公共建筑和7～15层有电梯的住宅或框架结构建筑。

5. 四级工程

一般中、小型公共建筑和7层以下无电梯的住宅。

6. 五级工程

1、2层单功能普通建筑。

1.2.4 按建筑物的重要性划分

各类房屋按照重要性及使用要求的不同，分为特等、甲等、乙等、丙等、丁等五个等级。

1.3 民用建筑的构造组成

各种民用建筑，一般都是由基础、墙和柱、楼地层、屋顶、楼梯和电梯、门窗等几大部分组成，如图1-1所示。此外，一般建筑物还有其他配件和设施，如通风道、垃圾道、阳台、雨篷、勒脚、散水、明沟等。

1. 基础

基础是建筑物的垂直承重构件，承受上部传来的所有荷载及自重，并把这些荷载传给下面的土层（该土层称为地基）。其构造要求是坚固、稳定、耐久，能经受冰冻、地下水及所含化学物质的侵蚀，保持足够的使用年限。基础的大小、形式取决于荷载大小、土壤性能、材料性质和承重方式。

2. 墙或柱

墙或柱是建筑物的竖向承重构件，它承受着由屋盖和各楼层传来的各种荷载，并把这些荷载可靠地传给基础。其设计要求是必须满足强度和刚度要求。作为墙体，外墙有围护的功能，抵御风、霜、雪、雨及寒暑和太阳辐射热对室内的影响；内墙有分隔房间的作

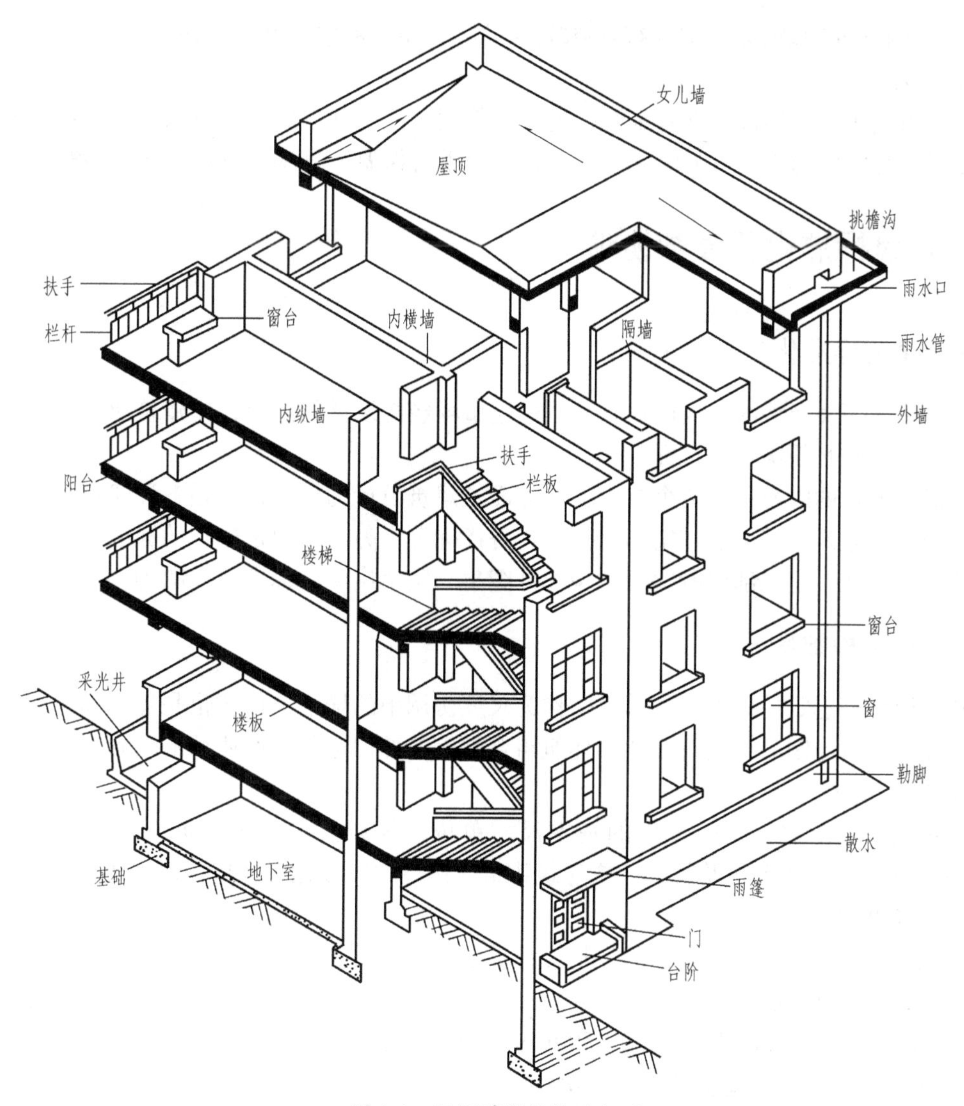

图 1-1　民用建筑的构造组成

用，所以对墙体还有保温、隔热、隔声等要求。

3. 楼地层

楼地层分为楼层和地层。楼层直接承受着各楼层上的家具、设备及人的重量和楼层自重，对墙或柱有水平支撑的作用，传递着风、地震等侧向水平荷载，并把上述各种荷载传递给墙或柱。对楼层的要求是要有足够的强度和刚度，以及良好隔声、耐磨性能。地层接近土壤，对地层的要求是具有坚固、耐磨、防潮和保温性能。

4. 屋顶

屋顶既是承重构件又是围护构件。作为承重构件，和楼层相似，承受着直接作用于屋顶的各种荷载，并把承受的各种荷载传给墙或柱。作为围护构件，用以抵御风、霜、雪、雨及寒暑和太阳辐射热。

5. 楼梯和电梯

楼梯和电梯是多层建筑的垂直交通工具。对楼梯和电梯的基本要求是有足够的通行能力，以满足人们在平时和紧急状态时通行和疏散，并符合坚固、稳定、耐磨、安全等要求。

6. 门窗

门与窗属于围护构件，都有采光、通风的作用。门的基本功能还有保持建筑物内部与外部或各内部空间的联系与分隔。对门与窗的要求有保温、隔热、隔声、防风沙等。

1.4 建筑标准化和模数协调

1.4.1 建筑标准化

建筑业是国民经济的支柱产业。为了适应市场经济发展的需要，使建筑业朝着工业化方向发展，首先必须实行建筑标准化。

建筑标准化的内容包括两个方面：一方面是建筑设计的标准，包括各种建筑法规、建筑设计规范、建筑制图标准、定额与技术经济指标等；另一方面是建筑的标准设计，包括国家或地方设计、施工部门所编制的构配件图集、整个房屋的标准设计图等。

1.4.2 建筑模数协调

建筑模数是选定的标准尺寸单位，作为尺度协调中的增值单位，也是建筑设计、建筑施工、建筑材料与制品、建筑设备、建筑组合件等各部门进行尺度协调的基础。

1. 基本模数

基本模数是模数协调中选用的基本尺寸单位，其数值定为100mm，符号为M，即1M＝100mm。整个建筑物及其部分或建筑物组合构件的模数化尺寸应为基本模数的倍数。

2. 扩大模数

扩大模数是基本模数的整倍数。扩大模数的基数应符合下列规定：

1）水平扩大模数的基数为3M、6M、12M、15M、30M、60M等6个，其相应的尺寸分别为300mm、600mm、1200mm、1500mm、3000mm、6000mm。

2）竖向扩大模数的基数为3M和6M，其相应的尺寸为300mm和600mm。

3. 分模数

分模数是基本模数的分数值，其基数为1/10M、1/5M、1/2M等3个，其相应的尺寸为10mm、20mm、50mm。

4. 模数数列

模数数列是指由基本模数、扩大模数、分模数为基础扩展成的一系列尺寸，它可以保证不同建筑及其组成部分之间尺度的统一协调，有效地减少建筑尺寸的种类，并确保尺寸具有合理的灵活性。模数数列根据建筑空间的具体情况有各自的使用范围，建筑物的所有尺寸除特殊情况之外，均应满足模数数列的要求。表1-2为我国现行的模数数列。

表1-2 模数数列

基本模数	扩大模数						分模数		
1M	3M	6M	12M	15M	30M	60M	1/10M	1/5M	1/2M
100 100	300 300	600	1200	1500	3000	6000	10 10	20	50

（续）

基本模数	扩大模数						分模数		
1M	3M	6M	12M	15M	30M	60M	1/10M	1/5M	1/2M
200	600	600					20	20	
300	900						30		
400	1200	1200	1200				40	40	
500	1500			1500			50		50
600	1800	1800					60	60	
700	2100						70		
800	2400	2400	2400				80	80	
900	2700						90		
1000	3000	3000		3000	3000		100	100	100
1100	3300						110		
1200	3600	3600	3600				120	120	
1300	3900						130		
1400	4200	4200					140	140	
1500	4500			4500			150		150
1600	4800	4800	4800				160	160	
1700	5100						170		
1800	5400	5400					180	180	
1900	5700						190		
2000	6000	6000	6000	6000	6000	6000	200	200	200
2100	6300								
2200	6600	6600						220	
2300	6900								
2400	7200	7200	7200					240	
2500	7500								
2600		7800							250
2700		8400	8400					260	
2800		9000							
2900		9600	9600	7500				280	
3000									
3100								300	300
3200			10800					320	
3300			12000	9000	9000			340	
3400									
3500									350
3600				10500				360	
								380	
				12000	12000	12000		400	400
					15000				450
					18000	18000			500
					21000				550
					24000	24000			600
					27000				650
					30000	30000			700
					33000				750
					36000	36000			800
									850
									900
									950
									1000

1.4.3 建筑构件的尺寸

为了保证建筑制品、构配件等有关尺寸间的统一与协调，建筑模数协调尺寸分为标志尺寸、构造尺寸和实际尺寸。

1. 标志尺寸

标志尺寸应符合模数数列的规定，用以标注建筑物定位轴线之间的距离（如跨度、柱距、层高等），以及建筑制品、构配件、有关设备位置界限之间的尺寸。

2. 构造尺寸

构造尺寸是建筑制品、构配件等生产的设计尺寸。一般情况下，构造尺寸加上缝隙尺寸等于标志尺寸。缝隙尺寸的大小应符合模数数列的规定。标志尺寸与构造尺寸的关系如图1-2所示。

3. 实际尺寸

实际尺寸是建筑制品，建筑构配件等的实有尺寸。实际尺寸与构造尺寸之间的差数，应符合允许偏差值。

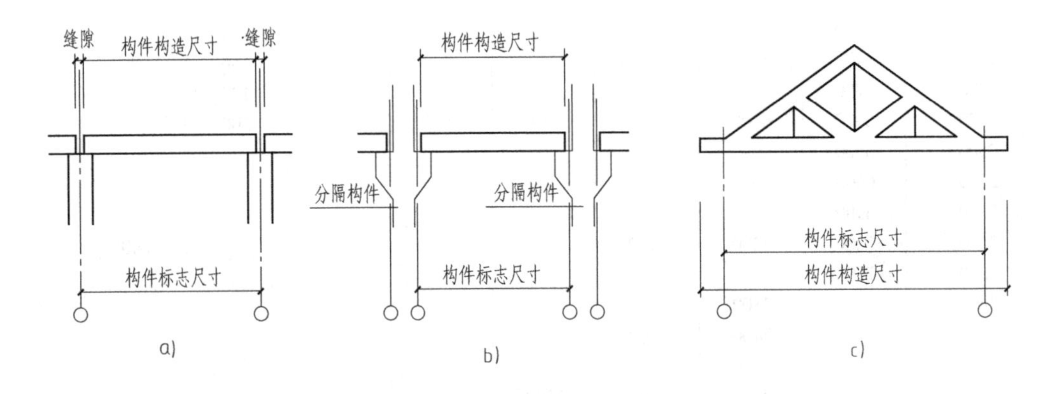

图1-2 标志尺寸与构造尺寸的关系

a）标志尺寸大于构造尺寸 b）有分隔构件连接时举例 c）构造尺寸大于标志尺寸

1.4.4 建筑的几种空间

1. 协调空间

协调空间即统称的结构空间，也就是结构占有的三度空间。在设计中以相应的模数空间定为结构空间时，称为模数协调空间。

2. 可容空间

可容空间即统称的使用空间，这种空间需要用结构构件或组合件来构成，因此它本身应能容纳建筑构配件或组合件。

3. 装配空间

装配空间是指在构件定位时，构配件的一个界面和该构配件相对应的定位平面之间的剩余空间。即设计中用模数协调空间来组合房屋的模数协调时，这个留给结构占用的空间实际上往往大于结构占有的空间，因此该结构构件外表面与模数协调空间的定位面之间存在一个间隙，这个间隙称为装配空间。这个空间一般需要二次填充。

1.5 常用建筑名词

1）建筑物：直接供人们生活、生产服务的房屋，如教学楼、公寓、医院等。
2）构筑物：间接为人们生活、生产服务的设施，如水塔、烟囱、桥梁等。
3）地貌：地面上自然起伏的状况。
4）地物：地面上的建筑物、构筑物、河流、森林、道路等。
5）地形：地球表面上地物和地貌的总称。
6）地坪：多指室外自然地面。
7）横向：建筑物的宽度方向。
8）纵向：建筑物的长度方向。
9）横向轴线：平行建筑物宽度方向设置的轴线。
10）纵向轴线：平行建筑物长度方向设置的轴线。
11）开间：一间房屋的面宽，即两条横向轴线之间的距离。
12）进深：一间房屋的深度，即两条纵向轴线之间的距离。
13）层高：指本层楼（地）面到上一层楼面的高度。
14）净高：房间内楼（地）面到顶棚或其他构件的高度。
15）建筑总高度：指室外地坪至檐口顶部的总高度。
16）建筑面积：指建筑物各层面积的总和，一般指建筑物的总长乘以总宽乘以层数。
17）结构面积：建筑各层平面中结构所占的面积总和，如墙、柱等结构所占的面积。
18）有效面积：建筑平面中可供使用的面积，即建筑面积减去结构面积。
19）交通面积：建筑中各层之间、楼层之间和房屋内外之间联系通行的面积，如走廊、门厅、过厅、楼梯、坡道、电梯、自动扶梯等所占的面积。
20）使用面积：建筑有效面积减去交通面积。
21）使用面积系数：使用面积所占建筑面积的百分比。
22）有效面积系数：有效面积所占建筑面积的百分比。
23）红线：规划部门批给建设单位的占地面积，一般用红笔圈在图样上，具有法律效力。

1）民用建筑按不同的分类方法进行分类。
2）建筑的等级是房屋重要性、耐久性、安全性的综合体现。
3）标准化和模数协调是实现建筑工业化的重要前提。

1-1　民用建筑主要由哪些部分组成？
1-2　民用建筑的耐火等级是如何划分的？
1-3　模数协调的意义是什么？
1-4　建筑物按层数如何划分？
1-5　构件耐火极限的含义是什么？
1-6　什么是基本模数、扩大模数、分模数？
1-7　建筑构件有哪三种尺寸？它们之间有什么关系？

第2章 建筑制图与识图的基本知识

学习目标

掌握房屋建筑制图标准和有关规定；了解投影的分类及用途；熟悉平行投影的特性；掌握正投影三视图的形成及投影规律；掌握基本形体的三视图；熟悉轴测图的形成及投影特点。

2.1 房屋建筑制图标准和相关规定

2.1.1 图幅、图框

1. 图幅

图幅即图纸幅面大小。为了使图纸在使用和管理上方便、规整，所有设计图纸的幅面，必须符合《房屋建筑制图统一标准》（GB/T 50001—2010）规定，见表2-1。

表2-1 幅面及图框尺寸 （单位：mm）

尺寸代号 \ 幅面代号	A0	A1	A2	A3	A4
$b \times l$	841×1189	594×841	420×594	297×420	210×297
c	10			5	
a	25				

注：表中b为幅面短边尺寸，l为幅面长边尺寸，c为图框线与幅面线间宽度，a为图框线与装订边间宽度。

2. 图框

图框即图纸的边框，图框至图纸边缘的距离见表2-1的规定，图框线用粗实线绘制。

图纸幅面可以横式（长边横向）使用，也可以立式（短边横向）使用。

需要微缩复制的图纸，其一个边上应附有一段准确的米制尺度，四个边上均应附有对中标志。米制尺度的总长度应为100mm，分格应为10mm；对中标志应画在图纸内框各边长的中点处，线宽为0.35mm，应伸入内框边，在框外为5mm。对中标志的线段，于l_1和b_1范围取中（l_1为图框长边尺寸，b_1为图框短边尺寸）。

图纸的短边尺寸不应加长，A0～A3幅面长边尺寸可加长，但应符合表2-2的规定。

表2-2 图纸长边加长尺寸 （单位：mm）

幅面代号	长边尺寸	长边加长后的尺寸
A0	1189	1486（A0＋l/4） 1635（A0＋3l/8） 1783（A0＋l/2） 1932（A0＋5l/8） 2080（A0＋3l/4） 2230（A0＋7/8l） 2378（A0＋l）

（续）

幅面代号	长边尺寸	长边加长后的尺寸
A1	841	1051（A1 + $l/4$）　1261（A1 + $l/2$）　1471（A1 + $3l/4$）　1682（A1 + l）　1892（A1 + $5l/4$）　2102（A1 + $3/2l$）
A2	594	743（A2 + $l/4$）　891（A2 + $l/2$）　1041（A2 + $3l/4$）　1189（A2 + l）　1338（A2 + $5l/4$）　1486（A2 + $3l/2$）　1635（A2 + $7l/4$）　1783（A2 + $2l$）　1932（A2 + $9l/4$）　2080（A2 + $5l/2$）
A3	420	630（A3 + $l/2$）　841（A3 + l）　1051（A3 + $3l/2$）　1261（A3 + $2l$）　1471（A3 + $5l/2$）　1682（A3 + $3l$）　1892（A3 + $7l/2$）

注：有特殊需要的图纸，可采用 $b \times l$ 为 841mm × 891mm 与 1189mm × 1261mm 的幅面。

2.1.2　标题栏、会签栏

1. 标题栏

图纸的标题栏简称图标。各种幅面的图纸，不论横放或竖放，均应在图框内画出标题栏，其位置应按图 2-1 的形式进行布置，根据工程的需要选择确定其尺寸格式及分区。签字栏应包括实名列和签名列，并应符合图 2-2 的规定。

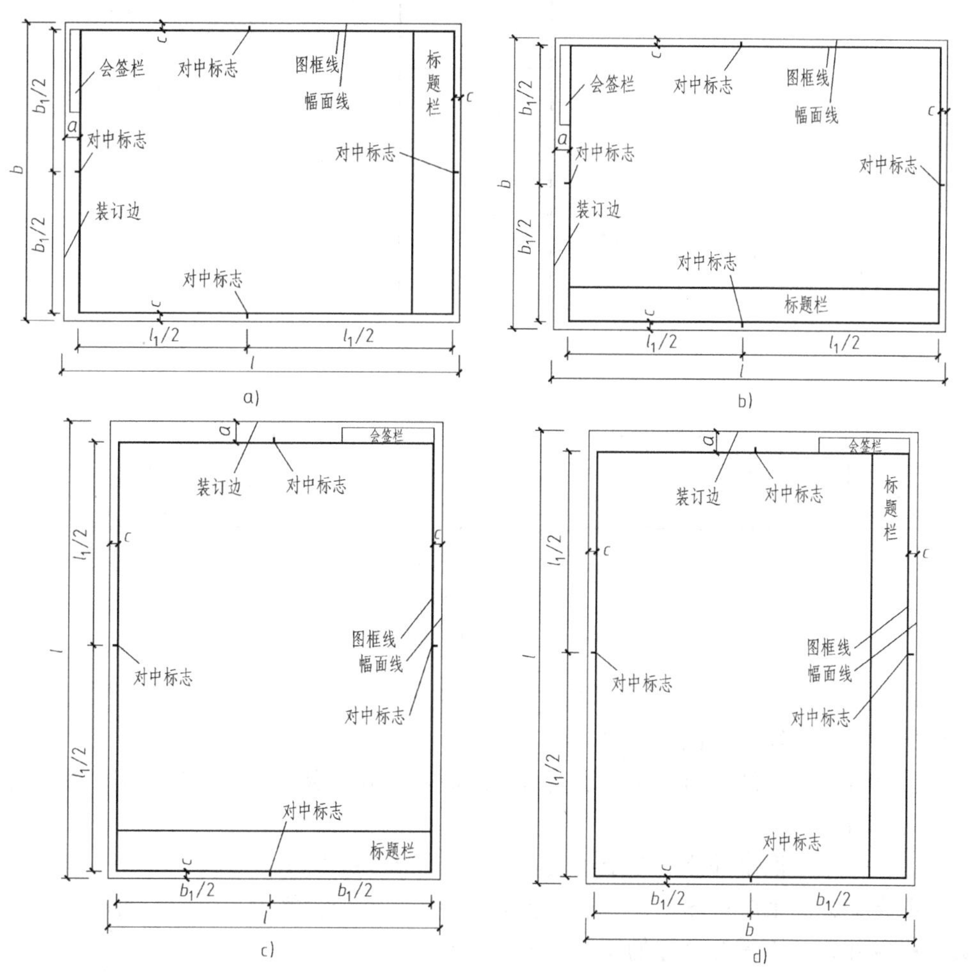

图 2-1　标题栏位置示意图

a）A0 ~ A3 横式幅面（一）　b）A0 ~ A3 横式幅面（二）　c）A0 ~ A4 立式幅面（一）　d）A0 ~ A4 立式幅面（二）

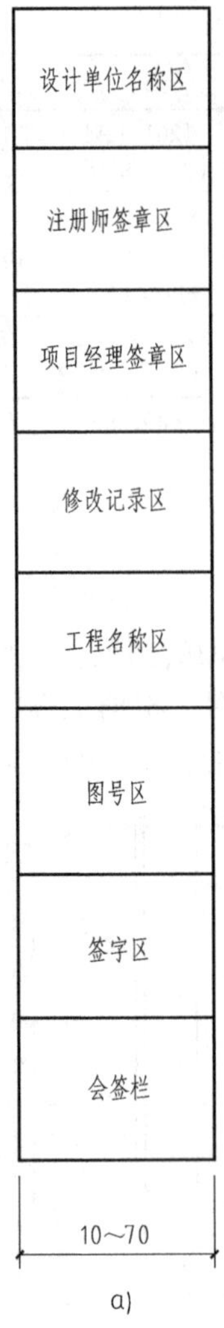

a)

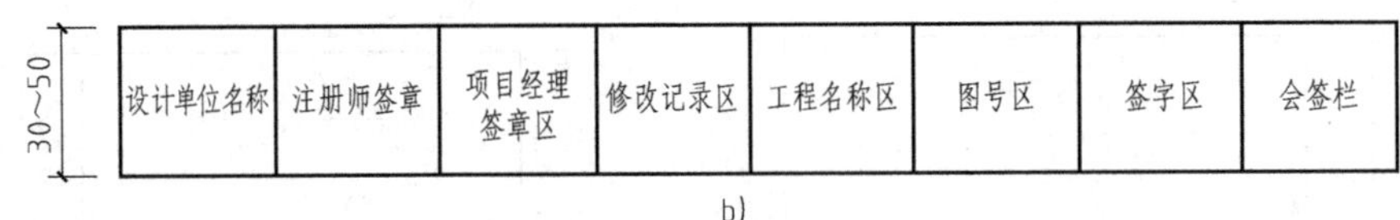

b)

图2-2 标题栏

a）标题栏（一） b）标题栏（二）

涉外工程的标题栏内，各项主要内容的中文下方应附有译文，设计单位的上方或左方，应加“中华人民共和国”字样。

在计算机制图文件中当使用电子签名与认证时，应符合国家有关电子签名法的规定。

2. 会签栏

会签栏位于图框线外侧的左上角或右上角，如图2-1所示。

需要会签的图纸应按图2-3的格式绘制会签栏，一个会签栏不够时，可增加一个，两个会签栏应并列。不需要会签的图纸，可不设会签栏。

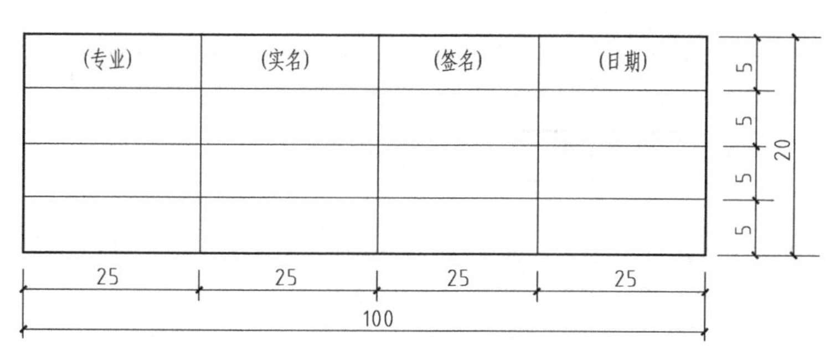

图 2-3　会签栏

2.1.3　图线

1. 图线的宽度

图线的宽度 b，宜从下列线宽系列中选取：1.4、1.0、0.7、0.5、0.35、0.25、0.18、0.13mm。图线宽度不应小于 0.1mm。每个图样应根据复杂程度与比例大小，先选定基本线宽 b，再选用表 2-3 中相应的线宽组。

表 2-3　线宽组　　（单位：mm）

线宽比	线宽组			
b	1.4	1.0	0.7	0.5
$0.7b$	1.0	0.7	0.5	0.35
$0.5b$	0.7	0.5	0.35	0.25
$0.25b$	0.35	0.25	0.18	0.13

注：1. 需要缩微的图纸，不宜采用 0.18mm 及更细的线宽。
2. 同一张图纸内，各不同线宽中的细线，可统一采用较细的线宽组的细线。

2. 线型

工程建设制图应选用表 2-4 的图线。

表 2-4　图线

名称		线型	线宽	用途
实线	粗		b	主要可见轮廓线
	中粗		$0.7b$	可见轮廓线
	中		$0.5b$	可见轮廓线、尺寸线、变更云线
	细		$0.25b$	图例填充线、家具线
虚线	粗		b	见各有关专业制图标准
	中粗		$0.7b$	不可见轮廓线
	中		$0.5b$	不可见轮廓线、图例线
	细		$0.25b$	图例填充线、家具线
单点长画线	粗		b	见各有关专业制图标准
	中		$0.5b$	见各有关专业制图标准
	细		$0.25b$	中心线、对称线、轴线等

（续）

名称		线型	线宽	用途
双点长画线	粗	—— · · —— · · ——	b	见各有关专业制图标准
	中	—— · · —— · · ——	$0.5b$	见各有关专业制图标准
	细	—— · · —— · · ——	$0.25b$	假想轮廓线、成型前原始轮廓线
折断线	细	——\\/——	$0.25b$	断开界线
波浪线	细	～～～	$0.25b$	断开界线

3. 图线画法规定

1）在同一张图纸内，相同比例的各图样，应选用相同的线宽组。

2）相互平行的图例线，其净间隙或线中间隙不宜小于0.2mm。

3）虚线、单点长画线或双点长画线的线段长度和间隔，宜各自相等。

4）如图形较小，绘制单点长画线或双点长画线有困难时，可用实线代替。

5）单点长画线或双点长画线的两端，不应是点。点画线与点画线交点或点画线与其他图线交接时，应是线段交接。

6）虚线与虚线交接或虚线与其他图线交接时，应是线段交接。虚线为实线的延长线时，不得与实线连接，如图2-4所示。

7）图线不得与文字、数字或符号重叠、混淆，不可避免时，应首先保证文字等的清晰，即断开图线注写文字等，如图2-5所示。

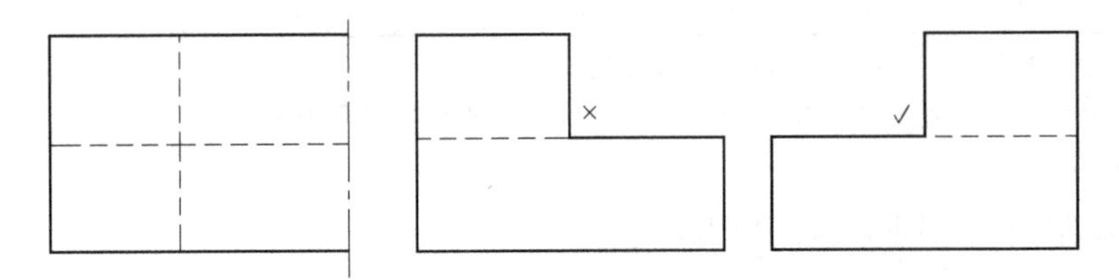

图2-4 虚线画法

2.1.4 字体

1. 汉字

图纸上所需书写的文字、数字或符号等，均应笔画清晰、字体端正、排列整齐；标点符号应清楚正确。

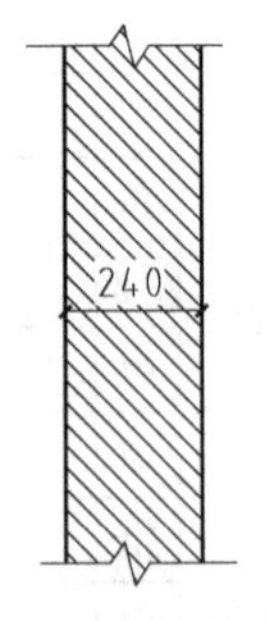

图2-5 断开图线及标注

文字的字高，应从如下系列中选用：3.5mm、5mm、7mm、10mm、14mm、20mm。如需书写更大的字，其高度应按$\sqrt{2}$的倍数递增。

图样及说明中的汉字宜采用长仿宋体或黑体，同一图纸字体种类不应超过两种。长仿宋字一般高宽比为3:2，写长仿宋字的四个要领是“满、锋、匀、劲”。“满”是充满方格，“锋”是笔端做锋，“匀”是结构匀称，“劲”是竖直横平（横宜微向右上倾）。横、竖画是一个字的骨干笔，对整个字的结构形成骨架，是写好长仿宋字的关键笔画，如图2-6

所示。大标题、图册封面、地形图等的汉字，也可书写成其他字体，但应易于辨认。

排列整齐字体端正笔划清晰注意起落

10号

字体笔划基本上是横平竖直结构匀称写字前先画好格子

7号

阿拉伯数字拉丁字母罗马数字和汉字并列书写时它们的字高比汉字高小

5号

大学系专业班级绘制描图审核校对序号名称材料件数备注比例重
共第张工程种类设计负责人平立剖侧切截断面轴测示意主俯仰前
后左右视向东西南北中心内外高低项底长宽厚尺寸分厘毫社矩方

3.5号

图 2-6　长仿宋体字例

2. 数字和字母

字母、数字的书写应按表 2-5 的规定。

字母和数字分为直体和斜体两种，斜体字与右侧水平线的夹角为 75°。书写字母及数字的字高应不小于 2. 5mm，其写法如图 2-7 所示。

表 2-5　拉丁字母、阿拉伯数字、罗马数字书写规则

书写格式	一般字体	窄体字
大写字母高度	h	h
小写字母高度(上下均无延伸)	$(7/10)h$	$(10/14)h$
小写字母伸出的头部或尾部	$(3/10)h$	$(4/14)h$
笔画宽度	$(1/10)h$	$(1/14)h$
字母间距	$(2/10)h$	$(2/14)h$
上下行基准线间最小间隔	$(15/10)h$	$(21/14)h$
词间距	$(6/10)h$	$(6/14)h$

图 2-7　拉丁字母、阿拉伯数字、罗马数字字例

2.1.5 比例

图样的比例应为图形与实物相对应的线性尺寸之比。比例的大小是指比值的大小，如1:50大于1:100。

比例的符号为“:”，比例应以阿拉伯数字表示，如1:1、1:2、1:100等。比例宜注写在图名的右侧，字的基准线应取平；比例的字高宜比图名的字高小一号或二号，如图2-8所示。当一张图纸中各图样只用一种比例时，则将比例书写在图纸的标题栏内。

图2-8 比例的注写

绘图所采用的比例，应根据图样的用途与被绘物体的复杂程度，从表2-6中选用，并优先选用常用比例，只有特殊情况才允许选择可用比例。

表2-6 绘图所用的比例

常用比例	1:1、1:2、1:5、1:10、1:20、1:30、1:50、1:100、1:150、1:200、1:500、1:1000、1:2000
可用比例	1:3、1:4、1:6、1:15、1:25、1:40、1:60、1:80、1:250、1:300、1:400、1:600、1:5000、1:10000、1:20000、1:50000、1:100000、1:200000

2.1.6 尺寸标注

用图线画出的图样只能表示形体的形状，只有标注尺寸才能确定其大小。不论图形是缩小还是放大，图样中的尺寸应按物体实际的尺寸数值注写。

1. 尺寸组成

尺寸组成的四要素为尺寸线、尺寸界限、尺寸起止符号、尺寸数字，如图2-9所示。

（1）尺寸线

1）尺寸线应与被注线段平行，采用细实线绘制。

2）图样本身的任何图线均不得用作尺寸线。

（2）尺寸界线

1）尺寸界线应用细实线绘制，一般应与被注长度垂直。

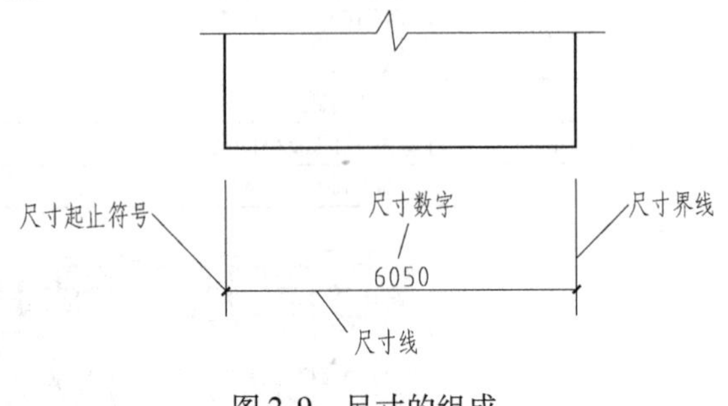

图2-9 尺寸的组成

2）尺寸界线一端距图样的轮廓线不应小于2mm，另一端宜超出尺寸线2～3mm，如图2-10所示。图样轮廓线可用作尺寸界线，如图2-11所示。

（3）尺寸起止符号

1）尺寸起止符号一般应用中粗斜短线绘制，其倾斜方向应与尺寸界线成顺时针45°角，长度宜为2～3mm。

2）半径、直径、角度与弧长的尺寸起止符号，宜用箭头表示，箭头的长度宜为（4～5）b（b为粗线宽），如图2-12所示。

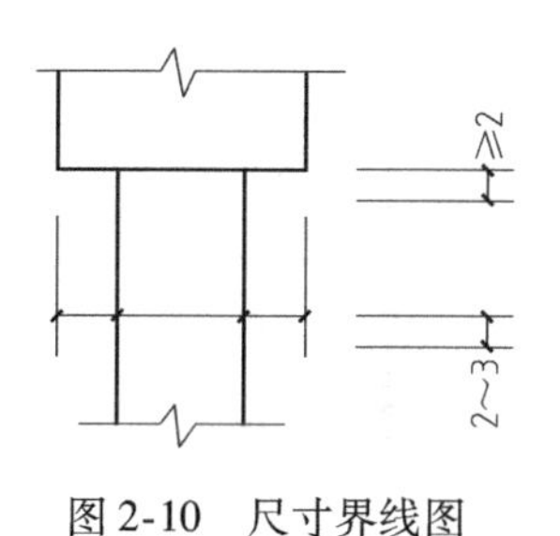

图 2-10　尺寸界线图

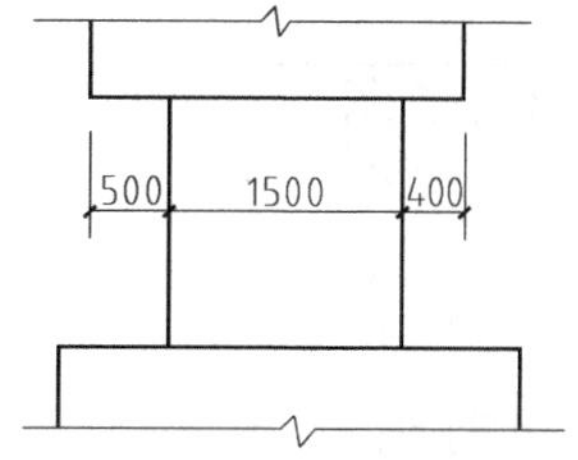

图 2-11　轮廓线作尺寸界线

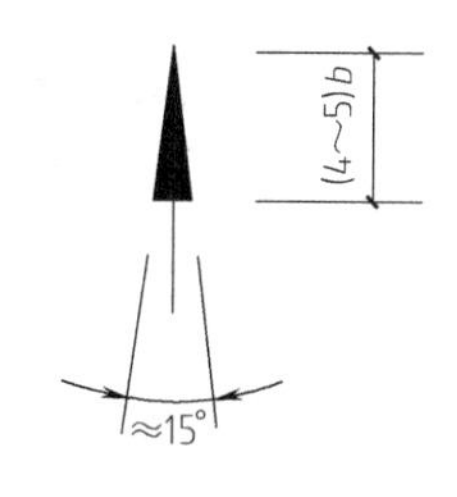

图 2-12　箭头尺寸起止符号

（4）尺寸数字

1）图样上的尺寸应以尺寸数字为准，不得从图上直接量取。

2）尺寸数字的注写及读数方向：当尺寸线为水平时，尺寸数字注写在尺寸线上方中部，从左至右顺序读数；当尺寸线为竖直时，尺寸数字注写在尺寸线的左侧中部，从下至上顺序读数；当尺寸线为倾斜时，则以读数方便为准，如图 2-13a 所示。应尽量避开在图示 30°阴影范围内注写尺寸，若需在 30°阴影范围内注写尺寸，宜采用图 2-13b 的形式注写。

3）尺寸数字一般应依据其方向注写在靠近尺寸线的上方中部，如果没有足够的注写位置，最外边的尺寸数字可注写在尺寸界线的外侧；中间相邻的尺寸数字可上、下或左、右错开注写，也可用引出线注写，如图 2-14 所示。

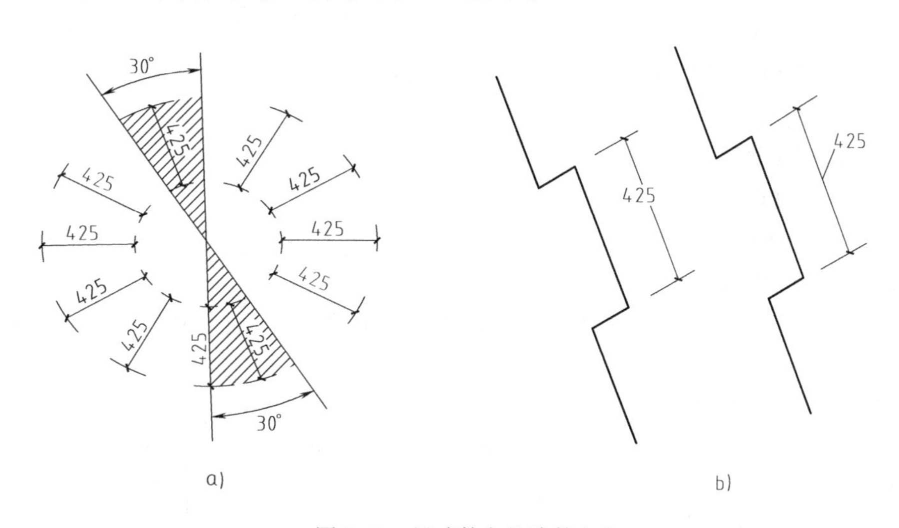

图 2-13　尺寸数字的读数方向

2. 尺寸的排列与布置

1）尺寸宜标注在图样轮廓线之外，不宜与图线、文字及符号等相交，如图 2-15 所示。

2）图线不得穿过尺寸数字，不可避免时，应将穿过尺寸数字的图线断开，如图 2-16 所示。

3）互相平行的尺寸线，应从被注的图样轮廓线由近向远整齐排列，较小尺寸应离轮廓

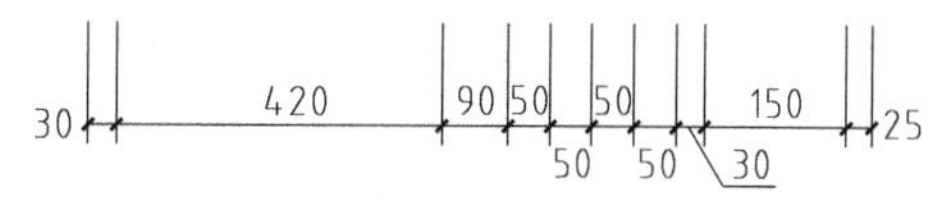

图 2-14　尺寸数字的注写位置

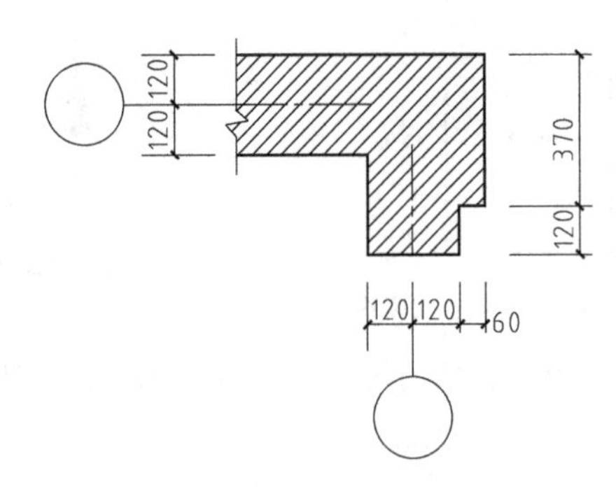

图2-15　尺寸不宜与图线相交

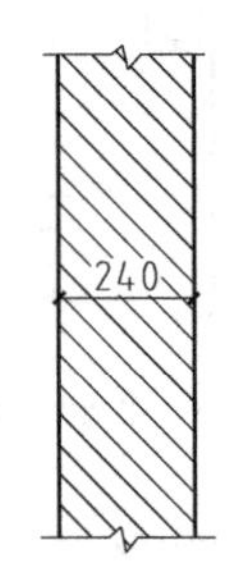

图2-16　尺寸数字处图线应断开

线较近，较大尺寸应离轮廓线较远（图2-17）。

4）图样轮廓线以外的尺寸界线，距图样最外轮廓之间的距离不宜小于10mm。平行排列的尺寸线的距离，宜为7～10mm，并应保持一致（图2-17）。

5）总尺寸的尺寸界线应靠近所指部位，中间的分尺寸的尺寸界线可缩短，但其长度应相等（图2-17）。

3. 半径、直径、球的尺寸标注

1）半径的尺寸线应一端从圆心开始，另一端画箭头指至圆弧。半径数字前应加符号“*R*”，如图2-18所示。较小圆弧及较大圆弧的半径标注的形式如图2-19、图2-20所示。

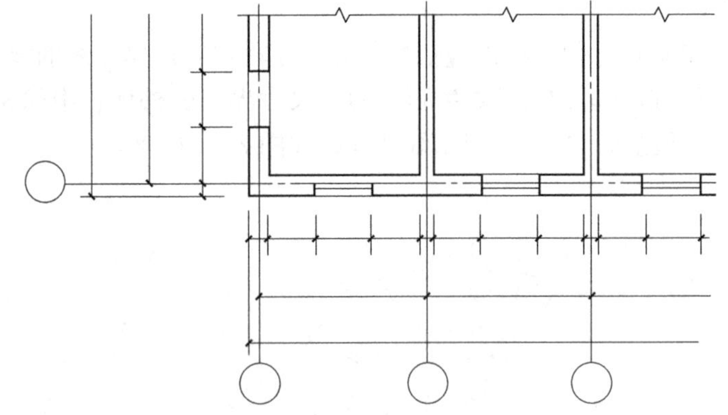
图2-17　尺寸的排列

2）直径的尺寸线应通过圆心，两端画箭头指至圆弧。直径数字前应加符号“ϕ”，如图2-21所示。较小圆的直径数字可标注在圆外，如图2-22所示。

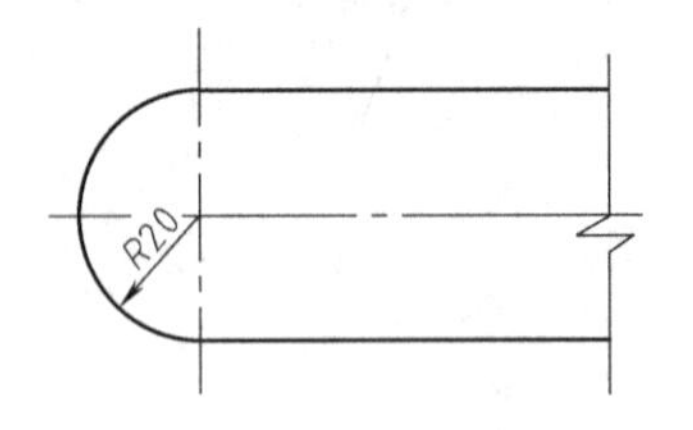

图2-18　半径的标注方法

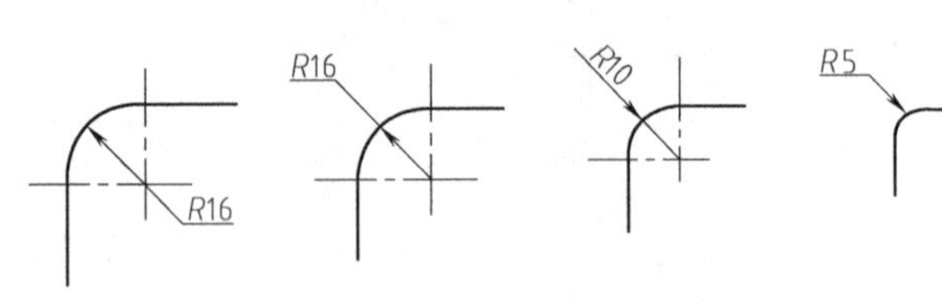

图2-19　小圆弧半径的标注方法

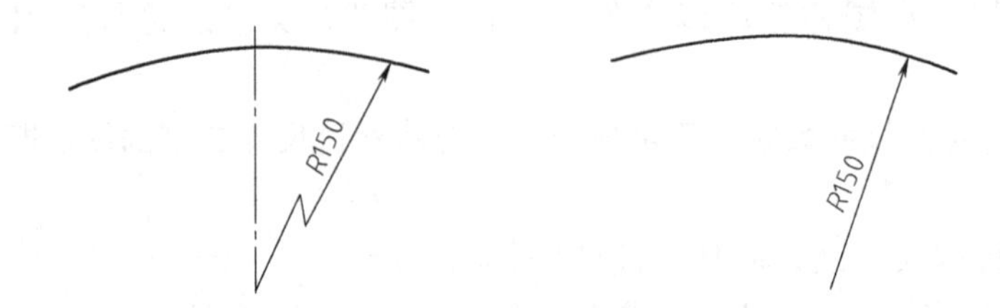

图2-20　大圆弧半径的标注方法

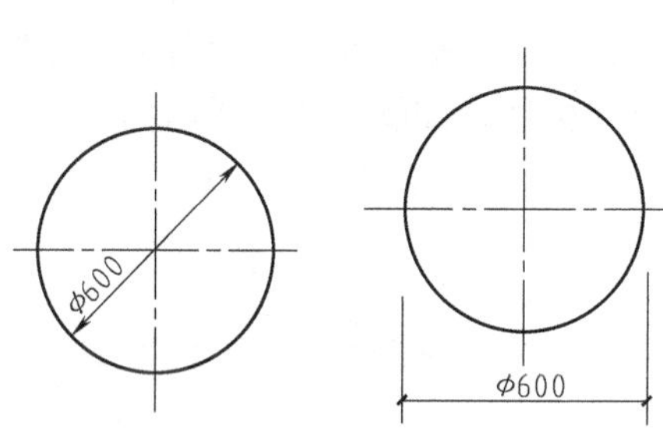

图 2-21 圆直径的标注方法

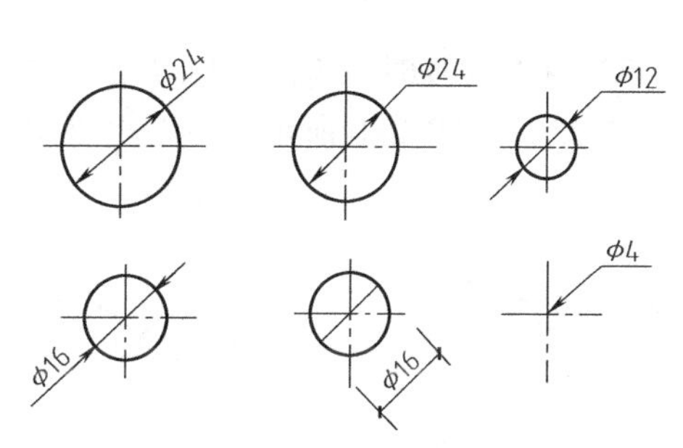

图 2-22 小圆直径的标注方法

3）标注球的半径尺寸时，应在尺寸前加注符号“*SR*”。标注球的直径尺寸时，应在尺寸数字前加注符号“*S*ϕ”。注写方法与圆弧半径和圆直径的尺寸标注方法相同。

4. 角度、弧度、弧长的标注

1）角度的尺寸线应以圆弧表示。该圆弧的圆心应是该角的顶点，角的两条边为尺寸界线。起止符号应以箭头表示，如没有足够位置画箭头，可用圆点代替，角度数字应沿尺寸线方向注写，如图 2-23 所示。

2）标注圆弧的弧长时，尺寸线应以与该圆弧同心的圆弧线表示，尺寸界线应垂直于该圆弧的弦，起止符号用箭头表示，弧长数字上方应加注圆弧符号“⌒”如图 2-24 所示。

3）标注圆弧的弦长时，尺寸线应以平行于该弦的直线表示，尺寸界线垂直于该弦，起止符号以中粗斜短线表示，如图 2-25 所示。

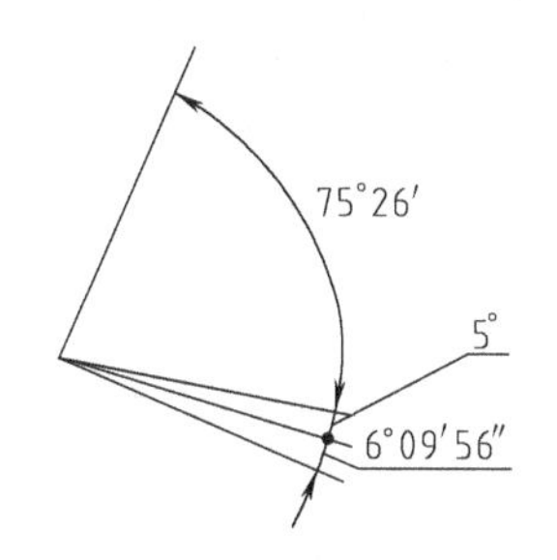

图 2-23 角度的标注方法

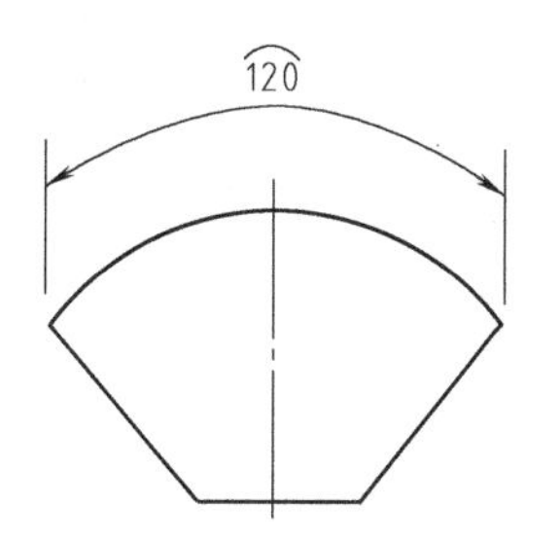

图 2-24 弧长的标注方法

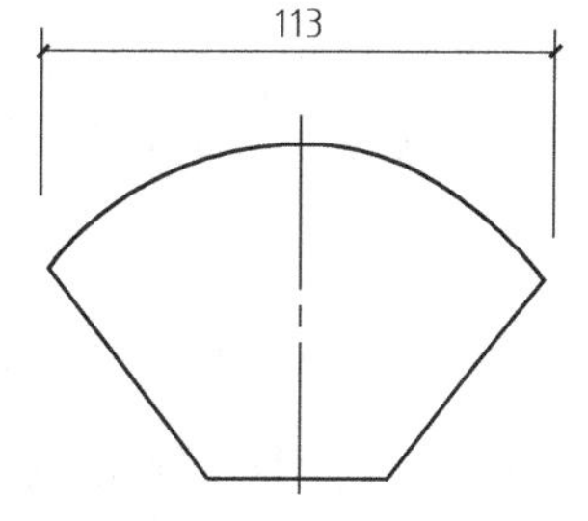

图 2-25 弦长的标注方法

5. 薄板厚度、正方形、坡度、非圆曲线等尺寸标注

1）在薄板板面标注板厚尺寸时，应在厚度数字前加厚度符号“*t*”，如图 2-26 所示。

2）在正方形的侧面标注正方形的尺寸，除采用“边长 × 边长”外，也可在边长数字前加注正方形符号“□”，如图 2-27 所示。

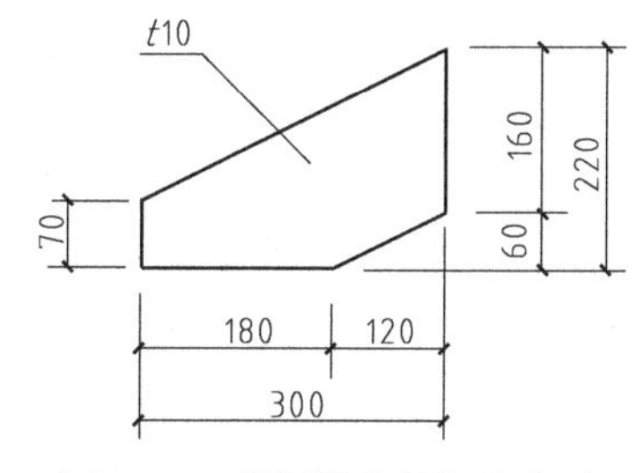

图 2-26 薄板厚度的标注方法

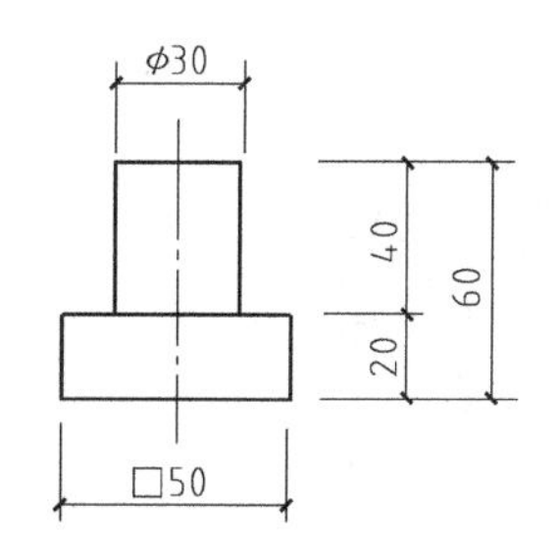

图 2-27 正方形尺寸的标注方法

3）标注坡度时，应加注坡度符号“←”，该符号为单面箭头，箭头应指向下坡方向，如图2-28a、图2-28b所示。坡度也可用直角三角形形式标注，如图2-28c所示。

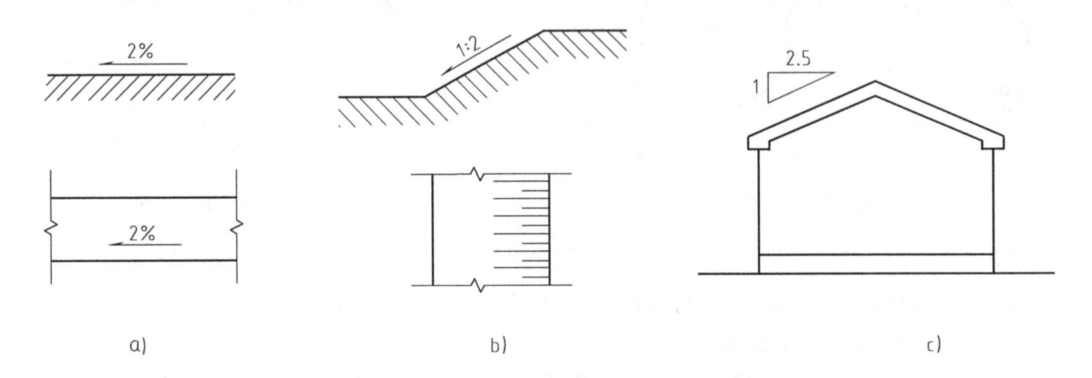

图2-28　坡度的标注方法

4）外形为非圆曲线的构件可用坐标形式标注尺寸，如图2-29所示。

5）复杂的图形可用网格形式标注尺寸，如图2-30所示。

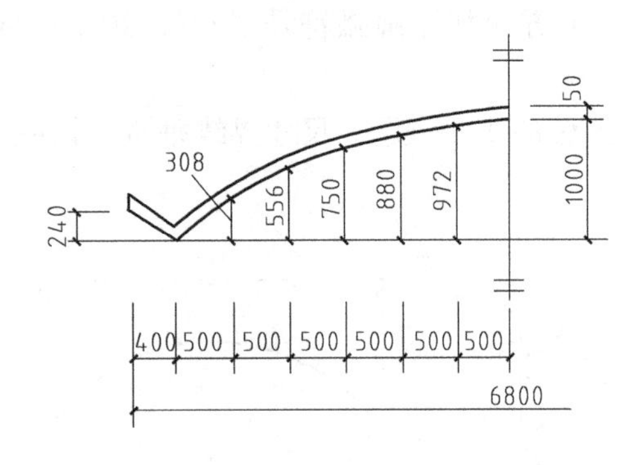

图2-29　非圆曲线的标注方法

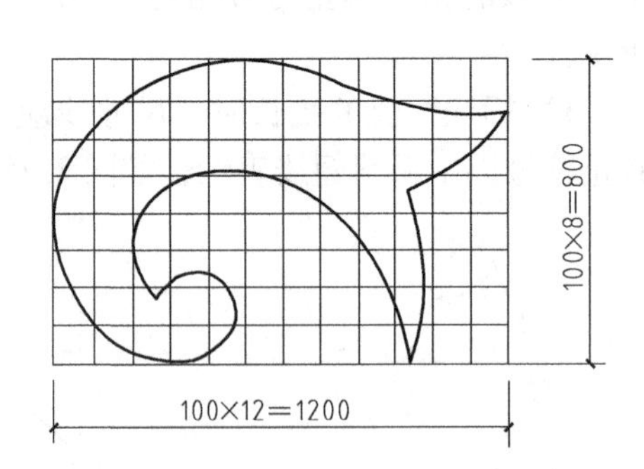

图2-30　复杂图形的标注方法

6. 尺寸的简化标注

1）杆件或管线的长度在单线图（如桁架简图、钢筋简图、管线简图等）上，可直接将尺寸数字沿杆件或管线的一侧注写，如图2-31所示。读数方法仍应按照前述规则为准。

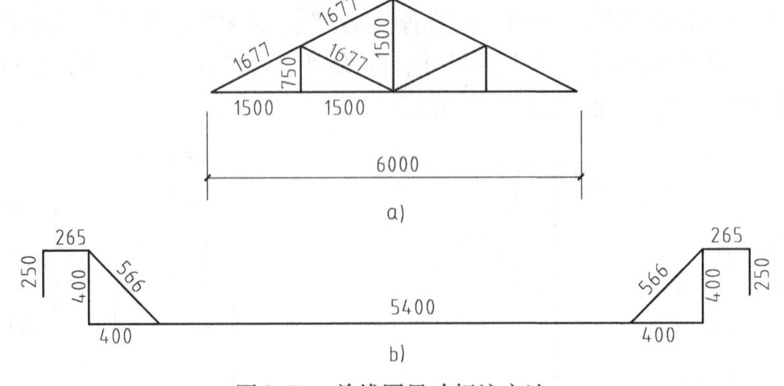

图2-31　单线图尺寸标注方法

2）连续排列的等长尺寸，可采用乘积的形式表示，即“等长尺寸×个数=总长”。如构配件较长，则可将中间相同部分用折断线（或波浪线）省略一部分，其总尺寸不变，如图2-32所示。

3）构配件内具有诸多相同构造要素（如孔、槽等），可仅标注其中一个要素的尺寸，如图2-33所示。

4）对称构配件采用对称省略画法时，该对称构配件的尺寸线应略超过对称符号，仅在尺寸线的一端画尺寸起止符号，尺寸数字应按整体全尺寸注写，其注写位置应与对称符号对齐，如图2-34所示。

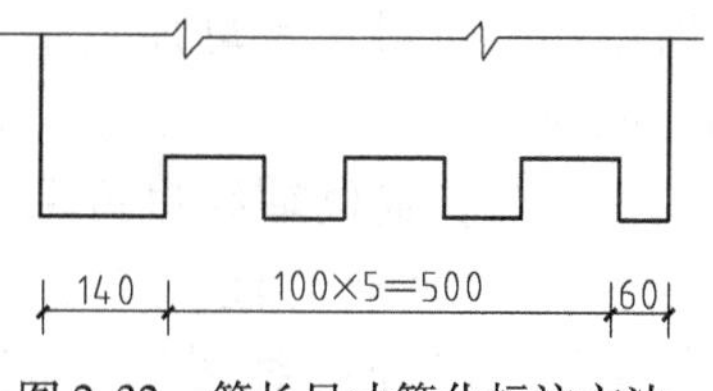

图2-32　等长尺寸简化标注方法

5）两个形状相似而仅个别尺寸数字不同的构配件，可在同一图样中将其中一个构配件的不同尺寸数字注写在括号内，该构配件的名称也应注写在相应的括号内，如图2-35所示。

6）数个构配件，如仅某些尺寸不同，这些有变化的尺寸数字，可用拉丁字母注写在同一图样中，其具体尺寸另列表格写明，如图2-36所示。

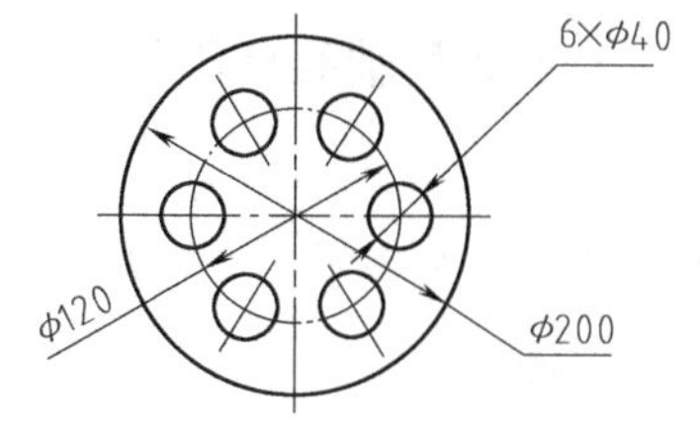

图2-33　相同要素尺寸标注方法

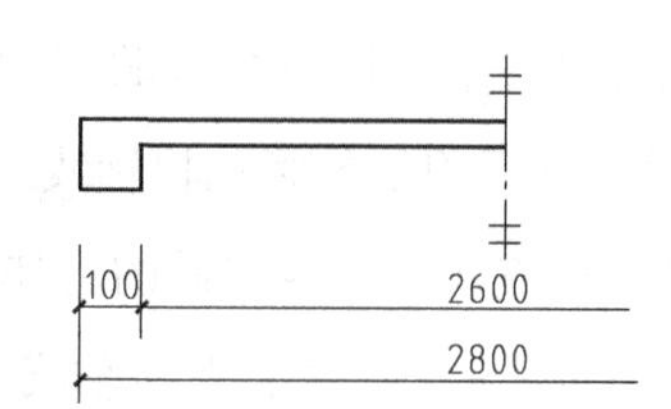

图2-34　对称构件尺寸标注方法

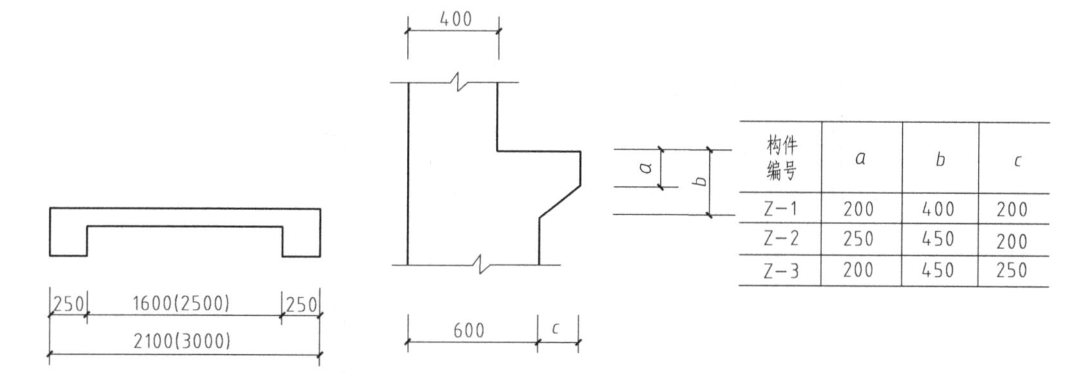

构件编号	a	b	c
Z-1	200	400	200
Z-2	250	450	200
Z-3	200	450	250

图2-35　相似构件尺寸标注方法

图2-36　相似构件配件尺寸表格式标注方法

2.1.7　定位轴线

定位轴线是用来确定房屋主要结构的位置及其尺寸的。因此，在施工图中凡承重墙、梁、柱、屋架等主要承重构件的位置处均应画定位轴线，并进行编号，作为设计与施工放线的依据。

1）定位轴线应用细单点长画线绘制。轴线编号应写在轴线端部的细实线圆内，圆的直径应为8~10mm。定位轴线圆的圆心应在定位轴线的延长线上或延长线的折线上。

2）平面图上定位轴线的编号，宜标注在图样的下方与左侧。横向编号应用阿拉伯数字，从左至右顺序编写，竖向编号用大写拉丁字母，从下至上顺序编写（其中字母I、O、Z不用），如图2-37所示。

3）如果字母数量不够使用，可增用双字母或单字母加数字注脚，如 A_A、B_B、…、Y_A 或 A_1、B_1、…、Y_1。定位轴线也可采用分区编号，编号的注写形式为“分区号—该分区编号”，如图2-38所示。“分区号—该分区编号”采用阿拉伯数字或大写拉丁字母表示。

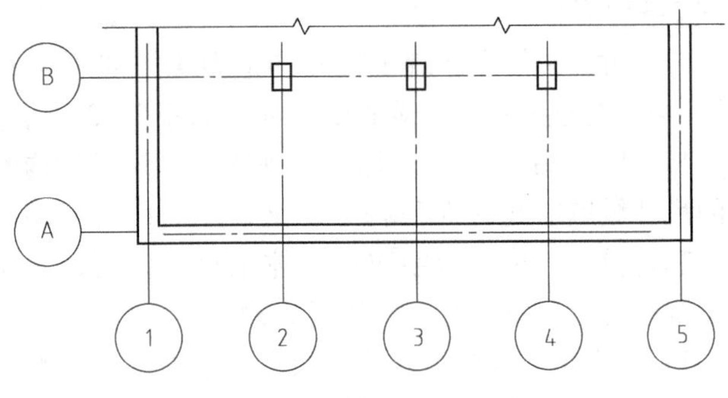

图2-37　定位轴线的编号顺序

4）附加轴线的编号应以分数表示，并应按下列规定编写：

① 两根轴线之间的附加轴线，应以分母表示前一根轴线的编号，分子表示附加轴线的编号，该编号宜用阿拉伯数字顺序编写，如：$\frac{1}{2}$表示2号轴线后附加的第一根轴线；$\frac{3}{C}$表示C号轴线后附加的第三根轴线。

② 1号轴线或A号轴线之前的附加轴线分母应以01、0A表示，如$\frac{1}{01}$表示1号轴线前附加的第一根轴线；$\frac{3}{0A}$表示A号轴线前附加的第三根轴线。

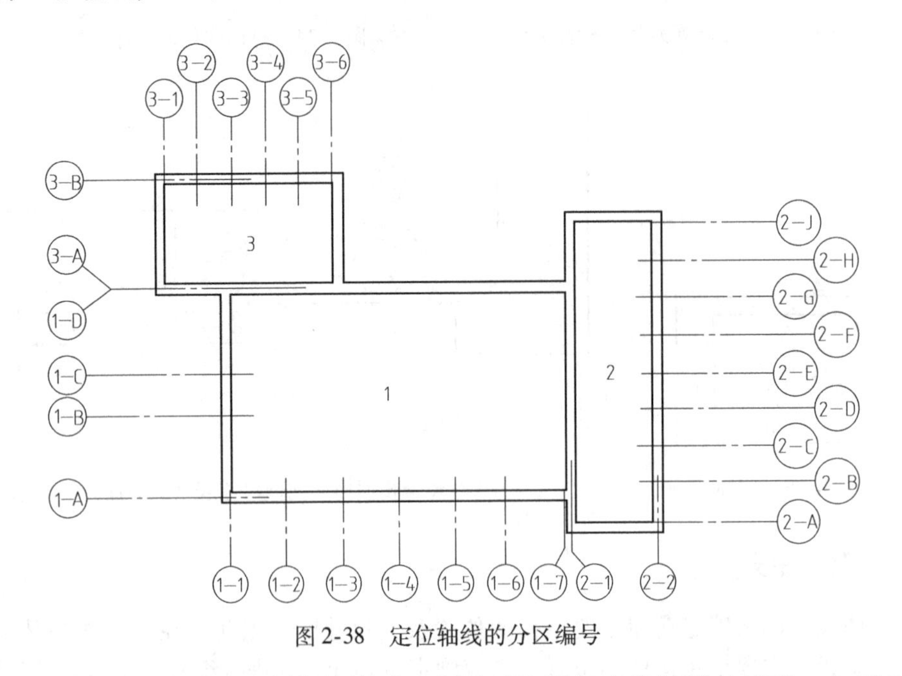

图2-38　定位轴线的分区编号

5）一个详图适用于几根定位轴线时，应同时注明各有关轴线的编号，如图2-39所示。通用详图的定位轴线，只画轴线圆，不注写轴线编号，如图2-40所示。

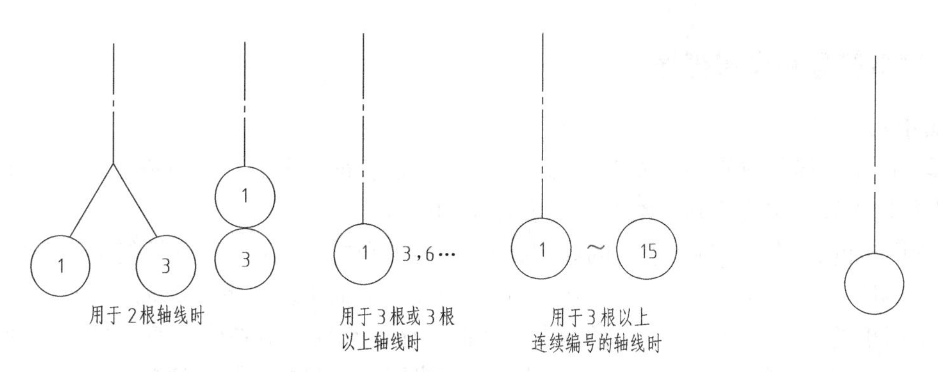

图2-39 详图的轴线编号

图2-40 通用详图轴线

2.1.8 标高

建筑物的某一部位与确定的水准基点的高差称为该部位的标高。在施工图中，建筑物的地面及各主要部位的高度用标高表示。

施工图中标注两种标高：绝对标高和相对标高。

绝对标高（也称海拔高度）：我国把青岛附近黄海的平均海平面定为绝对标高的零点，全国各地的标高均以此为基准。如北京地区绝对标高在40m上下。

相对标高：以建筑物的首层室内主要使用房间的地面为零点，每个单体建筑物都有本身的相对标高。用相对标高来表示某处距首层地面的高度。

在建筑施工图上，一般都用相对标高，而在总平面图中多用绝对标高，且注有相对标高与绝对标高的关系，如 ±0.000 = 42.500，说明房屋首层室内地面高度相当于绝对标高42.500m。

图2-41所示为标高符号的三种形式及画法，标高符号应以直角等腰三角形表示，用细实线绘制。其中图2-41a表示一般情况下使用的标高符号，l 为注写标高数字所需要的长度。图2-41b表示特殊情况下使用的标高符号，h 根据需要而定，不受位置限制。标高符号的尖端，应指至被注的位置。尖端可向下，也可向上（在立面图上）。图2-41c表示总平面图的室外地坪采用的标高符号，标高数字可注写在黑三角形的上边或右下边。

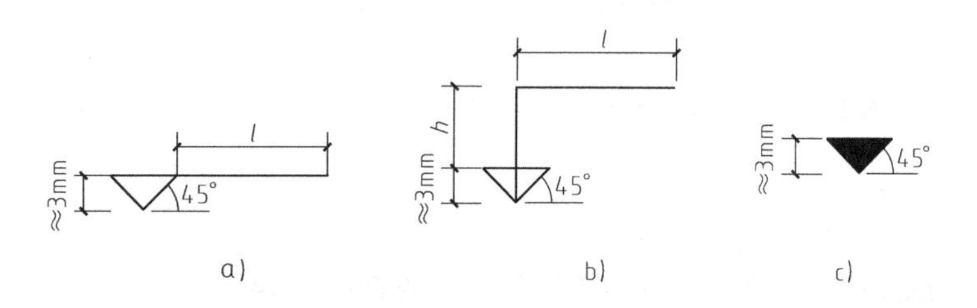

图2-41 标高符号

标高数字应以米为单位，注写到小数点以后第三位。在总平面图中，可注写到小数点以后第二位。零点标高应注写成 ±0.000，正数标高不注“+”，负数标高应注“-”，例如3.000、-0.600。

在图样的同一位置需表示几个不同标高时，标高数字可按图2-42的形式注写。

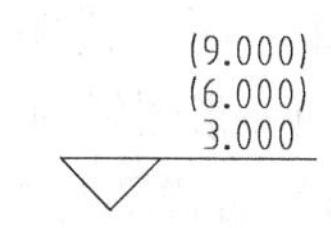

图2-42 同一位置同时标注几个不同标高

2.1.9 索引符号和详图符号

1. 索引符号

图样中的某一局部或构件，如需另见详图，应以索引符号索引。索引符号（图2-43）的圆及直径均应以细实线绘制，圆的直径应为8～10mm。

1）索引出的详图，如与被索引的详图在同一张图纸内，应在索引符号的上半圆用阿拉伯数字注明该详图的编号，并在下半圆中间画一段水平细实线（图2-43a）。

2）索引出的详图，如与被索引的详图不在同一张图纸内，应在索引符号的上半圆中用阿拉伯数字注明该详图的编号，在索引符号的下半圆中用阿拉伯数字注明该详图所在图纸的编号（图2-43b）。

3）索引出的详图，如采用标准图，应在索引符号水平直径的延长线上加注该标准图册的编号（图2-43c）。

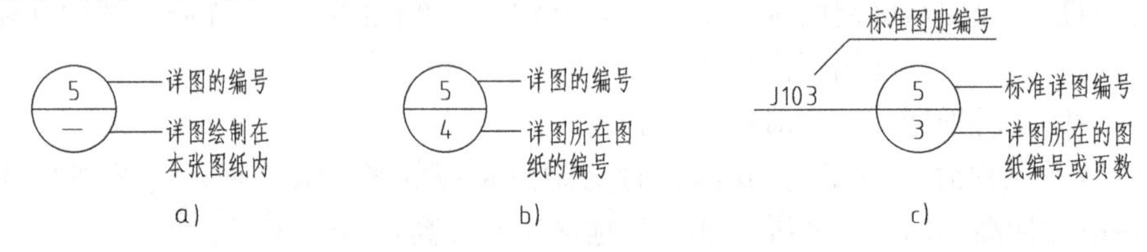

图2-43 索引符号

索引的详图是局部剖面（或断面）详图时，以引出线引出索引符号，并在引出线的一侧加画一剖切位置线，引出线所在的一侧表示该剖面图的剖视方向，如图2-44所示。

4）零件、钢筋、杆件、设备等的编号宜以直径为5～6mm的细实线圆表示，同一图样应保持一致，其编号应用阿拉伯数字按顺序编写（图2-45）。消火栓、配电箱、管井等的索引符号，直径宜以4～6mm为宜。

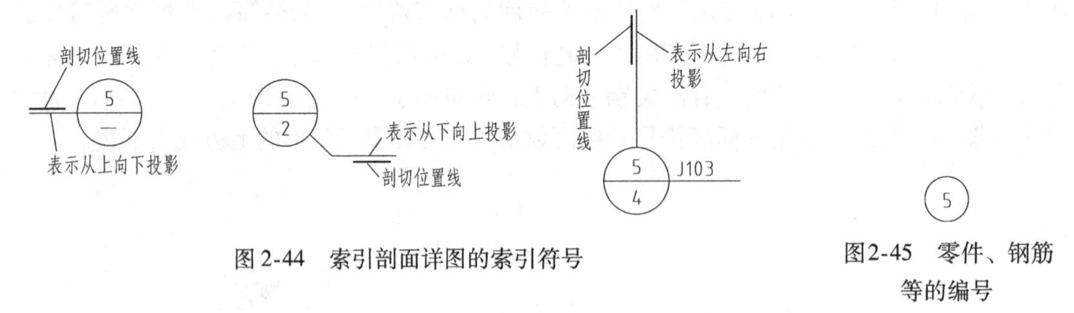

图2-44 索引剖面详图的索引符号

图2-45 零件、钢筋等的编号

2. 详图符号

详图符号如图2-46所示，用粗实线绘制，圆的直径为14mm。

1）当圆内只用阿拉伯数字注明详图的编号时，说明该详图与被索引图样在同一张图纸内（图2-46a）。

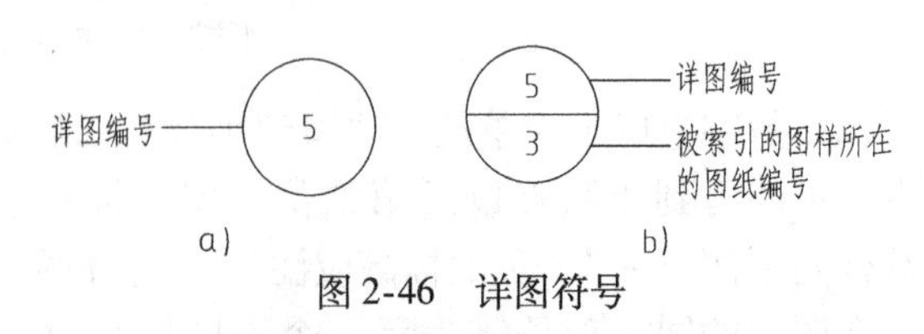

图2-46 详图符号

2）若详图与被索引的图样不在同一张图纸内，可用细实线在详图符号内画一水平直径，在上半圆内注明详图编号，在下半圆中注明被索引的图纸的编号（图

2-46b）。

2.1.10　其他符号

1. 引出线

建筑物的某些部位需要用文字或详图加以说明时，可用引出线从该部位引出。引出线应以细实线绘制，宜采用水平方向的直线，或与水平方向成30°、45°、60°、90°的直线，或经上述角度再折为水平的折线。文字说明可注写在横线的上方（图2-47a），也可注写在横线的端部（图2-47b），索引详图的引出线应与水平直径线相连接（图2-47c）。

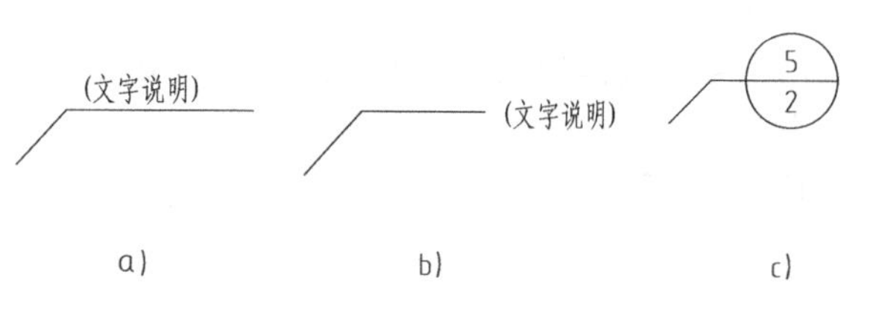

图2-47　引出线

同时引出几个相同部分的引出线，宜互相平行（图2-48a），也可画成集中于一点的放射线（图2-48b）。

多层构造或多层管道共用引出线，应通过被引出的各层，文字说明宜注写在水平线的上方，也可注写在水平线的端部，说明的顺序应由上至下，并应与被说明的层次相互一致（图2-49a）；如层次为横向排列，则由上至下的说明要与由左至右的层次相互一致（图2-49b）。

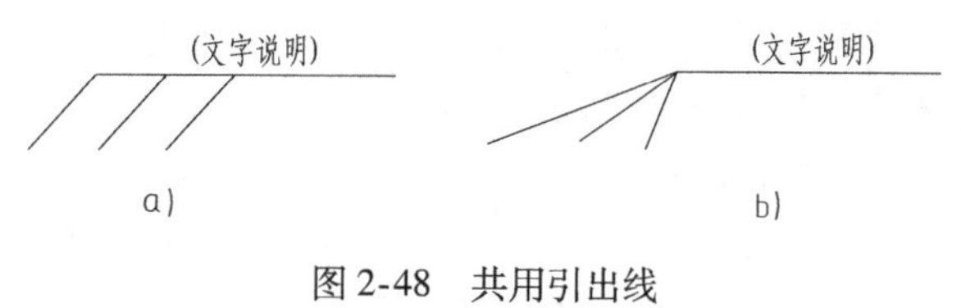

图2-48　共用引出线

2. 对称符号

对称符号由对称线和两端的两对平行线组成。对称线用细单点长画线绘制；平行线用细实线绘制，其长度为6～10mm，每对的间距宜为2～3mm；对称线垂直平分于两对平行线，两端超出平行线宜为2～3mm（图2-50）。

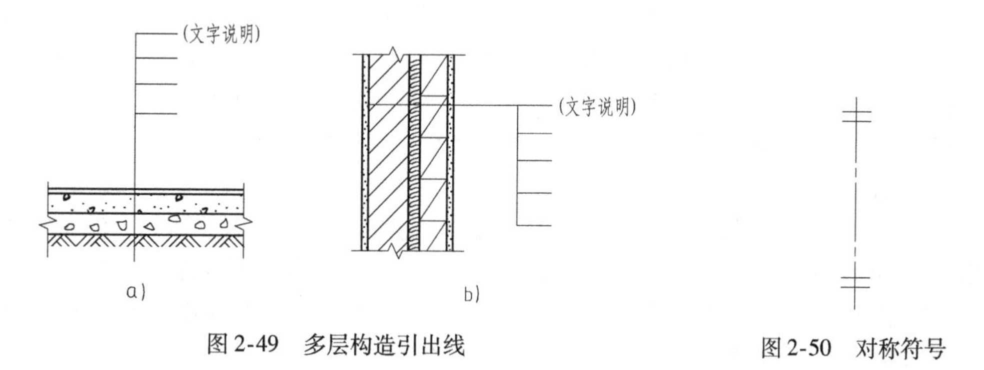

图2-49　多层构造引出线

图2-50　对称符号

3. 连接符号

一个构配件，如绘制位置不够，可分成几个部分绘制，并用连接符号表示。连接符号以折断线表示需要连接的部位。两部位相距过远时，折断线两端靠图样一侧应标注大写拉丁字母表示连接编号。两个被连接的图样必须用相同的字母编号，如图2-51所示。

4. 指北针

指北针是用于表示建筑物的朝向的。在总平面图及首层平面图上，一般都绘有指北针（图2-52）。指北针应用细实线绘制，圆的直径宜为24mm；指针尾部的宽度宜为3mm，指针头部要注明“北”或“N”字。若用较大直径绘制指北针时，指针尾部宽度宜为直径的1/8。

5. 云线

对图纸中局部变更部分宜采用云线，并宜注明修改版次（图2-53）。

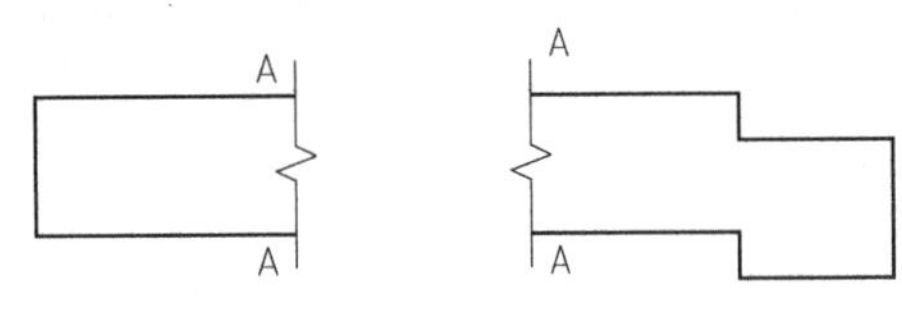

图2-51　连接符号

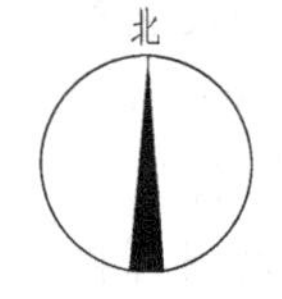

图2-52　指北针

图2-53　变更云线

注：1为修改次数

2.1.11　建筑绘图的一般方法和步骤

为提高图面质量和绘图速度，除必须熟悉制图标准、正确使用绘图工具和仪器外，还要掌握正确的绘图方法和步骤。

1. 制图前的准备工作

（1）准备工具　准备好所用的绘图工具和仪器，磨削好铅笔及圆规上的铅芯。

（2）安排工作地点　使光线从图板的左前方射入，并将需要的工具放在方便之处，以便顺利地进行制图工作。

（3）固定图纸　一般是按对角线方向顺次固定，使图纸平整。当图纸较小时，应将图纸布置在图板的左下方，但要使图板的底边与图纸下边的距离大于丁字尺的宽度。

2. 画底稿的方法和步骤

画底稿时，宜用削尖的H和2H铅笔轻淡地画出，并经常磨削铅笔。对于需上墨的底稿，在线条交接处可画出头一些，以便清楚地辨别上墨的起止位置。

画底稿的一般步骤为：先画图框、标题栏，后画图形。画图形时，先画轴线或对称中心线，再画主要轮廓，然后画细部。如图形是剖视图或剖面图时，则最后画剖面符号，剖面符号在底稿中只需画出一部分，其余可待上墨或加深时再全部画出。图形完成后，画其他符号、尺寸线、尺寸界线、尺寸数字横线和仿宋字的格子等。

3. 铅笔加深的方法和步骤

在加深时，应该做到线型正确，粗细分明，连接光滑，图面整洁。加深粗实线用HB铅笔；加深虚线、细实线、细点画线，以及线宽约$b/3$的各类图线都用削尖的H或2H铅笔；写字和画箭头用HB铅笔。画图时，圆规的铅芯应比画直线的铅芯软一级。加深图线时用力要均匀，还应使图线均匀地分布在底稿线的两侧。

在加深前，应认真校对底稿，修正错误和缺点，并擦净多余线条和污垢。铅笔加深的一般步骤如下：

1）加深所有的点画线。

2）加深所有的粗实线圆和圆弧。

3）从上向下依次加深所有水平的粗实线。

4）从左向右依次加深所有铅垂的粗实线。

5）从左上方开始依次加深所有倾斜的粗实线。

6）按加深粗实线的同样步骤依次加深所有虚线圆及圆弧，水平的、铅垂的和倾斜的虚线。

7）加深所有的细实线、波浪线等。

8）画符号和箭头，标注尺寸，书写注解和标题栏等。

9）检查全图，如有错误和遗漏，立即改正，并做必要的修饰。

2.2　投影的基本概念和投影分类

2.2.1　投影的基本概念

在正常的自然现象中，形体在光的照射下，会在地面或其他形体表面产生一个影子。由于投射的方向不同，会使影子的大小、形状有所变化，而且由于形体大多不透光，所以影子一般为全黑的。工程图纸如果只绘制这个形体轮廓是无法施工的，需要更详细的内部构造说明。则假设光线可以穿透形体并将形体上的点和线在相应的面上得到它们的影子，这些影子构成了反映形体的图形，这个图形称为形体的投影。而这种投影的方法称为投影法，如图 2-54 所示。

投影要具备三个条件才能产生，称其为投影三要素，即光源 S、形体 A、投影面 P，如图 2-54所示。形体 A，在工程上就是所要表达的建筑物或构件。形体上各点与 S 的连线称为投射线。投影面 P 即形体投影所在的平面。

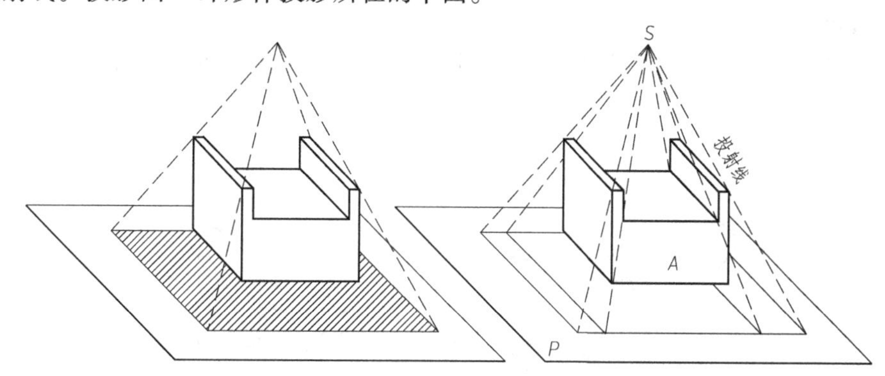

图 2-54　投影法与投影三要素

2.2.2　投影分类

投影可以分为中心投影法和平行投影法两大类。

1. 中心投影法

所有投射线汇聚于一点的投影法。工程上常用于绘制建筑的透视图，如图 2-55a 所示。

2. 平行投影法

投射线相互平行的投影法。根据投射线与投影面的关系，可以分为直角投影和斜投影。

（1）直角投影（正投影） 投射线垂直于投影面的平行投影。在工程上广泛运用，是工程图纸的绘制基础，如图2-55b所示。

（2）斜投影 投射线倾斜于投影面的平行投影。工程上常用于绘制某些轴测图，如图2-55c所示。

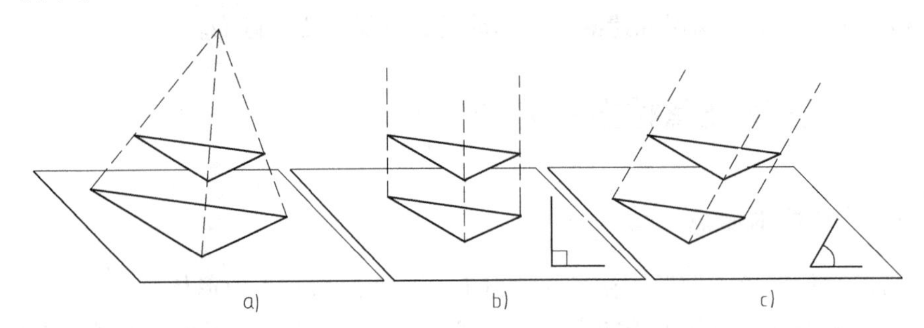

图2-55 投影法分类

2.2.3 正投影的特性

1. 可度量性（实形性）

当线段或平面平行于投影面时，在投影面上的投影反映实长或实形，可以从投影上直接度量，确定其大小与形状，如图2-56a所示。

2. 从属性

直线上点的投影必在该直线的同一投影面的投影上，如图2-56b所示。

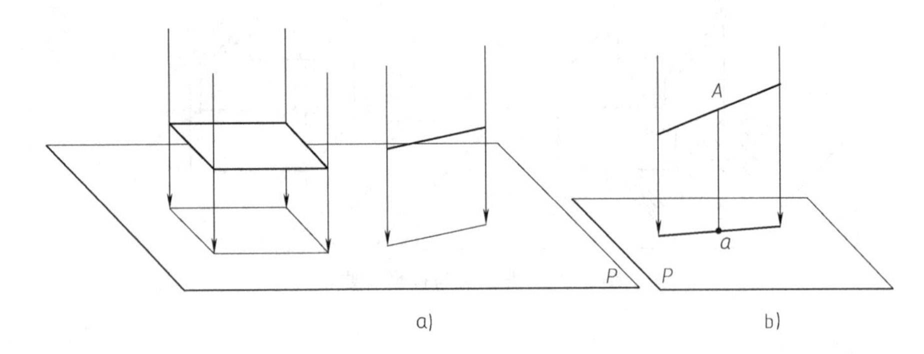

图2-56 投影实形性与从属性

3. 积聚性

当线段或平面垂直于投影面时，在投影面上的投影积聚成一点或一条直线，如图2-57a所示。

4. 类似性

当线段或平面倾斜于投影面时，在投影面上的投影小于实长或实形，但仍保持其空间几何形状。即线段投影仍为线段，*X* 边形投影仍为 *X* 边形，但长度与大小都会减小，如图 2-57b所示。

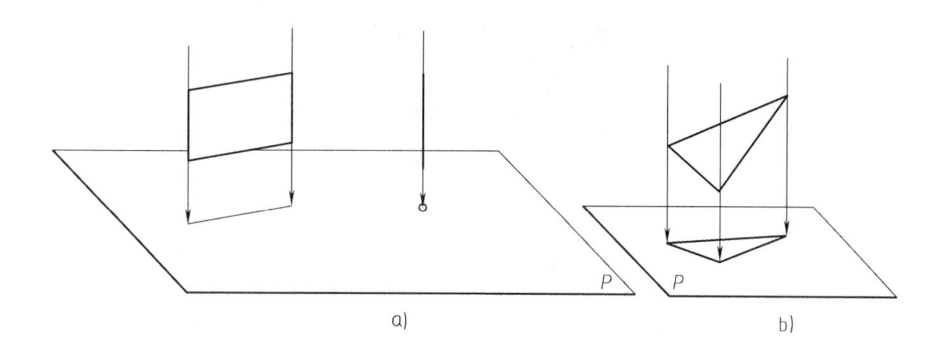

图 2-57　投影积聚性与类似性

2.3　三面正投影图

2.3.1　三面投影体系

根据正投影法绘制的投影，往往只能表达形体一个方向的内容，而不同的形体在某个或两个方向的投影是一样的，这说明只有一个或两个正投影不一定能真实反映物体的形状和大小，如图 2-58 所示。在工程图纸上一般采用三个正投影来表达形体，构成三面投影体系，它是由三个相互垂直的投影面构成的。

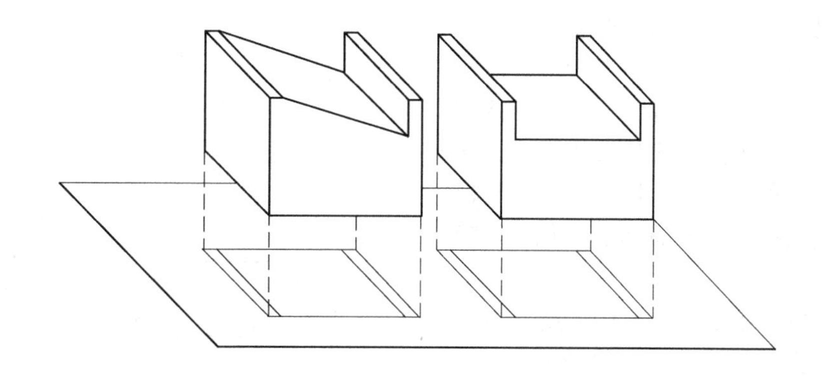

图 2-58　不同的形体在同一投影面上具有相同投影

位于观察者下方，处于水平位置的投影面称为水平投影面，标记为“*H*”，在建筑上用于绘制平面图；位于观察者正前方的投影面称为正立投影面，标记为“*V*”，在建筑上用于绘制立面图；位于观察者右边的投影面称为侧立投影面，标记为“*W*”，建筑上用于绘制侧立面图。*H* 面与 *V* 面的相交线称为 *X* 轴；*H* 面与 *W* 面的相交线称为 *Y* 轴；*V* 面与 *W*

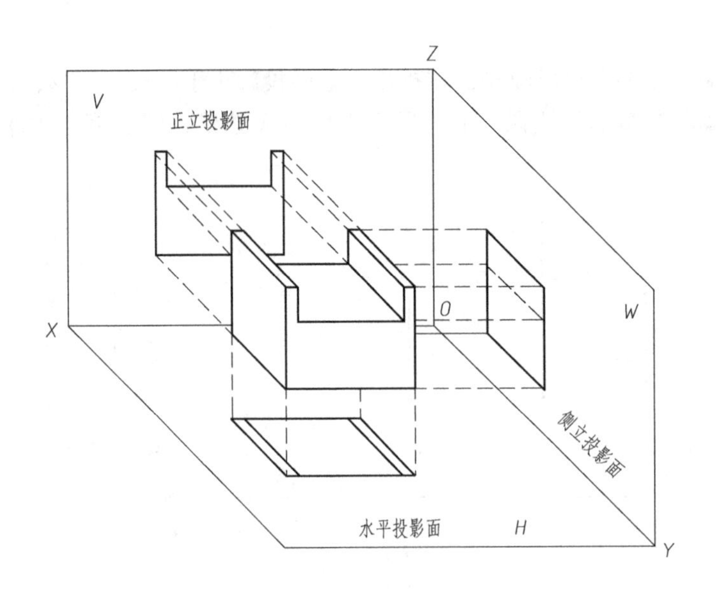

图2-59　三面投影体系与某形体的投影

面的相交线称为 Z 轴；三根轴的交点 O 称为原点，如图2-59所示。

2.3.2　三面正投影图的形成

将形体尽量平行放置在三面投影体系中，用三组分别垂直于三个投影面的平行投射线进行投影，即可得到形体的三面投影图。

形体放置在三面投影体系中，光线由前向后投射，在正立投影面上得到视图，称为正面投影或 V 面投影；形体放置在三面投影体系中，光线由上向下投射，在水平投影面上得到视图，称为水面投影或 H 面投影；形体放置在三面投影体系中，光线由左向右投射，在侧立投影面上得到视图，称为侧面投影或 W 面投影，如图2-59所示。

工程上的图纸都是平面的，所以将投影完的三面投影体系沿着 Y 轴分开，V 面保持不动，H 面绕 OX 轴向下旋转90°，W 面绕 OZ 轴向后旋转90°后让三面处于同一平面，形成平面三面正投影图，称为形体的三视图，如图2-60所示。

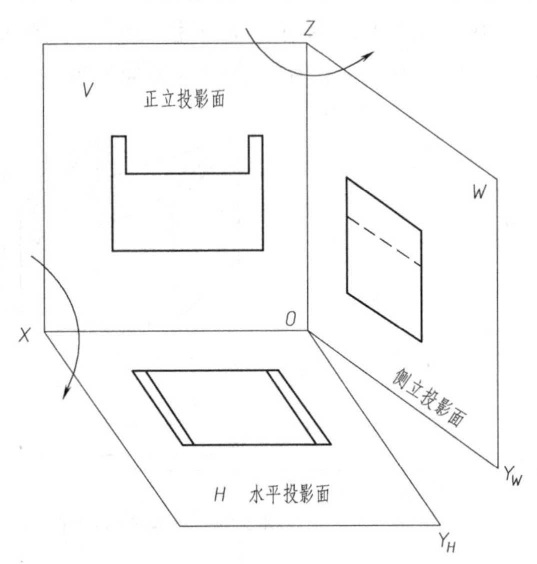

图2-60　三面投影体系展开方法

这时 OY 轴分成两条，分处 H 面与 W 面，则标记为 OY_H 和 OY_W。此时三面投影体系处于同一平面内，则用垂直的两条线来表示，并标记上相应的字母，如图2-61所示。

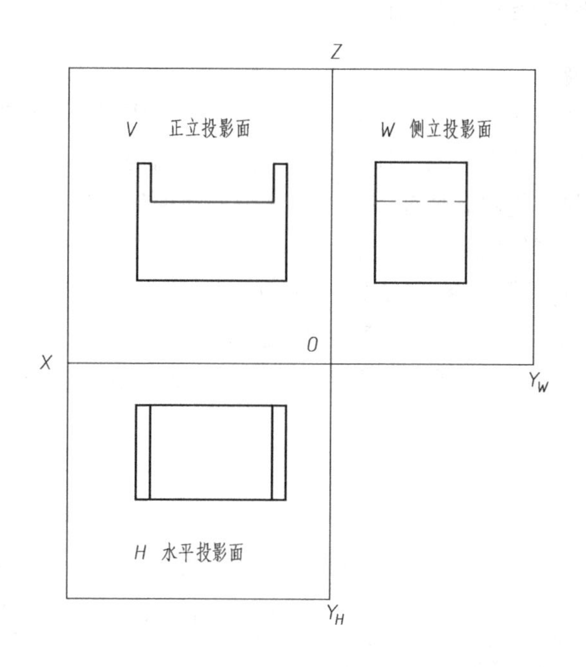

图 2-61　三面投影体系展开结果

2.3.3　三面正投影图的投影关系

在三面投影体系中，*OX* 轴与形体的长度相对应，表达形体的左右关系；*OY* 轴与形体的宽度相对应，表达形体的前后关系；*OZ* 轴与形体的高度相对应，表达形体的上下关系，则：*V* 面由 *OX* 轴和 *OZ* 轴组成，表达形体长、高的量和形体左右、上下关系；*H* 面由 *OX* 轴和 *OY* 轴组成，表达形体长、宽的量和形体左右、前后关系；*W* 面由 *OY* 轴和 *OZ* 轴组成，表达形体宽、高的量和形体前后、上下关系。

由此可见，两个投影面之间的对应关系如下：*V* 面和 *H* 面都有 *OX* 轴——“长对正”；*H* 面和 *W* 面都有 *OY* 轴——“宽相等”；*W* 面与 *V* 面都有 *OZ* 轴——“高平齐”。

这是三面投影图间的投影对应关系，也是绘制形体三视图必然遵守的规律，如图 2-62 所示。

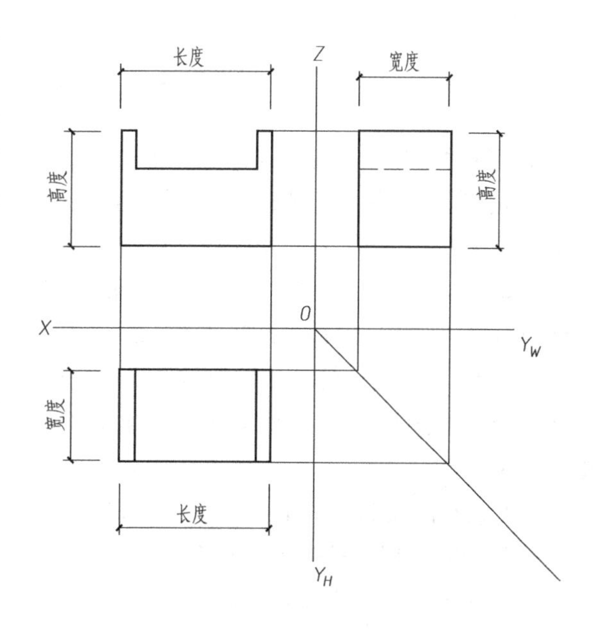

图 2-62　三视图的规律

2.3.4 三面正投影图的画法举例

1. 基本体的投影图

基本体是构成各种形体的最基本的元素，按其表面形式可划分为平面体和曲面体，平面体一般有棱柱、棱锥和棱台，曲面体有圆柱、圆锥、圆台和球。

对于基本体，一般先找出其特征面，特征面为反映形体特征的表面，一般为其平衡放置后的底面。然后根据形体的高度和投影规律绘制出三面投影图。

（1）五棱柱的三面投影（图2-63） 形体上的点用大写英文字母进行标识，然后将其投影到相应的平面上，*H* 面上用小写的英文字母进行标识，*V* 面上用小写英文字母和′号进行标识，*W* 面上用小写英文字母和″号进行标识。如空间点 *A* 的 *H*、*V*、*W* 面投影标识为 *a*、*a*′、*a*″。

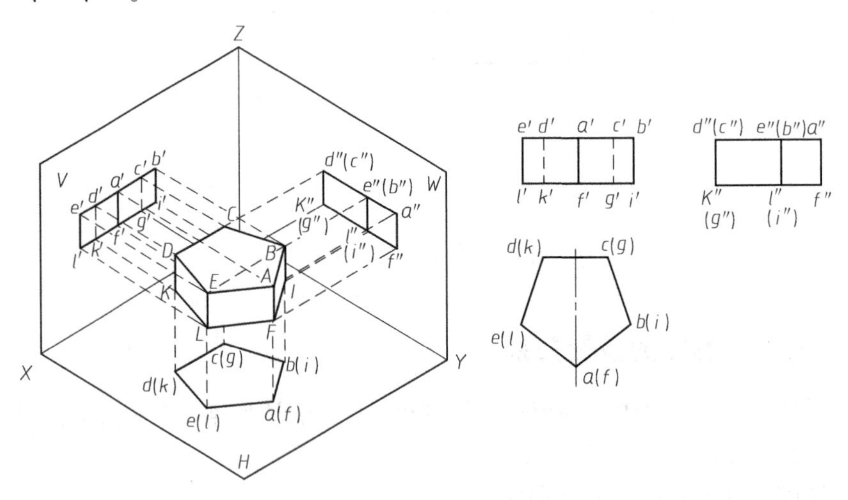

图2-63 五棱柱的投影图

先绘制两条相互垂直的线作为坐标轴并标记相应轴。

H 面投影的绘制：五棱柱的特征面为其底面正五边形，则选择在 *H* 面上根据其实形绘制出正五边形。再根据投影规律，画出相应的辅助线，如图2-64a所示。

V 面投影的绘制：根据三投影规律中的“长对正”，确定 *V* 面投影的底线，通过量取形体的高度，再确定五棱柱的形体轮廓（棱柱体投影特征是其投影轮廓为一个特征面和两个矩形体）。根据五棱柱的摆放位置，确定轮廓内的线条，中间的 *a′f′* 为实线，因为根据观察位置，*AF* 线可见，而 *DK* 和 *CG* 被前面的面遮挡不可见，故 *d′k′*，*c′g′* 为虚线，如图2-64b所示。

W 面投影的绘制：*H* 面与 *V* 面绘制完毕，相应的条件都具备，可以根据投影规律的“宽相等”和“高平齐”，绘制出 *W* 面投影。其轮廓中间的线条对应 *EL* 和 *BI* 线，*EL* 为可见的，*BI* 为不可见，所以 *e″l″* 为实线，*b″i″* 为虚线，而两线 *W* 面投影位置重合，显示为实线，如图2-64b所示。

最后检查加深，完成五棱柱三面投影绘制，为了更清楚直观表达，可以去掉坐标轴和

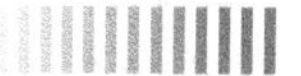

辅助线，保持五棱柱投影对应位置不变。

（2）棱锥体、棱台体的三面投影　棱锥体的底面为特征面，另两个面投影为等腰三角形，如图 2-65 所示。棱台体的三面投影图如图 2-66 所示。

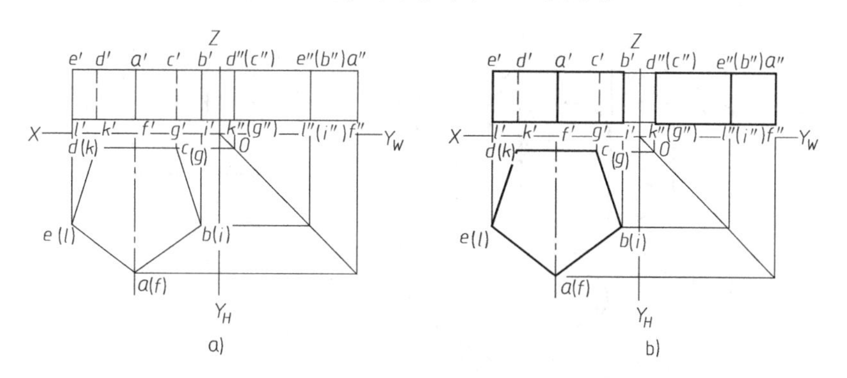

图 2-64　五棱柱投影图的绘制

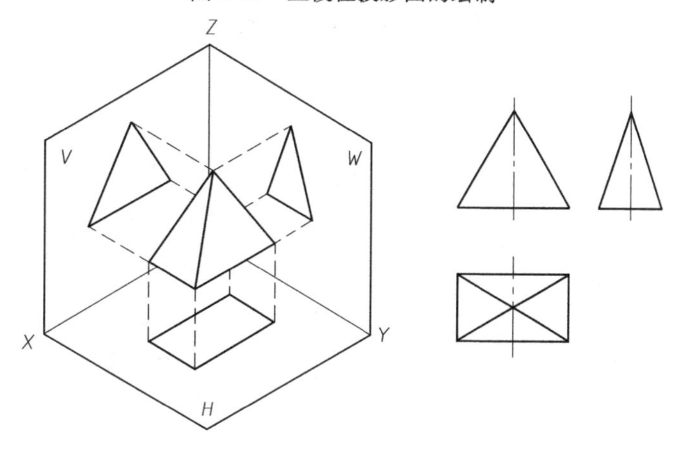

图 2-65　四棱锥的三面投影图

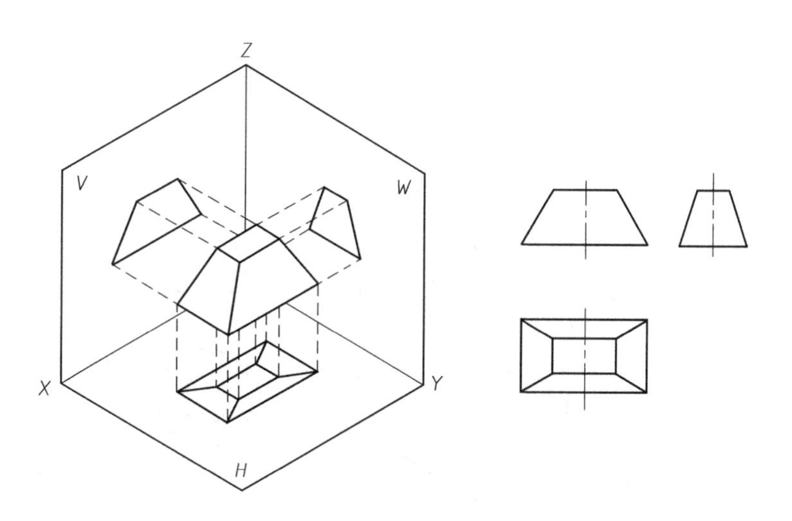

图 2-66　四棱台的三面投影图

（3）曲面体的三面投影　圆柱体的三面投影如图2-67所示，圆锥体的三面投影如图2-68所示，圆台体的三面投影如图2-69所示，球体的三面投影如图2-70所示。

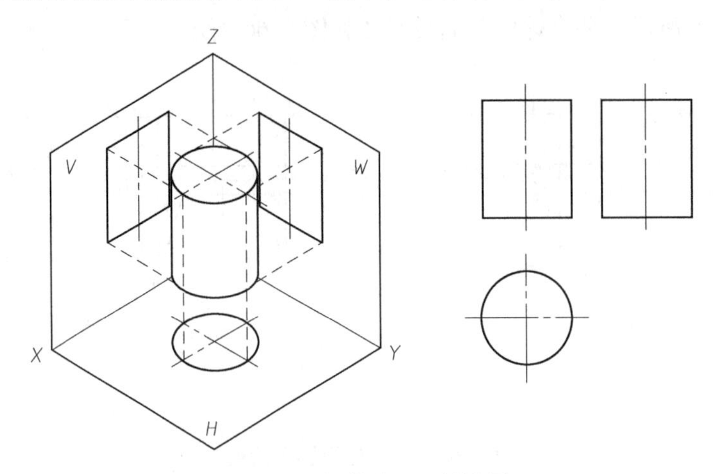

图2-67　圆柱体的三面投影图

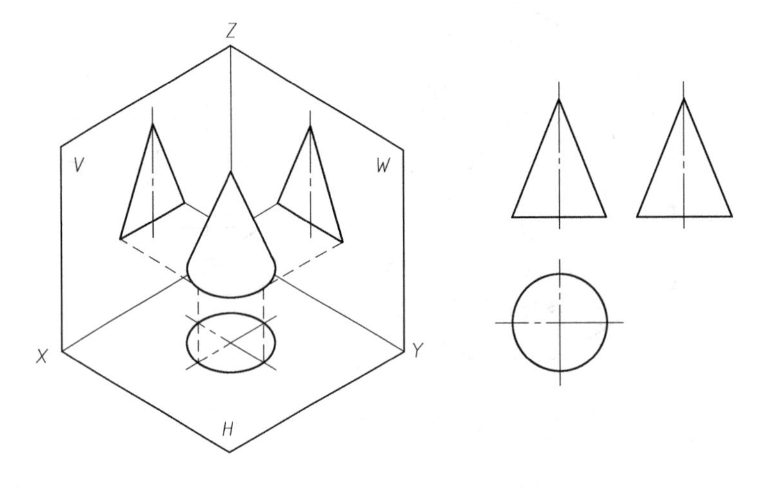

图2-68　圆锥体的三面投影图

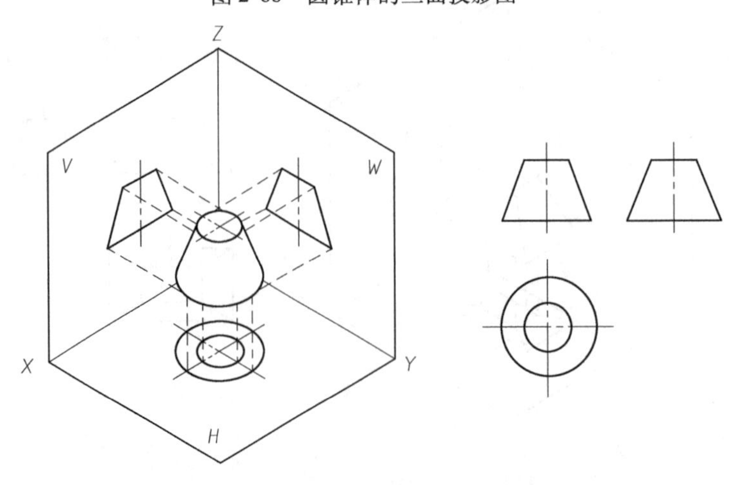

图2-69　圆台体的三面投影图

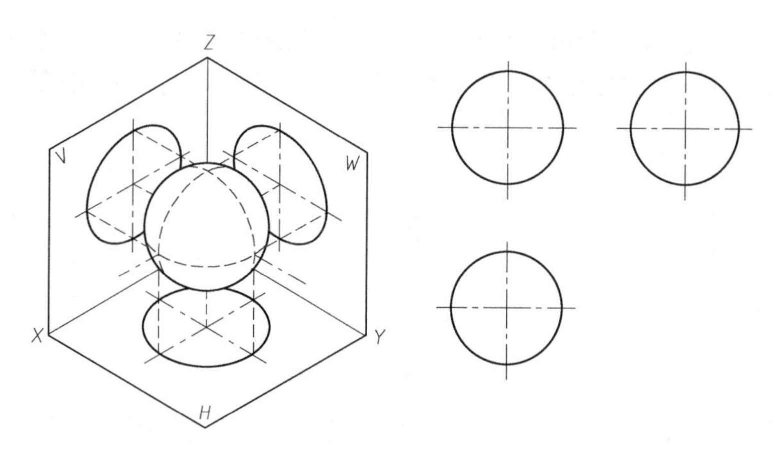

图 2-70　球体的三面投影图

2. 组合体的三面投影图

形体千变万化，但其最终是由简单的几何体按一定方式组合或加工而成的，这些简单的几何体称为基本体。组合而成的形体称为组合体，加工而成的形体称为切割体。

组合体和切割体可以根据以下原则来确定三视图：形体按正常工作状态放置，一般是其最平稳的状态；能明显反映形体的特征及各部分的相对关系；画图简便，表达清楚，尽量满足长、宽、高对应关系，使整个图面上的虚线最少。

（1）切割体　切割体一般由基本形体通过一次或多次加工形成，如图 2-71 所示。

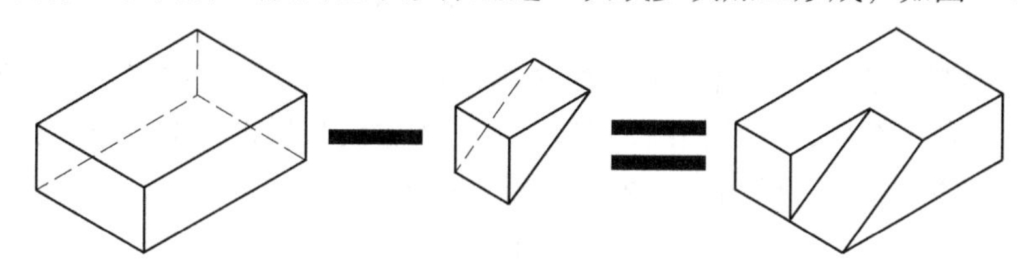

图 2-71　切割体的形成

这个切割体现在就处在一个相对平衡的状态，在建筑上可以理解成是一个坡道。则选择如图 2-72 所示进行观察，填充部分为相应视图时所看到的平面。这样的画法可以满足以上的视图确定原则。

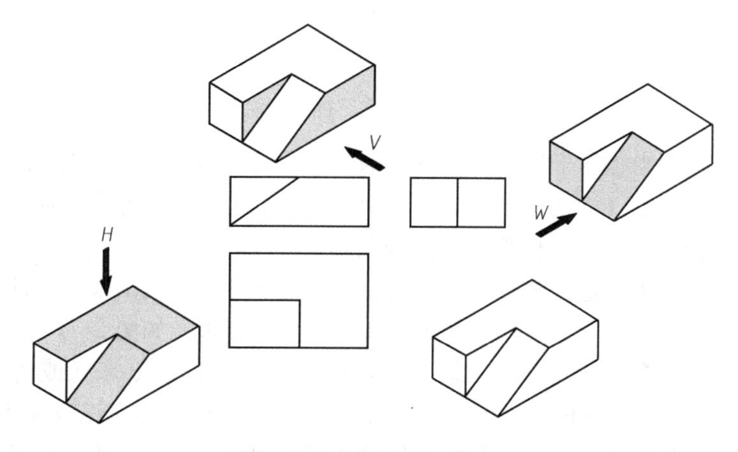

图 2-72　切割体的三视图

切割体绘制三视图时先画出其原来的基本体，再根据其加工的方式，增补加工后产生的线条，最后检查三个部分是否符合投影规律，正确无误后加深完成视图，如图 2-73 所示。

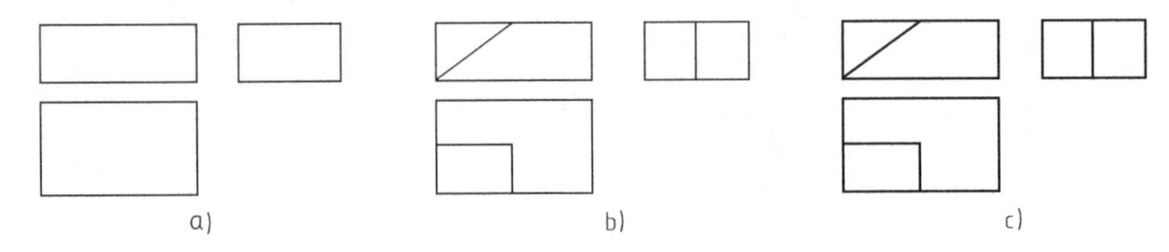

图 2-73　切割体三视图的绘制

（2）组合体　组合体是由多个基本形体或切割体经过叠加而成的形体。在绘制之前可以通过形体分析，将其分解为多个单独的形体，再分别进行绘制。

如图 2-74 所示，在前面切割体的基础上，加入一块竖板，形成了一个新的组合体。

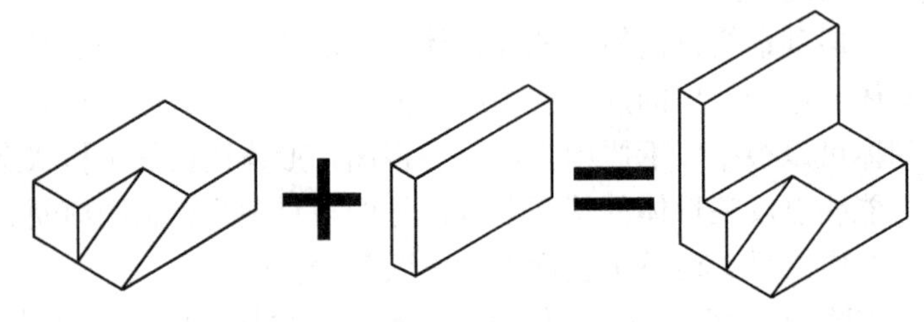

图 2-74　组合体的形成

三视图的绘制则是先绘制出原来的切割体，根据加入竖板的位置，补上竖板的三视图，完成组合体的三视图绘制，如图 2-75 所示。注意板与板连接的部分，此部分两个形体的表面相接，表面齐平，则组合处表面不需要画线。

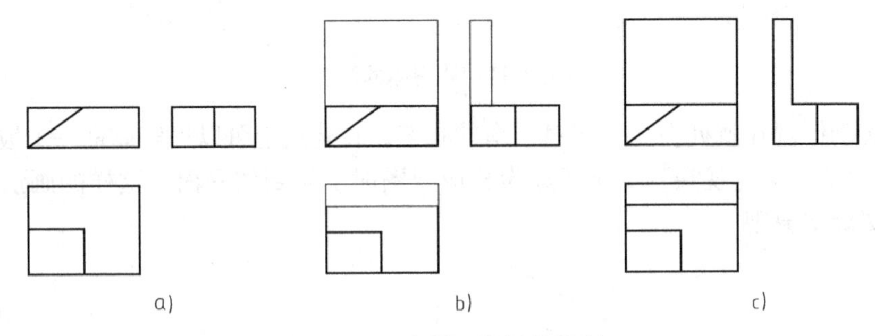

图 2-75　组合体三视图的绘制

当上部的竖板为半径等于长度的半圆柱时，如图 2-76 所示，此时组合体上面相邻的两个表面是相切的关系（立体图中的虚线圆部分），可以称其为光滑过渡，连接的地方不需要画出（*W* 面投影处，两形体相接处无线条）。

如果当加入的竖板中挖去圆孔时，需要将挖去的部分也表现出来。但此时圆孔在某些视图中不能直接被看到，则要在相应的地方用虚线表示出来，如图 2-77 所示。

当形体的内部有孔洞，向某个投影面投影时不能直接投影出来（或者说不能被观察者直接观察到），就需要用虚线将其表示出来。对于圆形的物体，还需要画出其对称轴。

最后在原有切割体上加入另一个切割体构成新的组合体，要特别注意两块形体没有完全相接的部分，这部分可以称为相离部分（如图 2-78 中的虚线圆部分）。相离部分在视图上需要用线条进行表示，根据所选择的视图不同，直接看得到时用实线表示，不能直接看到时用虚线表示。

图 2-76　形体光滑过渡的表达

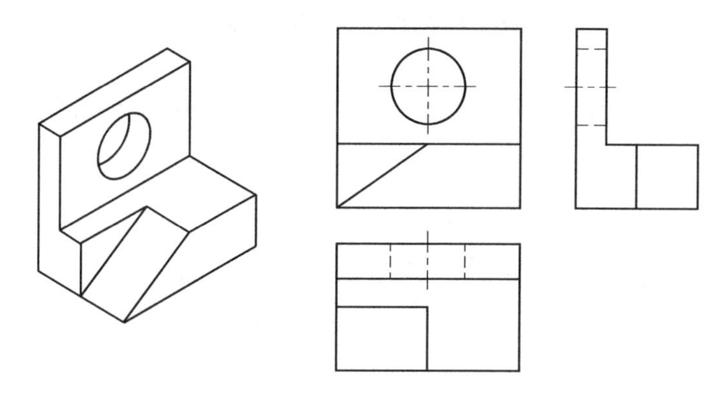

图 2-77　形体内部孔洞的表达

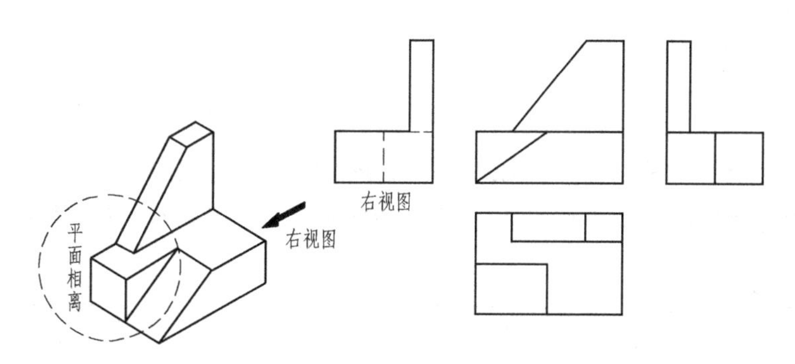

图 2-78　形体相离的表达

2.3.5　同坡屋面

建筑上，因为排水的需要，屋面均设有一定的坡度。一般来说，屋面坡度小于 5% 的称为平屋面，屋面坡度大于 10% 的称为坡屋面。当坡屋面的各屋面与地面（即 H 面）的倾角（α 角）都相等时，称为同坡屋面。

坡屋面的各种交线名称为：檐口线——坡屋面与墙面的交线（图2-79中的线*AB*、*BC*、*CD*、*DE*、*EF*、*FA*）；屋脊线——两坡屋面的相交线且与檐口线平行（图2-79中的线*GH*、*HI*、*IJ*）；斜脊线——两相邻屋面的凸相交线且与檐口线相交（图2-79中的线*AG*、*BG*、*DJ*、*EJ*、*FI*）；天沟（斜沟）线——两相邻屋面的凹相交线且与檐口线相交（图2-79中的线*CH*）。

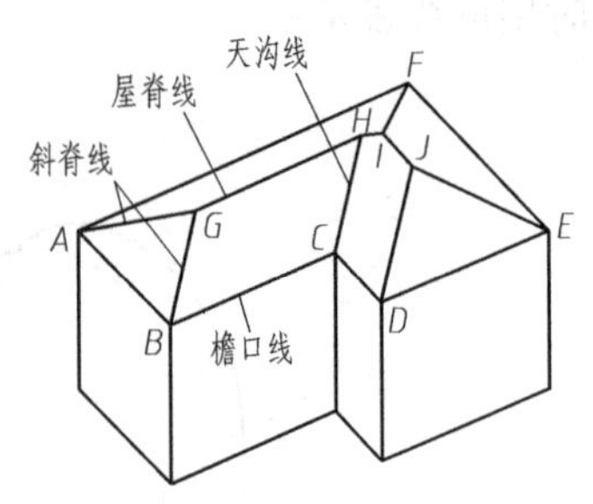

图2-79 坡屋面的各类交线

同坡屋面的交线具有如下的特点：

1）屋脊线的水平投影与相对应的屋檐线的水平投影平行且等距。

2）斜脊（天沟）线的水平投影是与之相交的两檐口线水平投影夹角的角等分线。

3）两斜脊、两天沟或一斜脊一天沟相交于一点时，该点上必有第三条屋脊线通过。

4）先碰先交。先碰在一起的线，先得出交点。

根据以上特点，绘制同坡屋面的三视图。已知同坡屋面（图2-80）的檐口线*H*面投影及其同坡倾角为30°，求完整的*H*面投影与*V*、*W*面投影。

1）*H*面投影。

① 根据特点2）分别由*a*、*b*、*c*、*d*、*e*、*f*点引出角等分线。根据特点4)，得出*g*和*j*点，如图2-81所示。

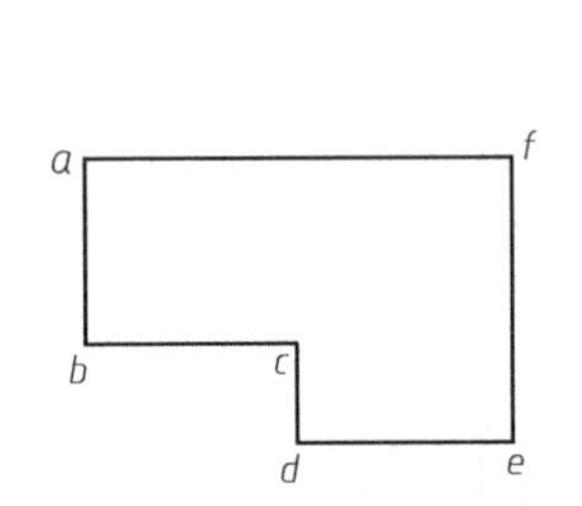

图2-80 已知条件

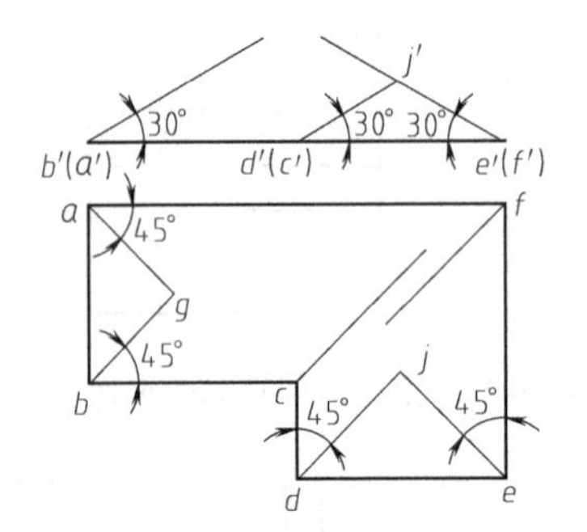

图2-81 由各角点引出角等分线

② 根据特点3）和4）由*g*点画出屋脊线*gh*，由*j*点画出屋脊线*ji*，如图2-81所示。

③ 最后根据特点3）连接*h*和*i*点，得到屋脊线*hi*（*hi*线实际为斜脊线，虚线部分），如图2-82所示。

2）*V*面投影：

① 由*b′*（*a′*）、*d′*（*c′*）和*e′*（*f′*）点绘制30°（同坡角）的直线，得交点*j′*，其为空间*J*点的*V*面投影，如图2-82所示。

② 由*H*面*g*点，根据点的投影规律得*V*面*g′*点，过

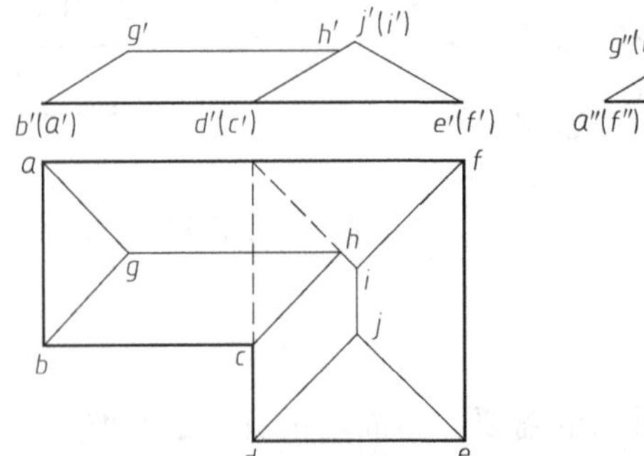

图2-82 屋面及其交线的投影

g'根据特点 1）作屋脊线的 V 面投影 $g'h'$，交 $d'j'$于 h'点，如图 2-82 所示。

③ 因为屋脊线 JI 为正垂线，所以将 j'点标写为 j'（i'），完成 V 面投影，如图 2-82 所示。

3）W 面投影：请读者自行参照分析，结果参见图 2-82。

2.4　剖面图和断面图

采用正投影法绘制形体的三视图时，只是简单地表现形体的内部结构，对于内部结构较复杂的形体，往往会出现大量的虚线，这时就可以采用剖面图或断面图来表达形体内部结构，如图 2-83所示。

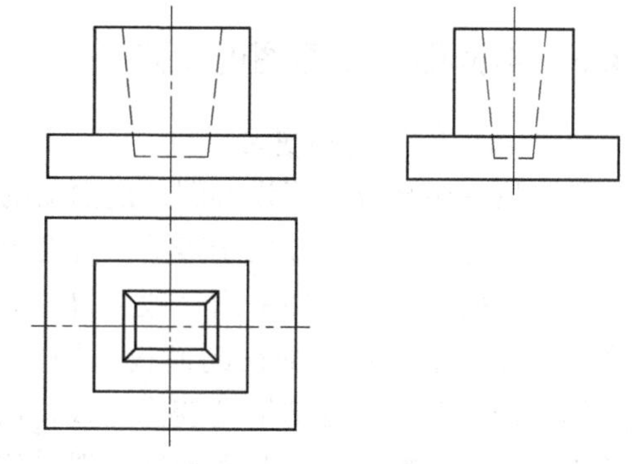

图 2-83　形体的三视图

2.4.1　剖面图和断面图的基本概念

剖面图是指用假想的剖切平面将形体切开，将观察者与剖切平面之间的部分移走，采用正投影法将剩下的形体向相应的投影面投影得到的图形，并且将剖切面跟形体接触的部分画上剖面线或材料图例，如图 2-84 所示。

断面图是指用假想的剖切平面将形体切开，将剖切平面与形体的相交面向相应的投影面投影得到的图形，如图 2-85 所示。

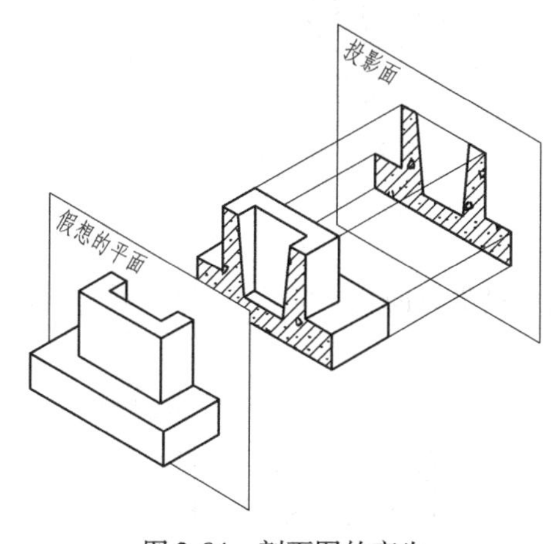

图 2-84　剖面图的产生

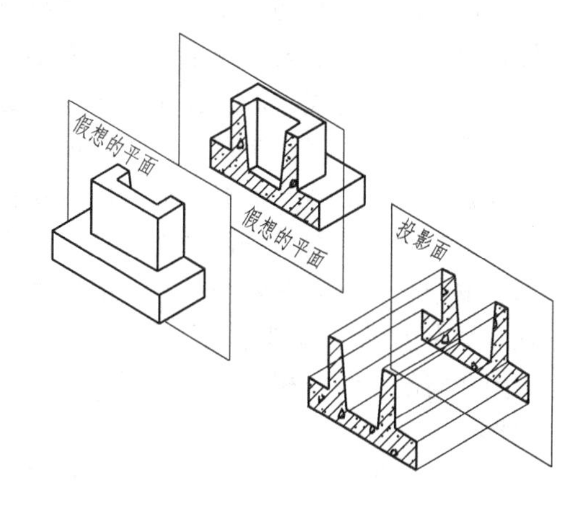

图 2-85　断面图的产生

2.4.2　剖面图和断面图的区别

根据剖面图与断面图的概念，剖面图是将剩下的形体进行投射，包含后部未被剖切到的部分。而断面图是将相交平面进行投射，不包含其他部分。

注意图 2-86 虚线圆包含的部分，剖面图有一条实线，断面图无线。

实际上，剖面图上的轮廓线不仅仅是剖切后断面投影出来的，它还是剩余部分各正垂面的积聚投影；而断面图的轮廓线只是单纯的断面的投影而已。

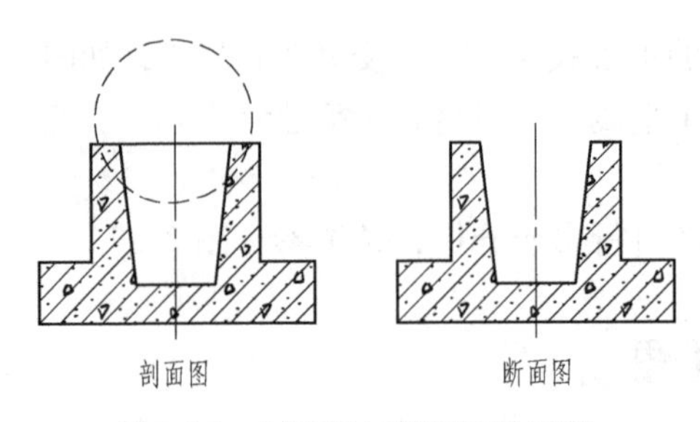

图2-86　剖面图与断面图的区别

2.4.3　剖面图与断面图的规定

1. 剖面图的组成和规定

剖切后剩余部分的正投影图是剖面图的主要部分，一般与同投影面的投影图形体轮廓相同。但因为剖面图一般用于表达内部孔洞、沟槽等复杂结构，所以剖切平面一般通过这些地方或主要轴线和中心线，则在剖面投影图的内部，原来的虚线位置因为有剖切则变为实线，没剖切到的虚线部分忽略不画。断面轮廓一般采用粗实线绘制。

图2-87与原三视图对比，三视图的虚线部分在此变成实线。

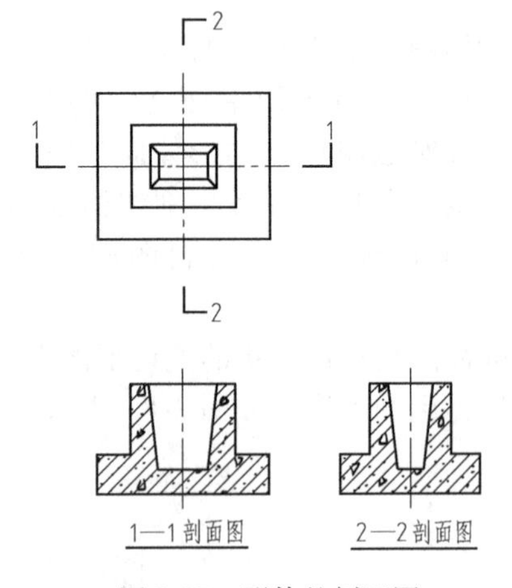

图2-87　形体的剖面图

剖切符号由剖切位置线和投影方向线组成。剖切位置线实为剖切平面的积聚投影，由不穿越形体的两段粗实线构成，每段长6～10mm，必要时可以转折，大多数都绘制在平面投影图上。投影方向线表达剩余形体的投射方向，由剖切位置线末端开始绘制，与剖切位置线垂直且每段长4～6mm。

剖切编号与剖面图图名相对应。剖切编号绘制在投影方向线末端，宜采用阿拉伯数字由左到右、由上到下编排书写，保持水平。剖面图图名与剖切编号相对应，采用“×—×剖面图”或“×—×”格式书写于剖面图的下方，并在图名下部绘一条略长的粗实线，使图名居于粗线中部。

材料图例绘制于断面轮廓内，用于表达形体的材料，以区别断面与非断面。如不清楚用什么材料，可用间隔均匀的45°细实线表示。同一形体上的各断面材料图例应同一方向，间距一致，如图2-88中1—1剖面图所示。常用建筑材料图例见表2-7。

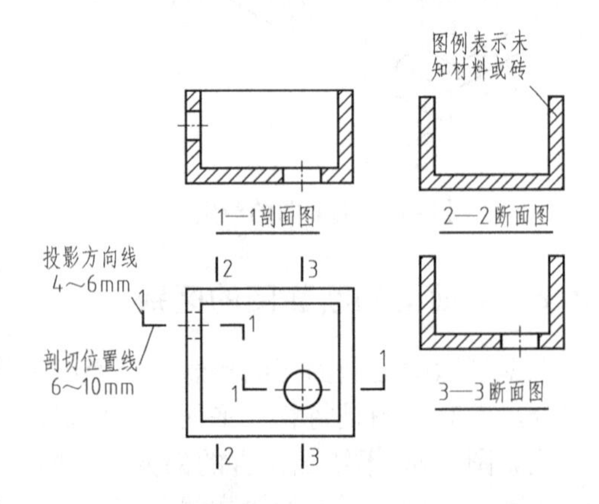

图2-88　剖面图与断面图的组成与规定

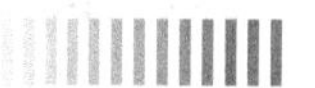

表 2-7 常用建筑材料图例

序号	名　称	图　例	备　注
1	自然土壤		包括各种自然土壤
2	夯实土壤		—
3	砂、灰土		—
4	砂砾石、碎砖三合土		—
5	石材		—
6	毛石		—
7	普通砖		包括实心砖、多孔砖、砌块等砌体。断面较窄不易绘出图例线时，可涂红，并在图纸备注中加注说明，画出该材料图例
8	耐火砖		包括耐酸砖等砌体
9	空心砖		指非承重砖砌体
10	饰面砖		包括铺地砖、马赛克、陶瓷锦砖、人造大理石等
11	焦渣、矿渣		包括与水泥、石灰等混合而成的材料
12	混凝土		（1）本图例指能承重的混凝土及钢筋混凝土 （2）包括各种强度等级、集料、添加剂的混凝土 （3）在剖面图上画出钢筋时，不画图例线 （4）断面图形小，不易画出图例线时，可涂黑
13	钢筋混凝土		
14	多孔材料		包括水泥珍珠岩、沥青珍珠岩、泡沫混凝土、非承重加气混凝土、软木、蛭石制品等
15	纤维材料		包括矿棉、岩棉、玻璃棉、麻丝、木丝板、纤维板等
16	泡沫塑料材料		包括聚苯乙烯、聚乙烯、聚氨酯等多孔聚合物类材料
17	木材		（1）上图为横断面，左上图为垫木、木砖或木龙骨 （2）下图为纵断面
18	胶合板		应注明为×层胶合板

（续）

序号	名　　称	图　　例	备　　注
19	石膏板		包括圆孔、方孔石膏板、防水石膏板、硅钙板、防火板等
20	金属		（1）包括各种金属 （2）图形小时，可涂黑
21	网状材料		（1）包括金属、塑料网状材料 （2）应注明具体材料名称
22	液体		应注明具体液体名称
23	玻璃		包括平板玻璃、磨砂玻璃、夹丝玻璃、钢化玻璃、中空玻璃、夹层玻璃、镀膜玻璃等
24	橡胶		—
25	塑料		包括各种软、硬塑料及有机玻璃等
26	防水材料		构造层次多或比例大时，采用上图例
27	粉刷		本图例采用较稀的点

注：序号1、2、5、7、8、13、14、16、17、18图例中的斜线、短斜线、交叉斜线等均为45°。

2. 断面图的组成和规定

断面轮廓由剖切平面与形体相交面投影得到，是断面图的外形轮廓，采用粗实线绘制。

剖切符号只有剖切位置线无投影方向线，规定同剖面图的剖切位置线。

编号与图名的规定与剖面图基本相同，区别在于：由于没有投影方向线，则编号写在剖切位置线外部中间，位置由断面投影方向决定，位于投影方向一侧，保持水平，符合阅读习惯。

材料图例规定同剖面图，如图2-88中2—2断面图、3—3断面图所示。

2.4.4　剖面图与断面图的分类

1. 剖面图的分类

（1）全剖面图　用假想的剖切平面将形体完全剖切开来得到的剖面图。

全剖面图适用于各类形体，可以直观、充分地表达形体内部的构造，建筑上常用于绘制剖面图和各类构件详图，如图2-88中1—1剖面图所示。

图2-89为楼板的剖面图，用来表达楼板的各构造层次，从下到上分为四个层次，根据引出的标注和剖面的图例可以知道，分别为抹灰层、结构层、找平层和面层。

用几个相互平行的剖切平面来剖切形体，得到的剖面图称为阶梯剖面图，用于表达内部结构较复杂，无法用一个剖面完全剖切到的形体，如图 2-88 中 1—1 剖面图。1—1 剖面图中对应的剖切平面转折处是没有画出转折分界线的，因为这里的剖切平面是假想的，并不是真实地剖切开形体。

用两个相交的剖切平面来剖切形体，将形体的非倾斜与倾斜部分转成同一平面后投影得到的图称为展开剖面图，用于表达某些特殊的形体，其在图名处加注“展开”字样，如图 2-90 所示。

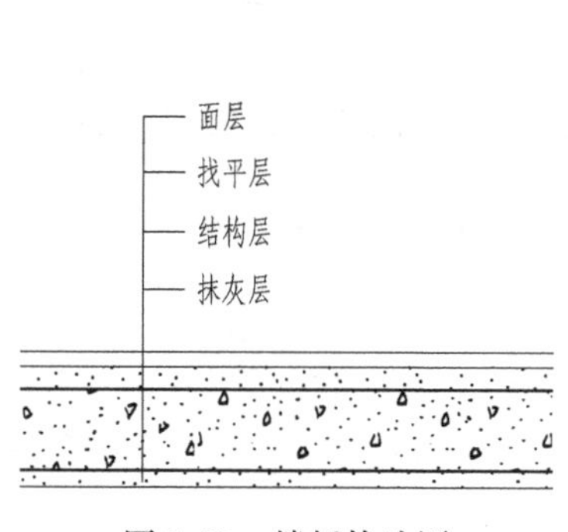

图 2-89　楼板构造图

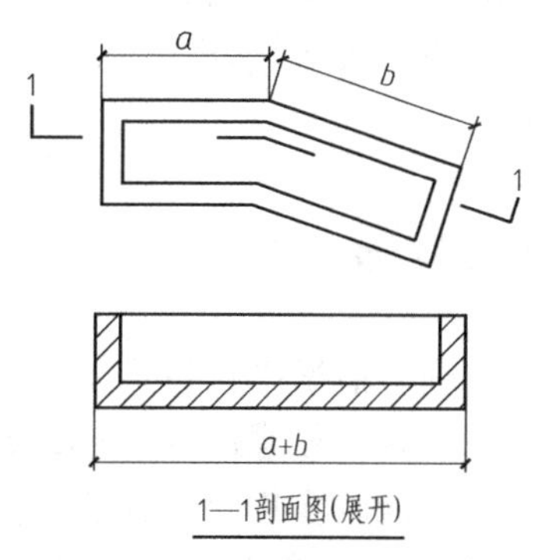

图 2-90　展开剖面图

（2）半剖面图　当形体内外为对称形状时，可以将其投影图以中心对称线为分界绘制成一半为外观形状投影，另一半为剖面投影的半剖面图，用于表达对称、内部结构较复杂的形体，可以简化图纸。中心线采用点画线绘制，两端各绘两条与其垂直的平行线。建筑上常用于绘制对称的各类构件详图，如图 2-91 所示。

半剖图应在对称轴上下处加标两条垂直于对称轴的细平行线，线长 6 ~ 10mm，线距 2 ~ 3mm。同时，原视图中的虚线一般省略不画。通常将剖切部分画在中心线的右侧或下方。

（3）局部剖面图　用剖切平面局部剖开形体，将剩余部分投影得到的剖面图，常用于表达形体的内部构造和层次。如建筑装饰图中的楼地面、墙体等构造或结构图中的基础平面图等。采用波浪线或折断线作为形体外观与内部构造的分界线，如图 2-92 所示。

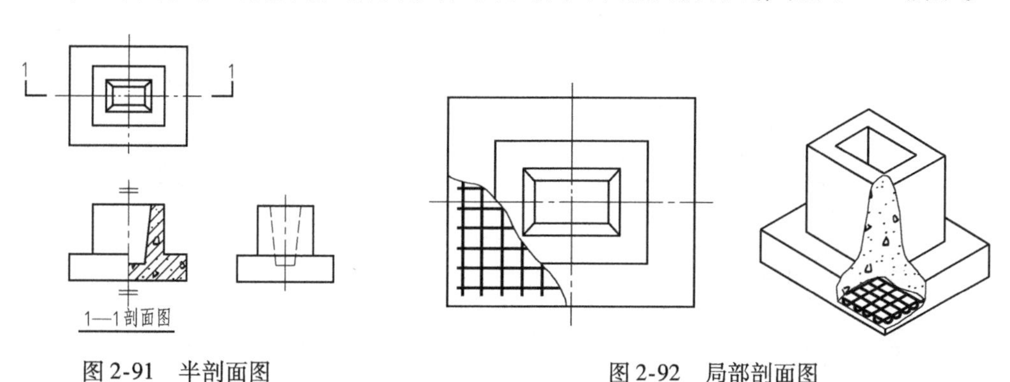

图 2-91　半剖面图

图 2-92　局部剖面图

在局部剖面中，断面处不需要画出材料图例，没剖切到的部分也不需要画出虚线。

2. 断面图的分类

（1）移出断面　将断面图绘制在形体的投影图之外，如图 2-93a所示。

（2）重合断面　将断面图绘制在形体的投影图之内，形体投影图断开，如图2-93b所示。

（3）中断断面　将断面图绘制在形体的投影图之内，形体投影图部分中断或省略，如钢结构构件的断面图，如图2-93c所示。

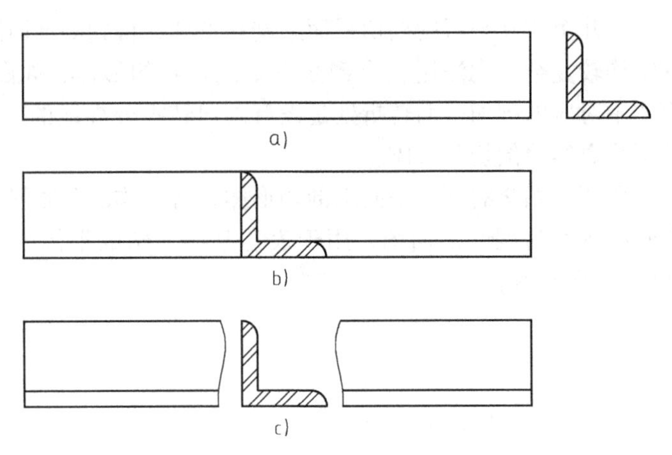

图2-93　断面图的分类

2.5　轴测投影

轴测投影图是根据平行投影的原理形成的单面投影图，图中同时反映了形体的长、宽、高三个量，具有较强的立体感，跟透视图相比又较能真实反映形体比例关系，是辅助读图和理解形体的一种图样。三视图与轴测图如图2-94所示。

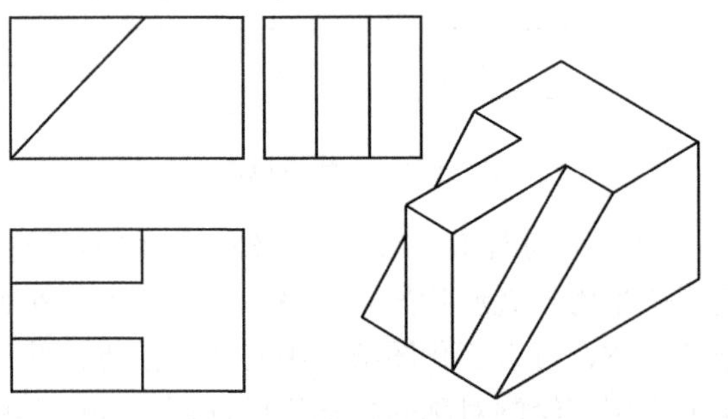
图2-94　三视图与轴测图

2.5.1　轴测投影图的形成与有关名词

轴测图是根据平行投影的原理，将形体连同它所处的参照直角坐标系一起，沿不平行于任一坐标轴或坐标面的方向，将其投射到一个新的投影面上，如图2-95所示。

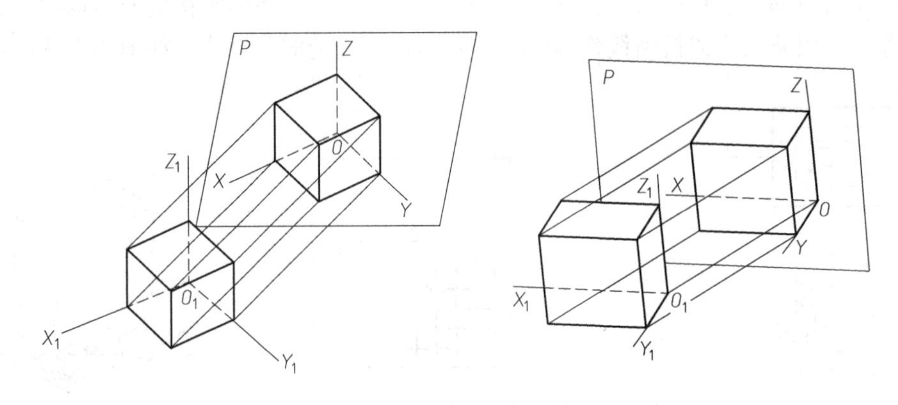

图2-95　轴测图的形成

1）轴测投影面：在轴测投影中，新的投影面 P 称为轴测投影面。

2）轴测轴：原来的三条直角坐标轴 O_1X_1，O_1Y_1，O_1Z_1 的轴测投影 OX，OY，OZ 称为轴测轴。

3）轴间角：轴测图中，轴测轴之间的夹角如图2-96所示。

4）轴向变形系数：轴测轴上的单位长度与其相对应的原直角坐标轴上的实长的比值。*X*、*Y*、*Z* 轴的伸缩系数分别用 *p*、*q*、*r* 表示，如图 2-96 所示。

5）简化轴向变形系数：一般的轴测图主要用于直观表现物体，图形的大小是其次的，加之轴向变形系数为约等的多位小数，为了便于绘图，将轴向变形系数向特殊小数或整数简化所得到的变形系数。常用简化轴向变形系数为 0.5 和 1。利用简化轴向变形系数所绘制的轴测图往往比实际的大一些。

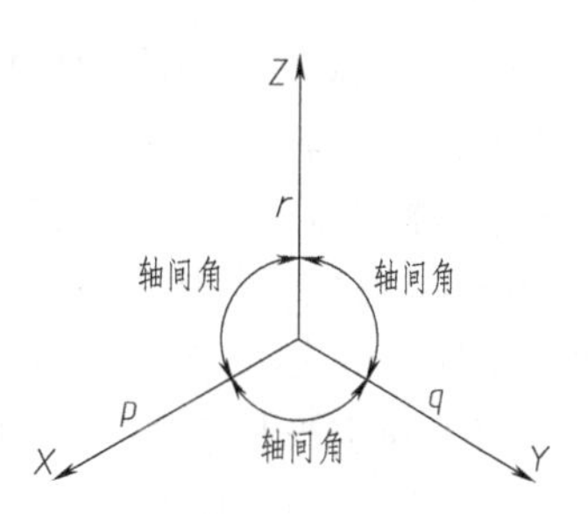

图 2-96　轴间角与变形系数

2.5.2　轴测投影图的分类与特性

1. 轴测投影图的分类

（1）根据投射方向分类

正轴测图：当形体三条坐标轴倾斜于投影面放置，利用正投影法所得到的轴测图。

斜轴测图：当形体的一个坐标面和两根坐标轴与轴测投影面平行，利用倾斜于投影面的方向进行投射所得的轴测图。

（2）根据轴向变形系数分类

等轴测：$p=q=r$，三根轴的变形系数均相等。

二轴测：$p=q\neq r$（或 $p=r\neq q$、$q=r\neq p$），任两根轴变形系数相等，第三根不相等。

三轴测：$p\neq q\neq r$，三根轴的变形系数均不相等。

（3）综合分类

综合上面分类，可将轴测投影图分为以下六种：正（斜）等轴测图，简称正（斜）等测；正（斜）二轴测图，简称正（斜）二测；正（斜）三轴测图，简称正（斜）三测。

2. 轴测投影图的特性

轴测投影图是以平行投影为基础的，所以必然具有平行投影的投影特性。

（1）平行性　形体上互相平行的线段，它们的轴测投影仍然互相平行。

（2）定比性　形体上两平行线段的长度之比，等于它们轴测投影的长度之比。平行于轴测轴的线段的轴测长度，可以由相应轴向变形系数直接量测，而不平行的线段不能直接量测。

（3）实形性　形体上平行于轴测投影面的平面，在轴测图中反映实形。

2.5.3　常用的轴测投影图及其画法

1. 正等轴测图

正等轴测图在绘图中较常用，也是较容易绘制的轴测图。

在正等轴测图中，轴间角均为 120°，根据习惯画法，*OZ* 轴竖起向上，*X* 轴或 *Y* 轴位置可以互换，如图 2-97a 所示。轴向变形系数 $p=q=r\approx 0.82$，简化轴向变形系数为 $p=q=r=1$，简化轴向变形系数绘制出的正等测图比原正等测图扩大了约 1.22 倍，如图 2-97b、c所示。

（1）坐标法　根据形体在坐标中的位置，通过坐标值确定形体上各点在轴测坐标中的位置，最后连接绘制成轴测图，这种绘制方法称为坐标法。坐标法是轴测图绘制的基本方法，用于确定形体上各个点的位置，特别是不处于轴测轴上的点，需通过多个坐标值确定。

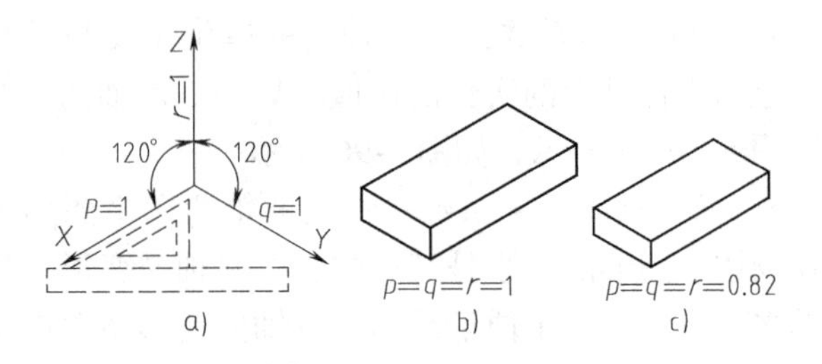

图2-97　正等轴测

1）根据三棱锥的特点，选择轴测轴的原点为C，X轴的方向为CA，由H与V面投影可知三棱锥上各点的坐标值为A（X_a，0，0），B（X_s，Y_b，0），C（0，0，0）S（X_s，Y_s，Z_s），如图2-98a所示。

2）绘制出轴测图坐标，并将三棱锥上A、B、C各点的坐标值确定在轴测图上，并依次连接AB、BC、CA等各点，如图2-98b所示。

3）根据已确定的S点，通过Z_s值确定S点的位置，如图2-99a所示。

4）依次连接SA、SB、SC，根据轴测图要求，去掉轴测轴及不可见线条，加深，完成轴测图绘制，如图2-99b所示。

AC点处于坐标轴上，可以直接量取其长度，确定坐标值。而BC不能通过直接量取长度来确定，须通过X_s和Y_b值来确定B点坐标后再连接B、C两点得到BC线，若这两个值都处于或平行于坐标轴，方可直接量取。

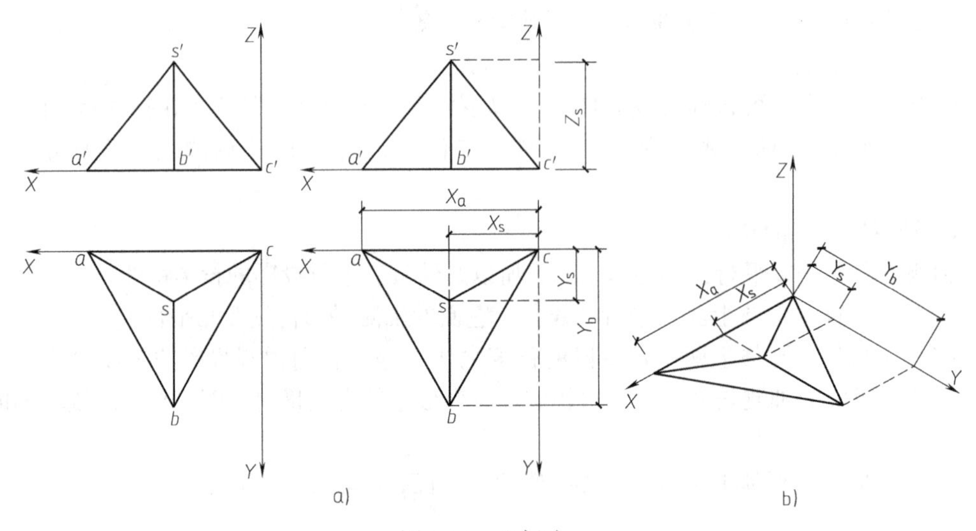

图2-98　坐标法

（2）特征面法　先在轴测坐标中绘制形体的某个特征面，再由特征面上的各点，引出形体的高度、长度或宽度，完成另外的可见轮廓的绘制方法称为特征面法。此方法多用于绘制柱类形体，也可结合切割法绘制由柱类形体引申出的切割体。

1）根据形体的H面与V面投影及轴测形式，在轴测坐标中绘制形体的正面轴测（该形体的正面为形体的特征面且在轴测坐标中正好为实形），如图2-100b所示。

2）由特征面的各个顶点，根据轴测形式要求引出形体的宽度（Y轴）。根据轴向变

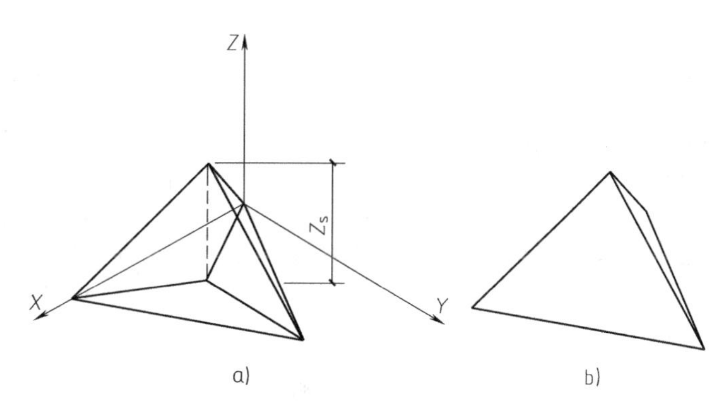

图 2-99　坐标法

形系数，其轴测宽度为形体宽度的一半，如图 2-100c 所示。

3）连接形体，画出形体后部的可见轮廓，完成轴测图的绘制，如图 2-100d所示。注意形体的半圆切割部分，采用的是移置圆心，再用圆规进行绘制的方法。

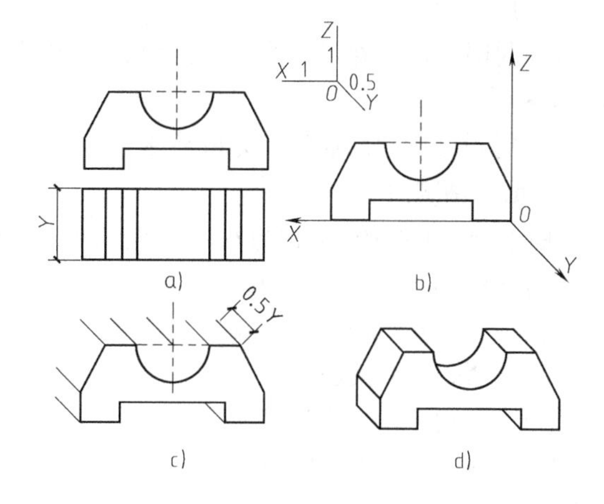

图 2-100　特征面法

（3）叠加法　当形体为组合体的时候，可以按一定的顺序分别画出其各个部分的轴测图，最终组合成整体的轴测图，这种方法称为叠加法。叠加法多用于绘制组合体，绘制过程中注意形体的组合形式、各形体的位置及可见性，如图 2-101 所示。

1）使用坐标法绘制底部形体的特征面轴测图，结合特征面法完成底部形体的轴测图。

2）在底部形体的顶面利用坐标法和特征面法绘制顶部形体的轴测图。

3）根据形体的可见性，加深整个形体的轴测图，完成绘制。

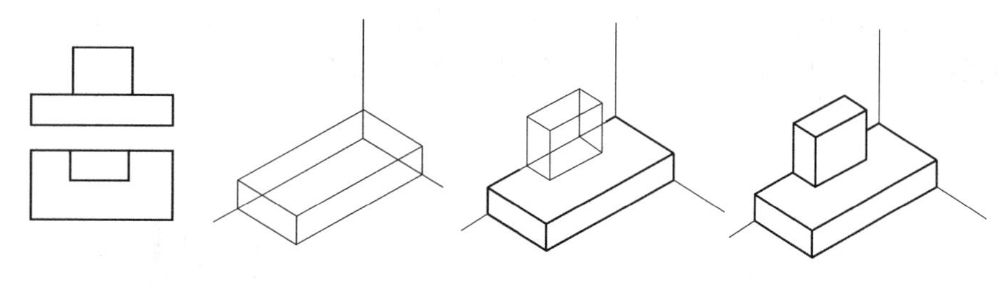

图 2-101　叠加法

（4）切割法　当形体为切割体时，可以先绘制形体的基本体轴测图，再利用坐标法定点进行切割，最终得到形体的轴测图的方法称为切割法。切割法多用于绘制切割体或组合体中的切割体部分，如图 2-102 所示。

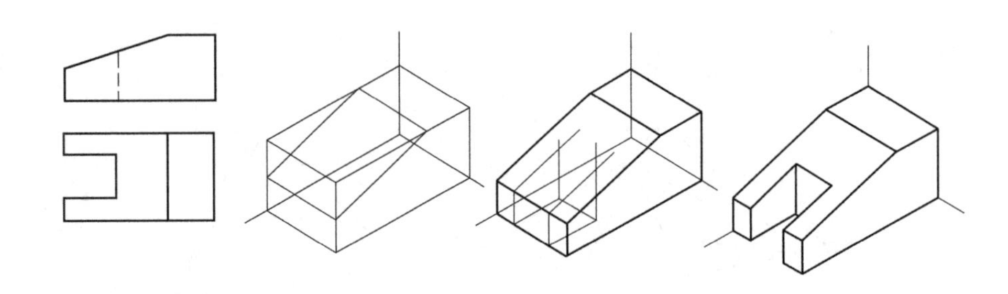

图2-102　切割法

1）根据坐标法和特征面法绘制出形体的基本体轴测图（矩形体），利用坐标法确定斜面的切割位置。

2）利用坐标法确定孔洞的切割位置。注意斜面孔洞内部的高度部分须由已经确定的斜面平移确定。

3）判断可见性，加深，完成绘制。

2. 正二轴测图

在正二轴测图中，X 轴与水平线夹角为 7°10′，Y 轴与水平线夹角为 41°25′，轴向变形系数 $p=r\approx0.94$，$q\approx0.47$，简化轴向变形系数为 $p=r=1$，$q=0.5$，简化轴向变形系数绘制出的正二轴测图比原正二轴测图扩大了约1.06倍，如图2-103a所示。其轴测坐标轴手工画法为：绘制相互垂直的两条线，对其分别进行如图所示的定距等分。分别将竖直方向上的七等点和零等分点与水平方向上的八等分点相连接，得到 X 轴和 Y 轴，如图2-103b所示。

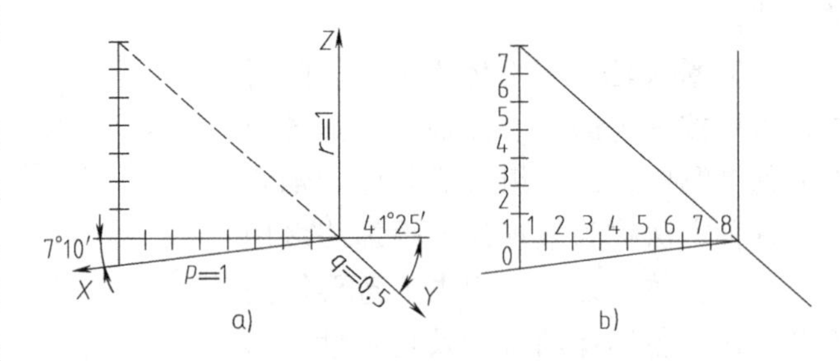

图2-103　正二轴测图

3. 水平面斜轴测图（斜正轴测图）

在水平面斜轴测图中，X 轴与 Y 轴成90°角，X 轴与水平线夹角为30°，Y 轴与水平线夹角为60°，根据习惯画法，OZ 轴竖起向上，简化轴向变形系数 $p=q=r=1$，如图2-104所示。此轴测图常用于绘制建筑群体布置的鸟瞰图，如图2-105所示。

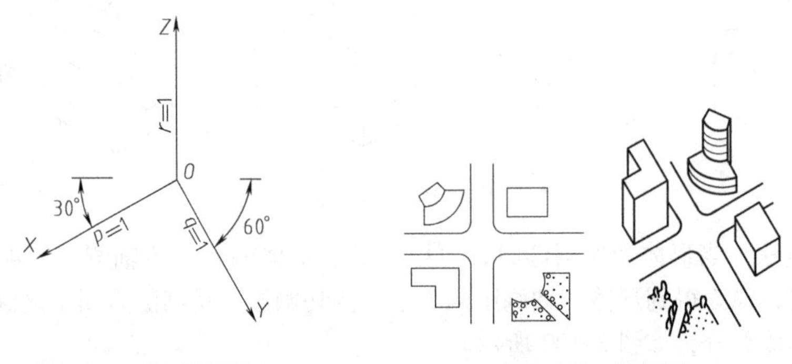

图2-104　斜正轴测图　　　　图2-105　俯视图

4. 正面斜轴测图（斜二轴测图）

在正面斜轴测图中，X轴与Z轴成90°角，Y轴与水平线夹角为45°，可以根据所要表达的内容选择Y轴的方向，简化轴向变形系数$p=r=1$，$q=0.5$。此轴测图常用于正面带有曲面孔洞的形体，如图2-106所示。

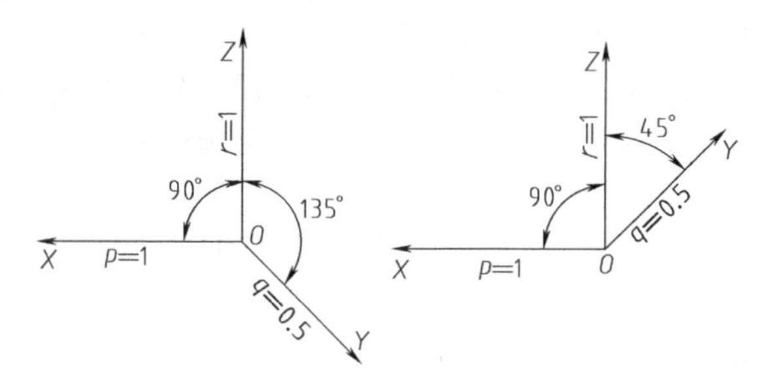

图2-106 斜二轴测图

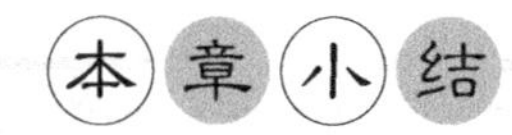

1）尺寸组成的四要素为尺寸线、尺寸界限、尺寸起止符号、尺寸数字。

2）建筑物的某一部位与确定的水准基点的高差称为该部位的标高；施工图标注中有两种标高，即绝对标高和相对标高。

3）投影三要素是光源S、物体A和投影面P。投影分为中心投影法和平行投影法，其中平行投影法又分为斜投影和直角投影（正投影），正投影是工程制图的理论基础。

4）正投影具有实形性、从属性、积聚性和类似性。

5）三视图由三条相互垂直的轴展开后划分成四个区域。

两个投影面之间的对应关系如下：V面和H面都有OX轴——长对正；H面和W面都有OY轴——宽相等；W面与V面都有OZ轴——高平齐。

6）屋面坡度小于5%的称为平屋面，屋面坡度大于10%的称为坡屋面。当坡屋面的各屋面与地面（即H面）的倾角（α角）都相等时，称为同坡屋面。

7）坡屋面有各种交线：檐口线、屋脊线、斜脊线、天沟（斜沟）线。

8）同坡屋面的交线具有以下特点：

① 屋脊线的水平投影与相对应的屋檐线的水平投影平行且等距。

② 斜脊（天沟）线的水平投影是与之相交的两檐口线水平投影夹角的角等分线。

③ 两斜脊、两天沟或一斜脊一天沟相交于一点时，该点上必有第三条屋脊线通过。

④ 先碰先交。先碰在一起的线，先得出交点。

9）剖面图是指用假想的剖切平面将形体剖开，移去剖切面与观察者之间的部分，作出剩下部分形体的投影得到的图形。由于剖切方法不同，可得到全剖面图、半剖面图、阶梯剖面图和局部剖面图等。

10）断面图是指用假想的剖切平面将形体剖开，只画出剖切平面与形体相交面的投影图形。断面图由于画的位置不同，可分为移出断面、重合断面和中断断面三种。

11）剖面图与断面图的关系：相同点是都是用剖切面剖切得到的投影图；不同点是

剖切后一个是作剩下部分形体的投影，另一个是只作切断面的投影。所以剖面图中包含着断面，断面在剖面之内。

12）轴测图是根据平行投影的原理，将形体连同它所处的参照直角坐标系一起，沿不平行于任一坐标轴或坐标面的方向，将其投射到一个新的投影面上得到的具有立体感的图。通过轴间角和轴向变形系数 p、q、r 来确定与绘制轴测图。

13）常用的轴测投影图有正等轴测图、正二轴测图、斜正轴测图与斜二轴测图。

14）轴测投影的绘图方法有坐标法、特征面法、叠加法和切割法。

思考与习题

2-1　常用图幅有哪几种？它们之间有何关系？

2-2　标题栏和会签栏一般画在图纸的什么位置？各自的尺寸如何？

2-3　在施工中定位轴线起到哪些作用？尺寸组成的四要素包括哪些方面？尺寸数字的标注应该注意哪些问题？

2-4　投影的三要素是什么？什么是投影法？投影法分为哪几种？正投影的特征是什么？三视图是如何形成的？

2-5　如何理解“长对正、宽相等、高平齐”？

2-6　请画出以下各形体的三视图（图2-107～图2-112）

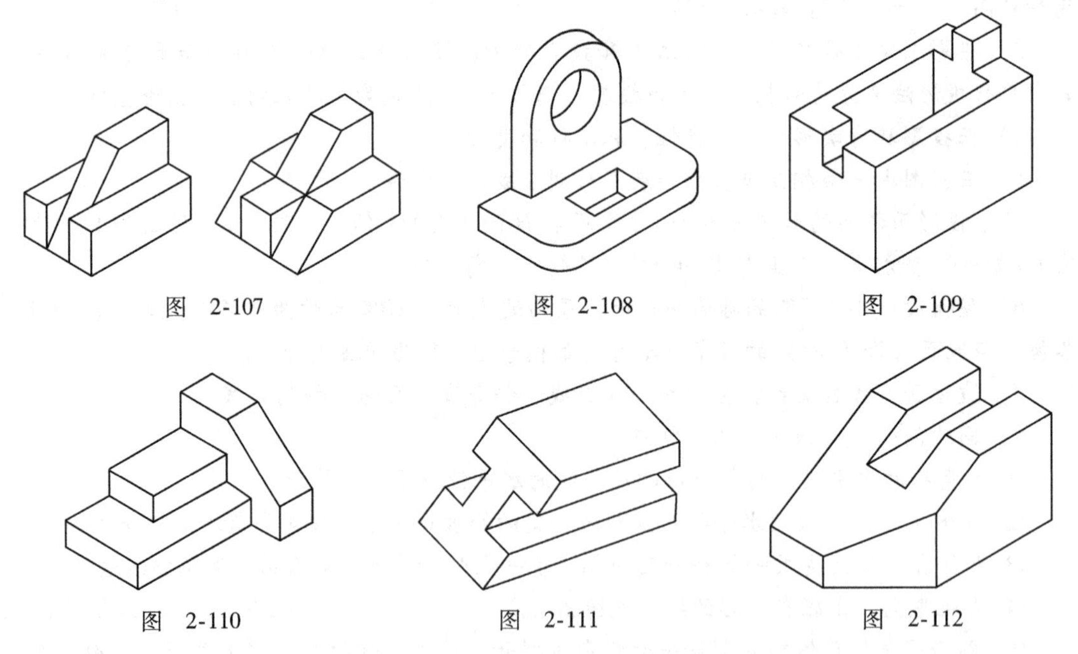

图　2-107　　图　2-108　　图　2-109

图　2-110　　图　2-111　　图　2-112

2-7　根据所给的同坡屋面 H 面轮廓绘制其三视图，同坡倾角为30°，如图2-113所示。

2-8　根据图示要求画出下面形体的剖面图或断面图，如图2-114～图2-116所示。

2-9　在 V 面与 W 面绘制形体的半剖面图，如图2-117所示。

2-10　利用所给三视图绘制正等轴测图，如图2-118所示。

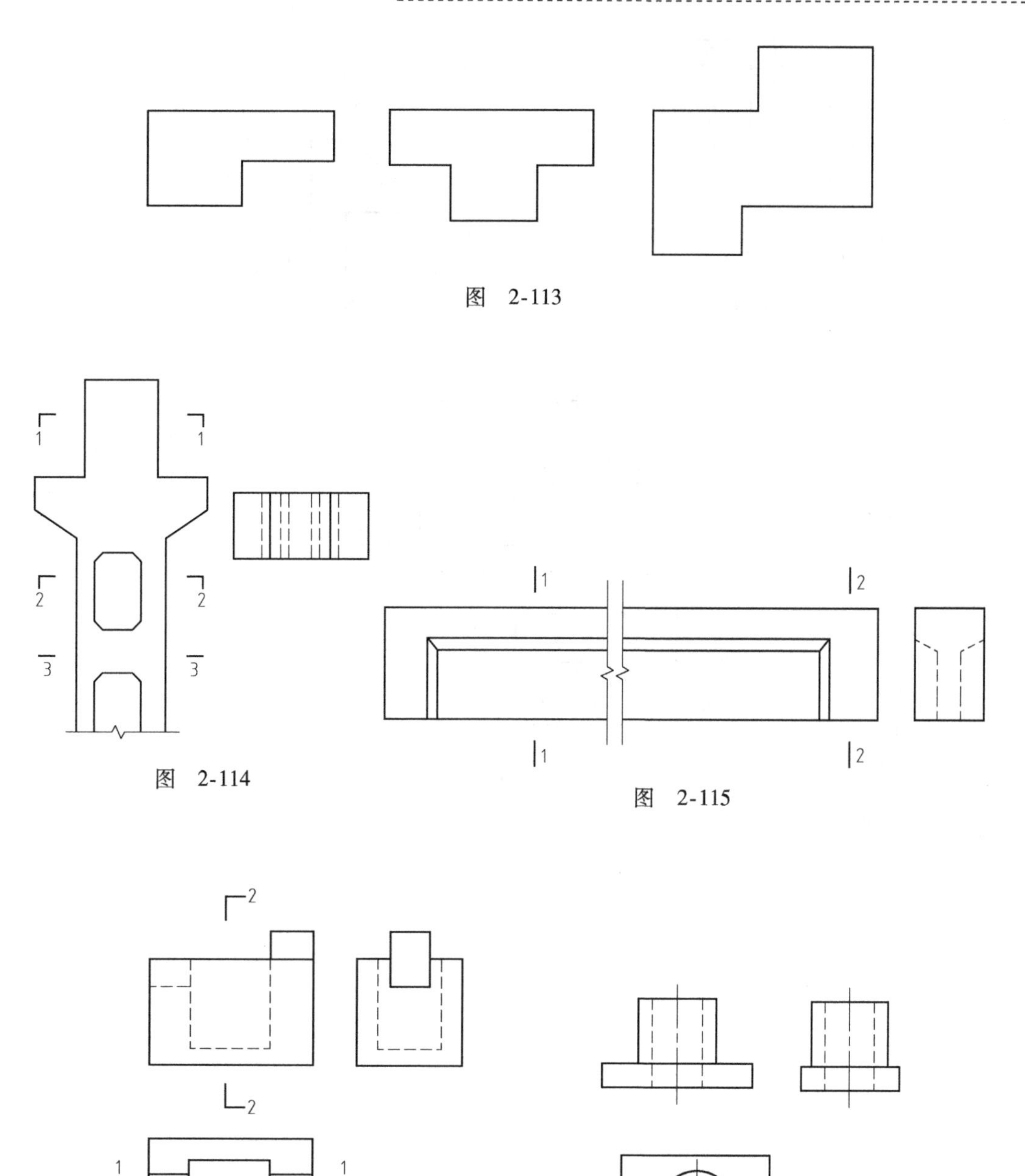

图　2-113

图　2-114

图　2-115

图　2-116

图　2-117

2-11　利用所给三视图绘制正等轴测图与正二轴测图，如图 2-119 所示。

2-12　利用所给三视图绘制正面斜轴测图与正等轴测图，如图 2-120 所示。

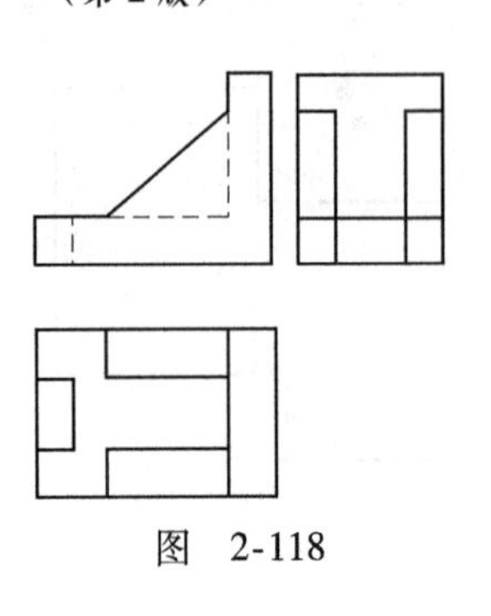

图 2-118

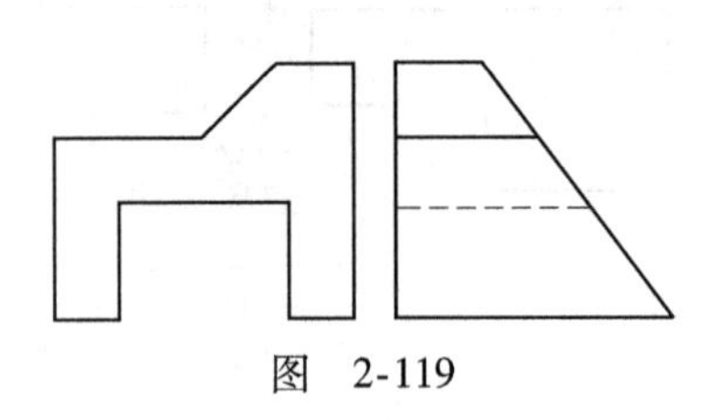

图 2-119

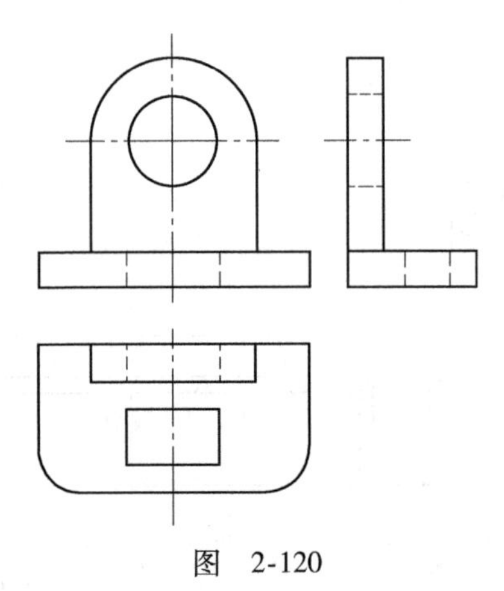

图 2-120

第③章 基　础

学习目标

掌握地基、基础、基础埋置深度的基本概念；掌握常见基础的分类；了解基础的一般构造。

3.1　地基与基础概述

3.1.1　地基与基础的概念

地基是基础底面以下，受到荷载作用范围内的部分岩、土体，也就是说地基不是建筑物的组成部分。地基承受建筑物荷载而产生的应力和应变随着土层深度的增加而减小，在达到一定深度后就可忽略不计。直接承受建筑物荷载而需要进行压力计算的土层为持力层，持力层以下的土层为下卧层，如图3-1所示。

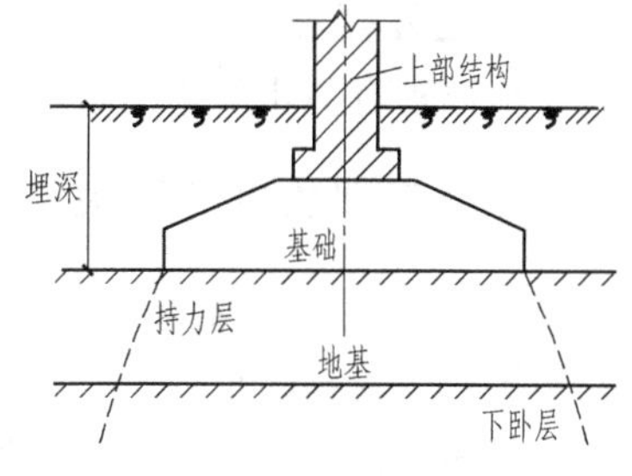

图3-1　地基与基础的构造

建筑物最下面的部分，与土层直接接触的部分称为基础，也就是说基础是建筑物的组成部分。它承受建筑物上部结构传下来的全部荷载，并把这些荷载连同本身的重量一起传到地基上。

基础承受建筑物的全部荷载，并将荷载传给下面的地基，因此要求地基具有足够的承载能力。每平方米地基所能承受的最大垂直压力称为地基承载力。在进行结构设计时，必须计算基础下面的地基承载能力，只有基础底面受到的平均压力不超过地基承载力才能确保建筑物安全稳定。以f表示地基容许承载力，N代表上部结构传至基础的总荷载，G代表基础自重和基础上的土重，A代表基础的底面积，则

$$f \geqslant \frac{N+G}{A}$$

3.1.2　地基的分类

按土层性质不同，地基可分为天然地基和人工地基。

（1）天然地基　天然地基指在天然状态下即可满足承载力要求，不需人工处理，可直接在上面建造房屋的地基。如岩石、碎石土、砂土、粉土、粘性土等，一般均可作为天

然地基。

（2）人工地基　人工地基指经人工处理的地基。人工地基的常见处理方法有压实法、换土垫层法、打桩法、化学加固法。

1）压实法指利用人工方法挤压土壤，排走土中的空气，从而提高地基的强度，降低其透水性和压缩性。如重锤夯实法、机械碾压法等。

2）换土垫层法指将地基中的软弱土全部或部分挖除，换以承载力较高的土，并夯至密实。如采用砂石、灰土、工业废渣等强度较高的材料置换地基软弱土。

3）打桩法指将钢筋混凝土桩与桩间土一起组成复合地基或钢筋混凝土桩穿过软弱土层直接支撑在坚硬的岩层上。

3.1.3　对地基的设计要求

1. 承载力要求

地基的承载力应足以承受基础传来的压力，所以建筑物建造时应尽量选择承载力较高的地段。

2. 变形要求

地基的沉降量和沉降差应保证在允许的沉降范围内。建筑物的荷载通过基础传给地基，地基因此产生变形，出现沉降。若沉降量过大，会造成整个建筑物下沉过多，影响建筑物的正常使用；若沉降不均匀，沉降差过大，会引起墙体开裂、倾斜甚至破坏。

3. 稳定性要求

要求地基有防止产生滑坡、倾斜的能力。

3.1.4　对基础的设计要求

1. 强度、稳定性要求

基础是建筑物的重要构件，它承受着建筑物上部结构的全部荷载，是建筑物安全的重要保证。因此，基础必须具有足够的强度，才能保证将建筑物的荷载可靠地传给地基；同时，还要有良好的稳定性，保证建筑物均匀沉降，限制地基变形在允许范围内。

2. 耐久性要求

基础是埋在地下的隐蔽工程，在土中受潮而且建成后检查、维修、加固很难，所以在选择基础的材料与构造形式时，应该考虑其耐久性使其与上部结构的使用年限相适应。

3. 经济要求

基础工程约占工程总造价的10% ~40%，基础的设计要在坚固耐久、技术合理的前提下，尽量选用地方材料及合理的构造形式，以降低整个工程的造价。

3.2　基础的类型和构造

3.2.1　基础埋深

1. 基础埋深的概念

室外设计地坪到基础底面的深度为基础的埋置深度，简称基础埋深。室外地坪分为自然地坪和设计地坪。自然地坪是指施工地段的原有地坪；设计地坪是指按设计要求工程竣工后，室外场地经垫起或开挖后的地坪。

基础按其埋深的不同可分为浅基础和深基础。一般情况下基础埋深不超过5m称为浅基础，超过5m称为深基础。

单从经济看，基础埋深越小，工程造价越低，但如果基础没有足够的土层包围，基础底面的土层受到压力后会把基础四周的土挤出，基础将产生滑移而失去稳定，同时基础埋置过浅，易受到外界的影响而损坏，所以基础的埋置深度一般不应小于0.5m。

2. 基础埋深的影响因素

（1）建筑物的使用性质　应根据建筑物的大小、特点、刚度与地基的特性区别对待，高层建筑基础埋深不小于建筑物高度的1/10左右。

（2）地基土的土质条件　地基土质的好坏直接影响基础的埋深：土质好，承载力高的土层，基础可以浅埋，相反则深埋。如果地基土层为均匀、承载力较好的坚实土层，则应尽量浅埋，但应大于0.5m，如图3-2a所示；如果地基土层不均匀，既有承载力较好的坚实土层，又有承载力较差的软弱土层，且坚实土层离地面近（距地面小于2m），土方开挖量不大，可挖去软弱土层，将基础埋置在坚实土层上，如图3-2b所示；若坚实土层很深（距地面大于5m），可作地基加固处理，如图3-2c所示；当地基土由坚实土层和软弱土层交替组成，建筑总荷载又较大时，可采用桩基础，具体深度应作技术性比较后确定，如图3-2d所示。

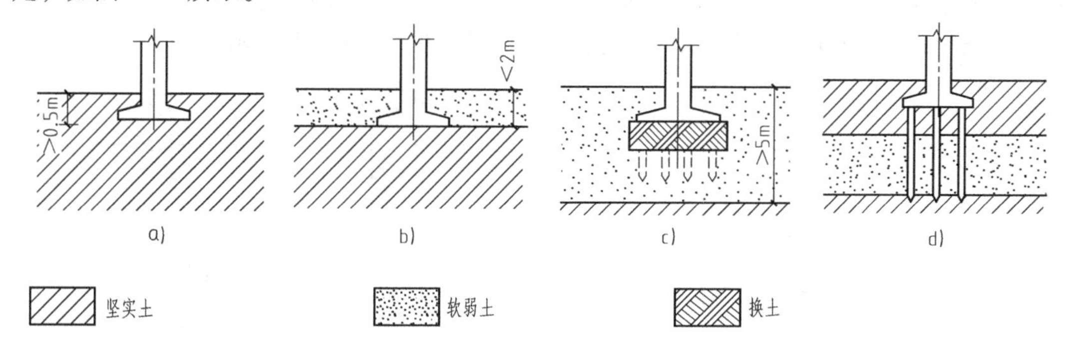

图3-2　地基土层对基础埋深的影响

（3）地下水位的影响　地基土含水量的大小对承载力影响很大，所以地下水位高低直接影响地基承载力。如粘性土遇水后，因含水量增加，体积膨胀，使土的承载力下降。含有侵蚀性物质的地下水，对基础将产生腐蚀作用。所以基础应尽量埋置在地下水位以上，如图3-3a所示。当地下水位较高，基础不能埋置在地下水位以上时，应将基础底面埋置在最低地下水位以下，且不小于200mm处，不应使基础底面处于地下水位变化的范围之内，如图3-3b所示。

（4）土的冻结深度的影响　地面以下冻结土和非冻结土的分界线称为冰冻线，冰冻线的深度为冻结深度。土的冻结深度主要是由当地的气候决定的。由于各地区的气温不同，冻结深度也不同。严寒地区冻结深度很大，如哈尔滨可达1.9~2.0m，温暖和炎热地区冻结深度则很小，甚至不冻结，如上海仅为0.12~0.2m。

土的冻结是由土中水分冻结造成的，水分冻结成冰，体积膨胀。当房屋的地基为冻胀

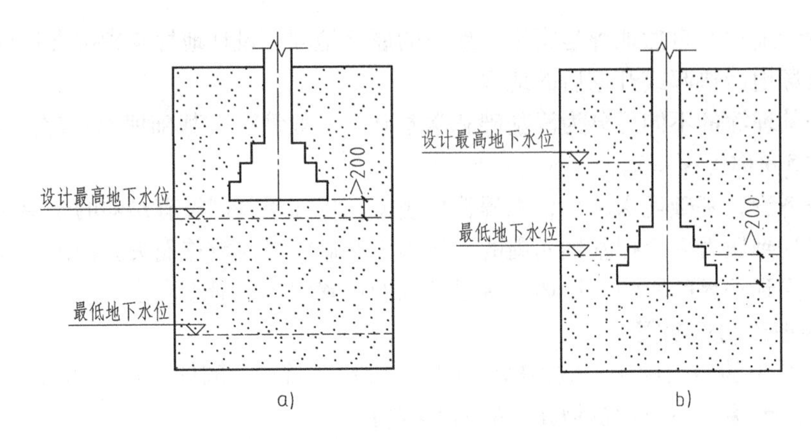

图 3-3　地下水位对基础的影响

a）地下水位较低时的基础埋深　b）地下水位较高时的基础埋深

性土时，由于冻结体积膨胀产生的冻胀力会将基础向上拱起，解冻后冻胀力消失，房屋又将下沉，冻结和融化是不均匀的。房屋各部分受力不均匀会产生变形和破坏，因此建筑物基础应埋置在冰冻线以下 200mm 处，如图 3-4 所示。

（5）相邻建筑物基础埋深的影响　在原有建筑物附近建造房屋时，应考虑新建房屋荷载对原有建筑物基础的影响。一般情况下，新建建筑物基础埋深不宜大于相邻原有建筑物基础的埋深。当新建建筑物基础的埋深必须大于原有建筑物基础的埋深时，基础间的净距应根据荷载大小和性质等确定，一般为 $L=(1\sim2)\ H$，如图 3-5 所示。

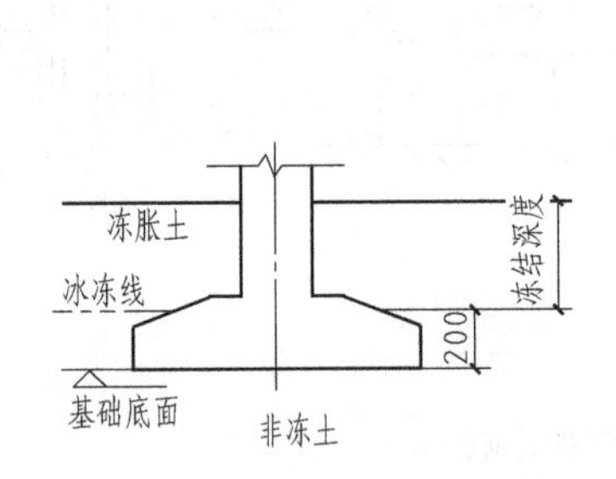

图 3-4　冻结深度对基础埋深的影响

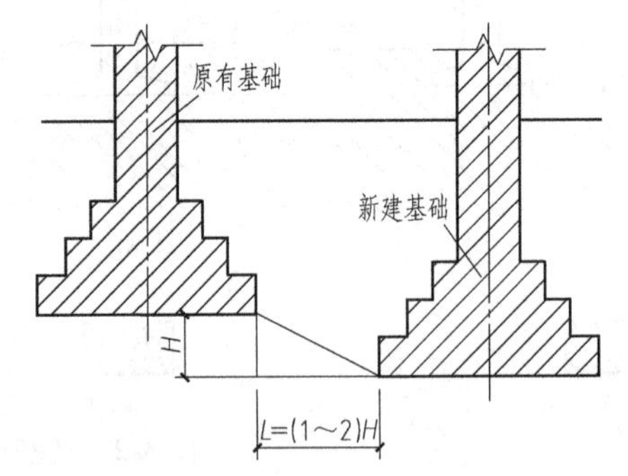

图 3-5　相邻基础埋深的影响

3.2.2　基础的类型

建筑物的基础可按不同的方法进行分类。

1. 按所用材料分类

按所用材料可分为砖基础、毛石基础、灰土基础、混凝土基础、钢筋混凝土基础等。

（1）砖基础　用于地基土质好，地下水位低，5 层以下的砖混结构建筑中，如图 3-6 所示。

（2）毛石基础　用于地下水位较高，冻结深度较深的单层民用建筑，如图 3-7 所示。

（3）灰土基础　用于地下水位较低，冻结深度较浅的南方 4 层以下民用建筑，如图 3-8 所示。

（4）混凝土基础　用于潮湿的地基或有水的基槽中，如图3-9所示。

（5）钢筋混凝土基础　用于上部荷载大，地下水位较高的大、中型工业建筑和多层民用建筑，如图3-10所示。

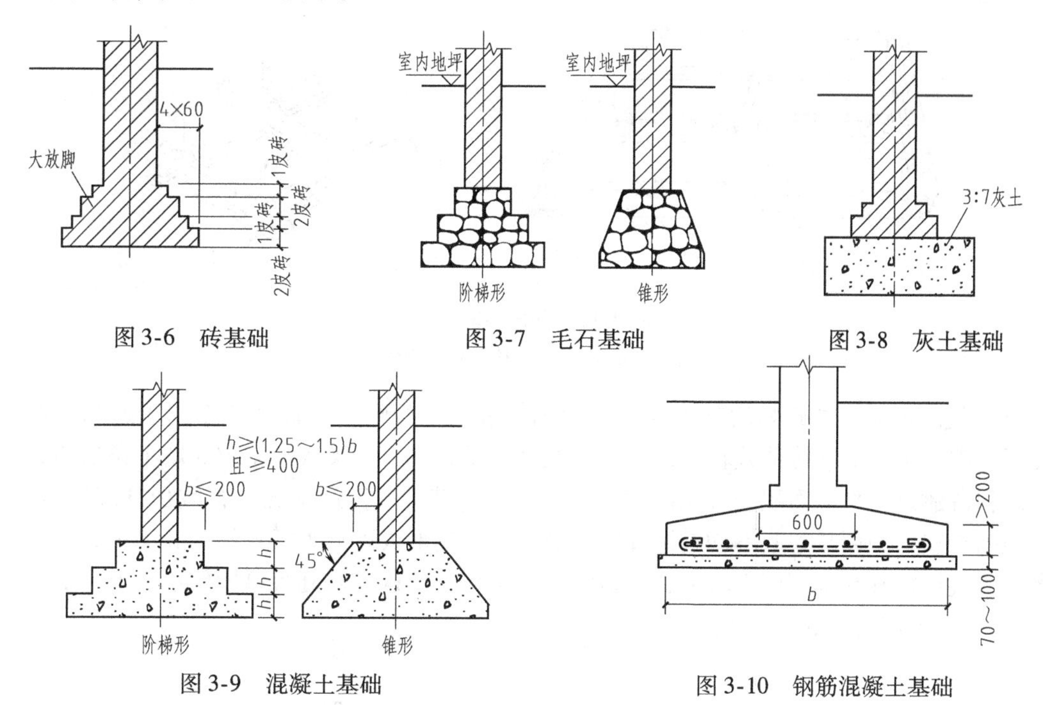

图3-6　砖基础　　图3-7　毛石基础　　图3-8　灰土基础

图3-9　混凝土基础　　图3-10　钢筋混凝土基础

2. 按构造形式分类

按构造形式可分为扩展基础（独立基础、条形基础）、箱筏基础（筏形基础、箱形基础）、桩基础等。

（1）独立基础　当建筑物上部采用框架结构或单层排架结构承重，且柱距较大时，基础常采用独立的块状形式，这种基础称为独立基础。独立基础是柱下基础的基本形式，常用断面形式有阶梯形、锥形、杯形等，其材料常用钢筋混凝土、素混凝土等，如图3-11所示。当柱为预制时则基础做成杯口形，然后将柱子插入，并嵌固在杯口内，故称为杯口基础。

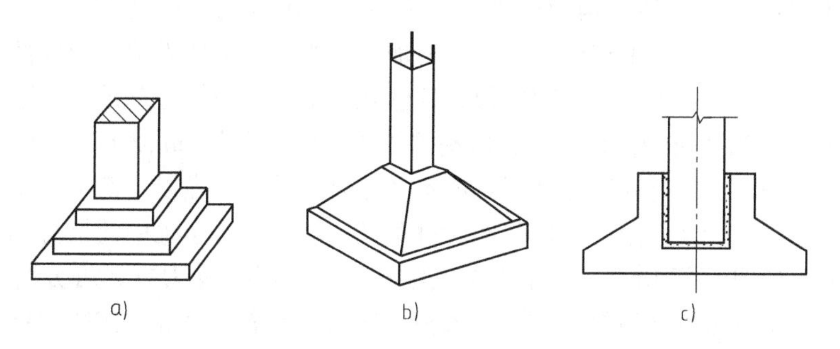

图3-11　独立基础

a）阶梯形　b）锥形　c）杯形

（2）条形基础　当建筑物为墙承重时，基础沿墙设置成条形，这样的基础称为条形基础。条形基础一般用于墙下也可用于柱下，其构造形式如图3-12所示。当房屋为骨架承重结构或内骨架承重结构时，在荷载较大且地基为软土时，常采用钢筋混凝土条形基础将各柱下的基础连接在一起，使整个房屋的基础具有良好的整体性。柱下条形基础可以有效地防止不均匀沉降。

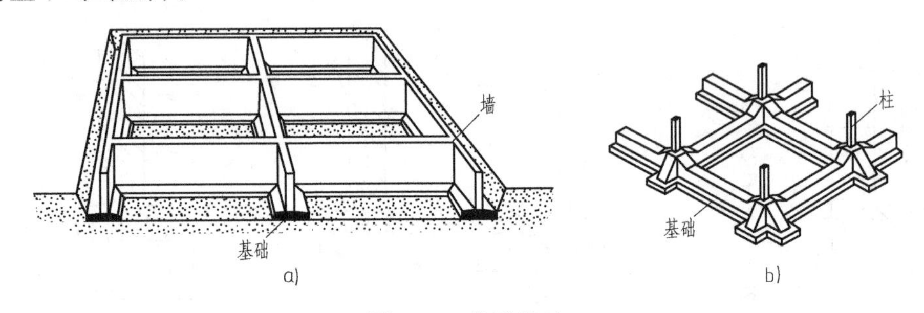

图3-12　条形基础

a）墙下条形基础　b）柱下条形基础

（3）筏形基础　建筑物的基础由整片的钢筋混凝土板组成，板直接作用于地基上称为筏形基础。当上部结构荷载较大，地基承载力较低，柱下交叉条形基础或墙下条形基础的底面积占建筑物平面面积较大比例时，可采用筏形基础。筏形基础具有减少基底压力，提高地基承载力和调整地基不均匀沉降的能力，按结构形式可分为板式结构和梁板式结构两类。板式结构其基础板厚度较大，构造简单；梁板式结构其基础板厚度较小，但增加了双向梁，构造复杂，如图3-13所示。

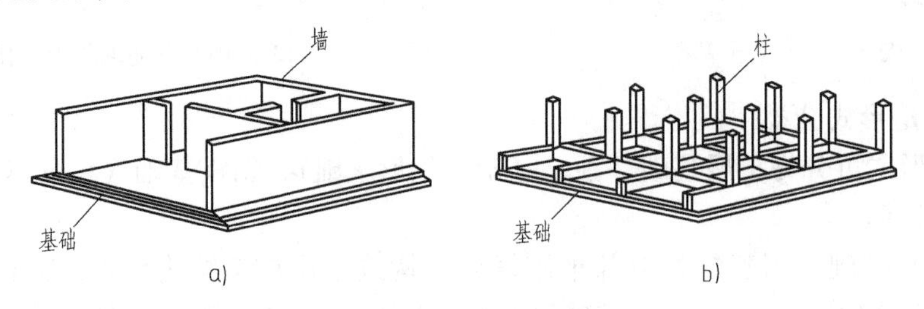

图3-13　筏形基础

a）板式　b）梁板式

（4）箱形基础　当上部结构荷载很大，为对地基不均匀沉降要求严格的高层建筑、重型建筑及软弱土地基上的多层建筑时，为增加基础刚度，不致因地基的局部变形影响上部结构，常采用钢筋混凝土浇筑成刚度很大的盒状基础，称为箱型基础，如图3-14所示。

（5）桩基础　当建筑物荷载较大，地基的软弱土层厚度在5m以上，基础不能埋在软弱土层内或对软弱土层进行人工处理困难或不经济时，就可考虑以下部坚实土层或岩层作为持力层的深基础，最常采用的是桩基础。桩基础一般由设置于土中的桩身和承接上部结构的承台组成，如图3-15所示。桩基础的类型很多，按桩的受力方式可分为端承桩和摩擦桩，按桩的施工方法可分为打入桩、压入桩、振入桩及灌注桩等，按所用材料可分为钢筋混凝土桩、钢管桩等。

3. 按所用材料及受力特点分类

按所用材料及受力特点可分为刚性基础（无筋扩展基础）和柔性基础（扩展基础）。

（1）刚性基础　刚性基础是指由砖石、毛石、素混凝土、灰土等刚性材料制作的基

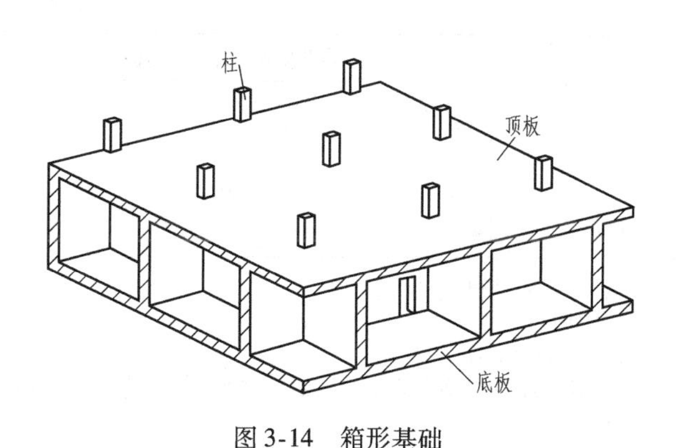

图3-14 箱形基础

上部结构
承台
软弱土层
桩
坚实土层

图3-15 桩基础组成示意图

础。这种基础抗压强度高，而抗拉、抗剪强度低。从受力和传力角度考虑，由于土壤单位面积的承载能力低，只有将基础底面积不断扩大，才能适应地基受力的要求。上部结构（墙或柱）在基础中传递的压力是沿一定角度分布的，这个传力角度称为压力分布角或刚性角，以 α 表示，如图3-16a所示。由于刚性材料抗压能力强，抗拉能力差，因此压力分布角只能在材料的抗压范围内控制。如果基础底面宽度超过控制范围，则由 B' 增加到 B 致使刚性角扩大，这时，基础会因受拉而破坏，如图3-16b所示。所以刚性基础底面宽度的增大要受到刚性角的限制。为设计、施工方便，将刚性角换算成 α 的正切值 b/H，即宽高比。表3-1是各种材料基础的宽高比 b/H 的允许值，如砖基础的大放脚宽高比应小于等于1∶1.5。

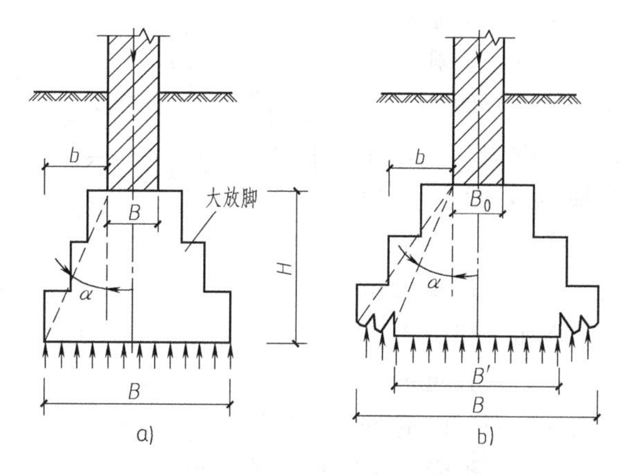

图3-16 刚性基础的受力、传力特点
a）基础在刚性角范围内传力 b）基础底面宽超过刚性角范围而破坏

表3-1 无筋扩展基础台阶宽高比的允许值

基础材料	质量要求	台阶宽高比的允许值		
		$p_k \leqslant 100$	$100 < p_k \leqslant 200$	$200 < p_k \leqslant 300$
混凝土基础	C15 混凝土	1∶1.00	1∶1.00	1∶1.25
毛石混凝土基础	C15 混凝土	1∶1.00	1∶1.25	1∶1.50
砖基础	砖不低于 MU10、砂浆不低于 M5	1∶1.50	1∶1.50	1∶1.50
毛石基础	砂浆不低于 M5	1∶1.25	1∶1.50	—
灰土基础	体积比为3∶7或2∶8的灰土，其最小干密度： 粉土 $1.55t/m^3$ 粉质粘土 $1.50t/m^3$ 粘土 $1.45t/m^3$	1∶1.25	1∶1.50	—

（续）

基础材料	质量要求	台阶宽高比的允许值		
		$p_k \leqslant 100$	$100 < p_k \leqslant 200$	$200 < p_k \leqslant 300$
三合土基础	体积比1:2:4～1:3:6（石灰:砂:骨料），每层虚铺约220mm，夯至150mm	1:1.50	1:2.00	—

注：1. p_k 为荷载效应标准组合时基础底面处的平均压力值（kPa）。
2. 阶形毛石基础的每阶伸出宽度，不宜大于200mm。
3. 当基础由不同材料叠合组成时，应对接触部分作抗压验算。
4. 混凝土基础单侧扩展范围内基础底面处的平均压力值超过300kPa时，应进行抗剪验算；对基底反力集中于立柱附近的岩石地基应进行局部受压承载力验算。

（2）柔性基础

当建筑物的荷载较大，而地基承载能力较小时，为增加基础底面宽度B，势必导致基础深度也要加大。这样，既增加了挖土工作，还使材料用量增加，如图3-17所示。如果在混凝土基础的底部配以钢筋，利用钢筋来承受拉力，使基础底部能够承受较大弯矩。这时，基础宽度的加大不受刚性角的限制，故也称钢筋混凝土基础为柔性基础。在同样条件下，采用钢筋混凝土基础与混凝土基础比较，可节省大量的混凝土材料和挖土工作量。

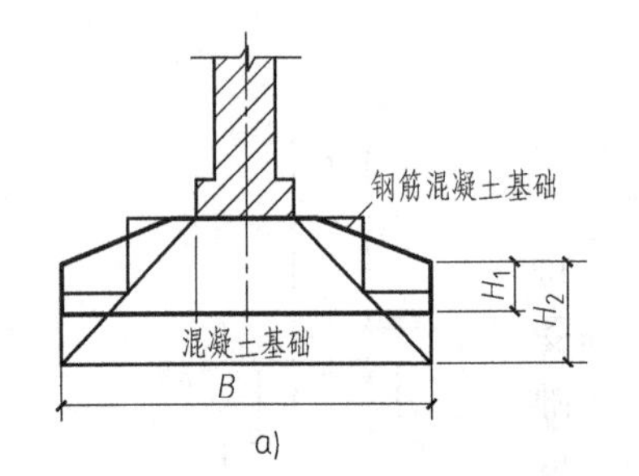

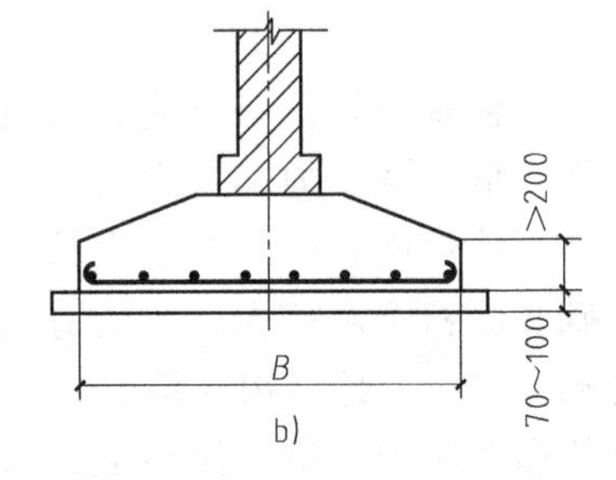

图3-17 柔性基础

a）钢筋混凝土基础与混凝土基础比较 b）基础构造

3.2.3 常用基础的构造

1. 混凝土基础

这种基础多采用强度等级为C15或C20混凝土浇筑而成，一般有锥形和阶梯形两种形式，如图3-18所示。混凝土基础底面应设置垫层，垫层的作用是找平和保护钢筋，常用C15的混凝土，厚度为100mm。

2. 钢筋混凝土基础

基础底板下均匀浇筑一层素混凝土作为垫层，目的是保证基础和地基之间有足够的距离，以免钢筋锈蚀。垫层一般采用C15混凝土，厚度为100mm，垫层每边比底板宽100mm。钢筋混凝土基础由底板及基础墙（柱）组成，底板是基础的主要受力构件，其厚度和配筋均由计算确定，受力钢筋直径不得小于10mm，间距不宜大于

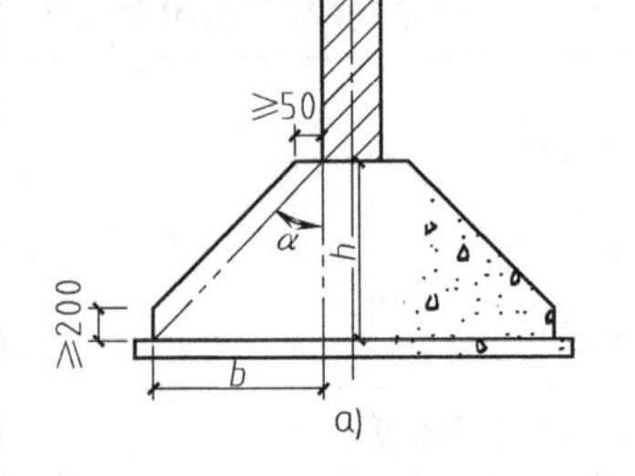

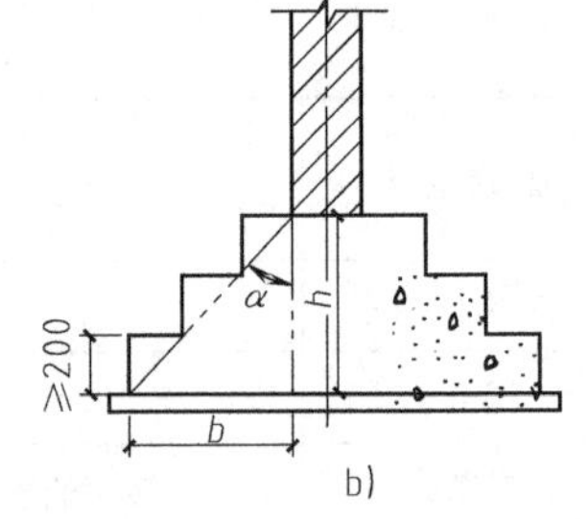

图3-18 混凝土基础形式

a）锥形 b）阶梯形

200mm，也不宜小于100mm，混凝土的强度等级不宜低于C20。基础底板的外形一般有锥形和台阶形两种。

钢筋混凝土锥形基础底板边缘的厚度一般不小于200mm，且两个方向的坡度不宜大于1∶3，如图3-19所示。

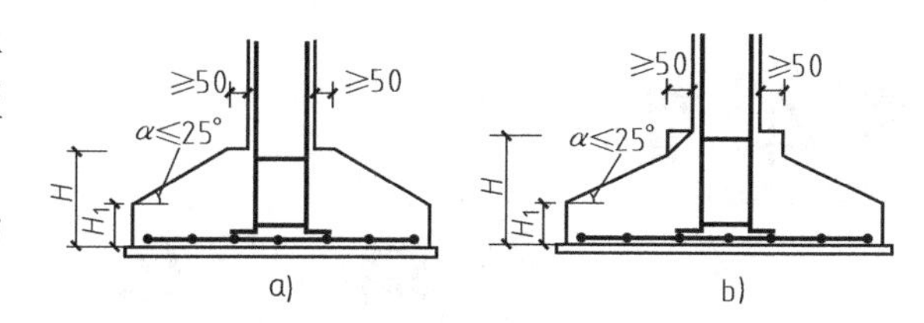

图3-19　钢筋混凝土锥形基础

a）形式一　b）形式二

钢筋混凝土台阶梯形基础每阶高度一般为300～500mm。当基础高度在500～900mm时采用两阶，超过900mm时采用三阶，如图3-20所示。

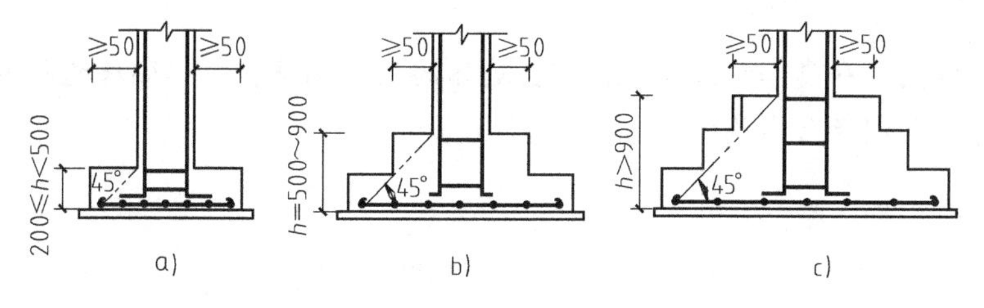

图3-20　钢筋混凝土台阶梯形基础

a）一阶　b）二阶　c）三阶

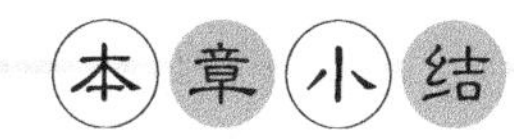

本章小结

1）基础是建筑物的主要承重结构，必须满足强度、刚度、稳定性的要求。

2）基础与地基的概念、含义不同。基础属于建筑物组成部分，地基是与建筑密切相关的周边条件。

3）基础的形式及材料的选择与建筑物结构体系、传力方式、地基与耐力等密切相关；其埋置深度除与受力有关外，还与地基状况、地下水位、冻土深度及相邻建筑物基础位置等因素有关。

思考与习题

3-1　何为基础、地基？二者有何区别？

3-2　地基处理常用的方法有哪些？

3-3　何为刚性基础、柔性基础？

3-4　地基和基础的设计要求有哪些？

3-5　基础埋深的影响因素有哪些？

3-6　基础构造形式分为哪几类？一般适用于什么情况？

第4章 墙体

学习目标

掌握墙的作用、分类和构造要求；掌握墙体的细部构造；了解隔墙的种类及应用；掌握地下室墙体的防潮及防水构造。

4.1 概述

墙体是建筑物的承重和围护构件，是建筑的重要组成部分，墙体对整个建筑的使用、造型、自重和成本方面影响较大。

1. 墙体的作用

在承重墙结构中，墙体承受屋顶、楼板等构件传来的垂直荷载、风和地震荷载，具有承重作用；墙体还抵挡自然界风、沙、雨、雪的侵蚀，防止太阳辐射、噪声的干扰及室内热量的散失；墙体可以根据使用需要，具有保温、隔热、隔声及围护分隔的作用。

2. 墙体的分类

（1）按墙体所处的位置分类　按墙体所处位置不同可分为外墙和内墙。建筑与外界接触的墙体称外墙，建筑内部的墙体称为内墙，如图4-1所示。

（2）按墙体布置方向分类　按墙体布置方向不同可分为纵墙和横墙。建筑长轴方向的墙体称为纵墙；建筑长轴垂直方向的墙体称为横墙，外横墙也称为山墙，如图4-1所示。另外，窗与窗之间的或门与窗之间的墙称为窗间墙；窗洞下部的墙称为窗下墙。

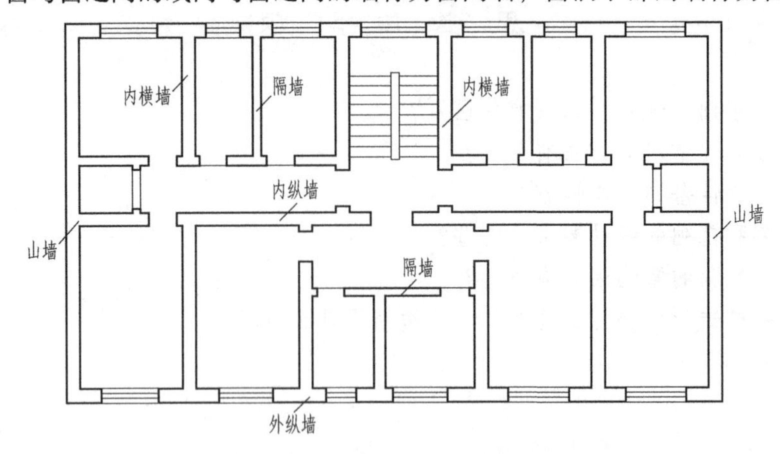

图4-1　墙体各部分的名称

（3）按墙体受力情况分类　按墙体受力情况不同可分为承重墙和非承重墙。承受由梁、板、屋顶传来的荷载的墙体称为承重墙；不承受荷载的墙体称为非承重墙。仅起分隔空间作用，自身重力由楼板或梁来承担的墙称为隔墙；位于框架的梁、柱之间仅起分隔或围护作用的墙称为框架填充墙；悬挂在建筑物外部的轻质墙称为幕墙。

（4）按墙体材料分类　按墙体材料不同可分为砖墙、石墙、土墙、砌块墙及钢筋混凝土墙。目前大多采用工业废料如粉煤灰、矿渣等制作的各种砌块砌筑，如图4-2所示。

a)

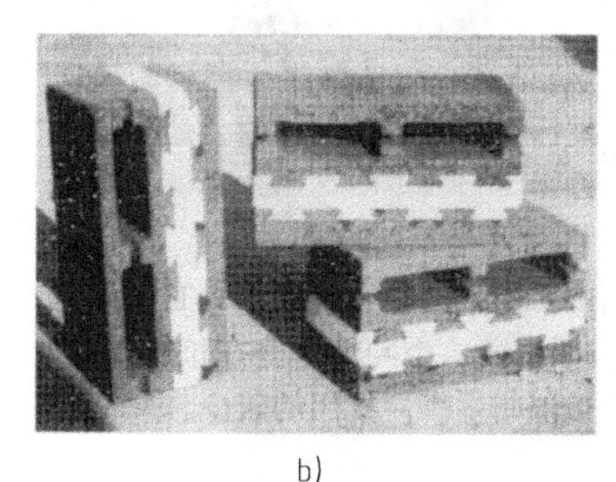

b)

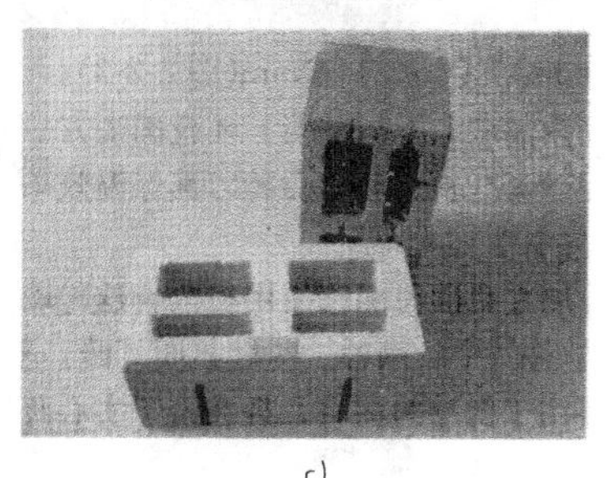

c)

图4-2　砌块

a）混凝土砌块　b）轻集料混凝土保温砌块　c）空心砌块

（5）按墙体构造形式分类　按墙体构造形式不同可分为实体墙、空心墙和复合墙。实体墙是由单一材料组砌而成的墙体，如普通砖墙、毛石砖墙等，由于砖材需占用大量的土地，浪费资源、耗能，目前我国已严格限制使用粘土实心砖，提倡使用节能型的砌块；空心墙是墙体内部中有空腔的墙，这些空腔可以通过砌筑方式形成，也可以用本身带孔的材料组合而成，如空心砖墙、空斗墙等；复合墙由两种以上材料组合而成，如在墙的内侧或外侧加贴轻质保温板（用于内侧的常用材料有水泥聚苯板、石膏聚苯复合板、石膏岩棉复合板、挤压型聚苯乙烯泡沫板及珍珠岩保温砂浆和各种保温浆料等；用于外侧的常用材料有聚苯颗粒的保温砂浆和其他保温砂浆，以及贴、挂挤压型聚苯乙烯泡沫板、水泥聚苯板等），外加防碱网格布、钢筋网和保温砂浆的做法，如图4-3所示。

（6）按墙体施工方法不同分类　按墙体施工方法可分为砌筑墙、板筑墙和装配墙。砌筑墙是用砂浆等胶结材料将砖、石、砌块等组砌而成的，如实砌砖墙；板筑墙在施工现场支模板现浇而成，如现浇混凝土墙；装配墙是预先制成墙板，在施工现场安装、拼接而成的墙体，如预制混凝土大板墙。

3. 墙体的设计要求

（1）具有足够的承载力和稳定性　设计墙体时要根据荷载及所用材料的性能和情况，通过计算确定墙体的厚度和所具备的承载能力。在使用中，砖墙的承载力与所采用的砖、

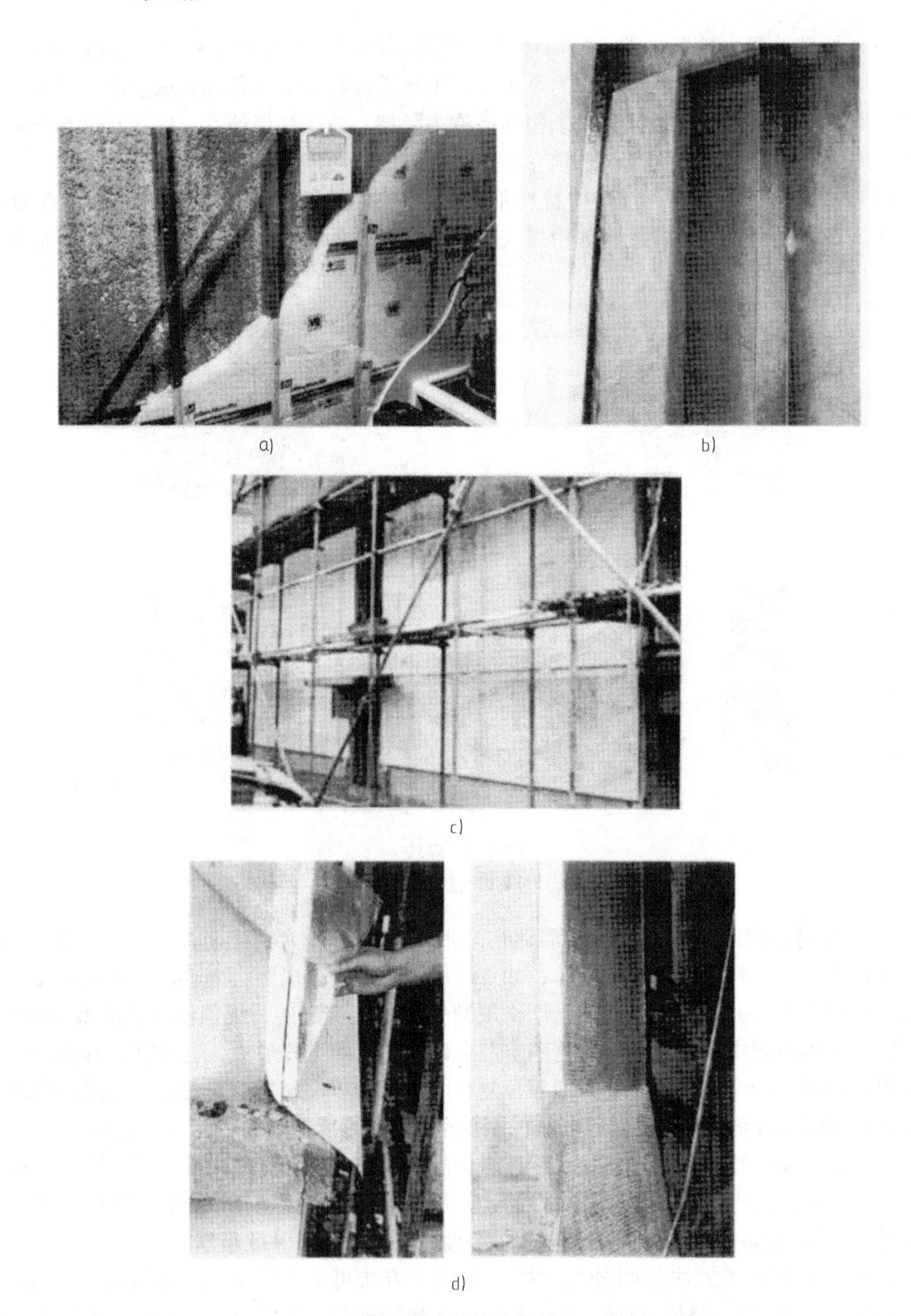

图4-3　墙体外保温

a）混凝土墙内贴复合保温板　b）内墙贴玻璃棉板　c）外墙贴挤压型泡沫塑料板　d）外墙贴聚苯乙烯泡沫板

砂浆强度等级及施工技术有关。墙体的稳定性与墙体的高度、长度、厚度及纵（横）向墙体间的距离有关。

（2）具有保温、隔热性能　作为围护结构的外墙应满足建筑热工的要求。根据地域的差异应采取不同的措施。北方寒冷地区要求围护结构具有较好的保温能力，以减少室内热损失，同时防止外墙内表面与保温材料内部出现凝结水的现象。南方地区气候炎热，设计时要满足一定的隔热性能，还需考虑朝阳、通风等因素。

（3）具有隔声性能　为保证室内有一个良好的工作、生活环境，墙体必须具有足够的隔声能力，以避免噪声对室内环境的干扰。因此，墙体在构造设计时，应满足建筑隔声的相关要求。

（4）满足防火要求　墙体材料的选择和应用要符合国家《建筑设计防火规范》（GB 50016—2006）的规定。

（5）防潮、防水要求　为了保证墙体的坚固耐久性，对建筑物外墙的勒脚部位及卫生间、厨房、浴室等用水房间的墙体和地下室的墙体都应采取防潮、防水的措施。选用良好的防水材料和构造做法，可使室内有良好的卫生环境。

（6）建筑工业化要求　随着建筑工业化的发展，墙体应用新材料、新技术是建筑技术的发展方向。可通过提高机械化施工程度来提高工效、降低劳动强度，采用轻质、高强的新型墙体材料，以减轻自重、提高墙体的质量、缩短工期、降低成本。

4. 墙体的承重方案

墙体有四种承重方案：横墙承重，纵墙承重，纵、横墙承重和墙与柱混合承重。

（1）横墙承重　横墙承重是将楼板及屋面板等水平承重构件搁置在横墙上，楼面及屋面荷载依次通过楼板、横墙、基础传递给地基。这一布置方案适用于房间开间尺寸不大，墙体位置比较固定的建筑，如宿舍、旅馆、住宅等。

（2）纵墙承重　纵墙承重是将楼板及屋面板等水平承重构件搁置在纵墙上，横墙只起分隔空间和连接纵墙的作用。这一布置方案适用于使用上要求有较大空间的建筑，如办公楼、商店、教学楼中的教室、阅览室等。

（3）纵、横墙承重　这种承重方案的承重墙体由纵、横两个方向的墙体组成。纵横墙承重方式平面布置灵活，两个方向的抗侧力都较好。这种方案适用于房间开间、进深变化较多的建筑，如医院、幼儿园等。

（4）墙与柱混合承重　房屋内部采用柱、梁组成的内框架承重，四周采用墙承重，由墙和柱共同承受水平承重构件传来的荷载，称为墙与柱混合承重。这种方案适用于室内需要大空间的建筑，如大型商店、餐厅等。

4.2 砌体墙的构造

4.2.1 常用墙体材料

墙体所用材料主要分为块材和粘结材料两部分。普通砖、灰砂砖、页岩砖、煤矸石砖、水泥砖、炉渣砖等都是常见的砌筑用块材。这些块材多为刚性材料，即其力学性能中抗压强度较高，但抗弯、抗剪性能较差。当砌体墙在建筑物中作为承重墙时，整个墙体的抗压强度主要由砌筑块材的强度决定，而不是由粘结材料的强度决定的。

（1）砌筑块材的强度

1）普通砖：MU30、MU25、MU20、MU15、MU10。

2）石材：MU100、MU80、MU60、MU50、MU40、MU30、MU20。

3）砌块：MU20、MU15、MU10、MU7.5、MU5。

4）蒸压灰砂砖、蒸压粉煤灰砖：MU25，MU20，MU15，MU10。

（2）常用砌筑块材的规格

1）普通砖：其常用尺寸为240mm（长）×155mm（宽）×53mm（厚）；在工程中，通常以其构造尺寸为设计依据，即与砌筑砂浆灰缝的厚度加在一起综合考虑。灰缝一般为10mm左右，砖的构造尺寸就形成了4:2:1的比值。下面介绍几种常用砖墙厚度的尺寸规律，见表4-1。

表4-1　砖墙厚度的组成

墙厚名称	工程称谓	实际尺寸/mm	墙厚名称	工程称谓	实际尺寸/mm
半砖墙	12墙	115	一砖半墙	37墙	365
3/4砖墙	18墙	178	二砖墙	49墙	490
一砖墙	24墙	240	二砖半墙	62墙	615

从表4-1中可以看出砖墙厚度的递增以半砖加灰缝（115+10）mm组成的砖模数为基数，砖墙的厚度由（115+10）×n−10求得，n为半砖的块数。

2）承重多孔砖：其实际尺寸为240mm（长）×115mm（宽）×90mm（厚）及190mm（长）×190mm（宽）×90mm（厚）等。

3）砌块：按尺寸不同分小型砌块、中型砌块和大型砌块。小型砌块常见的外形尺寸有190mm×190mm×390mm、190mm×190mm×250mm、190mm×190mm×190mm、90mm×190mm×190mm等。中型砌块有240mm×280mm×380mm、240mm×580mm×380mm等。砌块按构造方式分实心砌块、空心砌块和保温砌块。空心砌块有单排方孔、单排圆孔和多排扁孔三种形式，如图4-4所示。

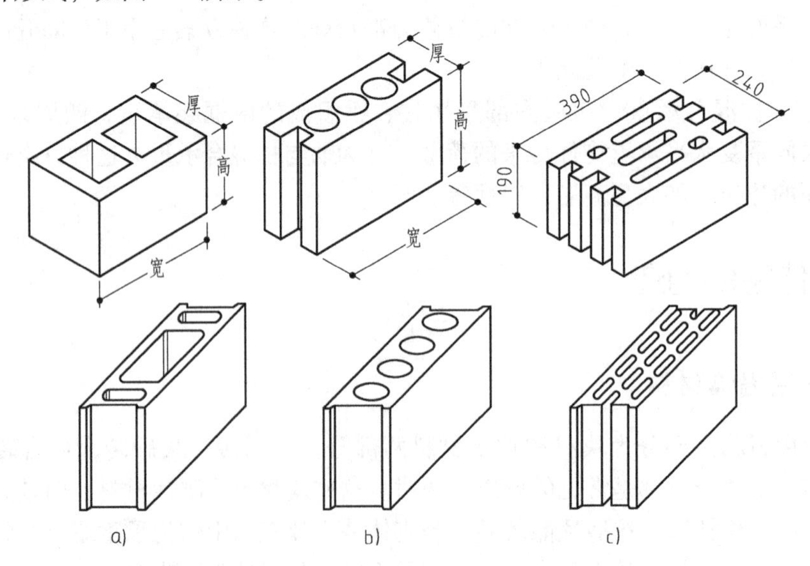

图4-4　空心砌块的形式

（3）常用粘结材料的主要成分　常用粘结材料的主要成分是水泥、黄砂及石灰膏，按照需要选择不同的材料配合及材料级配（即质量比）。其中采用水泥和黄砂配合的叫做水泥砂浆，其常用级配（水泥:黄砂）为1:2、1:3等；在水泥砂浆中加入石灰膏就成为混合砂浆，其常用级配（水泥:石灰:黄砂）为1:1:6、1:1:4等。水泥砂浆的强度要高于混合砂浆，但其和易性（即保持合适的流动性、粘聚性和保水性，以达到易于施工操作并成形密实、质量均匀的性能）不如混合砂浆。砂浆的强度等级分为：M2.5、M5.0、M7.5、M10、M15、M20等6个等级。

4.2.2 砌体墙的砌筑方式

砌体墙作为承重墙，按照有关规定，在底层室内地面±0.000以下应该用水泥砂浆砌筑，在±0.000以上则应该用混合砂浆砌筑。为了避免在施工过程中砌筑砂浆中的水分过早丢失而造成达不到预期的强度指标，在砌墙前，通常需要预先将砌筑块材进行浇水处理，待其表面略干后，再行砌筑。在砌墙时，应遵循错缝搭接、避免通缝、横平竖直、砂浆饱满的基本原则，以提高墙体整体性，减少开裂的可能性。砌筑成后，如处在炎热的气候条件下，还应对砂浆尚未完全结硬的墙体采取洒水等养护措施。

普通粘土砖的组砌方式如图4-5所示。习惯上，将砖的侧边叫做“顺”，而将其顶端叫做“丁”。一些水泥砌块因为体积较大，故墙体接缝更显得重要。在中型砌块的两端，一般设有封闭式的灌浆槽，在砌筑、安装时，必须使竖缝填灌密实，水平缝砌筑饱满，使上、下、左、右砌块能更好地连接；一般砌块需采用M5级砂浆砌筑，水平灰缝、垂直灰缝一般为10~20mm，当垂直灰缝大于30mm时，需用C20细石混凝土灌实。中型砌块上、下皮的搭缝长度不得小于150mm。当搭缝长度不足时，应在水平灰缝内增设钢筋网片，如图4-6、图4-7所示。

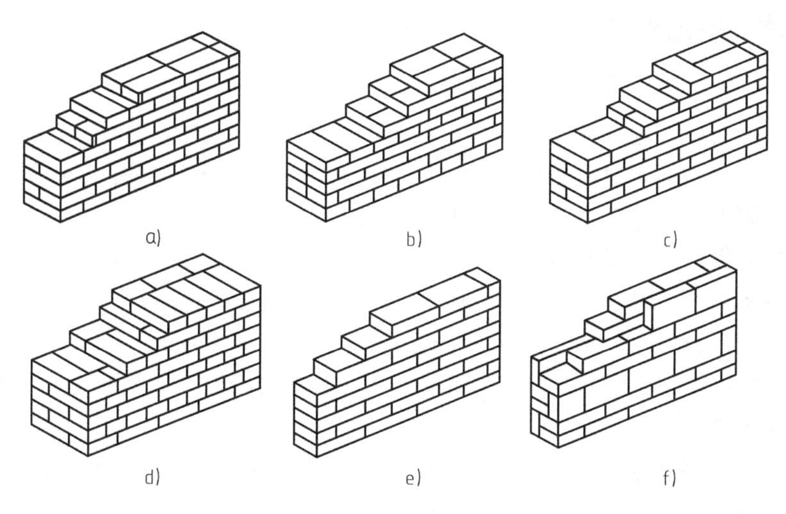

图4-5 砖墙组砌方式

a）一顺一丁 b）多顺一丁 c）十字式 d）370mm墙 e）120mm墙 f）180mm墙

砌块墙在设计时，应做出砌块的排列，并给出砌块排列组合图，施工时按图进料和安装。砌块排列组合图一般有各层平面、内外墙立面分块图。在进行砌块的排列组合时，应按墙面尺寸和门窗布置，对墙面进行合理的分块，正确选择砌块的规格尺寸，尽量减少砌

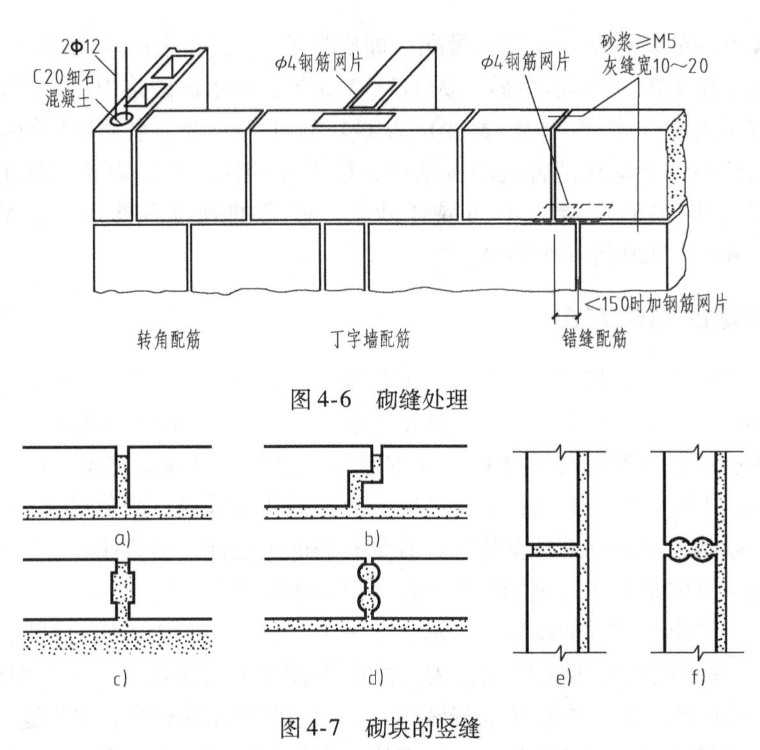

图 4-6　砌缝处理

图 4-7　砌块的竖缝

a）平缝　b）错缝　c）单槽缝　d）垂直平缝　e）垂直槽口缝　f）双槽缝

块的规格类型，优先采用大规格的砌块做主要砌块，并且尽量提高主要砌块的使用率，减少局部补填砖的数量，如图 4-8 所示。

4.2.3　墙体的细部构造

1. 勒脚

勒脚是外墙与室外地坪接触的部分，勒脚的作用是保护墙体，防止地面水、屋檐滴下的雨水溅到墙身或地面水对墙脚的侵蚀，增加建筑物的立面美观。所以要求勒脚坚固、防水和美观，勒脚的高度应距室外地坪 500mm 以上。

常用的勒脚做法有以下几种：

1）在勒脚部位抹 20～30mm 厚 1∶3 水泥砂浆或水刷石、斩假石等。

2）对要求较高的建筑物，勒脚部位铺贴块状材料，如大理石、花岗石、面砖等。

3）整个勒脚采用强度高、耐久性和防水性好的材料砌筑，如混凝土、毛石等。

2. 散水和明沟

在建筑外墙四周将地面做成向外倾斜的坡面，将屋顶落水或地表水及时排至建筑范围以外，保护墙基不受雨水的侵蚀。

散水是沿建筑物外墙设置的倾斜的坡面，既利于排水流畅，又不影响行走，坡度一般为 3%～5%。散水材料做法是根据建筑耐久等级和土壤情况选择的，如图 4-9 所示，散水宽为 600～1000mm。当屋面排水方式为自由落水时，其宽度比屋檐挑出宽度大 150～200mm。散水适用于降雨量较少的北方地区。

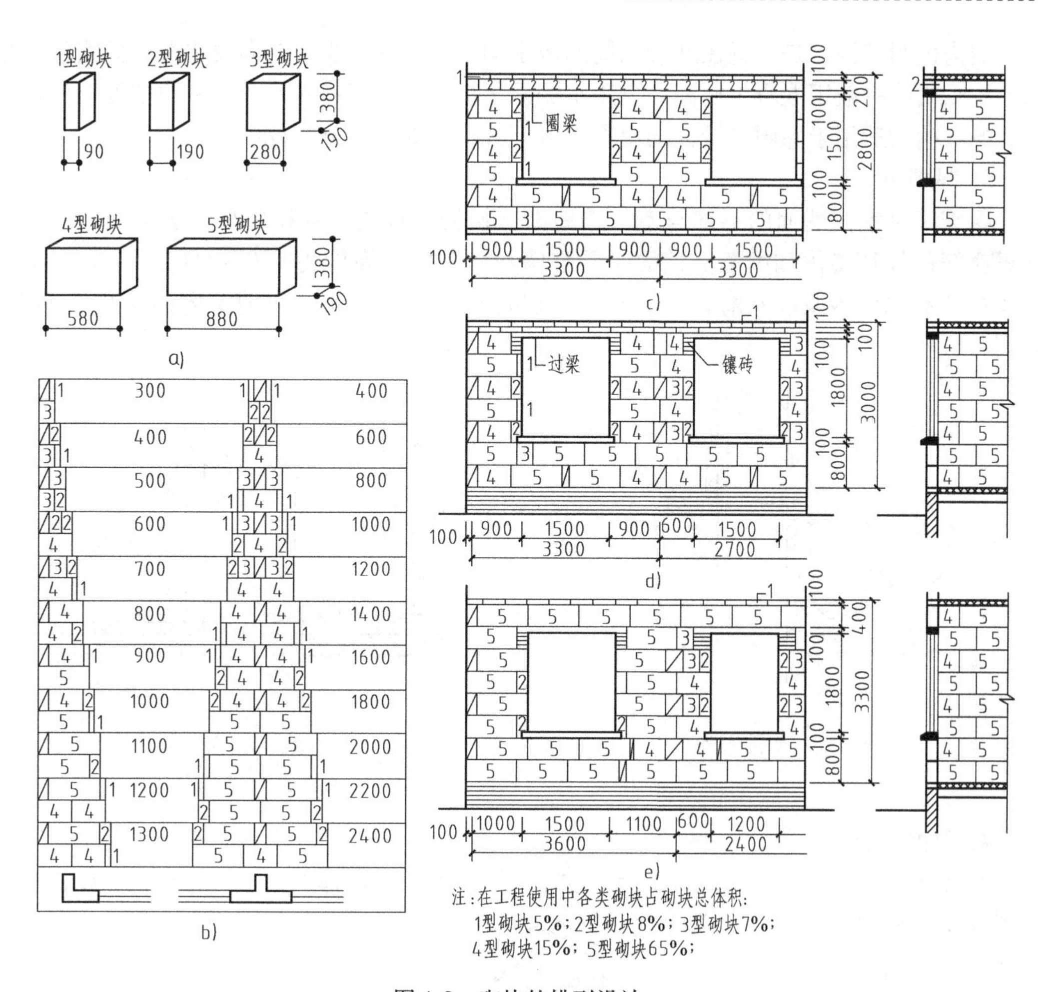

图4-8 砌块的排列设计

a）砌法尺寸 b）各种宽度墙面错缝砌法示意 c）层高2800mm时砌块排列

d）层高3000mm时砌块排列 e）层高3300mm时砌块排列

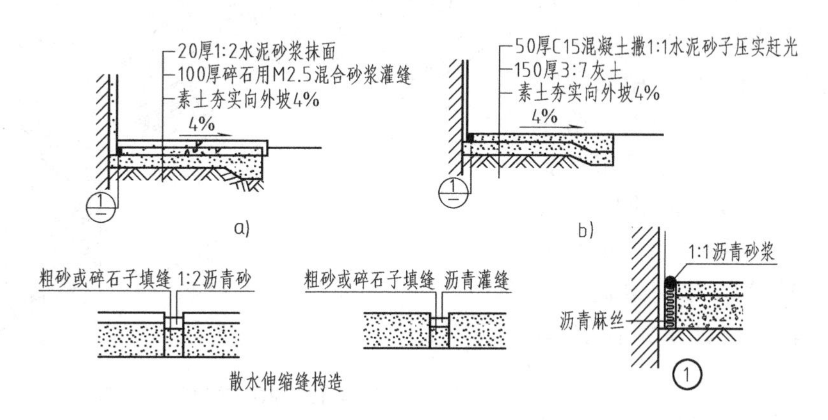

图4-9 散水构造

a）水泥砂浆散水 b）混凝土散水

明沟也叫阳沟，是设置在外墙四周的排水沟，将水有组织地导向集水井，然后流入排水系统。明沟一般用混凝土现浇，再用水泥砂浆抹面。沟底有不小于1%的坡度，保证排水通畅。明沟适用于降雨量较大的南方地区，其构造如图4-10所示。

3. 踢脚线

踢脚线是室内墙面的下部与室内楼地面交接处的构造。其作用是保护墙面，防止因外界碰撞而损坏墙体和因清洁地面时弄脏墙身。踢脚线高度为100～150mm，常用的踢脚线材料有水泥砂浆、水磨石、大理石、缸砖和石板等，一般应随室内地面材料而定，如图4-11所示。

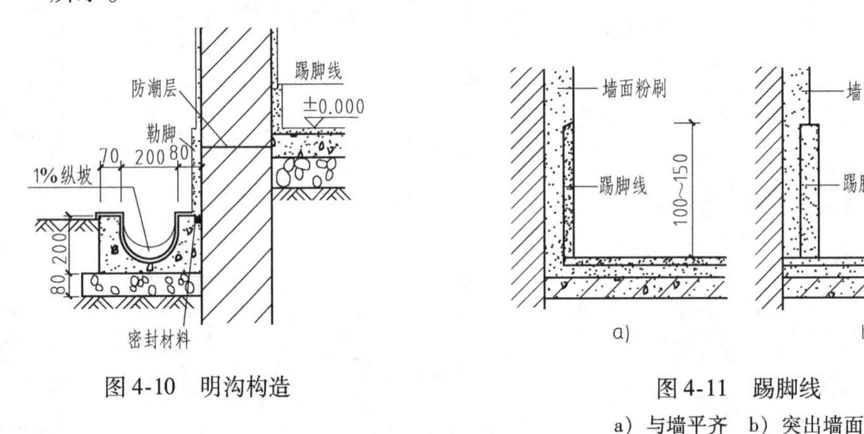

图4-10　明沟构造

图4-11　踢脚线

a）与墙平齐　b）突出墙面

4. 门窗过梁

当墙体上开设门、窗洞口时，为了支承门、窗洞口上墙体的荷载，常在门、窗洞口上设置横梁，此梁称为过梁。常见的过梁有砖拱过梁、钢筋砖过梁、钢筋混凝土过梁、平拱砖过梁等，砖拱过梁现在很少采用。

（1）钢筋砖过梁　钢筋砖过梁用于跨度在2m以内的清水墙的门、窗洞口上，用不低于M5的砂浆进行砌筑。它在底部砂浆层中放置的钢筋不应少于3Φ6，并放置在第一皮砖和第二皮砖之间，也可将钢筋直接放在第一皮砖下面的砂浆层内，同时钢筋伸入两端墙内不小于240mm，并加弯钩。这种梁施工方便，整体性较好，其示意图如图4-12所示。

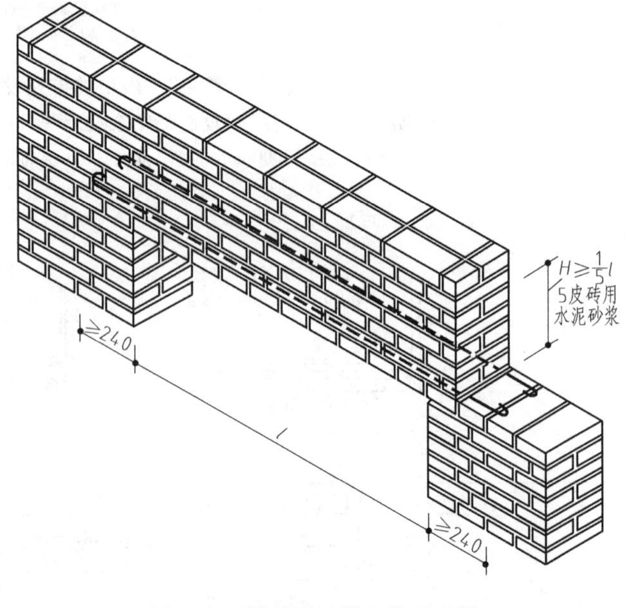

图4-12　钢筋砖过梁立体示意图

（2）钢筋混凝土过梁　钢筋混凝土过梁断面尺寸主要根据跨度、上部荷载的大小计算确定。钢筋混凝土过梁有现浇和预制两种，为了加快施工进度常采用预制钢筋混凝土过梁。过梁两端伸入墙内的支承长度不小于240mm，以保证过梁在墙上有足够的承载面积。为了防止雨水沿门窗过梁向外墙内侧流淌，过梁底部外侧抹灰时要做滴水。

钢筋混凝土过梁有矩形截面和L形截面等几种形式，如图4-13所示。矩形截面的过梁一般用于混水墙；在寒冷地区为了避免在过梁内表面产生凝结水，常采用L形截面的过梁。

（3）平拱砖过梁　平拱砖过梁是将砖侧砌而成，灰缝上宽下窄使侧砖向两边倾斜，相互挤压形成拱的作用，两端下部伸入墙内20~30mm，中部的起拱高度约为跨度的1/50。

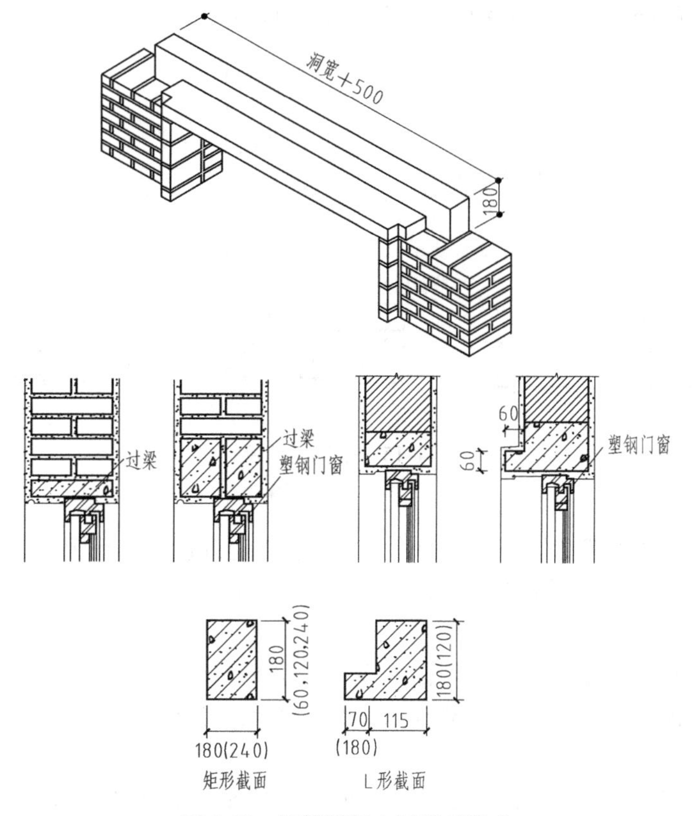

图4-13　钢筋混凝土过梁的形式

5. 窗台

为了避免雨水聚集窗下并侵入墙身和雨水弄脏墙面，应考虑设置窗台。窗台须向外形成一定的坡度，以利于排水，如图4-14所示。

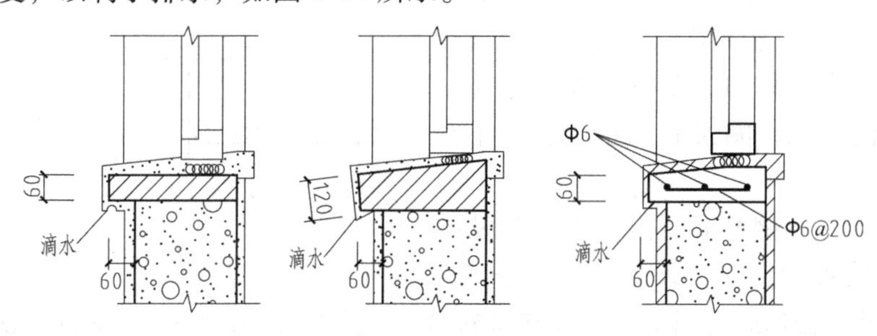

图4-14　窗台构造做法

窗台的构造要点包括以下几点：

1）悬挑窗台采用普通砖向外挑出60mm，也可采用钢筋混凝土窗台。

2）窗台表面应做一定的排水坡度，防止雨水向室内渗入。

3）悬挑窗台底部应做滴水线或滴水槽，引导雨水垂直下落，不致影响窗下的墙面。

6. 墙身加固措施

（1）壁柱和门垛　当墙体的窗间墙上出现集中荷载或墙体的长度和高度超过一定限度时，影响到墙体的稳定性，需在墙身局部适当的位置增设壁柱。壁柱突出墙面的尺寸一般为120mm×370mm、240mm×370mm、240mm×490mm等，如图4-15所示。

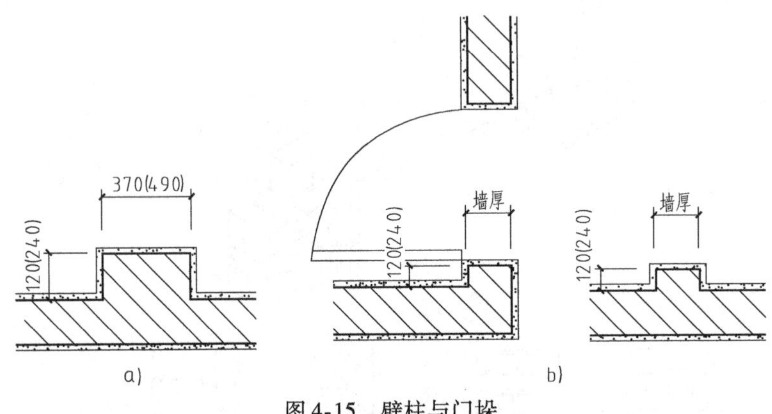

图4-15　壁柱与门垛

a）壁柱　b）门垛

为了便于门框的安置和保证墙体的稳定性，在墙上开设门洞且洞口在两墙转角处或丁字墙交接处时，应在门靠墙的转角部位或丁字交接的一边设置门垛，门垛突出墙面为60～240mm。

（2）圈梁　圈梁是沿建筑物外墙四周及部分内横墙设置的连续闭合梁。其目的是为了增强建筑的整体刚度和稳定性，减轻由于地基不均匀沉降对房屋的破坏，抵抗地震力的影响。

圈梁有钢筋混凝土圈梁和钢筋砖圈梁两种。钢筋混凝土圈梁整体刚度好，应用广泛。钢筋砖过梁用M5砂浆砌筑，高度不小于五皮砖，在圈梁中设置4Φ6的通长钢筋，分上下两层布置。

圈梁最好和门窗过梁合二为一，在特殊情况下，当遇有门窗洞口致使圈梁局部截断时，应在洞口上部增设相应截面的附加圈梁，如图4-16所示。附加圈梁与圈梁搭接长度应大于等于其垂直间距的二倍且不得小于1m；但在抗震设防地区，圈梁应完全闭合，不得被洞口断开。

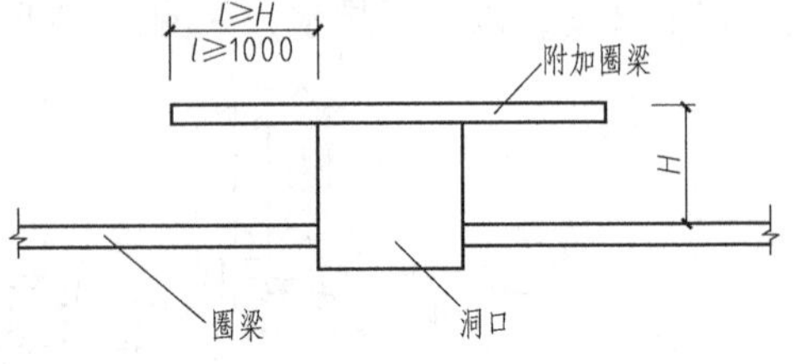

图4-16　附加圈梁

（3）构造柱　钢筋混凝土构造柱是从抗震角度考虑设置的，一般设置在外墙四角、内外墙交接处、楼梯间的四角及较大洞口的两侧。除此之外，根据房屋的层数和抗震设防烈度不同，构造柱的设置要求见表4-2。

表 4-2　构造柱设置要求

<table>
<tr><th colspan="4">房屋层数</th><th colspan="2" rowspan="2">设置的部位</th></tr>
<tr><th>6 度</th><th>7 度</th><th>8 度</th><th>9 度</th></tr>
<tr><td>4、5 层</td><td>3、4 层</td><td>2、3 层</td><td></td><td rowspan="3">楼、电梯间四角，楼梯斜梯段上下端对应的墙体处；外墙四角和对应转角；错层部位横墙与外纵墙交接处；较大洞口两侧；大房间内外墙交接处</td><td>隔 12m 或单元横墙与外纵墙交接处；楼梯间对应的另一侧内横墙与外纵墙交接处</td></tr>
<tr><td>6 层</td><td>5 层</td><td>4 层</td><td>2 层</td><td>隔开间横墙（轴线）与外墙交接处，山墙与内纵墙交接处</td></tr>
<tr><td>7 层</td><td>≥6 层</td><td>≥5 层</td><td>≥3 层</td><td>内墙（轴线）与外墙交接处；内墙局部较小的墙垛处；内纵墙与横墙（轴线）交接处</td></tr>
</table>

注：较大洞口，内墙指不小于 2.1m 的洞口；外墙在内外墙交接处已设置构造柱时应允许适当放宽，但洞侧墙体应加强。

构造柱的最小截面尺寸为 180mm × 240mm，纵向钢筋一般用 4Φ12，箍筋间距不宜大于 250mm，且在柱上下端宜适当加密；6、7 度时超过 6 层、8 度时超过 5 层和 9 度时，纵向钢筋宜用 4Φ14，箍筋间距不宜大于 200mm；房屋四角的构造柱可适当加大截面及配筋。为了加强构造柱与墙体的连接，构造柱与墙连接处宜砌成马牙槎，并沿墙高每隔 500mm 设 2Φ6 的拉结钢筋，每边伸入墙内不宜小于 1m。施工时必须先砌墙，然后浇筑钢筋混凝土构造柱，如图 4-17 所示。

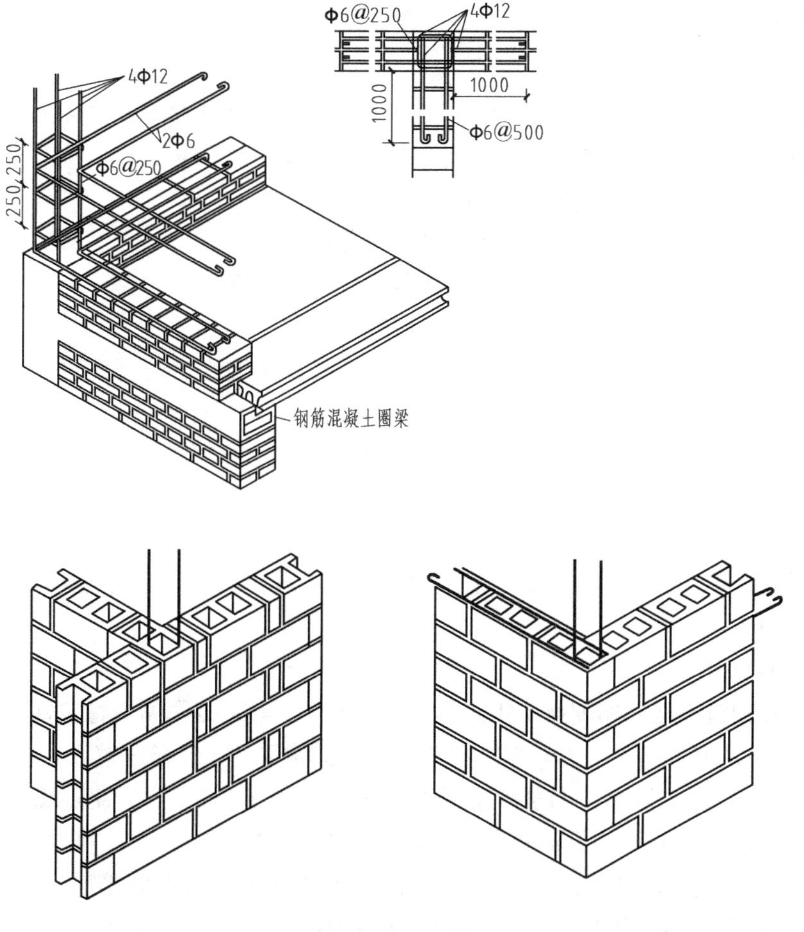

图 4-17　构造柱

（4）空心砌块墙墙芯柱　当采用混凝土空心砌块时，应在房屋四角、外墙转角、楼梯间四角设芯柱，如图4-18所示。芯柱用C15细石混凝土填入砌块孔中，并在孔中插入通长钢筋。

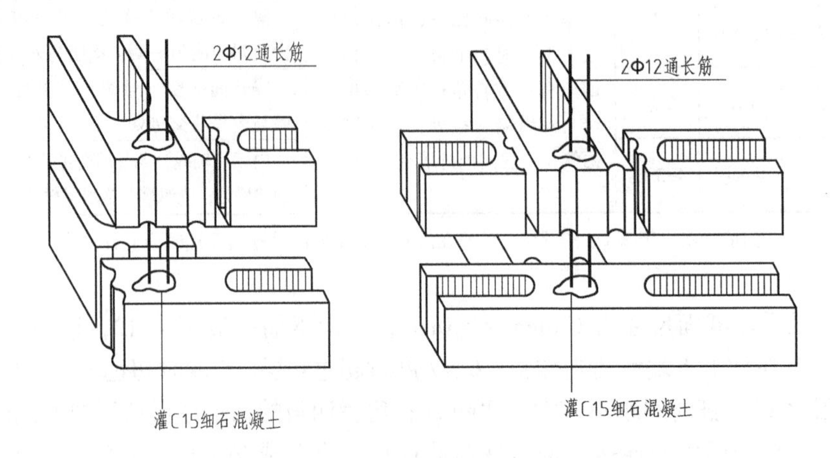

图4-18　砌块墙墙芯柱构造

4.3　隔墙的构造

隔墙是分隔室内空间的非承重构件。在现代建筑中，为了提高平面布局的灵活性，大量采用隔墙以适应建筑功能的变化，设计时应注意以下几个方面：

1）自重轻，有利于减轻楼板的荷载。

2）尽量少占用房间使用面积，增加建筑的有效空间。

3）为保证隔墙的稳定性，特别要注意隔墙与墙柱及楼板的拉结。

4）有一定的隔声能力，使各使用房间互不干扰。

5）满足不同使用部位的要求，如卫生间的隔墙要求防水、防潮，厨房的隔墙要求防潮、防火等。

隔墙按材料和构造的不同分为块材隔墙、板材隔墙、立筋隔墙等。

4.3.1　块材隔墙

块材隔墙是用普通砖、空心砖、加气混凝土砌块等块材砌筑而成的，常用的有普通砖隔墙、砌块隔墙。

1. 普通砖隔墙

用普通砖砌筑隔墙的厚度有1/4砖和1/2砖两种，1/4砖厚隔墙稳定性差、对抗震不利；1/2砖厚隔墙坚固耐久、有一定的隔声能力，故常采用1/2砖隔墙。

1/2砖隔墙即半砖隔墙，砌筑砂浆强度等级不应低于M2.5。为使隔墙与墙柱之间连接牢固，在隔墙两端的墙柱沿高度每隔500mm预埋2Φ6的拉结筋，伸入墙体的长度为1000mm，还应沿隔墙高度每隔1.2～1.5m设一道30mm厚水泥砂浆层，内放2Φ6的钢筋。在隔墙砌到楼板底部时，应将砖斜砌一皮或留出30mm的空隙用木楔塞牢，然后用砂浆填缝。隔墙上有门时，用预埋件或将带有木楔的混凝土预制块砌入隔墙中，以便固定门框，如图4-19所示。

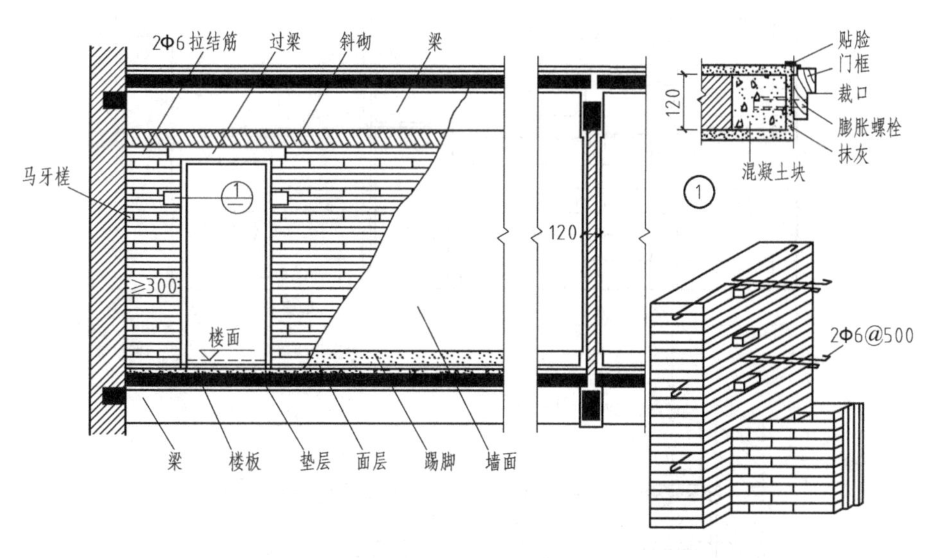

图4-19 半砖隔墙

2. 加气混凝土砌块隔墙

加气混凝土砌块隔墙具有重量轻、吸声好、保温性能好、便于操作的特点，目前在隔墙工程中应用较广。但加气混凝土砌块吸湿性大，故不宜用于浴室、厨房、厕所等处，如使用需另做防水层。

加气混凝土砌块隔墙的底部宜砌筑2~3皮普通砖，以利于踢脚砂浆的粘结，砌筑加气混凝土砌块时应采用1:3水泥砂浆砌筑，为了保证加气混凝土砌块隔墙的稳定性，沿墙高每隔900~1000mm设置2Φ6的配筋带，门窗洞口上方也要设2Φ6的钢筋，如图4-20所示。墙面抹灰可直接抹在砌块上，为了防止灰皮脱落，可先用细铁丝网钉在砌块墙上再作抹灰。

4.3.2 板材隔墙

板材隔墙是指采用各种轻质材料制成的预制薄形板拼装而成的隔墙。常见的板材有石膏条板、加气混凝土条板、钢丝网泡沫塑料水泥砂浆复合板等。这类隔墙的工厂化生产程度较高，成品板材现场组装，施工速度快，现场湿作业较少。

条板墙体厚度应满足建筑防火、隔声、隔热等功能要求。单层条板墙体用作分户墙时，其厚度不小于120mm；用作户内隔墙时，其厚度不小于90mm。

条板在安装时，与结构连接的上端用胶粘剂粘结，下端用细石混凝土填实或用一对对口木楔将板底楔紧。在抗震设防6~8度的地区，条板上端应加L形或U形钢板卡与结构预埋件焊接固定或用弹性胶连接填实。对隔声要求较高的墙体，在条板之间以及条板与梁、板、墙、柱相结合的部位应设置泡沫密封胶、橡胶垫等材料的密封隔声层。

4.3.3 立筋隔墙

立筋式隔墙又称为骨架式隔墙，它是以木材、钢材或其他材料构成骨架，再做两侧的

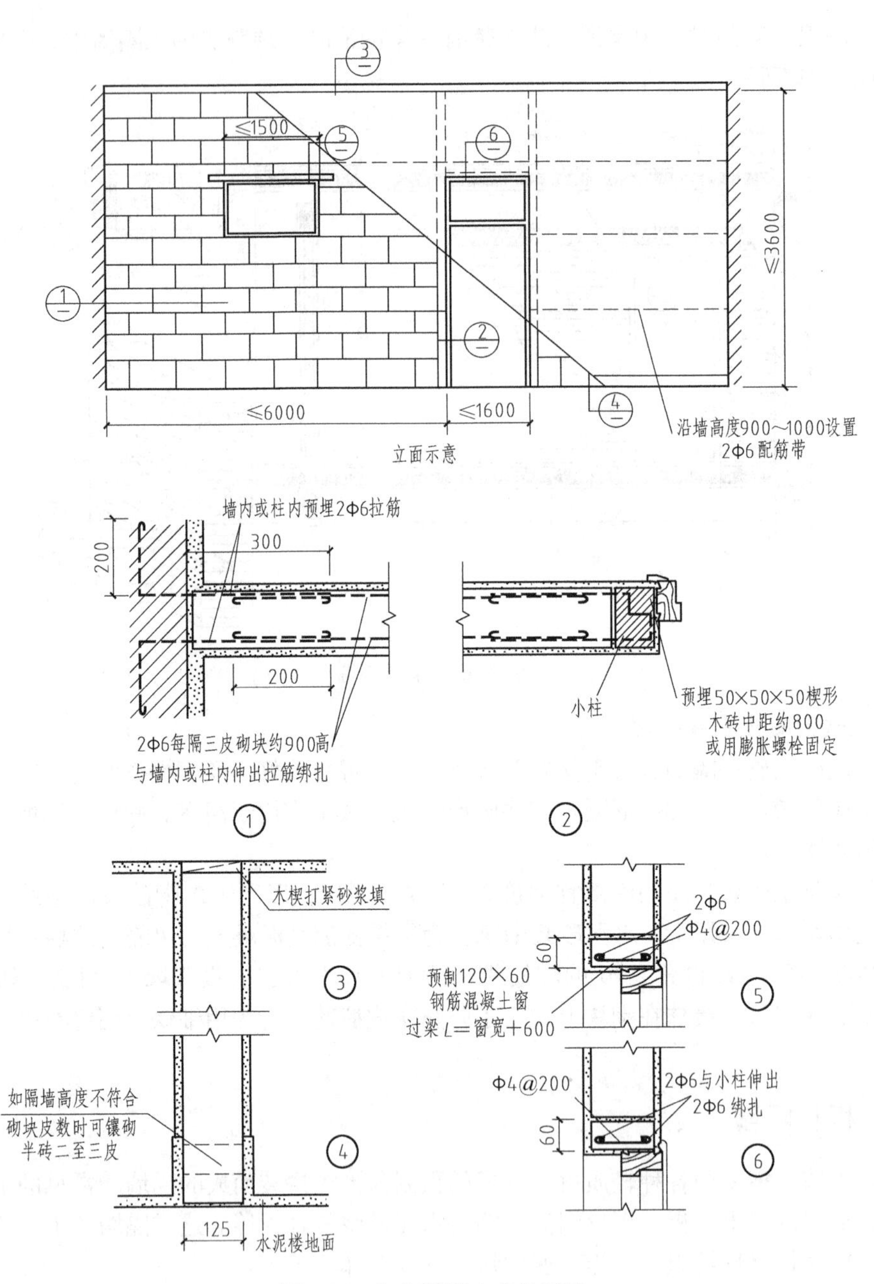

图4-20　加气混凝土砌块隔墙

面层。隔墙由骨架和面层两部分组成。

骨架分为木骨架、轻钢骨架、石膏骨架、石棉水泥骨架、水泥刨花骨架和铝合金骨架等。骨架由上槛、下槛、墙筋、斜撑、横撑等组成，如图4-21所示。面层材料有纤维板、纸面石膏板、胶合板、塑铝板、纤维水泥板等轻质薄板。根据材料的不同，采用钉子、膨胀螺栓、铆钉、自攻螺钉或金属夹子等来固定面板和骨架。

1. 灰板条抹灰隔墙

灰板条抹灰隔墙是一种传统的做法，它由上槛、下槛、墙筋、斜撑及横撑组成，在木骨架的两侧钉灰板条，然后抹灰。板条横钉在墙筋上，为了便于抹灰，保证拉结，板条之间应留 7 ~ 9mm 的缝隙，使灰浆挤到板条缝的背面，咬住板条。为了便于制作水泥踢脚和防潮要求，板条隔墙的下槛下边可加砌 2 ~ 3 皮砖。

板条隔墙的门、窗框应固定在墙筋上。门框上需设置门头线，防止灰皮脱落，影响美观。

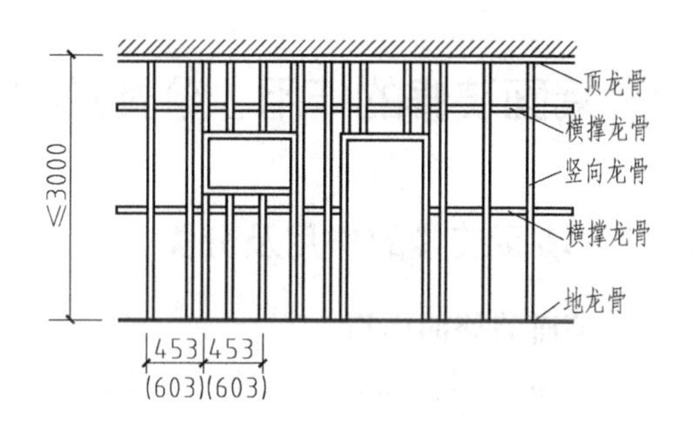

图 4-21　龙骨的排列

2. 钢丝网抹灰隔墙

在骨架两侧钉钢丝网或钢板网，然后再做抹灰面层。这种隔墙强度高、抹灰层不宜开裂，有利于防潮、防火和节约木材。

3. 轻钢龙骨石膏板隔墙

轻钢龙骨石膏板隔墙是用轻钢龙骨作骨架，纸面石膏板作面板的隔墙。它具有刚度大、耐火、防水、质轻、便于拆装等特点。立筋时为了防潮，在楼地面上先砌 2 ~ 3 皮砖或在楼板垫层上浇筑混凝土墙垫。轻钢龙骨石膏板隔墙施工方便，速度快，应用广泛。为了提高隔墙的隔声能力，可在龙骨间填岩棉、泡沫塑料等弹性材料，如图 4-22 所示。

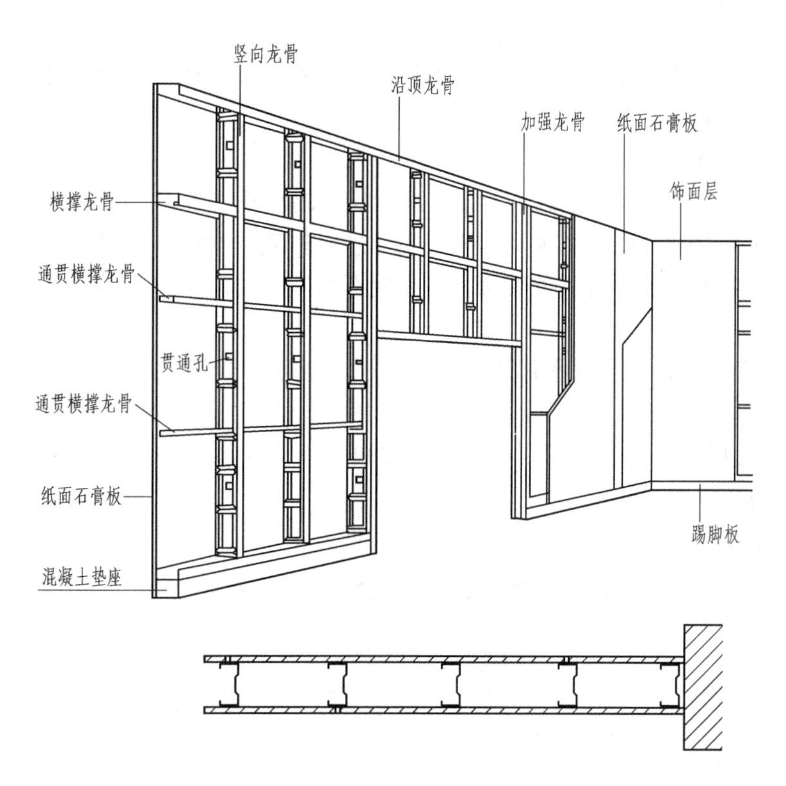

图 4-22　轻钢龙骨纸面石膏板隔墙

4.4 墙面装修的作用、分类及构造

4.4.1 墙面装修的作用及分类

1. 墙面装修的作用

1）保护墙体：提高墙体防潮、防风化、耐污染等能力，增强了墙体的坚固性和耐久性。

2）装饰作用：通过墙面材料色彩、质感、纹理、线型等的处理，丰富了建筑的造型，改善室内亮度，使室内变得更加温馨，富有一定的艺术魅力。

3）改善环境条件：满足使用功能的要求。可以改善室内外清洁、卫生条件，增强建筑物的采光、保温、隔热、隔声性能。

2. 墙面装修的分类

墙面装修按所处的位置分室外装修和室内装修；按材料及施工方式分抹灰类、贴面类、涂料类、裱糊类和铺钉类。

4.4.2 墙面装修的构造

1. 抹灰类墙面装修构造

抹灰是我国传统的墙面做法，这种做法材料来源广泛，施工操作简便，造价低，但多为手工操作，工效较低，劳动强度大，表面粗糙，易积灰等。抹灰一般分底层、中层、面层三个层次，如图4-23所示。

（1）抹灰的层次

1）底层：底层与基层有很好的粘结和初步找平的作用，厚度一般为5~7mm。当墙体基层为砖、混凝土时，可采用水泥砂浆或混合砂浆打底；当墙体基层为砌块时，可采用混合砂浆打底；当墙体基层为灰条板时，应采用石灰砂浆打底，并在砂浆中掺入适量的麻刀或其他纤维。

2）中层：中层起进一步找平作用，弥补底层因灰浆干燥后收缩出现的裂缝，厚度为5~9mm。

3）面层：面层主要起装饰美观的作用，厚度为2~8mm。面层不包括在面层上的刷浆、喷浆或涂料。

抹灰按质量要求和主要工序分为三种标准，见表4-3。

表4-3 抹灰按质量要求和主要工序分类

层次 / 标准	底　灰	中　灰	面　灰	总 厚 度
普通抹灰	1层		1层	≤18mm
中级抹灰	1层	1层	1层	≤20mm
高级抹灰	1层	数层	1层	≤25mm

普通抹灰适用于简易宿舍、仓库等；中级抹灰适用于住宅、办公楼、学校、旅馆等；

高级抹灰适用于公共建筑、纪念性的建筑。

（2）常用抹灰做法

1）混合砂浆抹灰。用于内墙时，先用15mm厚1:1:6水泥石灰砂浆打底，5mm厚1:0.3:3水泥石灰砂浆抹面。用于外墙时，先用12mm厚1:1:6水泥石灰砂浆打底，再用8mm厚1:1:6水泥石灰砂浆抹面。

2）水泥砂浆抹灰。用于砖砌筑的内墙时，先用13mm厚1:3水泥砂浆打底，再用5mm厚1:2.5水泥砂浆抹面，压实抹光，然后刷或喷涂料。作为厨房、浴厕等受潮房间的墙裙时，面层用铁板抹光。外墙抹灰时，先用12mm厚1:3水泥砂浆打底，再用8mm厚1:2.5水泥砂浆抹面。

3）纸筋灰墙抹面。用于砖砌筑的内墙时，先用15mm厚1:3水泥砂浆打底，再用2mm厚纸筋石灰抹面，然后刷或喷涂料。外墙为混凝土墙时，先在基底上刷素水泥浆一道，然后用7mm厚1:3:9水泥石灰砂浆打底，再用7mm厚1:3水泥石灰膏砂浆和2mm厚纸筋石灰抹面，然后刷或喷涂料。若为砌块墙时，先用10mm厚1:3:9水泥石灰砂浆打底，再用6mm厚1:3石灰砂浆和2mm厚纸筋灰抹面，然后刷或喷涂料。

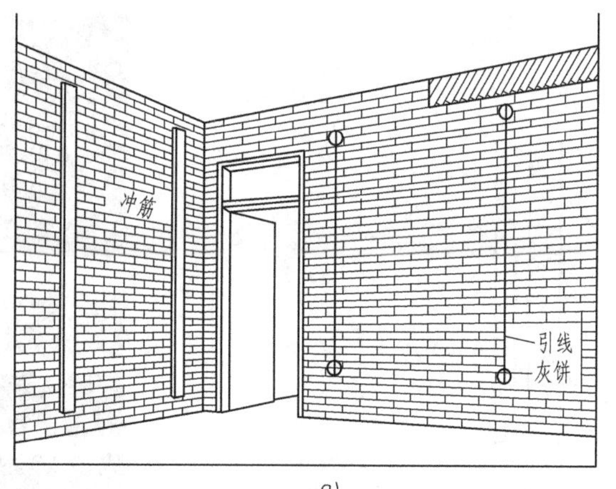

a)

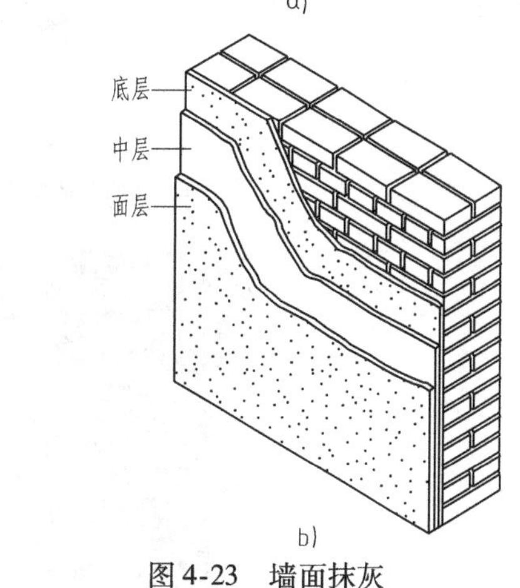

b)

图4-23 墙面抹灰

a）抹灰操作中灰饼与冲筋做法 b）墙面抹灰分层

2. 贴面类墙面装修构造

（1）面砖 面砖是用陶土或瓷土为原料，压制成形后经烧制而成。面砖质地坚固、耐磨、耐污染、装饰效果好，适用于装饰要求较高的建筑。面砖常用的规格有150mm×150mm、75mm×150mm、113mm×77mm、145mm×113mm、233mm×113mm、265mm×113mm等多种规格，如图4-24所示。

面砖铺贴前先将表面清洗干净，然后将面砖放入水中浸泡，贴前取出晾干或擦干。先用1:3水泥砂浆打底并刮毛，再用1:0.3:3水泥石灰砂浆或掺108胶的1:2.5水泥砂浆满刮于面砖背面，其厚度不小于10mm，贴于墙上后，轻轻敲实，使其与底灰粘牢。面砖若被污染，可用含量为10%的盐酸洗涮，并用清水洗净。

（2）陶瓷锦砖 陶瓷锦砖又称马赛克，是高温烧制的小型块材，表面致密光滑、色彩艳丽、坚硬耐磨、耐酸耐碱，一般不易退色。铺贴时先按设计的图案，用10mm厚1:2水泥砂浆将小块的面材贴于基底，待凝后将牛皮纸洗去，再用1:1水泥砂浆擦缝，如图4-25所示。

（3）花岗岩石板 花岗岩石板结构密实，强度和硬度较高，吸水率较小，抗冻性和

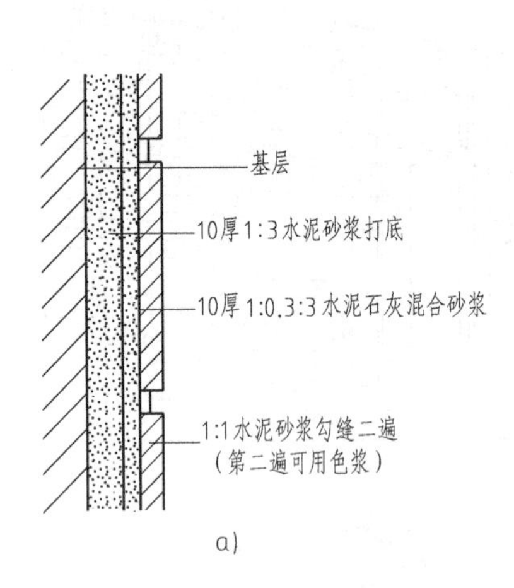

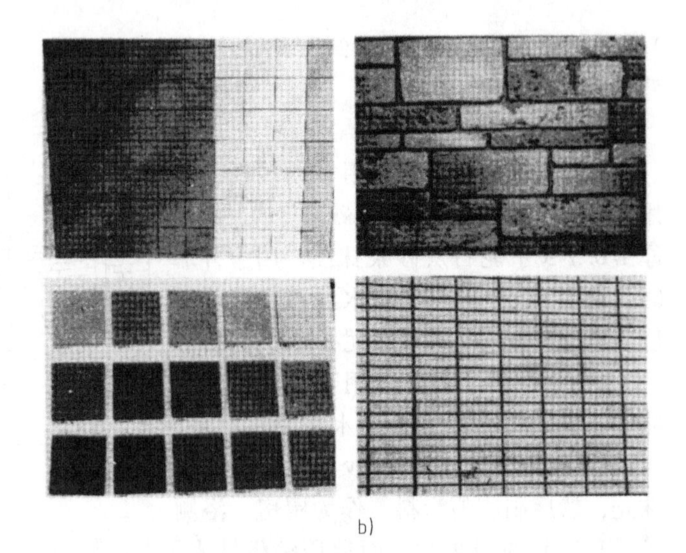

图4-24　外墙贴面砖

a）外墙面粘贴面砖构造　b）外墙贴面砖

图4-25　陶瓷锦砖

耐磨性较好，抗酸碱和抗风化能力较强。花岗岩石板多用于宾馆、商场、银行等大型公共建筑物和柱面装饰，也适用于地面、台阶、水池等，如图4-26所示。

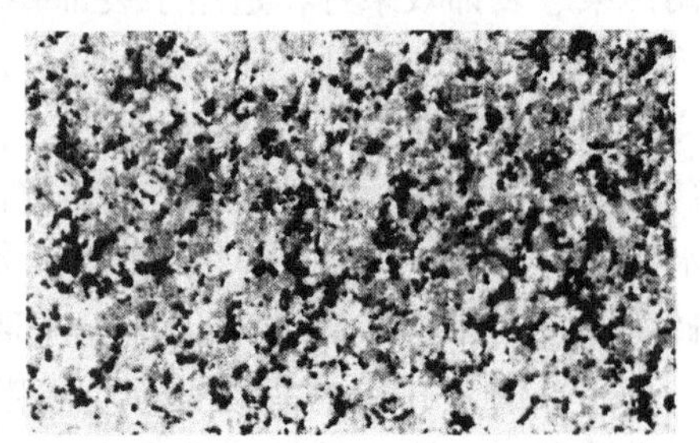

图4-26　花岗岩石板

（4）大理石板　大理石又称云石，表面经磨光加工后，纹理清晰，色彩绚丽，具有很好的装饰性。由于大理石质地软、不耐酸碱，多用于室内装饰的建筑中，如图4-27所示。

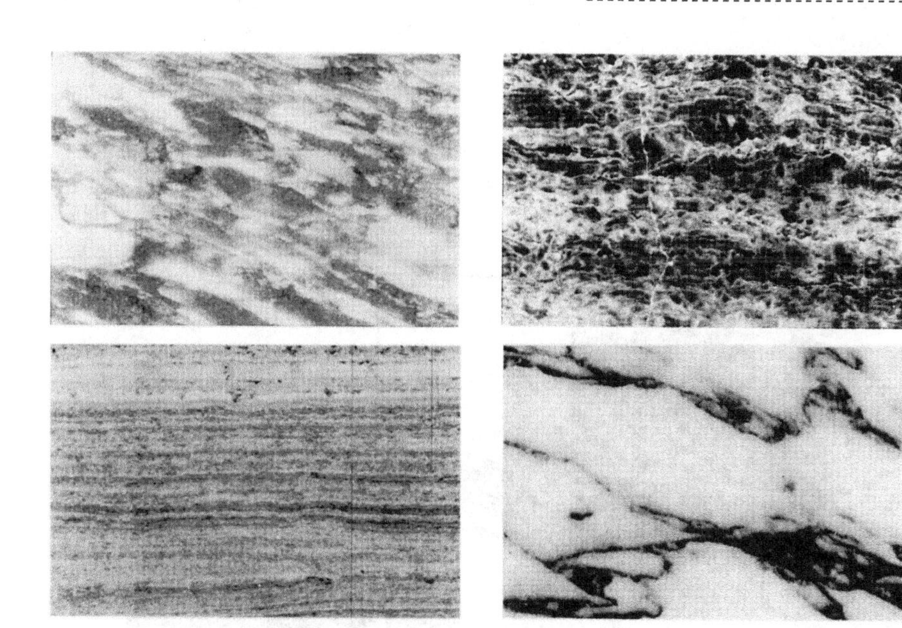

图4-27 大理石板

石板的安装构造有湿贴和干挂两种。干挂做法是先在墙面或柱子上设置钢丝网，并且将钢丝网与墙上锚固件连接牢固，然后将石板用铜丝或镀锌钢丝绑扎在钢丝网上。石板固定好后，在石板与墙或柱间用1∶3水泥砂浆或细石混凝土灌注。由于湿贴法施工的天然石板墙面具有基底透色、板缝砂浆污染等缺点，一般情况下常采用干挂的做法。

3. 涂料类墙面装修构造

涂料类饰面具有工效高、工期短、材料用量少、自重轻、造价低、维修更新方便等优点，在饰面装修工程中得到较为广泛应用，如图4-28所示。

涂料分为有机涂料和无机涂料两类。

（1）有机涂料　有机涂料根据主要成膜物质与稀释不同分为溶剂性涂料、水溶性涂料和乳胶涂料。

1）溶剂性涂料有较好的硬度、光泽、耐水性、耐腐蚀性和耐老化性；但施工时污染环境，涂抹透气性差，主要用于外墙饰面。

2）水溶性涂料不掉粉、造价不高、施工方便、色彩丰富，多用于内、外墙饰面。

3）乳胶涂料所涂的饰面可以擦洗、易清洁、装饰效果好。所以乳胶涂料是住宅建筑和公共建筑的一种较好的内、外墙饰面材料。

（2）无机涂料　无机涂料分普通无机涂料和无机高分子涂料。普通无机涂料多用于一般标准的室内装修；无机高分子涂料用于外墙面装修和有擦洗要求的内墙面装修。

4. 裱糊类墙面装修构造

裱糊类墙面饰面装饰性强、造价较经济、施工方法简捷高效、材料更换方便，并且在曲面和墙面转折处粘贴可以顺应基层，可取得连续的饰面效果。

图4-28　墙面涂料做法

4.5　幕墙构造

4.5.1　幕墙的材料

幕墙面板多使用玻璃、石材和金属板等材料，如图4-29、图4-30、图4-31所示。

图4-29 玻璃幕墙

图4-30 金属复合板幕墙与石材幕墙

图4-31 全玻式幕墙

幕墙玻璃须采用安全玻璃。为了节能通常在其表面镀膜，或者在夹层玻璃中间加入各种具有折光或反射功能的材料。幕墙采用的金属面板多为铝合金和钢材。幕墙石材一般采用花岗岩等质地均匀的材料。

幕墙与主体结构的连接系统可以由金属杆件、拉索或小型连接件构成。为满足防水及适应变形等功能要求，还用到许多胶粘合密封材料。

4.5.2 幕墙种类和构成方式

幕墙从构成及安装方式上，分为全玻式幕墙、有框式幕墙及点式幕墙三种。

（1）全玻式幕墙　全玻式幕墙的面板及与建筑物主体结构部分的连接构件全都由玻璃构成，如图4-31所示。因为玻璃属于脆性材料，用玻璃肋来支撑的全玻式幕墙的整体高度受到一定程度的限制。

（2）有框式幕墙　有框式幕墙与主体建筑之间的连接杆件系统做成框格的形式，面板安装在框格上。若框格全部暴露出来称为明框幕墙，如图4-32b、c所示。若垂直或水平两个方向的框格只有一个方向暴露出来称为半隐框幕墙，如图4-32a所示。若框格全部隐藏在面板之下称为隐框幕墙，如图4-32d所示。

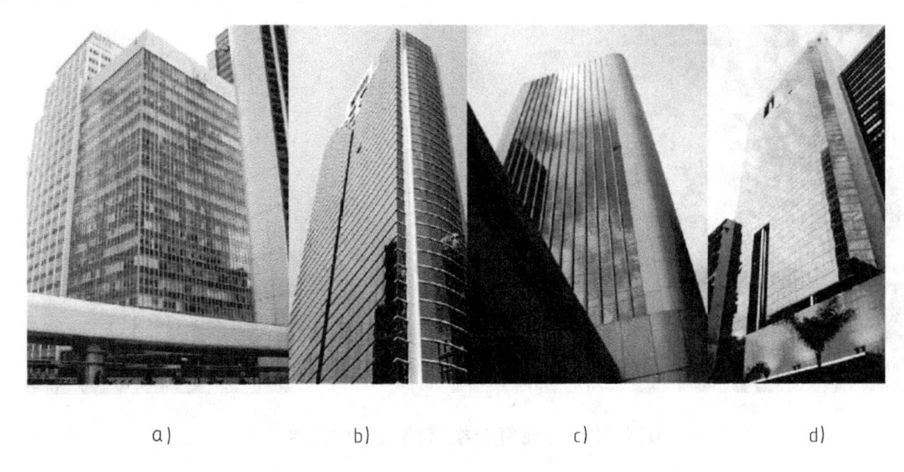

a)　b)　c)　d)

图4-32　有框式幕墙

a）半隐框幕墙　b）明框幕墙　c）明框幕墙　d）隐框幕墙

（3）点式幕墙　点式幕墙采用在面板四角或周边穿孔的方法，用金属爪来固定幕墙面板，如图4-33所示。这种幕墙多用于需要大片通透效果的玻璃幕墙上。

图4-33　点式幕墙

4.6 地下室

建筑物室外地坪以下的房间称为地下室，其利用地下空间，从而节约了建设用地。地下室示意图如图4-34所示。

4.6.1 地下室的分类

地下室按使用功能分为普通地下室和防空地下室；按顶板标高分为半地下室（埋深为1/3～1/2倍的地下室净高）和全地下室（埋深为地下室净高的1/2以上）；按结构材料分为砖混结构地下室和钢筋混凝土结构地下室。

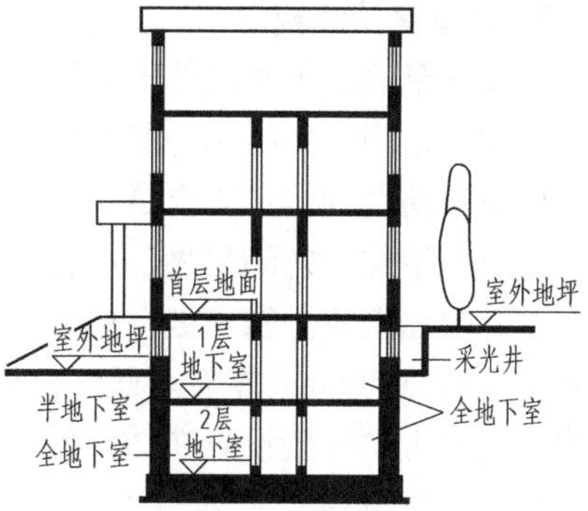

图4-34 地下室示意图

4.6.2 地下室的组成

地下室由墙体、顶板、底板、门窗、楼梯五大部分组成。

1. 墙体

地下室的外墙应按挡土墙设计，如用钢筋混凝土或素混凝土墙，应按计算确定，其最小厚度除应满足结构要求外，还应满足抗渗厚度的要求，其最小厚度不低于250mm，外墙应作防潮或防水处理。

2. 顶板

地下室的顶板可采用预制板、现浇板，或者预制板上做现浇层（装配整体式楼板）。在无采暖的地下室顶板上，即首层地板处应设置保温层，以利于首层房间的使用舒适。

3. 底板

底板处于最高地下水位以上，并且无压力产生作用的可能时，可按一般地面工程处理；如底板处于最高地下水位以下时，底板不仅承受上部垂直荷载，还承受地下水的浮力荷载，因此应采用钢筋混凝土底板，并双层配筋，底板下垫层上还应设置防水层，以防渗漏。

4. 门窗

普通地下室的门窗与地上房间门窗相同，地下室外窗如在室外地坪以下时，应设置采光井和防护箅，以利室内采光、通风和室外行走安全。防空地下室一般不允许设窗，如需开窗，应设置战时堵严措施。防空地下室的外门应按防空等级要求设置相应的防护构造。

5. 楼梯

地下室楼梯可与地面上房间结合设置。层高小或用作辅助房间的地下室，可设置单跑楼梯。防空要求的地下室至少要设置两部楼梯通向地面的安全出口，并且必须有一个是独立的安全出口。这个安全出口周围不得有较高建筑物，以防空袭倒塌堵塞出口影响疏散。

4.6.3 地下室的防潮、防水构造

1. 地下室防潮、防水的原则

根据地下室的防水等级，不同地基土和地下水位高低及有无滞水的可能来确定地下室

防潮、防水方案。

当设计最高地下水位高于地下室底板，或者地下室周围土层属弱透水性土且存在滞水可能时，应采取防水措施。当地下室周围土层为强透水性土，设计最高地下水位低于地下室底板且无滞水可能时应采取防潮措施。

2. 地下室防潮构造

当设计最高地下水位低于地下室底板，且无形成上层滞水可能时，地下水不能浸入地下室内部，地下室底板和外墙可以作防潮处理，地下室防潮只适用于防无压水。

地下室防潮的构造要求是：砖墙体必须采用水泥砂浆砌筑，灰缝必须饱满；在外墙外侧设垂直防潮层，防潮层做法一般为1:2.5水泥砂浆找平、刷冷底子油一道、热沥青两道，防潮层做至室外散水处；然后在防潮层外侧回填低渗透性土壤如粘土、灰土等，并逐层夯实，底宽500mm左右。此外，地下室所有墙体，必须设两道水平防潮层，一道设在底层地坪附近，一般设置在结构层之间；另一道设在室外地面散水以上150～200mm的位置。地下室防潮做法如图4-35所示。

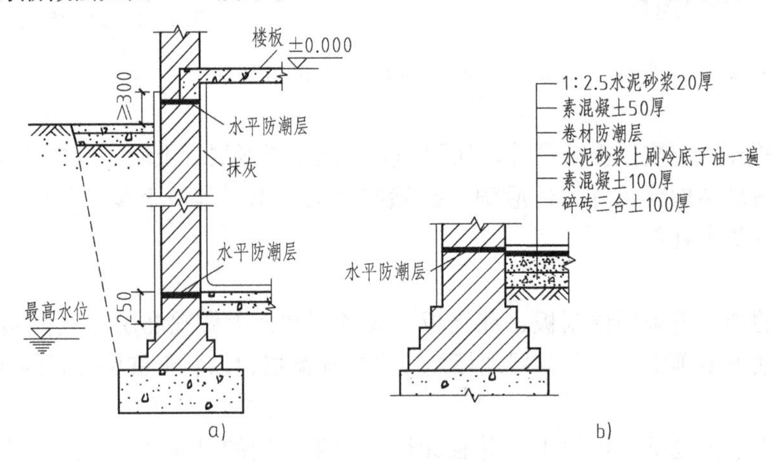

图4-35 地下室防潮
a）墙体防潮 b）地坪处防潮

3. 地下室防水构造

地下室防水构造目前采用的防水措施有卷材防水和混凝土自防水两类。

（1）卷材防水 卷材防水的施工方法有两种：外防水和内防水。卷材防水层设在地下工程围护结构外侧（即迎水面）时称为外防水，这种方法防水效果较好；卷材粘贴于结构内表面时称为内防水，这种做法防水效果较差，但施工简单，便于修补，常用于修缮工程。

1）外防外贴法：首先在抹好水泥砂浆找平层的混凝土垫层四周砌筑永久性保护墙，其下部干铺一层卷材作为隔离层，上部用石灰砂浆砌筑临时保护墙，然后先铺贴平面，后铺贴立面，平、立面处应交叉搭接。防水层铺贴完经检查合格立即进行保护层施工，再进行主体结构施工。主体结构完工后，拆除临时保护墙，再做外墙面防水层。材料防水处理如图4-36所示。卷材防水层直接粘贴在主体外表面，防水层与混凝土结构同步，较少受结构沉降变形影响，施工时不易损坏防水层，也便于检查混凝土结构及卷材防水质量，发现问题易修补。缺点是防水层要几次施工，工序较多，工期较长，需较大的工作面，且土方量大，模板用量多，卷材接头不易保护，易影响防水工程质量。

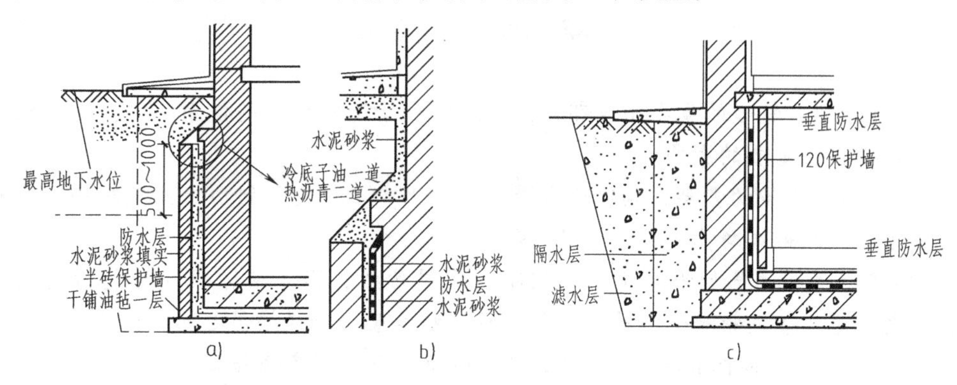

图4-36 材料防水处理

a）外包防水 b）墙身防水层收头处理 c）内包防水

2）外防内贴法：先在需防水结构的垫层上砌筑永久性保护墙，保护墙内表面抹1:3水泥砂浆找平层，待其基本干燥后，再将全部立面卷材防水层粘贴在该墙上。永久性保护墙可代替外墙模板，但应采取加固措施。在防水层表面做好保护层后，方可进行防水结构施工。其优点是可一次完成防水层施工，工序简单，工期短，节省施工占地；土方量小，可节省外侧模板；卷材防水层无需临时固定留茬，可连续铺贴。其缺点是立墙防水层难于和立体结构同步，受结构沉降变形影响，防水层易受损；卷材防水层及结构混凝土的抗渗质量不易检查，如发生渗漏，修补卷材防水层十分困难。

（2）混凝土自防水 抗渗等级是根据最高计算水头与防水混凝土结构最小壁厚比而确定。

降、排水法可分为外排法和内排法两种。外排法是指当地下室水位已高出地下室地面以上时，采取在建筑物的四周设置永久性降、排水设施，通常是采用盲沟降、排水，即利用带孔套管埋设在建筑物的周围，地下室地坪标高以下，套管周围填充可以滤水的卵石及粗砂等材料，使地下水有组织地流入集水井，再经自流或机械排水排向城市排水管网，使地下水位低于地下室底板以下，变有压水为无压水，以减少或消除地下水的影响。防水混凝土防水处理做法如图4-37所示。内排法是将渗入地下室内的水，通过永久性自流排水系统排至低洼处或用机械排除。但后者应充分考虑因动力中断引起水位回升的影响，在构造上常将地下室地坪架空或设隔水间层，以保持室内墙面和地坪干燥，然后通过集水沟排至积水井，再用泵排除。为保险起见，有些重要的地下室，既做外部防水又设置内排水设施。

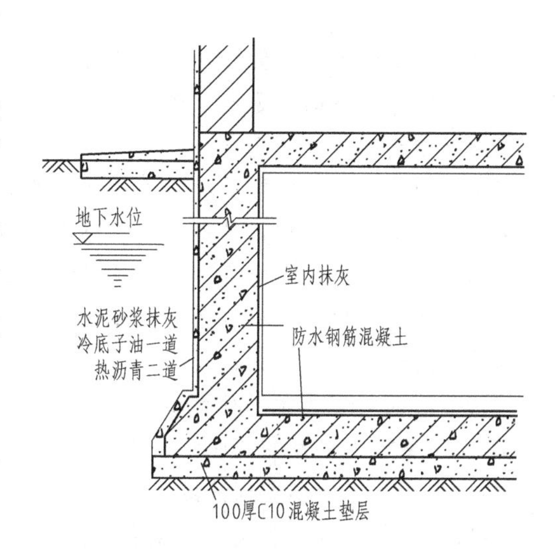

图4-37 防水混凝土防水处理

本章小结

1）墙体是建筑构造的重要组成部分，其选材和构造对建筑的使用、安全性、经济性和施工环境将产生重要的影响。

2）随着建筑发展的需要，砌块已慢慢取代粘土砖。砌块是利用工业废料和地方材料制成，既不占用耕地又解决了环境污染问题。

3）圈梁和构造柱是加强建筑物空间刚度和整体性，提高墙体抗变形能力的构造措施。圈梁是在水平方向把墙体和楼板箍住；构造柱是竖向加强楼层之间墙体的连接。圈梁必须连续设置在同一水平标高上并闭合，特殊情况下应按规定搭接处理。

4）隔墙是用以分隔建筑空间的内墙，属于非承重墙。隔墙的自重由梁或板支承，要求隔墙材料质轻、壁薄、隔声、防火、耐湿、安装灵活和利于美化室内环境。

5）墙面装修不仅是为了美化建筑，而且还可以保护墙体，改善墙体的物理性能，为人们提供更加舒适和耐用的环境空间。

6）幕墙从构成及安装方式上分为全玻式幕墙、有框式幕墙和点式幕墙三种。

7）地下室防潮及防水属于隐蔽工程，做好墙体的防潮及防水构造非常重要。

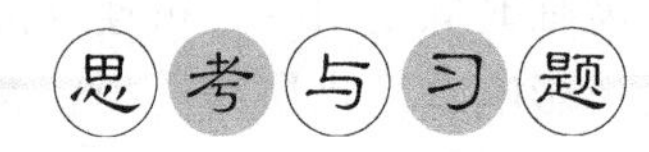

思考与习题

4-1　墙体的承重方案有几种？各自有什么优缺点？

4-2　砌体墙组砌的要点有哪些？

4-3　砖组砌方式有几种？

4-4　为什么要设置散水和明沟？并说明其做法。

4-5　常见的过梁有几种？其适用范围和构造特点是什么？

4-6　墙身加固方法有哪些？简述其构造要点。

4-7　常见砌块的规格有哪些？

4-8　隔墙的种类有哪些？

4-9　墙面装修的作用和类型有哪些？

4-10　幕墙的分类有几种？

4-11　地下室由哪些部分组成？

4-12　墙体的类型和设计要点有哪些？

4-13　常见勒脚的构造做法有哪些？

4-14　圈梁的作用是什么？一般设置在什么位置？

4-15　构造柱的作用是什么？一般设置在什么位置？

4-16　地下室何时应作防潮处理？其基本构造做法有哪些？

4-17　地下室何时应作防水处理？其基本构造做法有哪些？

第5章 楼板层与地面

学习目标

掌握楼板层的类型、组成和常见楼板层的构造特点及适用范围；掌握楼地面的组成和要求，了解常见楼地面的构造及使用特点；了解顶棚、阳台、雨篷的分类、特点和一般构造。

楼板层与地面是房屋的重要组成部分。楼板层是房屋楼层间分隔上下空间的构件，除起水平承重作用外，还具有一定的隔声、保温、隔热等能力。地面是建筑物底层地坪，是建筑物底层与土壤相接的构件。楼板层的面层直接承受其上部的各种荷载，通过楼板传给墙或柱，最后传给基础。地面和楼板层一样，承受作用在底层地面上的全部荷载，并将它们均匀地传给地基。

5.1 楼板层的构成、类型和设计要求

5.1.1 楼板层的构成

楼板层主要由面层、结构层、顶棚层、附加层组成，如图5-1所示。

1. 面层

面层位于楼板层上表面，故又称为楼面。面层与人、家具设备等直接接触，起着保护楼板、承受并传递荷载的作用，同时对室内有很重要的装饰作用。

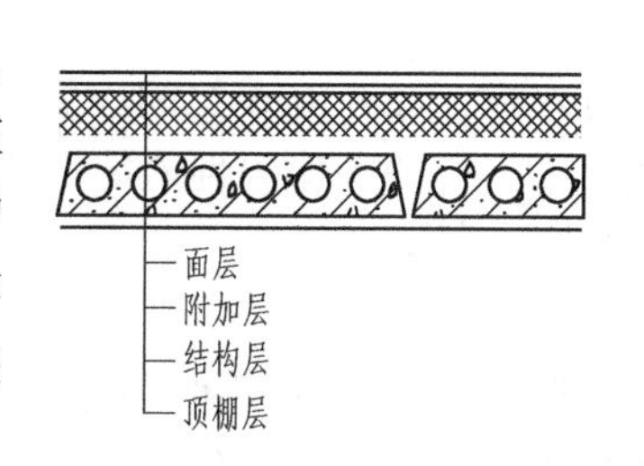

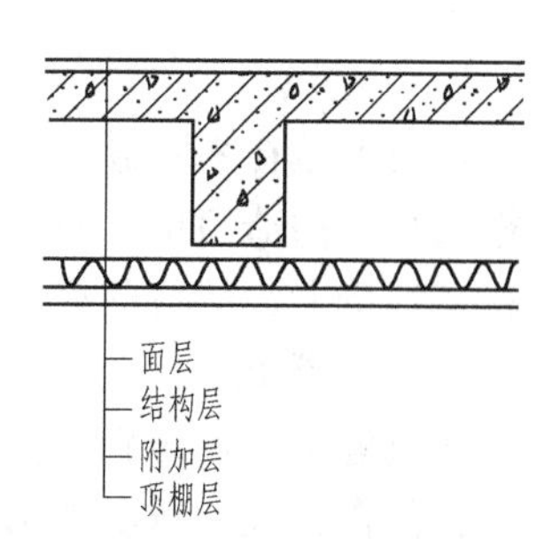

图5-1 楼板层的组成

2. 结构层

结构层即楼板，是楼板层的承重部分，一般由板或梁、板组成。其主要功能是承受楼板层上部荷载，并将荷载传递给墙或柱，同时还对墙身起水平支撑作用，以加强建筑物的整体刚度。

3. 顶棚层

顶棚层位于楼板最下面，也是室内空间上部的装修层，俗称天花板。顶棚主要起到保温、隔声、装饰室内空间的作用。

4. 附加层

附加层位于面层与结构层或结构层与顶棚层之间，根据楼板层的具体功能要求而设置，故又称为功能层。其主要作用是找平、隔声、隔热、保温、防水、防潮、防腐蚀以及防静电等。

5.1.2 楼板的类型

楼板按所用材料不同可分为木楼板、砖拱楼板、钢筋混凝土楼板、压型钢板组合楼板等，如图5-2所示。

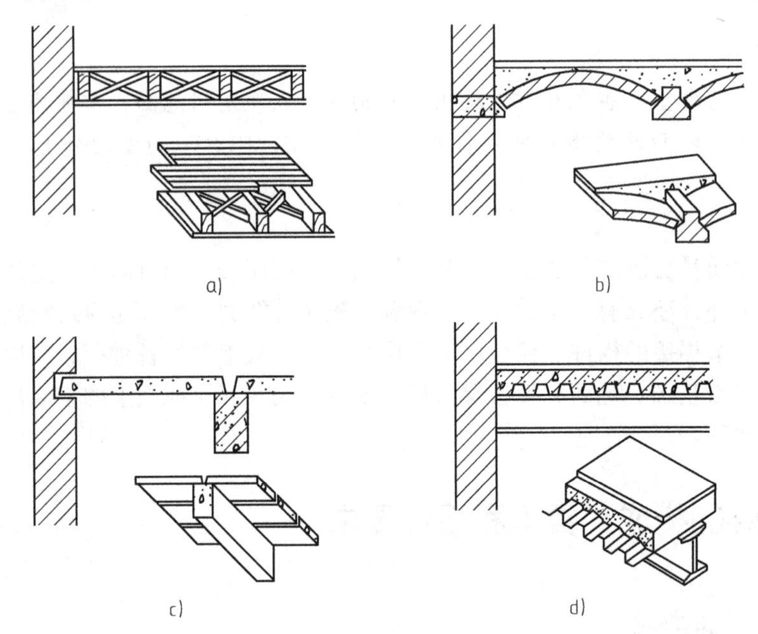

图5-2 楼板的类型
a）木楼板 b）砖拱楼板 c）钢筋混凝土楼板 d）压型钢板组合楼板

1. 木楼板

木楼板是在木隔栅上下铺钉木板，并在隔栅之间设置剪力撑以加强整体性和稳定性。木楼板具有构造简单、自重轻、施工方便、保温性能好等特点，但防水、耐久性差，并且木材消耗量大，故目前应用极少。

2. 砖拱楼板

砖拱楼板是用砖砌或拱形结构来承受楼板层的荷载。这种楼板可以节约钢材、水泥、木材，但自重大，承载能力和抗震能力差，施工较复杂，目前已基本不用。

3. 钢筋混凝土楼板

钢筋混凝土楼板具有强度高、刚度大、耐久性好、防火及可塑性能好、便于工业化施工等特点，是目前采用极为广泛的一种楼板。

4. 压型钢板组合楼板

压型钢板组合楼板是在钢筋混凝土楼板基础上发展起来的，利用压型钢板代替钢筋混凝土楼板中的一部分钢筋、模板而形成的一种组合楼板。其具有强度高、刚度大、施工快等优点，但钢材用量较大，是目前正推广的一种楼板。

5.1.3　楼板的设计要求

1. 足够的强度和刚度

强度要求是指楼板应保证在自重和使用荷载作用下安全可靠，不发生任何破坏。刚度要求是指楼板在一定荷载作用下不发生过大变形，保证正常使用。

2. 隔声要求

声音可通过空气传声和撞击传声方式将一定音量通过楼板层传到相邻的上下空间，为避免其造成的干扰，楼板层必须具备一定的隔撞击传声的能力。不同使用性质的房间对隔声要求不同，如我国住宅楼板的隔声标准中规定：一级隔声标准为 65dB，二级隔声标准为 75dB 等。对一些有特殊要求的房间，隔声要求更高，见表 5-1、表 5-2。

表 5-1　住宅内卧室、书房与起居室的允许噪声级

房间名称	允许噪声级/dB（A）		
	一级	二级	三级
卧室、书房（或卧室兼起居室）	≤40	≤45	≤50
起居室	≤45	≤50	

表 5-2　旅馆的允许噪声级

房间名称	允许噪声级/dB			
	特级	一级	二级	三级
客房	≤35	≤40	≤45	≤55
会议室	≤40	≤45	≤50	
多用途大厅	≤40	≤45	≤50	—
办公室	≤45	≤50	≤55	
餐厅、宴会厅	≤50	≤55	≤60	—

3. 热工要求

对有一定温度、湿度要求的房间，常在其中设置保温层，使楼板层的温度与室内温度趋于一致，减少通过楼板层造成的冷热损失。

4. 防水防潮要求

对有湿性功能的用房，须具备防潮、防水的能力，以防水的渗漏影响使用。

5. 防火要求

楼板层应根据建筑物耐火等级，对防火要求进行设计，满足防火安全的功能。

6. 设备管线布置要求

现代建筑中，各种功能日趋完善，同时必须有更多管线借助楼板层敷设，为使室内平面布置灵活，空间使用完整，在楼板层设计中应充分考虑各种管线布置的要求。

7. 建筑经济的要求

多层建筑中，楼板层的造价占建筑总造价的 20% ~30%。因此，楼板层的设计中，在保证质量标准和使用要求的前提下，要选择经济合理的结构形式和构造方案，尽量减少材料消耗和自重，并为工业化生产创造条件。

5.2 钢筋混凝土楼板

5.2.1 现浇钢筋混凝土楼板

现浇钢筋混凝土楼板是经施工现场支模板、绑扎钢筋、浇筑混凝土、养护等施工工序而制成的楼板。它具有整体性好、抗震性强、防水抗渗性好、便于留孔洞、布置管线方便、适应各种建筑平面形状等优点，但仍存在模板用量大、施工速度慢、现场湿作业量大、施工受季节影响等缺点。近年来，由于工具式模板的采用和现场机械化程度的提高，现浇钢筋混凝土楼板的应用越来越广泛。

现浇钢筋混凝土楼板按受力和传力情况可分为板式楼板、梁板式楼板、无梁楼板、压型钢板组合楼板等。

1. 板式楼板

板式楼板是楼板内不设置梁，将板直接搁置在墙上的楼板。板有单向板和双向板之分（图5-3）。当板的长边与短边之比大于2时，这种板称为单向板，板内受力钢筋沿短边方向布置，板的长边承担板的全部荷载；当板的长边与短边之比不大于2时，这种板称为双向板，荷载沿双向传递，短边方向内力较大，长边方向内力较小，受力主筋平行于短边并摆在下面。

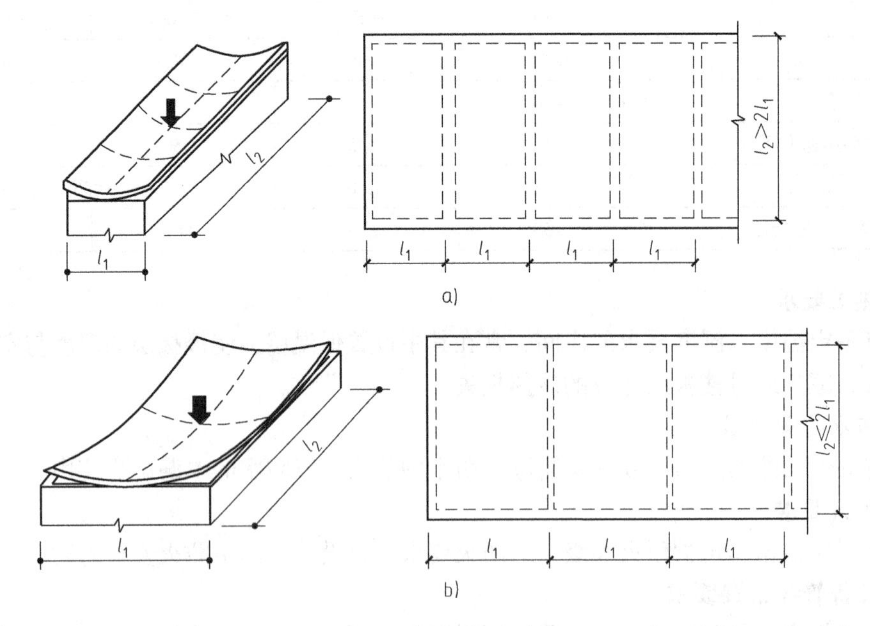

图5-3 单向板和双向板

a）单向板 b）双向板

板式楼板底面平整、美观、施工方便，适用于小跨度房间，如走廊、厕所和厨房等。板式楼板的厚度一般不超过120mm，经济跨度在3000mm之内。

2. 梁板式楼板

当房间的跨度较大时，楼板承受的弯矩也较大，如仍采用板式楼板，必然加大板的厚度，并增加板内所配置的钢筋。在这种情况下，可以采用梁板式楼板。

梁板式楼板一般由板、次梁、主梁组成。主梁沿房间短跨布置，次梁与主梁一般垂直相交，板搁置在次梁上，次梁搁置在主梁上，主梁搁置在墙或柱上。主、次梁布置对建筑的使用、造价和美观等有很大影响。当板为单向板时，称为单向梁板式楼板；当板为双向板时，称为双向梁板式楼板。

表 5-3 列举了梁、板的合理尺度，供设计时参考。梁板式楼板构造如图 5-4 所示。

表 5-3　梁板式楼板的经济尺度

构件名称	经济尺度		
	跨度 L/m	梁高、板厚 h	梁宽 b
主梁	5 ~ 8	$(1/14 \sim 1/8)L$	$(1/3 \sim 1/2)h$
次梁	4 ~ 6	$(1/18 \sim 1/12)L$	$(1/3 \sim 1/2)h$
板	1.5 ~ 3	简支板 $(1/35)L$ 连续板 $(1/40)L$ (60 ~ 80mm)	

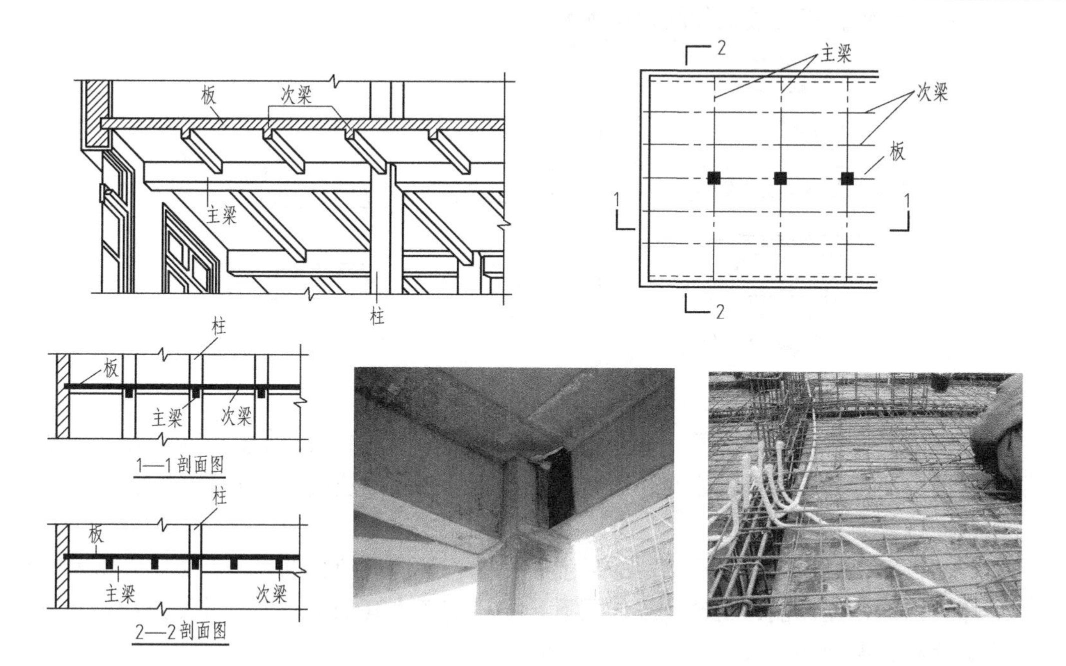

图 5-4　梁板式楼板构造

井字楼板是梁板式楼板的一种特殊形式。当房间平面形状为方形或接近方形时，常沿两个方向布置等距离、等截面高度的梁（不分主、次梁），板为双向板，形成井格形式的梁板结构。井字楼板的跨度一般为 6 ~ 10m，板厚为 70 ~ 80mm，井格边长一般在 2.5m 之内。井字楼板一般井格外露，产生结构带来的自然美感，房间内不设柱，适用于门厅、大厅、会议室、小型礼堂等。

3. 无梁楼板

无梁楼板是将板直接支承在柱和墙上，不设梁的楼板，如图 5-5 所示。为提高楼板的承载能力和刚度，须在柱顶设置柱帽和托板，增大柱对板的支承面积，减小板的跨度。无梁楼板通常为正方形或接近正方形，柱网尺寸在6m左右，板厚不宜小于120mm，一般为160～200mm。

无梁楼板顶棚平整，楼层净空大，采光、通风好，多用于楼板上活荷载较大的商店、仓库、展览馆等建筑。

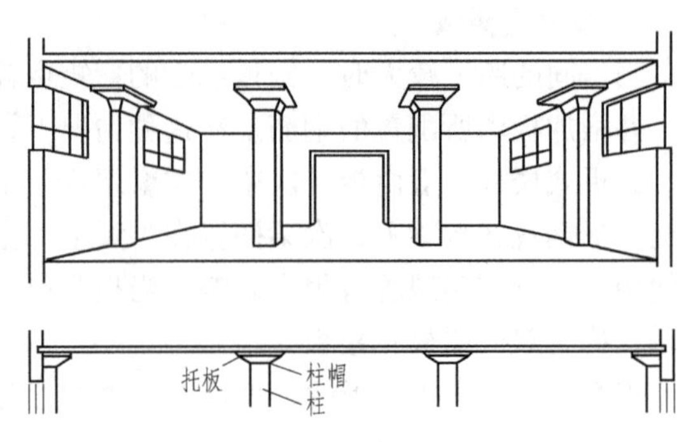

图5-5　无梁楼板

4. 压型钢板组合楼板

压型钢板组合楼板是以截面为凹凸的压型钢板做衬板，与现浇混凝土浇筑在一起构成的楼板结构。压型钢板起到现浇混凝土的永久性模板作用，同时板上的肋条能与混凝土共同工作，可以简化施工程序，加快施工进度，并且具有刚度大、整体性好的优点。压型钢板的肋部空间可用于电力管线的穿设，还可以在钢衬板底部焊接架设悬吊管道、吊顶的支托等，从而充分利用楼板结构所形成的空间。此种楼板适用于需要较大空间的高、多层民用建筑及大跨度工业厂房中，目前在我国较少采用。压型钢板组合楼板如图5-6所示。

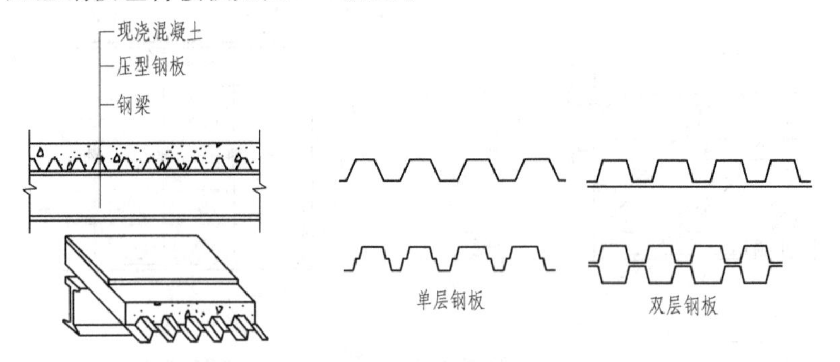

图5-6　压型钢板组合楼板

压型钢板组合楼板由楼面层、组合板和钢梁三部分组成。构造形式有单层压型钢板和双层压型钢板两种，压型钢板之间和压型钢板与钢梁之间的连接，一般采用焊接、螺栓连接、铆钉连接等方法。

压型钢板组合楼板应避免在腐蚀的环境中使用，且应避免长期暴露，以防钢板和梁生锈，破坏结构的连接性能；在动荷载作用下，应仔细考虑其细部设计，并注意结构组合作用的完整性和共振问题。

5.2.2　装配式钢筋混凝土楼板

装配式钢筋混凝土楼板是指在预制厂或施工现场制作，然后在施工现场装配而成的楼板。这种楼板可提高工业化施工水平、节约模板、缩短工期、减少施工现场的湿作业，但楼板的整体性较差，板缝嵌固不好时容易出现通长裂缝，故近几年在抗震区的应用受到很大限制。

1. 装配式钢筋混凝土楼板的类型

常用的装配式钢筋混凝土楼板根据其断面形式可分为实心平板、槽形板、空心板三种类型。

（1）实心平板 实心平板上下板面平整，制作简单，安装方便。实心平板跨度一般不超过2.4m，预应力实心平板跨度可达到2.7m；板厚应不小于跨度的1/30，一般为60～100mm，板宽为600mm或900mm，如图5-7所示。

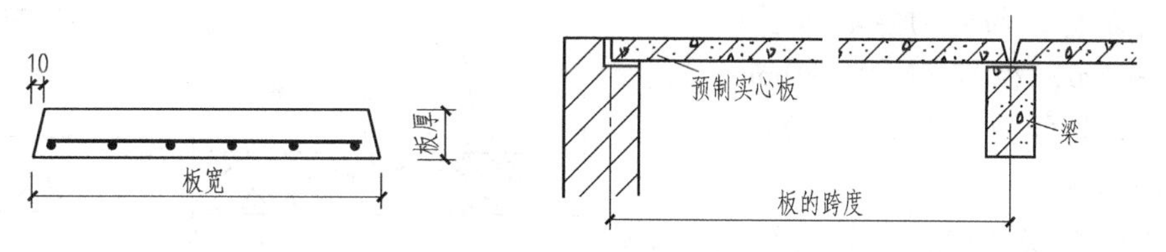

图5-7 预制实心平板

预制实心平板由于跨度较小，故常用于房屋的走廊、厨房、厕所等处。实心平板尺寸不大，自重较小，可以采用简易吊装设备或人工安装。它的造价低，但隔声效果较差。

（2）槽形板 在实心平板的两侧或四周设边肋而形成槽形板（图5-8），板肋相当于小梁，故属于梁、板组合构件。槽形板由于带有纵肋，其经济跨度比实心平板大，一般跨度为2.1～3.9m，最大可达到7.2m；板宽为600mm、900mm、1200mm等；肋部高度为板跨度的1/25～1/20，通常为150～300mm；板厚为25～40mm。

槽形板按搁置方式不同可分为正置槽形板（板肋朝下）和倒置槽形板（板肋朝上）。正置槽形板由于板底不平整，通常需做吊顶；为避免板端肋被压坏，可在板端伸入墙内部分堵砖填实（图5-9）。倒置槽形板受力不如正置槽形板合理，但可在槽内填充轻质材料，以解决板的隔声和保温隔热问题，而且容易保持顶棚的平整（图5-10）。

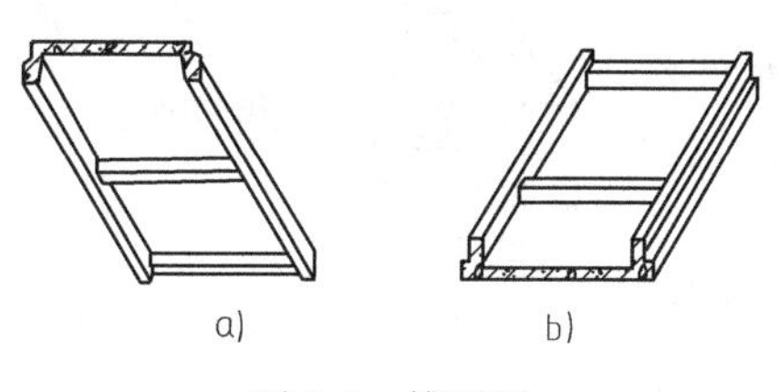

图5-8 槽形板
a）正置槽形板 b）倒置槽形板

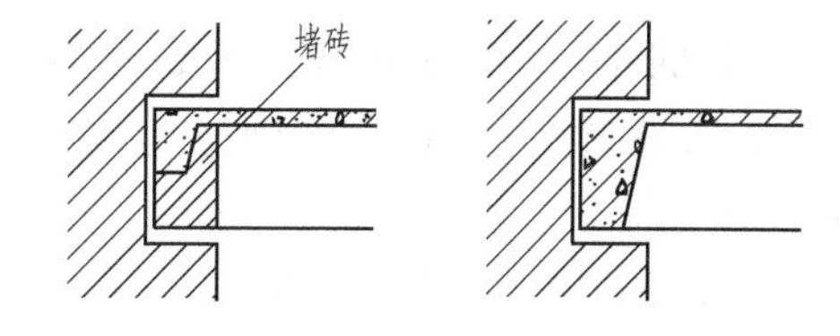

图5-9 正置槽形板板端支撑在墙上

（3）空心板 钢筋混凝土受弯构件受力时，其断面上部由混凝土承受压力，断面下部由钢筋承担拉力，中性轴附近内力较小，故去掉中性轴附近的混凝土，并不影响钢筋混凝土构件的正常工作。空心板就是按照上述原理将平板沿纵向轴抽空而成，孔洞形状有圆形、长方圆形和矩形等（图5-11），其中以圆孔板的制作最为方便，应用最广。

空心板也是一种梁板结合的预制构件，其结构计算理论与槽形板相似，但其上下板面平整，自重小，隔热、隔声效果优于

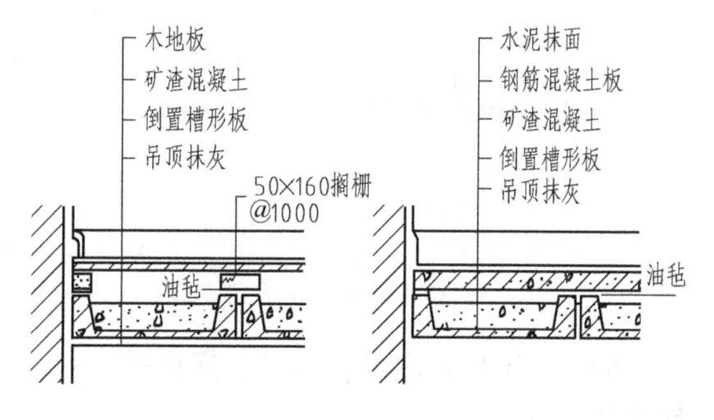

图5-10 倒置槽形板的楼面及顶棚构造

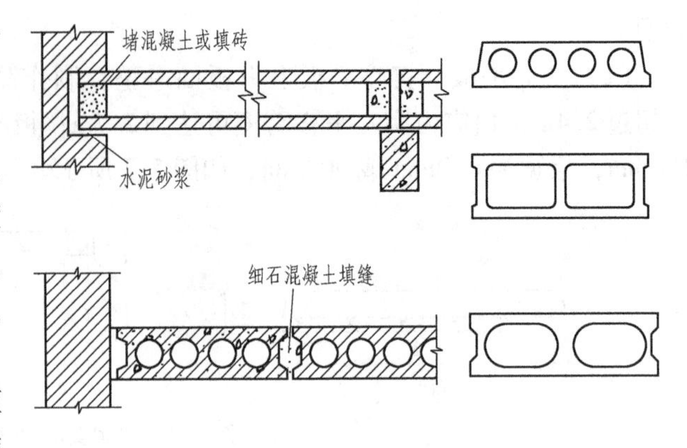

图5-11　空心板

槽形板，因此是目前广泛采用的一种形式。

非预应力空心板的长度为2.1～4.2m，板厚分为120mm、150mm、180mm等多种；预应力空心板长度为4.5～6m，板厚分为180mm、200mm，板宽分为600mm、900mm、1200mm等。

空心板在安装前，孔的两端应用混凝土预制块和砂浆堵严，这样不仅能避免板端被上部墙体压坏，还能避免传声、传热，以及灌缝材料流入孔内。空心板板面不能随意开孔洞，如需开孔洞，应在板制作时就预先留孔洞位置。空心板安装后，应将四周的缝隙用细石混凝土浇筑，以增强楼板的整体性，增加房屋的整体刚度，避免缝隙漏水。

2. 钢筋混凝土楼板的结构布置

在进行楼板结构布置时，应先根据房间的开间和进深尺寸确定构件的支承方式，然后选择板的规格，进行合理的安排。结构布置时应注意：

1）尽量减少板的规格、类型。板的规格过多，不仅给板的制作增加麻烦，而且施工也较复杂，容易搞错。

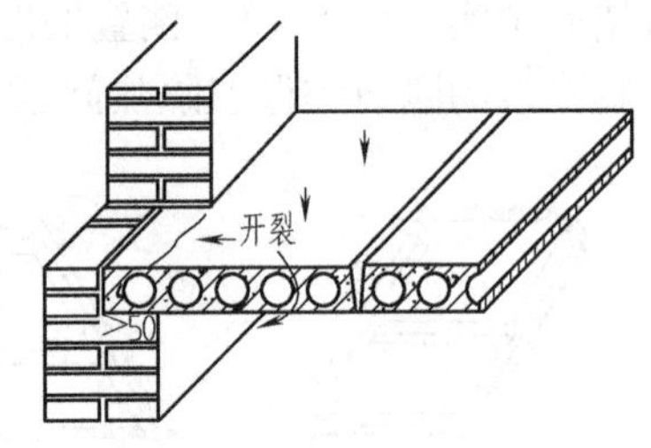

图5-12　三面支承的板

2）为减少板缝的现浇混凝土量，应优先选用宽板，窄板可作为调剂使用。

3）板的布置应避免出现三面支承情况，即楼板的长边不得搁置在梁或砖墙内，否则，在荷载作用下，板会产生裂缝（图5-12）。

4）按支承楼板的墙或梁的净尺寸计算楼板的块数，不够整块数的尺寸可通过调整板缝、在墙边挑砖或增加局部现浇板等办法来解决（图5-13）。

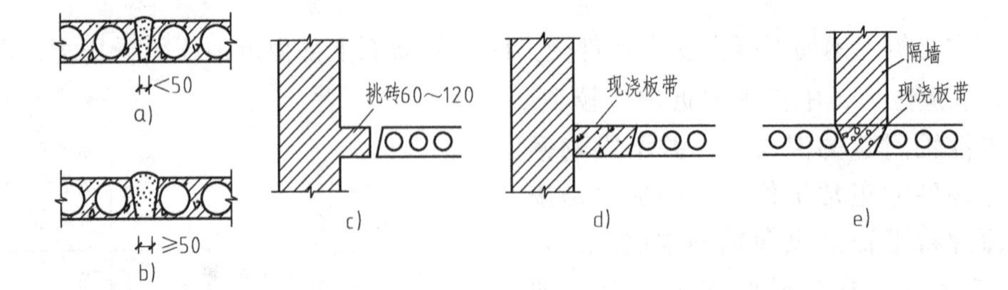

图5-13　板缝的处理

a）调整板缝　b）配筋灌缝　c）挑砖　d）墙边设现浇板带　e）隔墙下现浇板带

5）遇有上下管线、烟道、通风道穿过楼板时，为防止圆孔板开洞过多，应尽量将该处楼板现浇。

3. 预制钢筋混凝土楼板的搁置

1）预制钢筋混凝土楼板直接搁置在墙上，称为板式布置；若楼板支承在梁上，梁再搁置在墙上，称为梁板式布置。支撑楼板的墙或梁表面应平整，其上用厚度为 20mm 的 M5 水泥砂浆坐浆，保证安装后的楼板平整、不错动，避免楼面层在板缝处开裂。

2）为满足荷载传递、墙体抗压的要求，预制楼板搁置在钢筋混凝土梁上时，搁置长度不小于 80mm；搁置在墙上时，搁置长度不小于 100mm，如图 5-14 所示。同时，必须在墙或梁上铺水泥砂浆找平，厚度为 20mm 左右。

板搁置在梁上，因梁的断面形状不同有两种情况：板搁置在梁顶，梁、板占空间较大，如图 5-15a 所示；当梁的断面形状为花篮形、T 形时，可把板搁置在梁侧挑出的部分，板不占用高度，如图 5-15b、c 所示。板搁置在墙上，应用拉结钢筋将板与墙连接起来。非地震区，拉结钢筋间距不超过 4m，地震区依设防要求而减小，如图 5-16 所示。

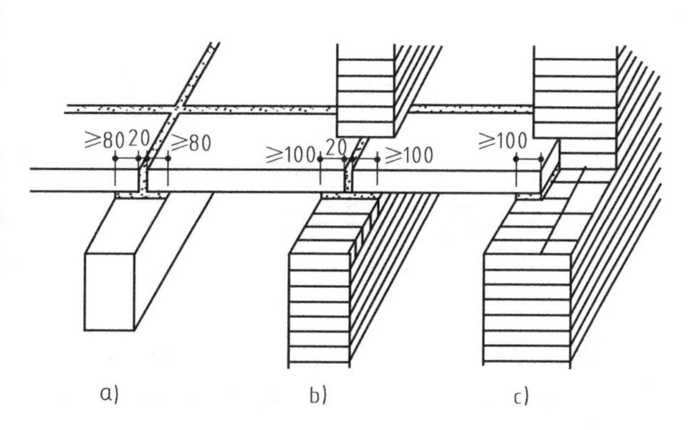

图 5-14　楼板层的组成

a）梁上搁置　b）内墙上搁置　c）外墙上搁置

4. 板缝构造

预制钢筋混凝土板属于单向板，一般均为标准的定型构件，在具体布置时数块板的宽度尺寸之和（含板缝）可能与房间净宽（或净进深）尺寸之间出现一个小于板宽的空隙。此时可采取以下措施，如图 5-13 所示。

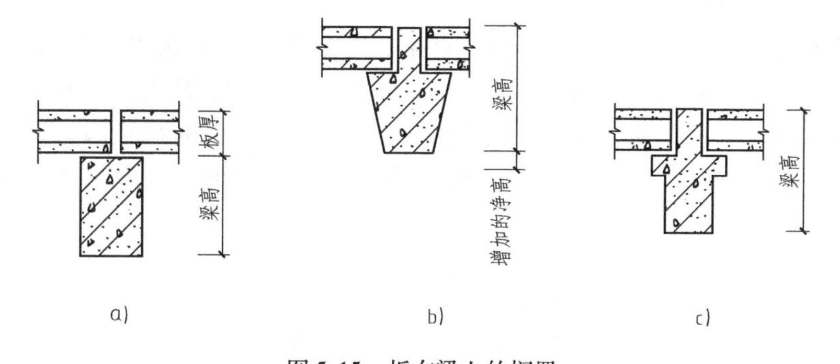

图 5-15　板在梁上的搁置

a）板搁置在矩形梁上　b）板搁置在花篮形梁上　c）板搁置在 T 形梁上

1）调整板缝宽度：一般板缝宽度为 10mm，必要时可将板缝加大至 20mm 或更宽。但当超过 20mm 时，板缝内应配筋。

2）挑砖：由平行于板边的墙砌出长度不超过 120mm、与板上下表面平齐的挑砖，以此来调整板缝。

3）交替采用不同宽度的板：如在采用 600mm 宽的板时，换用一块宽度为 900mm 的板，宽度增加 300mm，相当于半块 600mm 板的宽，可以用以填充大于或等于 300mm 的空隙。

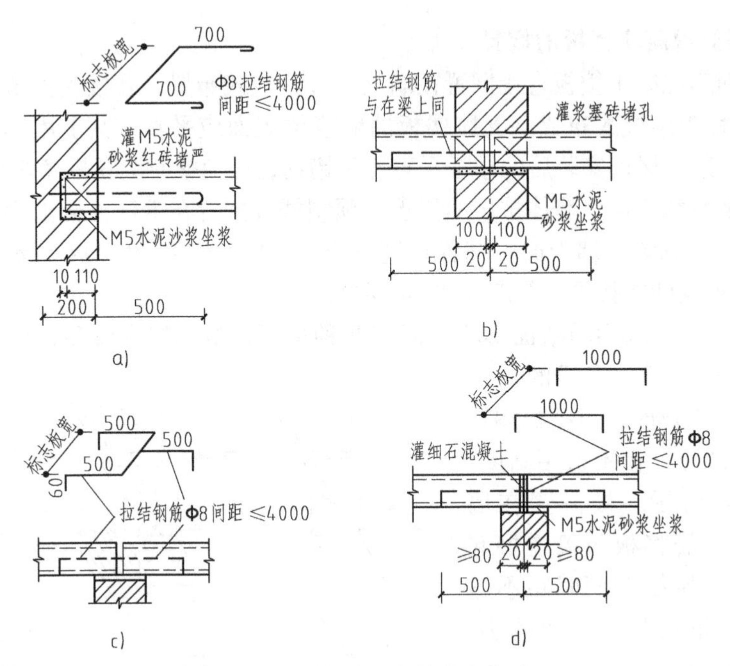

图5-16　预制楼板安装节点构造

a）单板在墙中的连接做法　b）双板在墙中的连接做法　c）、d）双板在墙顶部的连接做法

4）采用调缝板：在生产预制板时，生产一部分标志宽度为400mm的调缝板，用以调整板间空隙。

5）现浇板带：板缝大于150mm时，板缝内根据板的配筋而设置钢筋，做成现浇板带，现浇板带可调整任意宽度的板缝，加强了板与板之间的连接，应用较多。

5. 楼板上隔墙的处理

预制钢筋混凝土楼板上设立隔墙时，宜采用轻质隔墙，可搁置在楼板的任何位置。若隔墙自重较大时，如采用砖隔墙、砌块隔墙等，应避免将隔墙搁置在一块板上，通常将隔墙设置在两块板的接缝处。当采用槽形板或小梁隔板的楼板时，隔墙可直接搁置在板的纵肋或小梁上；当采用空心板时，需在隔墙下的板缝处设现浇板带或梁来支承隔墙（图5-17）。

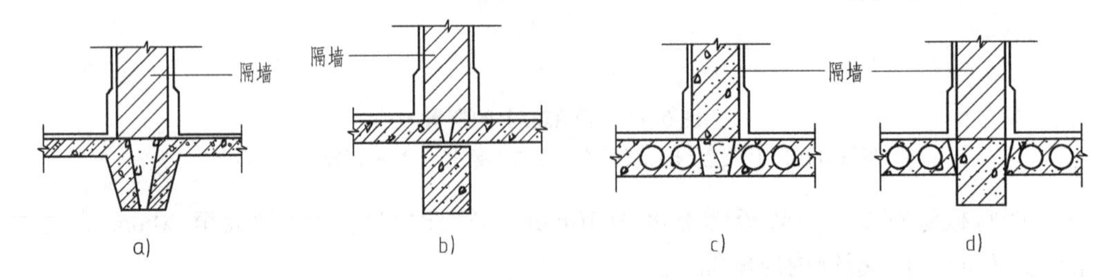

图5-17　楼板上隔墙的处理

a）隔墙搁置于纵肋上　b）隔墙搁置于小梁上　c）隔墙下设现浇板带　d）隔墙下设梁

5.2.3　装配整体式钢筋混凝土楼板

装配整体式钢筋混凝土楼板是指先预制部分构件，然后在现场安装，再以整体浇筑的

方法将其连成一体的楼板。它具有整体性好、施工简单、工期较短等优点，避免了现浇钢筋混凝土楼板湿作业量大、施工复杂和装配式楼板整体性较差的不足。常用的装配整体式楼板有叠合式楼板和密肋楼板两种。

1. 预制薄板叠合楼板

预制薄板叠合楼板是由预制薄板和现浇钢筋混凝土层叠合而成的装配整体式楼板。预制薄板既是楼板结构的组成部分之一，又是现浇钢筋混凝土叠合层的永久性模板。现浇叠合层内可敷设水平设备管线。预制薄板底面平整，可直接喷浆或贴其他装饰材料作为顶棚。

叠合楼板的预制板部分通常采用预应力或非预应力薄板。为了保证预制薄板与叠合层有较好的连接，薄板上表面需做处理，如将薄板表面做刻槽处理、板面露出较规则的三角形结合钢筋等（图5-18a）。预制薄板跨度一般为4～6m，最大可达到9m，板宽为1.1～1.8m，板厚通常不小于50mm。现浇叠合层厚度一般为100～120mm，以大于或等于薄板厚度的两倍为宜。叠合楼板的总厚度一般为150～250mm（图5-18b）。叠合楼板的预制部分也可采用普通的钢筋混凝土空心板，此时现浇叠合层的厚度较薄，一般为30～50mm（图5-18c）。

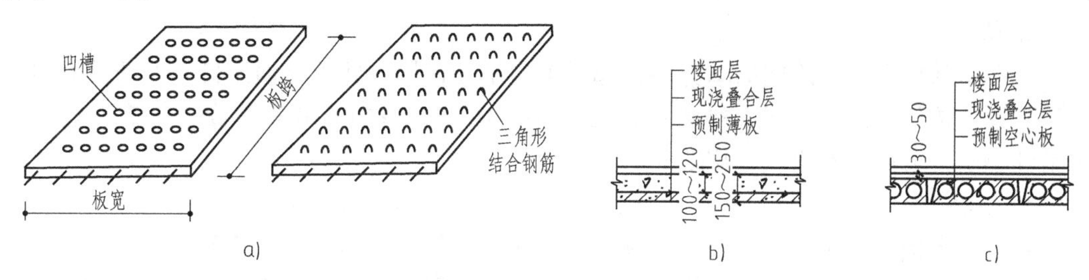

图5-18　叠合楼板

a）预制薄板的板面处理　b）预制薄板叠合楼板　c）预制空心板叠合楼板

2. 密肋填充块楼板

密肋填充块楼板的密肋小梁有现浇和预制两种。现浇密肋填充块楼板以陶土空心砖、矿渣混凝土实心块等作为肋间填充块来现浇密肋和面板。预制小梁填充块楼板在预制小梁之间填充陶土空心砖、矿渣混凝土实心块、煤渣空心块等，上面现浇面层（图5-19）。密肋填充块楼板板底平整，有较好的隔声、保温、隔热效果，在施工中空心砖还可起到模板作用，也有利于管道的敷设。此种楼板常用于学校、住宅、医院等建筑中。

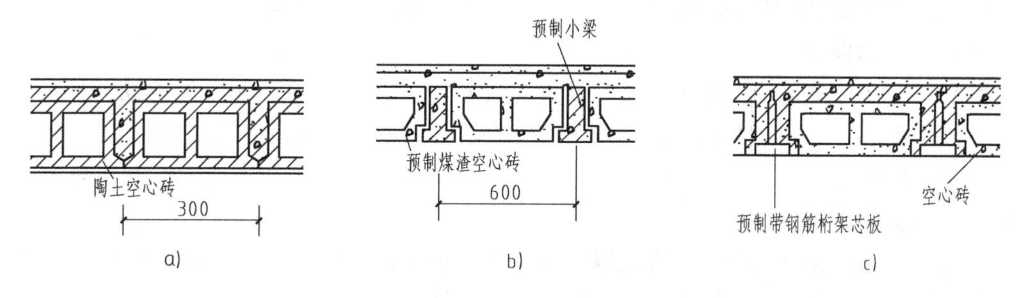

图5-19　密肋填充块楼板

a）现浇空心砖楼板　b）预制小梁填充块楼板　c）带骨架芯板填充块楼板

5.3 楼地面

5.3.1 地面的组成

地面是指建筑物底层与土壤相交接的水平部分，承受其上的荷载，并将其均匀地传给其下的地基。地面主要由面层、垫层和基层三部分组成。有些有特殊要求的地面，只有基本层次不能满足使用要求，需要增设相应的附加层，如找平层、防水层、防潮层、保温层等。地面的构造组成如图5-20所示。

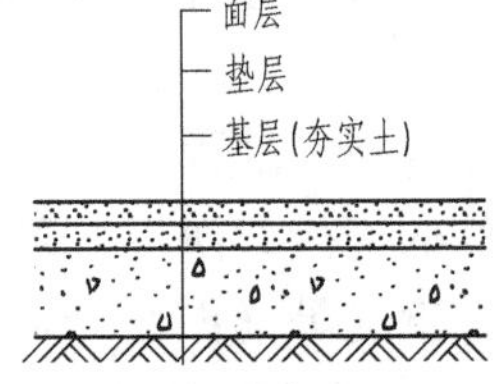

图5-20 地面的构造组成

1. 面层

面层是人们生活、工作、学习时直接接触的地面层，是地面直接经受摩擦、洗刷和承受各种物理、化学作用的表面层。依照不同的使用要求，面层应具有耐磨、不起尘、平整、防水、有弹性、导热系数小等性能。

2. 垫层

垫层是面层和基层之间的填充层，起承上启下的作用，即承受面层传来的荷载和自重并将其均匀传给下部的基层。垫层一般采用60~100mm厚的C10素混凝土，有时也可采用柔性垫层，如砂、粉煤灰垫层等。

3. 基层

基层为地面的承重层，一般为土壤。当土壤条件较好、地层上荷载不大时，一般采用原土夯实或填土分层夯实；当地层上荷载较大时，则需对土壤进行换土或夯入碎砖、砾石等，如100~150mm厚2:8灰土，100~150mm厚碎砖、道砟、三合土等。

4. 附加层

附加层是为满足某些特殊使用功能要求而设置的，一般位于面层与垫层之间，如防潮层、保温层、防水层、隔声层、管道敷设层等。

5.3.2 地面的设计要求

地面是人们日常生活、工作和生产时必须接触的部分，也是建筑中直接承受荷载、经常受到摩擦、清扫和冲洗的装修部分，因此对它应有一定的功能要求。

1. 坚固方面的要求

地面要有足够的强度，以便承受人、家具、设备等荷载而不被破坏。人走动和家具、设备移动对地面产生摩擦，所以地面应当耐磨。不耐磨的地面在使用时易产生粉尘、破坏卫生，影响人的健康。

2. 热工方面的要求

作为人们经常接触的地面，应给人以温暖舒适的感觉，保证寒冷季节脚部舒适。所以应尽量采用导热系数小的材料作地面，使地面具有较低的吸热指数。

3. 隔声方面的要求

楼层之间的噪声传播可通过空气传声和固体传声两个途径。楼层地面隔声主要指隔绝固体传声。楼层的固体声源多数是由于人或家具与地面撞击产生的，因此在可能条件下，地面应采用能较大衰减撞击能量的材料及构造。

4. 弹性方面的要求

当人们行走时不致有过硬的感觉，同时有弹性的地面对减弱撞击声也有利。

5. 防水和耐腐蚀方面的要求

地面应不透水，特别是有水源和潮湿的房间，如厕所、厨房、盥洗室等更应注意。厕所、实验室等房间的地面除了应不透水外，还应耐酸、碱的腐蚀。

6. 经济方面的要求

设计地面时，在满足使用要求的前提下，要选择经济的材料和构造方案，尽量就地取材。

5.3.3　楼地面的装修构造

1. 构造做法

按楼地面所用材料和施工方式的不同，楼地面可分为整体类楼地面、块材类楼地面、卷材楼地面、涂料楼地面等。

（1）整体类楼地面

1）水泥砂浆楼地面是使用普遍的一种地面，其构造简单、坚固，能防潮、防水且造价低。但水泥地面蓄热系数大，冬天感觉冷，空气湿度大时易产生凝结水，而且表面起灰，不易清洁。其做法是先将基层用清水洗干净，然后在基层上用15～20mm厚1:3水泥砂浆打底找平，再用5～10mm厚1:2或1:1.5水泥砂浆抹面、压光。若基层较平整，也可以在基层上抹一道素水泥浆结合层，然后直接用20mm厚的1:2.5或1:2水泥砂浆抹面，待水泥砂浆终凝前进行至少两次压光，在常温湿润条件下养护。水泥砂浆楼地面如图5-21所示。

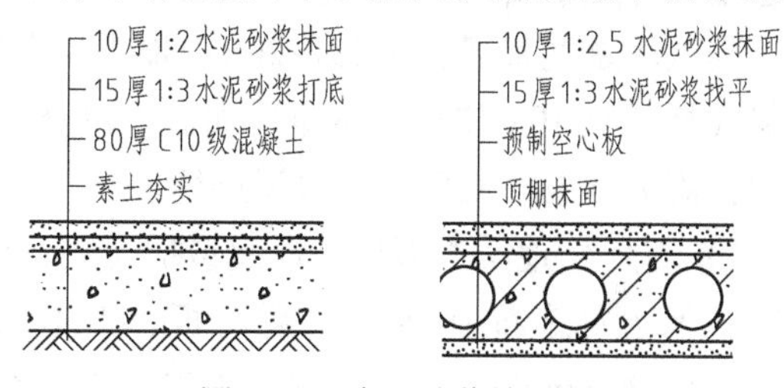

图5-21　水泥砂浆楼地面

2）现浇水磨石楼地面是用水泥做胶结材料，大理石或白云石等中等硬度石料的石屑作集料而形成的水泥石屑浆浇抹硬结后，经磨光打蜡而成。其性能与水泥砂浆楼地面相似，但耐磨性更好，表面光洁，不易起灰。由于造价较高，水磨石楼地面常用于卫生间和公共建筑的门厅、走廊、楼梯间，以及标准较高的房间。

其做法是在基层上做15mm厚1:3水泥砂浆结合层，用1:1水泥砂浆嵌固10～15mm高的分隔条（玻璃条、铜条或铝条等），再用按设计配制好的1:1.25～1:1.5各种颜色（经调制样品选择最后的配合比）的水泥石渣浆注入预设的分格内，水泥石渣浆厚度为12～15mm（高于分格条1～2mm），并均匀撒一层石渣，用滚筒压实，直至水泥浆被压出为止。待浇水养护完毕后，经过三次打磨，在最后一次打磨前酸洗、修补、抛光，最后打蜡保护。现浇水磨石楼地面如图5-22所示。

3）细石混凝土楼地面是用水泥、砂和小石子级配而成的细石混凝土做面层，细石混凝土楼地面可以克服水泥砂浆楼地面干缩性大的缺点，这种地面强度高，干缩性小，耐磨性、耐久性、防水性好，不易开裂翻砂，但厚度较大，一般为35mm。但要视建筑物的用途而定，一般住宅和办公楼为30～50mm，厂房车间为50～80mm。混凝土的配合比水泥：砂:石子=1:2:4，混凝土强度等级不低于C20，采用425号普通硅酸盐水泥，中砂或粗砂，5～15mm的碎石或卵石配制而成。

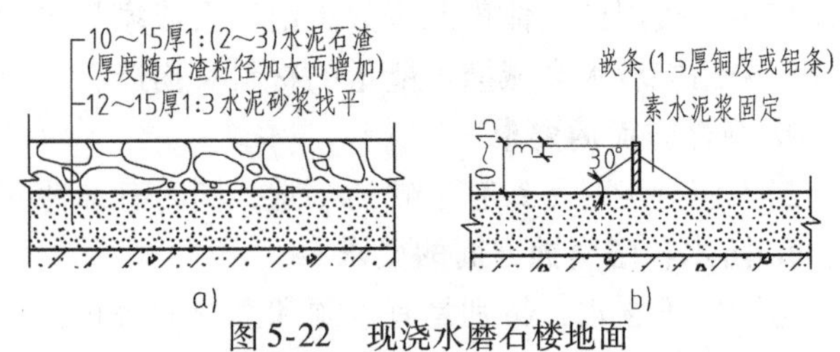

图5-22　现浇水磨石楼地面

a）现浇水磨石楼地面基本组成　b）分隔条粘贴剖面

在施工之前，在地坪四周的墙上弹出水平线，以控制其厚度。为了使混凝土铺筑后表面平整，不露石子，操作时采用小辊子来回交叉滚压3～5遍，直至表面泛浆为止，然后用木抹子压实，待混凝土初凝后终凝前，再用铁抹子反复抹压收光，抹光时不得撒干水泥。施工后一昼夜内要覆盖，浇水养护不少于7天。

（2）块材类楼地面　块材类楼地面是指利用各种块材铺贴而成的楼地面，按面层材料不同有陶瓷板块楼地面、石板楼地面、木楼地面等。

1）陶瓷板块楼地面。用于楼地面的陶瓷板块有缸砖、陶瓷锦砖、釉面陶瓷块砖等。这类楼地面的特点是表面致密光洁、耐磨、耐腐蚀、吸水率低、不变色，但造价偏高，一般适用于有防水要求的房间及有腐蚀的房间，如厕所、盥洗室、浴室和实验室等。

其做法是在基层上用15～20mm厚1:3水泥砂浆打底、找平，再用5mm厚的1:1水泥砂浆（掺适量108胶）粘贴楼地面砖、缸砖、陶瓷锦砖等，用橡胶锤锤击，以保证粘接牢固，避免空鼓，最后用素水泥擦缝。

2）石板楼地面。石板楼地面包括天然石楼地面和人造石楼地面。天然石有大理石和花岗石等。人造石有预制水磨石板、人造大理石板等。这些石板尺寸较大，一般为500mm×500mm以上，铺设时需预先试铺，合适后再正式粘贴，粘贴表面的平整度要求较高。其构造做法是在混凝土垫层上先用20～30mm厚1:3～1:4干硬性水泥砂浆找平，再用5～10mm厚1:1水泥砂浆铺粘石板，最后用水泥浆灌缝（板缝应不大于1mm），待能上人后擦净，如图5-23所示。

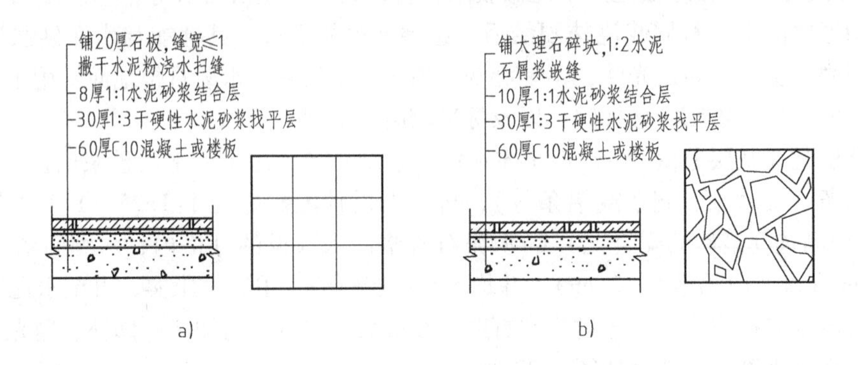

图5-23　石板楼地面

a）方石板楼地面　b）碎石板楼地面

3）木楼地面。木楼地面的主要特点是有弹性、不起灰、不返潮、易清洁、保温性好，但耐火性差，保养不善时易腐朽，且造价较高，一般用于装修标准较高的住宅、宾馆、体育馆、健身房、剧院舞台等建筑中。

木楼地面按构造方式有空铺式和实铺式两种。

空铺式木楼地面常用于底层楼地面，其做法是将木地板架空，使地板下有足够的空间通风，以防木地板受潮腐烂。架空的做法是首先砌筑地垄墙到预定标高，地坪墙顶部用20mm厚1:3水泥砂浆找平并拴断面为100mm×50mm的压沿木（用8号铅丝绑扎）；压沿木钉50mm×70mm木龙骨，中距400mm；在垂直龙骨方向钉50mm×50mm横撑，中距800mm；其上钉50mm×20mm硬木企口长条地板或拼花地板，表面刷油漆烫硬蜡，如图5-24所示。空铺式木楼地面由于构造复杂，耗费木材较多，因而采用较少。

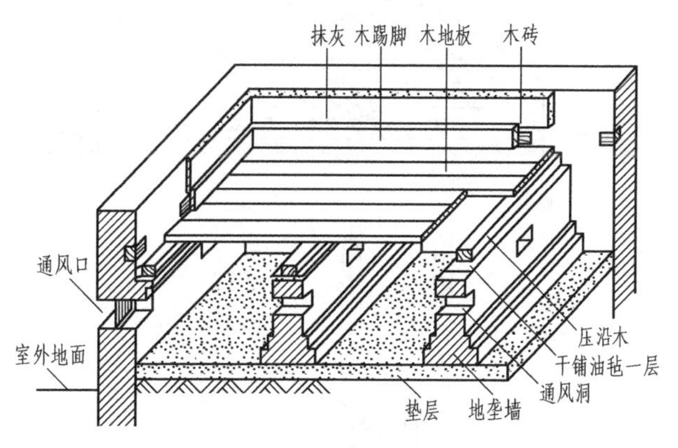

图5-24　空铺式木楼地面

实铺式木楼地面有单层和双层做法，单层做法是将木地板直接钉在钢筋混凝土基层上的木搁栅上，而木搁栅绑扎在预埋于钢筋混凝土楼板内或混凝土垫层内的10号双股镀锌钢丝上。木搁栅为50mm×70mm方木，中距400mm，50mm×50mm横撑，中距800mm。若在木搁栅上加设45°斜铺木毛板，再钉长条木板或拼花地板，就形成了双层做法。为了防腐可在基层上刷冷底子油一道，热沥青玛酯两道，木龙骨及横撑等均满涂氟化钠防腐剂。另外，还应在踢脚板处设置通风口，使地板下的空气流通，以保持干燥，如图5-25a、b所示。

粘贴式实铺木楼地面是将木楼地面用粘结材料直接粘贴在钢筋混凝土楼板或混凝土垫层上的砂浆找平层上。其做法是先在钢筋混凝土基层上用20mm厚1:2.5水泥砂浆找平，然后刷冷底子油和热沥青各一道作为防潮层，再用胶粘剂随涂随铺20mm厚硬木长条地板。当面层为小细纹拼花木地板时，可直接用胶粘剂刷在水泥砂浆找平层上进行粘贴，如图5-25c所示。

木地板做好后应刷油漆并打蜡，以保护楼地面。

（3）卷材楼地面　卷材楼地面是指将卷材如塑料地毡、橡胶地毡、化纤地毯、纯羊毛地毯、麻纤维地毯等直接铺在平整的基层上的楼地面。卷材可满铺、局部铺，可干铺、粘贴等。

（4）涂料楼地面　涂料楼地面是利用涂料涂刷或涂刮而成。它是水泥砂浆楼地面的一种表面处理形式，用以改善水泥砂浆楼地面在使用和装饰方面的不足。

地板漆是传统的楼地面涂料，它与水泥砂浆楼地面粘结性差，易磨损、脱落，目前已逐步被人工合成高分子材料所取代。

人工合成高分子涂料是由合成树脂代替水泥或部分代替水泥，再加入填料、颜料等搅拌混合而成的材料，经现场涂布施工，硬化以后形成整体的涂料楼地面。它的突出特点是无缝、易于清洁，并且施工方便，造价较低，可以提高楼地面的耐磨性、韧性和不透水

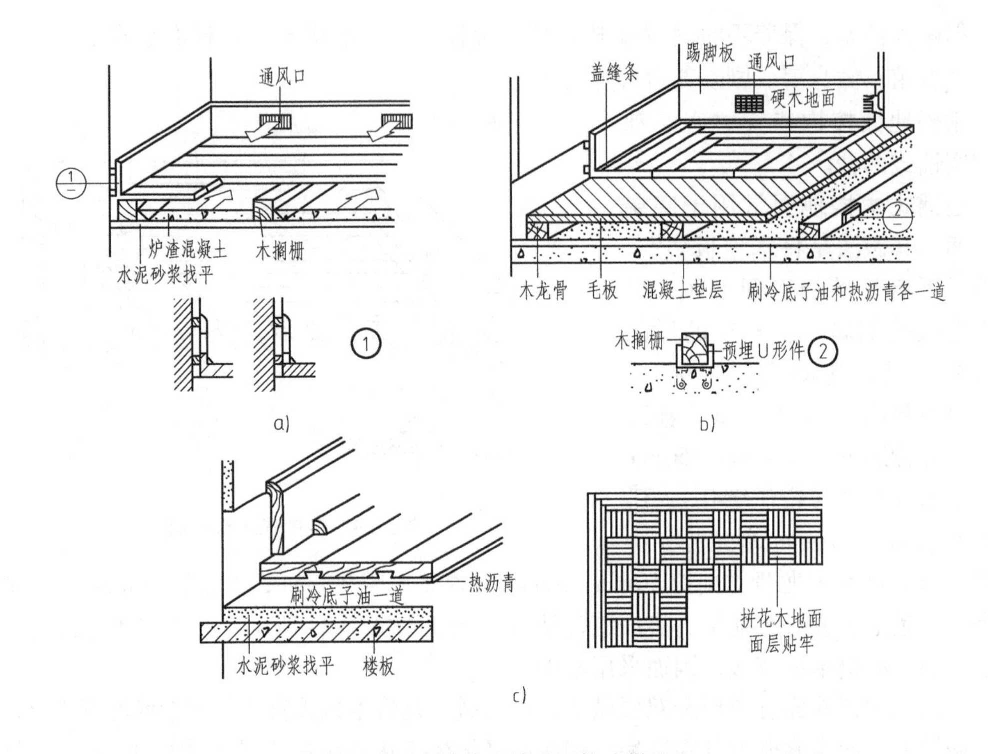

图5-25　实铺式木楼地面构造做法

a）铺钉式单层做法　b）铺钉式双层做法　c）粘贴式木地板

性，适用于一般建筑水泥楼地面装修。

2. 楼地面防水构造

在用水频繁的房间，如厕所、盥洗室、淋浴室、实验室等，楼地面容易积水，且易发生渗漏水现象，因此应做好楼地面的排水和防水。

（1）楼地面排水　为排除室内积水，楼地面应有一定坡度，一般为1%～1.5%；同时应设置地漏，使水有组织地排向地漏。为防止积水外溢，影响其他房间的使用，有水房间楼地面应比相邻房间的楼地面低20～30mm；若不设此高差，即两房间楼地面等高时，则应在门口做20～30mm高的门槛。踢脚板构造如图5-26所示。有水房间排水与防水如图5-27所示。

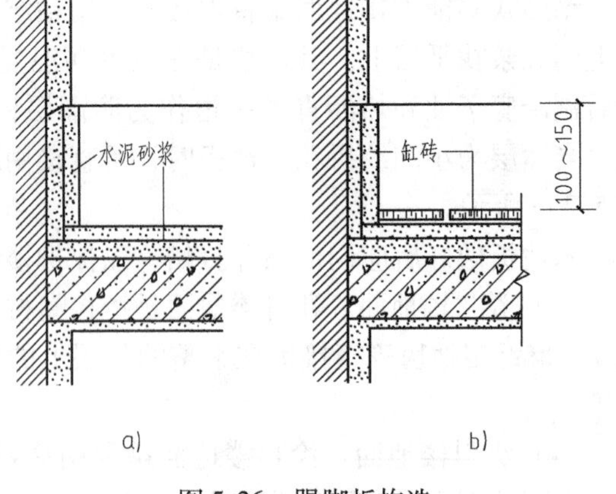

图5-26　踢脚板构造

a）水泥砂浆做法　b）缸砖做法

（2）楼地面防水　有水房间楼板以现浇钢筋混凝土楼板为佳，面层材料通常为整体现浇水泥砂浆、水磨石或瓷砖等防水性较好的材料。对于防水要求较高的房间，还应在楼板与面层之间设置防水层。常见的防水材料有卷材、防水砂浆和防水涂料。为防止房间四周墙脚受水，应将防水层沿

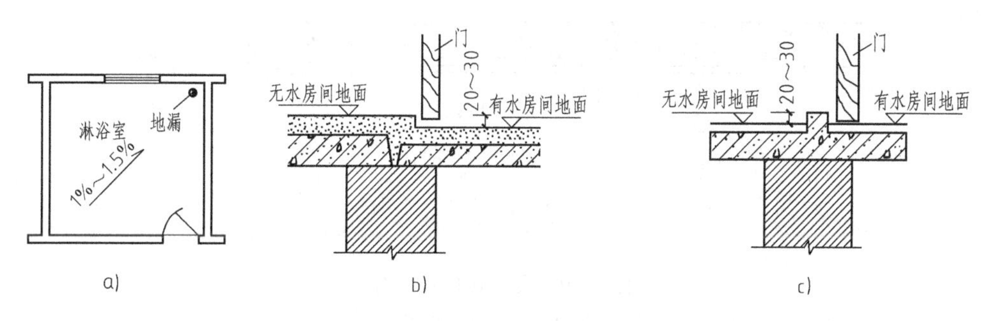

图5-27 有水房间排水与防水

a）淋浴室地面排水 b）地面低于无水房间 c）与无水房间地面齐平，设门槛

周边向上泛起至少150mm（图5-28a）。当遇到门洞时，应将防水层向外延伸250mm以上（图5-28b）。

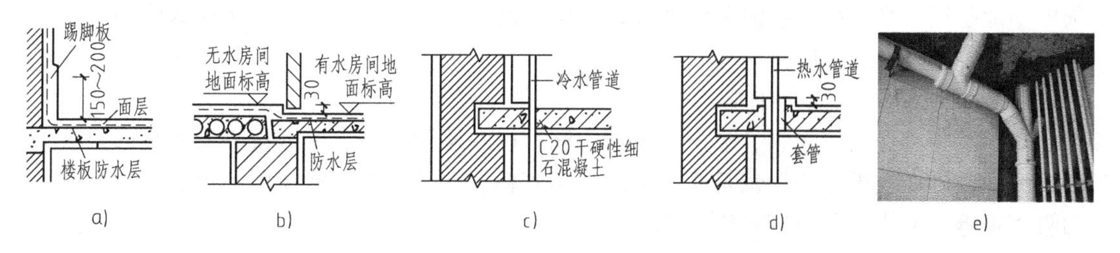

图5-28 楼地面的防水构造

a）防水层沿周边上卷 b）防水层向无水房间延伸 c）冷水管道穿越楼板层 d）热水管道穿越楼板层 e）楼面穿管

当竖向管道穿越楼地面时，也容易产生渗透，处理方法一般有两种：对于冷水管道，可在竖管穿越的四周用C20干硬性细石混凝土填实，再以卷材或涂料做密封处理(图5-28c)；对于热水管道，为防止温度变化引起的热胀冷缩现象，常在穿管位置预埋比竖管管径稍大的套管，高出楼地面30mm左右，并在缝隙内填塞弹性防水材料（图5-28d）。

5.4 顶棚

顶棚是楼板层下面的装修层。对顶棚的基本要求是光洁、美观，能通过反射光照来改善室内采光和卫生状况。对特殊房间还要求具有防水、隔声、保温、隐蔽管线等功能。

顶棚按构造做法可分为直接式顶棚和吊式顶棚两种。

5.4.1 直接式顶棚

直接式顶棚是指直接在钢筋混凝土楼板下表面喷刷涂料、抹灰或粘贴装修材料的一种构造形式。直接式顶棚不占据房间的净空高度，构造简单、造价低、效果好，适用于多数房间，但不适于需要布置管网的顶棚，且易剥落、维修周期短。直接式顶棚构造如图5-29所示。

1. 直接喷刷涂料顶棚

当楼板底面平整，室内装饰要求不高时，可在楼板底面填缝刮平后直接喷刷大白浆、

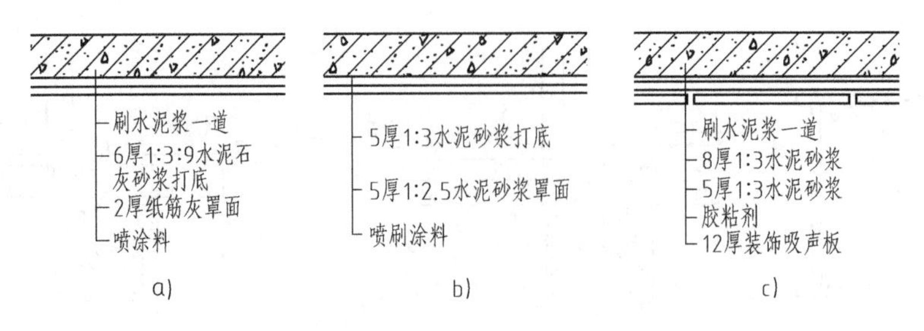

图5-29　直接式顶棚构造

a）混合砂浆顶棚　b）水泥砂浆顶棚　c）贴面顶棚

石灰浆等涂料，以增加顶棚的反射光照作用。

2. 抹灰顶棚

当楼板底面不够平整或室内装修要求较高时，可在楼板底抹灰后再喷刷涂料。顶棚抹灰可用纸筋灰、水泥砂浆和混合砂浆等，其中纸筋灰应用最普遍。纸筋灰抹灰应用混合砂浆打底，再用纸筋灰罩面。

3. 贴面顶棚

对于某些有保温、隔热、吸声要求的房间，以及楼板底不需要敷设管线而装修要求又高的房间，可在楼板底用砂浆打底找平后，用胶粘剂粘贴墙纸、泡沫塑料板、铝塑板或装饰吸声板等，形成贴面顶棚（图5-29c）。

5.4.2　吊式顶棚

吊式顶棚是指当房间顶部不平整或楼板底需要敷设导线、管线、其他设备或建筑本身要求平整、美观时，在屋面板（楼板）下，通过设吊筋将主、次龙骨所形成的骨架固定，在骨架下固定各类装饰板组成的顶棚。

1. 吊顶的设计要求

1）吊顶应具有足够的净空高度，以便各种设备管线的敷设。

2）合理地安排灯具、通风口的位置，满足照明、通风的要求。

3）选择合适的材料和构造做法，使其燃烧性能和耐火极限满足防火规范的规定。

4）吊顶应便于制作、安装和维修。

5）对于特殊房间，吊顶应满足隔声、音质、保温等特殊要求。

6）应满足美观和经济等方面的要求。

2. 吊顶的构造

吊顶由龙骨和面板组成。吊顶龙骨用来固定面板并承受其重力，一般由主龙骨和次龙骨两部分组成。主龙骨通过吊顶与楼板相连，一般单向布置；次龙骨固定在主龙骨上，其布置方式和间距视面层材料和顶棚外形而定。主龙骨按所用材料不同可分为金属龙骨和木龙骨两种。为节约木材、减轻自重及提高防火性能，多采用薄钢带或铝合金制作的轻型金属龙骨。面板分为木质板、石膏板和铝合金板等。

5.5　阳台与雨篷

5.5.1　阳台

阳台是楼房建筑中与房间相连的室外平台，它提供了一个室外活动的小空间，人们可以在阳台上晒衣、休息、瞭望或从事家务活动，同时对建筑物的外部形象也起一定的作用。

1. 阳台的分类

阳台由阳台板和栏板组成。按阳台与外墙的相对位置可分为凸阳台、半凸阳台和凹阳台三类。凸阳台是指全部阳台挑出墙外，凹阳台是指整个阳台凹入墙内，半凸阳台是指阳台部分挑出墙外，部分凹入墙内，如图5-30所示。

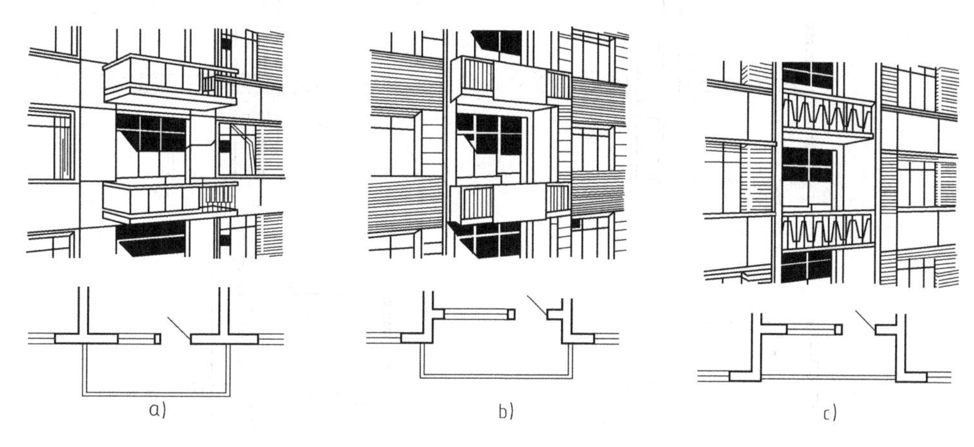

图5-30　阳台的类型
a）凸阳台　b）半凸阳台　c）凹阳台

阳台按施工方法可以分为现浇式钢筋混凝土阳台和预制装配式钢筋混凝土阳台。现浇式钢筋混凝土阳台具有结构布置简单、整体刚度好、抗震性好、防水性能好等优点，其缺点是模板用量较多，现场工作量大。预制装配式钢筋混凝土阳台便于工业化生产，但其整体性、抗震性较差。

按阳台是否封闭可分为封闭阳台和非封闭阳台。

2. 阳台的结构布置

阳台作为水平承重构件，其结构形式及布置方式与楼板结构统一考虑。阳台板是阳台的承重构件。阳台板的承重方式主要有搁板式、挑板式和挑梁式三种。

（1）搁板式　搁板式适合于凹阳台，它是将阳台板简支于两侧凸出的墙上，阳台板可以现浇，也可以预制，一般与楼板施工方法一致。阳台的跨度同对应房间的开间相同。阳台板型和尺寸同房间楼板一致，如图5-31a所示。这种方式施工方便，在寒冷的地区采用搁板式阳台，可以避免热桥，节约能源。

（2）挑板式　挑板式阳台的一种做法是利用楼板延伸外挑作阳台板，如图5-31b所示。这种承重方式构造简单，施工方便，但预制板较长，板型增多，且对寒冷地区保温不利。有的地区采用变截面板，即在室内部分为空心板，挑出部分为实心板。阳台上有楼板接缝，接缝处理要求平整，不漏水。

挑板式阳台的另一种做法是将阳台板与墙梁整体浇筑在一起。这种形式的阳台底部平整，但须注意阳台板的稳定。一般可以通过增加墙梁长度，借助梁自重进行平衡；也可利用楼板的重力或其他措施来平衡，如图5-31c所示。

（3）挑梁式　当楼板为预制楼板，结构布置为横墙承重时，可选择挑梁式，即从横墙内向外伸挑梁，其上搁置预制板。阳台荷载通过挑梁传给纵、横墙，由压在挑梁上的墙体和楼板来抵抗阳台的倾覆力矩。挑梁压在墙中的长度应不小于1.5倍的挑出长度。为美观起见，可在挑梁断头设置边梁，既可遮挡挑梁头，以承受阳台栏杆重力，还可加强阳台的整体性，如图5-31d所示。

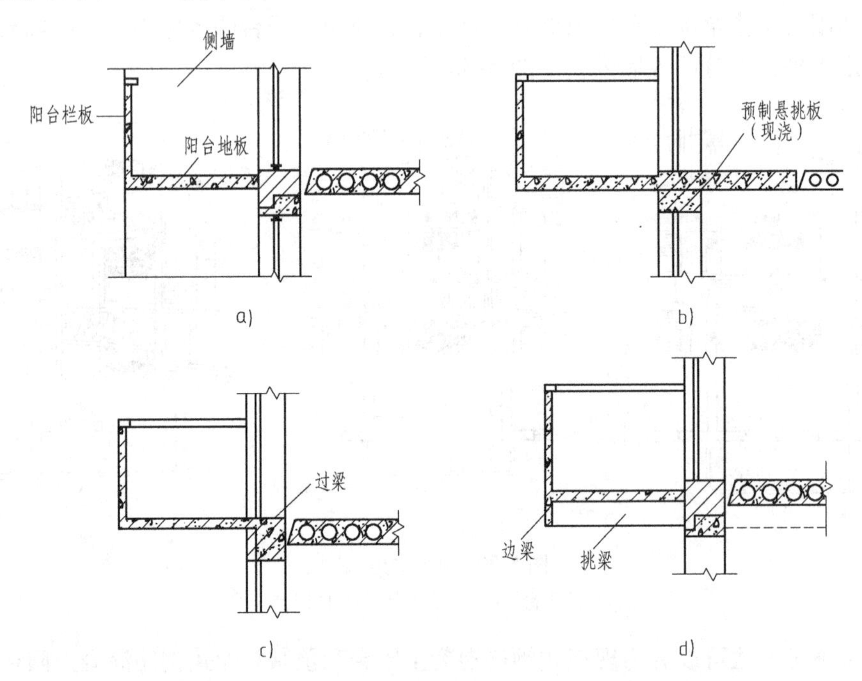

图5-31　阳台的结构布置形式

a）搁板式　b）预制（现浇）悬挑板　c）从过梁上挑出阳台板　d）挑梁式

3. 阳台的构造

（1）阳台的栏杆和扶手　栏杆是阳台外围设置的竖向维护构件，其作用有两个方面：一方面承担人们推、倚的侧推力，保证人的安全；另一方面对建筑物起装饰作用。因而栏杆的构造要求坚固、安全、美观。

为倚扶舒适和安全，栏杆的高度应大于人体重心高度，一般不宜小于1.05m，高层建筑的栏杆应加高，但不宜超过1.20m。

栏杆形式有三种，即空心栏杆、实心栏杆及由两者组合而成的组合式栏杆。

按材料不同可分为金属栏杆、砖砌栏杆、钢筋混凝土栏杆等。

金属栏杆可由不锈钢钢管、铸铁花饰（铁艺）、方钢和扁钢等材料制作，图案依建筑设计需要来确定。不锈钢栏杆美观，但造价昂贵，一般用于公共建筑的阳台。金属栏杆与阳台板的连接一般有两种方法，一是在阳台板上预留孔槽，将栏杆立柱插入，用细石混凝土浇筑；二是在阳台板上预制钢筋，将栏杆与钢筋焊接在一起，如图 5-32 所示。

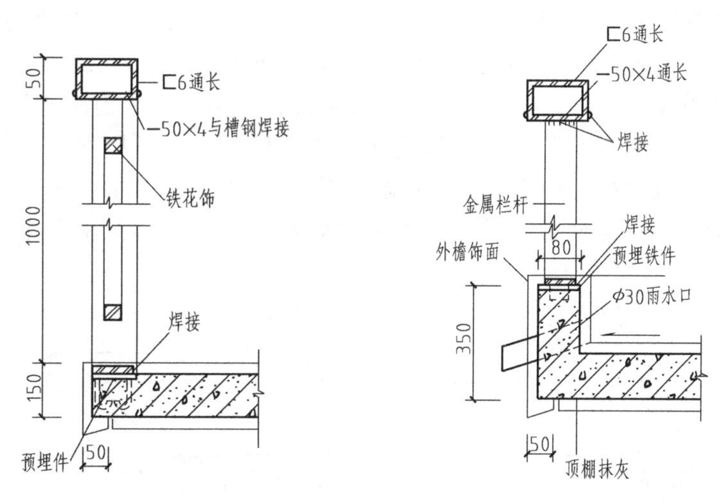

图 5-32　金属栏杆的形式和构造

钢筋混凝土栏杆按施工方式分为预制和现浇两种，为方便施工，一般采用预制钢筋混凝土栏杆。钢筋混凝土栏杆造型丰富，可虚可实，耐久性和整体性好，自重比砖栏杆小，因此钢筋混凝土栏杆应用较为广泛。

扶手有金属扶手、钢筋混凝土扶手、木扶手等。金属扶手一般为 ϕ50mm 钢管与金属栏杆焊接。钢筋混凝土扶手应用广泛，形式多样，一般直接用作栏杆压顶，宽度为 80mm、120mm、160mm。

（2）阳台的排水　为防止雨水进入室内，要求阳台地面低于室内地面 30mm 以上。阳台排水有外排水和内排水两种，但以有组织排水为宜。外排水是在阳台外侧设置排水管将水排出，泄水管为 ϕ40 ~ ϕ50mm 镀锌钢管或塑料管，外挑长度不小于 80mm，以防雨水溅到下层阳台（图 5-33a）。内排水适用于高层和高标准建筑，即在阳台内侧设置排水立管和地漏，将雨水直接排入地下管网，保证建筑物立面美观（图 5-33b）。

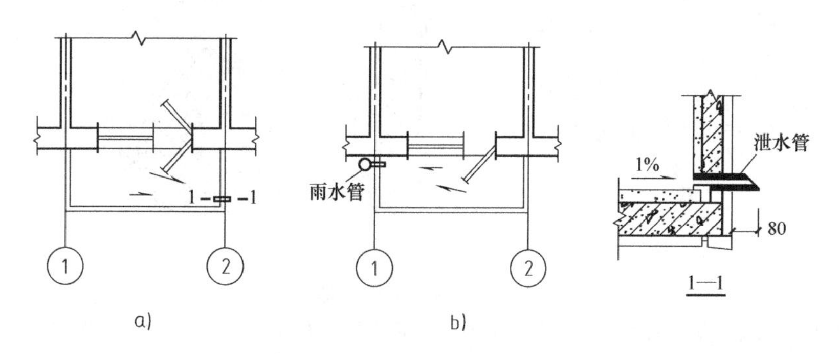

图 5-33　阳台排水构造
a）外排水　b）内排水

5.5.2 雨篷

雨篷是建筑物入口处和顶层阳台上部用以遮挡雨水，保护外门免受雨水侵蚀而设的水平构件。雨篷多为钢筋混凝土悬挑构件，大型雨篷下常加立柱形成门廊。

雨篷的受力作用与阳台相似，均为悬臂构件，但雨篷仅承担雪荷载、自重及检修荷载，承担的荷载比阳台小，故雨篷板的断面高度较小。一般把雨篷板与入口过梁浇筑在一起，形成由过梁挑出的板，出挑长度一般以1～1.5m较为经济。挑出长度较大时，一般做成挑梁式。为使底板平整，可将挑梁底板上翻，梁端留出泄水孔。雨篷构造如图5-34所示。

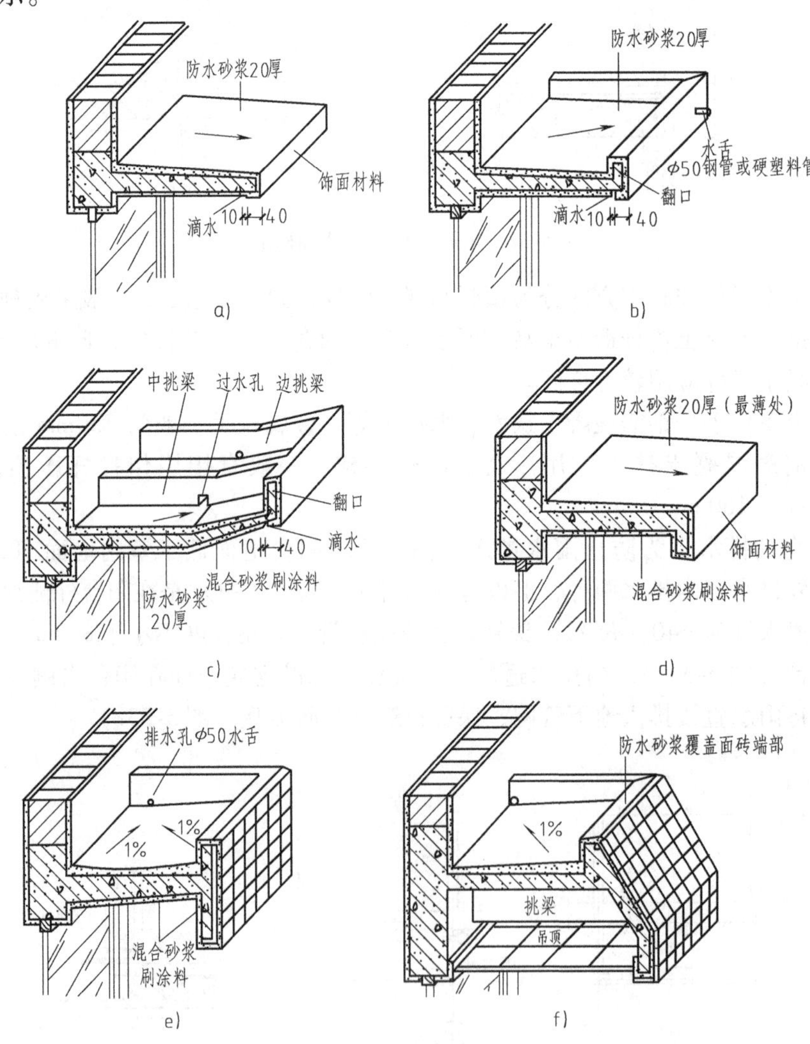

图5-34 雨篷构造

a）自由落水雨篷 b）有翻口有组织排水雨篷 c）折挑倒梁有组织排水雨篷 d）下翻口自由落水雨篷
e）上下翻口有组织排水雨篷 f）下挑梁有组织排水带吊顶雨篷

雨篷在构造上需解决好两个问题：一是防倾覆，保证雨篷梁上有足够的压重；二是板面上要做好排水和防水。通常沿板四周用砖砌或现浇混凝土做凸檐挡水，板面用防水砂浆

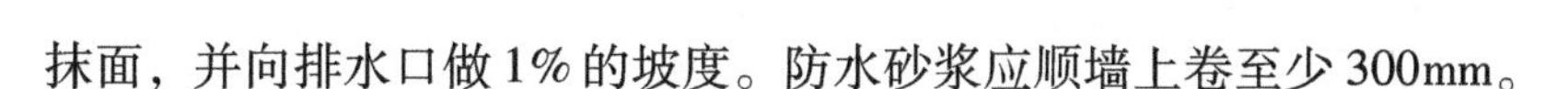

抹面，并向排水口做1%的坡度。防水砂浆应顺墙上卷至少300mm。

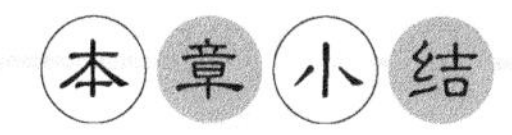

本章小结

1）楼板层、地坪层是建筑物的水平承重构件。钢筋混凝土楼板仍然是楼板结构的主体。

2）根据施工方法不同，钢筋混凝土楼板有现浇、装配式和装配整体式三种，随着施工现场应用机具和施工技术的改进及商品混凝土的普及，现浇钢筋混凝土楼板的应用范围在逐步扩大。

3）顶棚在建筑内部空间中的装饰作用十分明显，对其自身耐火能力的要求不断提高。

4）阳台和雨篷均为水平构件，阳台和雨篷的细部构造与安全性是确保其正常发挥功能的主要方面。

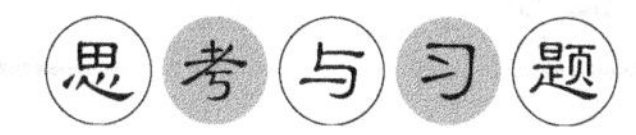

思考与习题

5-1　楼板有哪些类型？其基本组成是什么？各组成部分有何作用？

5-2　阳台板的作用是什么？

5-3　装配式钢筋混凝土楼板的特点、安装要求有哪些？

5-4　雨篷的构造要点有哪些？

5-5　楼地面防水构造措施是什么？

5-6　阳台有哪些类型？

5-7　楼板层、地坪层的设计要求有哪些？

5-8　如何处理阳台的防水？

5-9　地面的基本组成是什么？地面可分为哪几种类型？

5-10　测绘楼面、地面、顶棚的构造图。

第6章 楼 梯

学习目标

掌握楼梯的分类、特点及适用范围；掌握楼梯的构造形式及组成；掌握钢筋混凝土楼梯的构造，了解楼梯细部构造的一般知识；了解建筑其他垂直交通设施。

6.1 楼梯的类型和设计要求

6.1.1 楼梯的类型

1. 按楼梯的材料分

按楼梯的材料可分为木楼梯、钢筋混凝土楼梯、钢楼梯、组合材料楼梯等，如图6-1所示。

图6-1 各种结构材料的楼梯

a）木楼梯 b）钢筋混凝土楼梯 c）金属楼梯 d）混合式钢玻璃楼梯 e）混合式钢木楼梯 f）混合式钢木悬挂楼梯

（1）木楼梯　木楼梯的防火性能较差，施工中需作防火处理，目前很少采用。

（2）钢筋混凝土楼梯　钢筋混凝土楼梯有现浇和装配式两种，它的强度高，耐久和防火性能好，可塑性强，可满足各种建筑使用要求，目前被普遍采用。

（3）钢楼梯　钢楼梯的强度大，有独特的美感，但防火性能差，噪声较大。

（4）组合材料楼梯　组合材料楼梯是由两种或多种材料组成，如钢木楼梯等，它可兼有各种楼梯的优点。

2. 按楼梯的位置分

按楼梯的位置可分为室内楼梯和室外楼梯。

3. 按楼梯的使用性质分

按楼梯的使用性质可分为主要楼梯、辅助楼梯、疏散楼梯、消防楼梯。

4. 按楼梯间的平面形式分

按楼梯间的平面形式可分为开敞楼梯间、封闭楼梯间、防烟楼梯间，如图6-2所示。

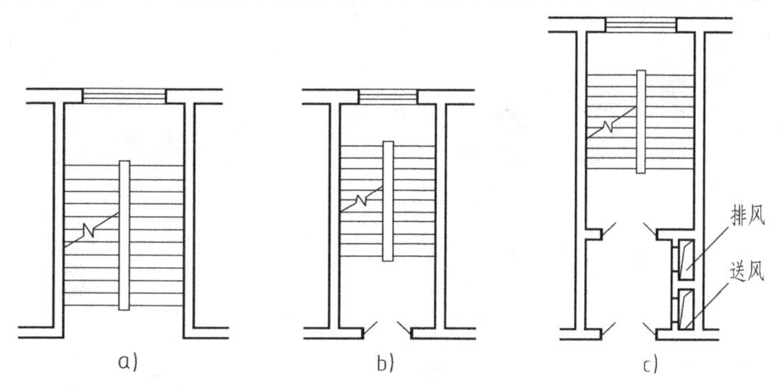

图6-2　楼梯间的平面形式

a）开敞楼梯间　b）封闭楼梯间　c）防烟楼梯间

5. 按楼梯的平面形式分

按楼梯的平面形式可分为单跑楼梯、双跑直楼梯、三跑楼梯、双跑平行楼梯、双分平行楼梯、双合平行楼梯、转角楼梯、双分转角楼梯、弧形楼梯、螺旋楼梯、交叉楼梯、剪刀楼梯等，如图6-3所示。

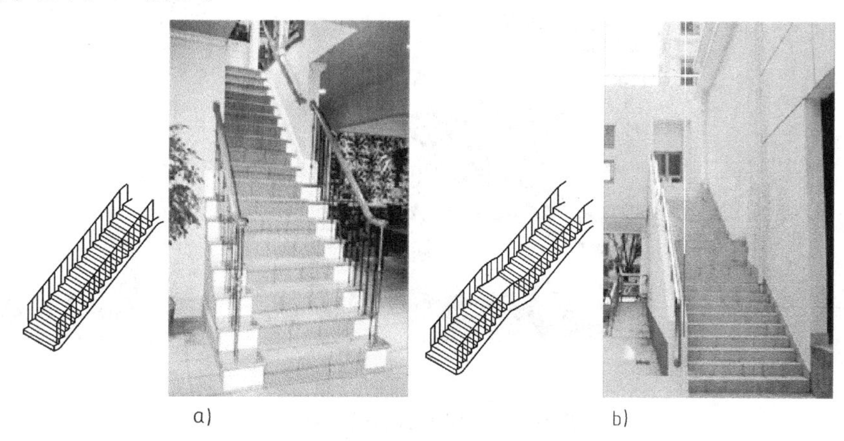

图6-3　楼梯平面形式

a）单跑直楼梯　b）双跑直楼梯

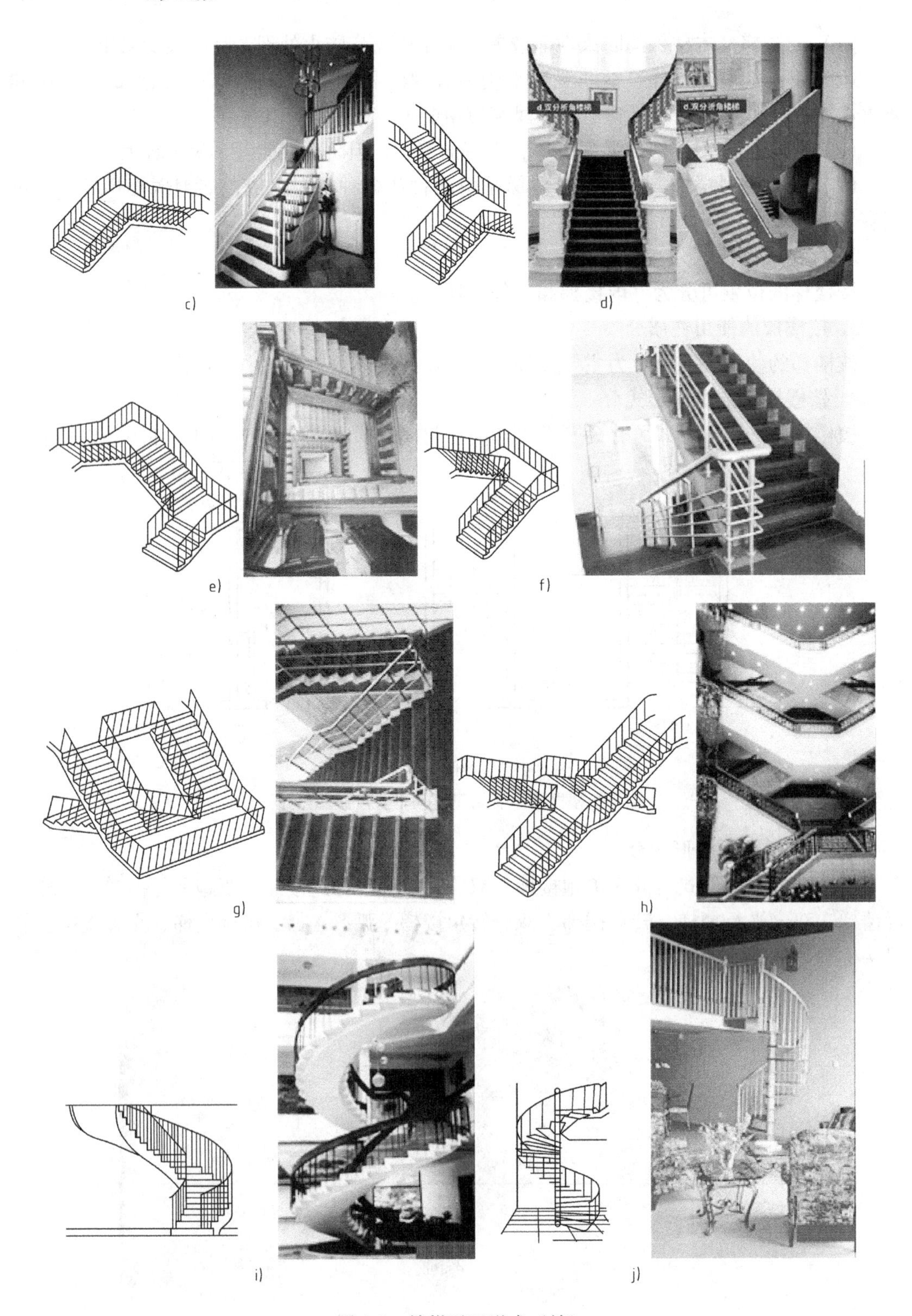

图6-3　楼梯平面形式（续）

c）转角楼梯　d）双分转角楼梯　e）三跑楼梯　f）双跑楼梯　g）双分平行楼梯　h）交叉楼梯
i）弧形楼梯　j）螺旋楼梯

6.1.2 楼梯的组成

楼梯一般由楼梯段、楼梯平台、栏杆和扶手组成，如图6-4所示。

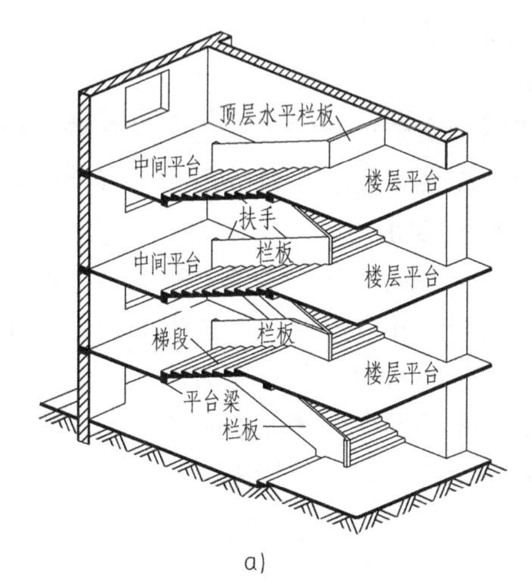

a)

b)

图6-4 楼梯的组成

a）楼梯的组成 b）楼梯的组成细部构造

1. 楼梯段

楼梯段是由若干个踏步组成，踏步由踏面（行走时脚踏的水平面）和踢面（与踏面垂直的面）组成。为了保证人流通行的安全、舒适和美观，楼梯段楼梯的踏步数量应在3～18步。

2. 楼梯平台

楼梯平台是指连接两个楼梯段之间的水平构件，根据平台的高度不同有楼层平台和中间平台之分。两个楼层之间的平台称为中间平台，用来供人们上下行走时暂停休息并改变行走的方向。与楼层地面标高平齐的平台称为楼层平台，除起中间平台的作用外，还用来分配人流。

3. 栏杆与扶手

为了保证楼梯上下行人的安全，应在一侧设置栏杆。当楼梯段宽度不大时，在楼梯段临空处设置扶手；当楼梯段宽度较大时，应在楼梯段中间设置中间扶手。

6.1.3 楼梯的设计要求

楼梯的数量、平面形式、踏步宽度与高度尺寸、栏杆细部做法等均应能保证满足交通和疏散方面的要求，避免交通拥挤和堵塞。

1. 楼梯的使用功能要求

楼梯设计应满足功能使用和安全疏散的要求。应根据楼层中人数最多的层的人数，计算楼梯段所需的宽度，并按功能使用要求和疏散距离布置楼梯。

2. 楼梯的结构、构造、防火要求

楼梯间应在各层的同一位置，地下室、半地下室的楼梯间在首层应采用耐火极限不低于2.00h的隔墙与其他部位隔开，并应直通室外，当必须在隔墙上开门时，应采用不低于乙级的防火门。地下室或半地下室与地上层不应共用楼梯间，当必须共用楼梯间时，应在首层设置耐火极限不低于2.00h的不燃烧体隔墙和乙级的防火门，将地下、半地下部分与地上部分的连通部位完全隔开，并应有明显标志。

6.1.4 楼梯的尺度

1. 楼梯的坡度

楼梯的坡度根据建筑物的使用性质和层高确定，楼梯的坡度是指楼梯段沿水平面倾斜的角度。楼梯的坡度越小越平缓，行走越舒适，但扩大了楼梯间的进深，增加了建筑物的面积和造价。因此，在选择楼梯坡度时应根据具体情况，合理地选择，并满足使用性和经济性的要求。

楼梯的坡度一般在20°~45°之间，30°是楼梯最适宜的坡度。爬梯的范围在45°以上，一般在建筑物中通往屋顶、电梯机房等处采用。当坡度在10°~20°时称为台阶，坡度小于10°时称为坡道，只在室外使用。坡道的坡度在1∶12以下的属于平缓坡道；坡道的坡度在1∶10以上时，应设防滑措施。

楼梯的坡度有两种表示方法，一种是用楼梯段和水平面的夹角表示；另一种是用踏面和踢面的投影长度之比表示。

楼梯、爬梯及坡道的坡度如图6-5所示。

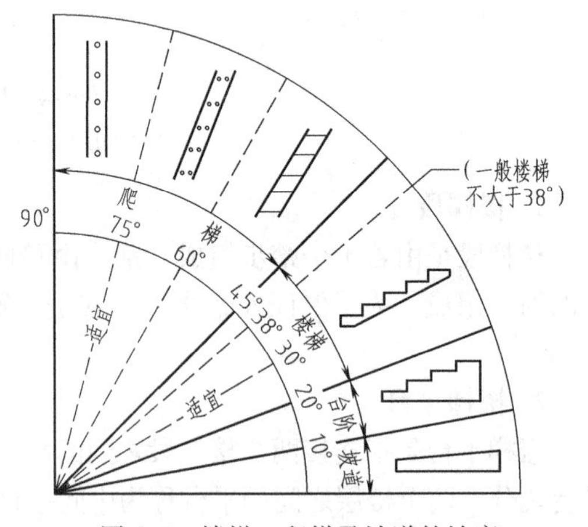

图6-5 楼梯、爬梯及坡道的坡度

2. 踏步尺寸

踏步尺寸是指踏步的宽度和踏步的高度，踏步的高宽比根据人流行走的舒适、安全、楼梯间的尺度和面积等因素确定。踏步的宽度和高度可按经验公式求得：

$$b + 2h = 600 \sim 620\text{mm}$$

式中 b——踏步的宽度；

h——踏步的高度。

楼梯踏步尺寸一般根据经验数据确定，楼梯踏步最小宽度和最大高度见表6-1。

表6-1 楼梯踏步最小宽度和最大高度 （单位：m）

楼梯类别	最小宽度	最大高度
住宅共用楼梯	0.26	0.175
幼儿园、小学校等楼梯	0.26	0.15
电影院、剧场、体育馆、商场、医院、旅馆和大中学校等楼梯	0.28	0.16
其他建筑楼梯	0.26	0.17
专用疏散楼梯	0.25	0.18
服务楼梯、住宅套内楼梯	0.22	0.20

当楼梯踏步的宽度受到楼梯间进深的限制时，将踏步挑出20～30mm，使踏步实际宽度大于其水平投影宽度，但挑出尺寸过大，会给行走带来不便，如图6-6所示。

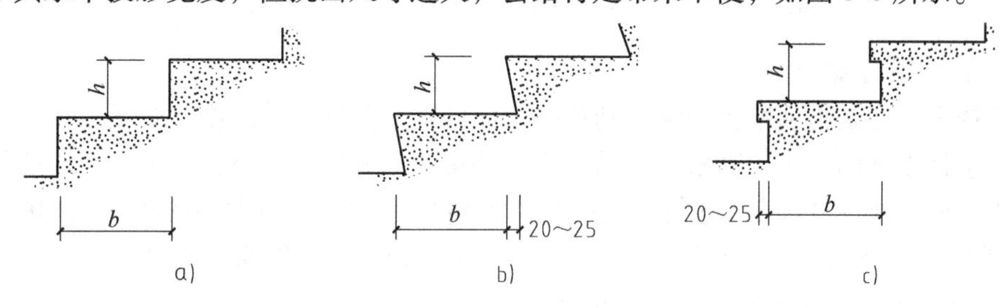

图6-6 踏步细部尺寸

a）正常处理的踏步 b）踢面倾斜 c）加做踏步檐

主要疏散楼梯和疏散通道的台阶，不宜采用螺旋楼梯和扇形踏步。当采用螺旋楼梯和扇形踏步时，踏步上下两级所形成的平面角度不应大于10°，并且每级距扶手250mm处的踏步宽度应超过220mm，才可以用于疏散，如图6-7所示。

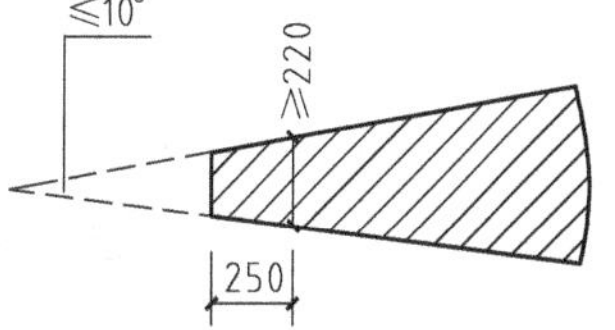

图6-7 螺旋楼梯的踏步尺寸

3. 楼梯段宽度

楼梯段宽度根据建筑的类型、层数、通行人数的多少和建筑防火的要求确定。楼梯段宽度指墙面至扶手中心线或扶手中心线之间的水平距离。

我国规定每股人流按［0.55+(0～0.15)］m计算，其中0～0.15m为人在行走中的摆幅。楼梯段的宽度如图6-8所示。

4. 平台宽度

为了保证疏散通畅和便于搬运家具设备等，楼梯平台的宽度应大于或等于楼梯段的宽度。楼梯段与平台的尺寸关系如图6-8d所示。

5. 楼梯井宽度

两段楼梯之间的空隙为楼梯井，其一般是为了楼梯施工方便而设置的，宽度为60～200mm。公共建筑的楼梯井净宽大于150mm；有儿童使用的楼梯，当楼梯井的净宽大于200mm时，必须采取安全措施。

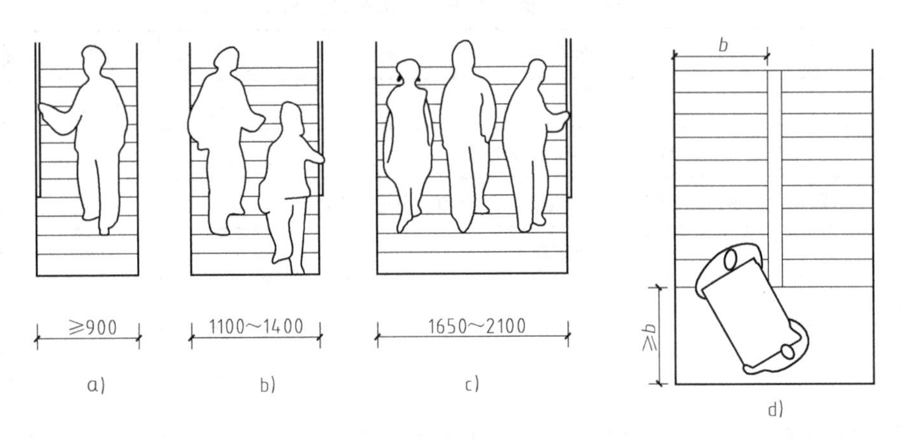

图6-8 楼梯段的宽度

a）单人通行 b）双人通行 c）多人通行 d）特殊需要

6. 栏杆扶手高度

栏杆扶手高度是指从踏步前缘处到扶手表面的垂直高度。其高度一般是根据人体重心的高度和楼梯坡度的大小等因素确定的。室内共用楼梯栏杆扶手高度自踏步中心线量起至扶手上皮不应小于900mm；水平扶手长度超过500mm时，其高度不应小于1000mm。室外共用楼梯栏杆高度不应小于1050mm；中、高层住宅室外楼梯栏杆高度不应小于1100mm；儿童使用的楼梯栏杆高度一般在500~600mm处设置。

7. 楼梯净空高度

楼梯净空高度包括楼梯段间的净高和平台过道处的净高。我国规定，楼梯段间的净高不应小于2.2m，平台过道处的净高不应小于2.0m，起止踏步前缘与顶部凸出物内边缘线的水平距离不应小于0.3m，如图6-9所示。

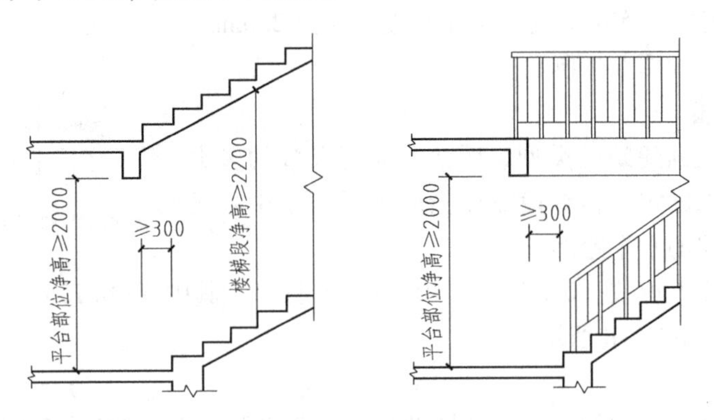

图6-9 楼梯段及平台部位净高要求

在设计时为保证平台下净空高度满足通行的要求，可采取以下办法来解决：

1）降低入口平台过道处的局部地坪标高。

2）提高底层中间平台的高度，增加第一段楼梯的踏步数，形成长短跑梯段。

3）以上两种方法的结合使用。

4）底层采用直跑楼梯段直接从室外上至二层，如图6-10所示。

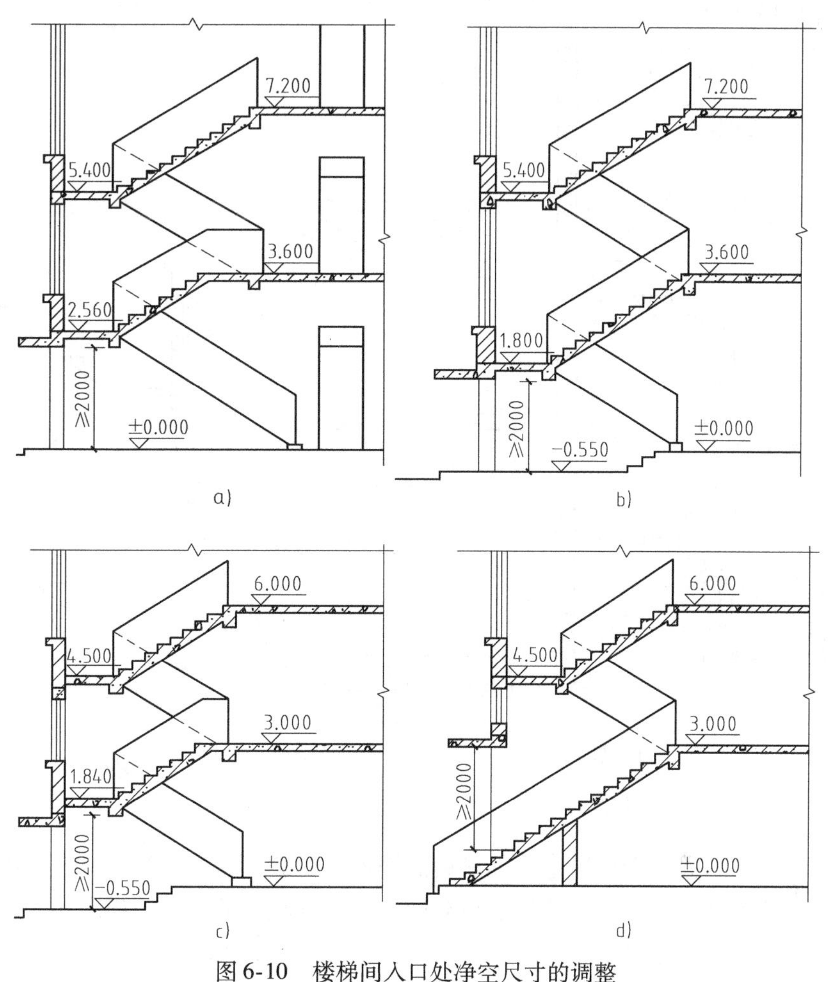

图6-10 楼梯间入口处净空尺寸的调整

a）底层长短跑 b）局部降低地坪 c）底层长短跑并局部降低地坪 d）底层直跑

6.2 钢筋混凝土楼梯构造

6.2.1 现浇钢筋混凝土楼梯构造

现浇钢筋混凝土楼梯结构整体性好，能适应各种楼梯间平面和楼梯形式，充分发挥钢筋混凝土的可塑性。但需要现场支模、绑扎钢筋，模板耗费较大，施工进度慢，自重大。

现浇钢筋混凝土楼梯结构形式根据梯段的传力不同，分为板式楼梯和梁式楼梯。

1. 板式楼梯

板式楼梯是指由楼梯段承受梯段上全部荷载的楼梯。荷载传递方式为：荷载→踏步板→梯段板→平台梁→墙或柱。其特点是结构简单，施工方便，底面平整。但板式楼梯板厚、自重大，用于楼梯段跨度在3000mm以内时较经济，适用于荷载较小、层高较小的建筑，如图6-11所示。

为了保证平台过道处的净空高度，可以在板式楼梯的局部位置取消平台梁，称为折板楼梯，如图6-12所示。

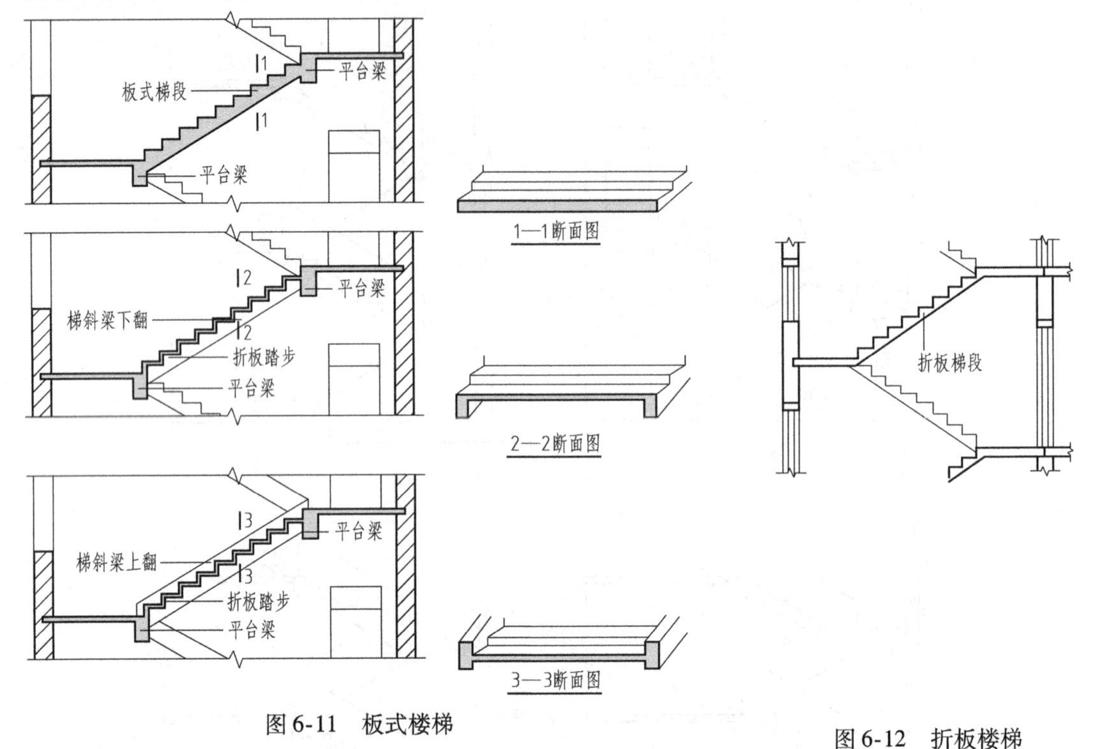

图6-11　板式楼梯

图6-12　折板楼梯

2. 梁式楼梯

梁式楼梯是由斜梁承受梯段上全部荷载的楼梯。荷载传递方式为：荷载→踏步板→斜梁→平台梁→墙或柱。梁式楼梯适用于荷载较大、层高较大的建筑，如图6-13所示。

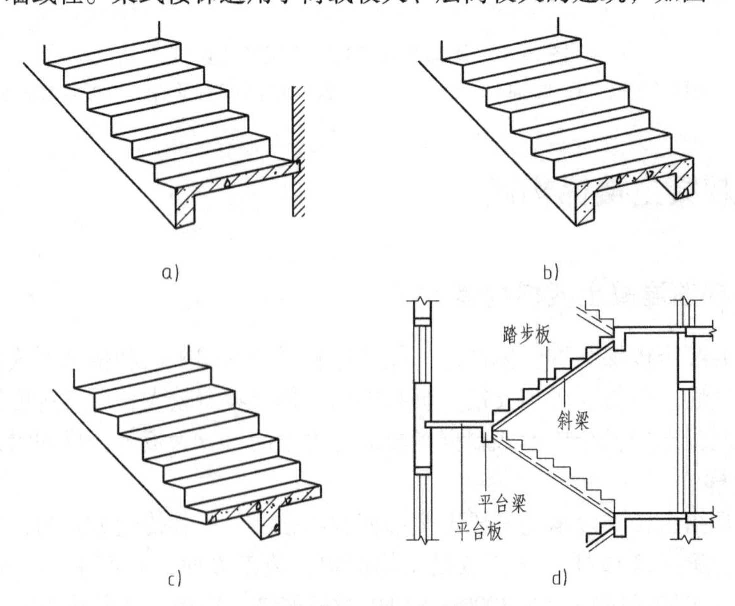

图6-13　梁式楼梯

a）梯段一侧设斜梁　b）梯段两侧设斜梁　c）梯段中间设斜梁　d）梁式楼梯剖面图

梁式楼梯的斜梁一般设置在踏步板的下方，从梯段侧面就能看见踏步，俗称明步楼梯，如图6-14a所示。这种楼梯在梯段下部形成梁的暗角，容易积灰，梯段侧面经常被清洗地面的脏水污染，影响美观。把斜梁设置在踏步板上面的两侧，形成暗步楼梯，如图6-14b所示。这种楼梯弥补了明步楼梯的不足，梯段板下面平整，但由于斜梁宽度要满足结构要求，宽度较大，从而使梯段净宽变小。

6.2.2 预制装配式钢筋混凝土楼梯构造

预制装配式钢筋混凝土楼梯是在预制厂或施工现场进行预制的，施工时将预制构件进行焊接、装配。与现浇钢筋混凝土楼梯相比，其施工速度快，节约模板，提高施工速度，减少现场湿作业，有利于建筑工业化；但刚度和稳定性较差，在抗震设防地区少用。

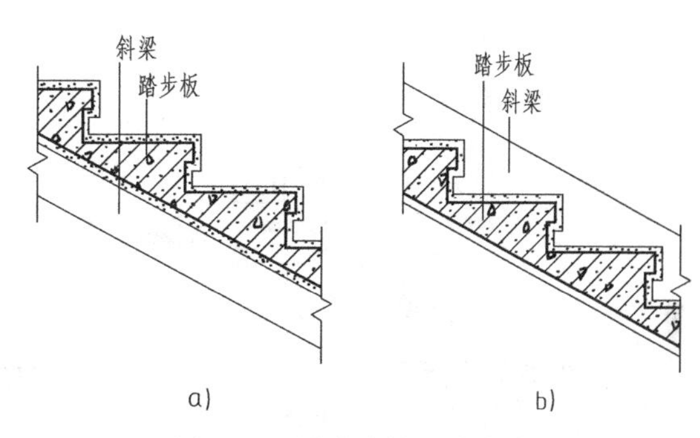

图6-14 明步楼梯和暗步楼梯
a）明步楼梯 b）暗步楼梯

预制装配式钢筋混凝土楼梯根据施工现场吊装设备的能力分为小型构件和大、中型构件。

1. 小型构件装配式楼梯

小型构件装配式楼梯的构件小，便于制作、运输和安装，但施工速度较慢，适用于施工条件较差的地区。

小型构件按其构造方式可分为墙承式、悬臂式和梁承式。

（1）墙承式 墙承式是指预制钢筋混凝土踏步板直接搁置在墙上的一种楼梯形式，这种楼梯由于在梯段之间有墙，使得搬运家具不方便，视线、光线受到阻挡，空间狭窄，整体刚度较差，对抗震不利，施工也较麻烦。

为了采光和扩大视野，可在中间墙上适当的部位留洞口，墙上最好装有扶手，如图6-15所示。

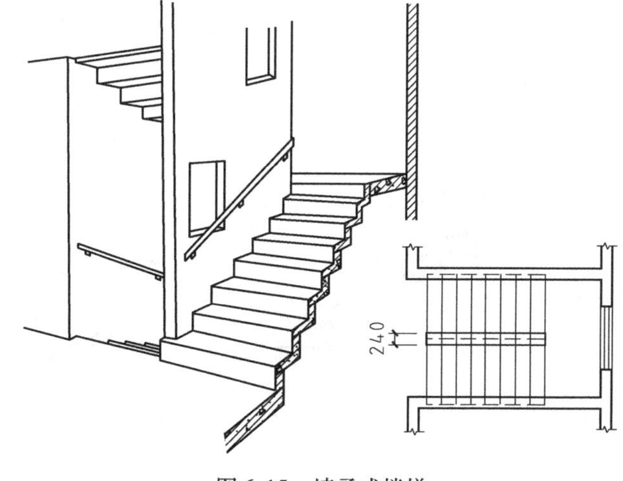

图6-15 墙承式楼梯

（2）梁承式 梁承式是指梯段由平台梁支承的楼梯构造方式，在一般民用建筑中较为常用。安装时将平台梁搁置在两边的墙和柱上，斜梁搁在平台梁上，斜梁上搁置踏步。斜梁做成锯齿形和矩形断面两种，斜梁与平台用钢板焊接牢固，如图6-16所示。

（3）悬臂式 悬臂式是指预制钢筋混凝土踏步板一端嵌固于楼梯间侧墙上，另一端悬挑的楼梯形式，如图6-17所示。

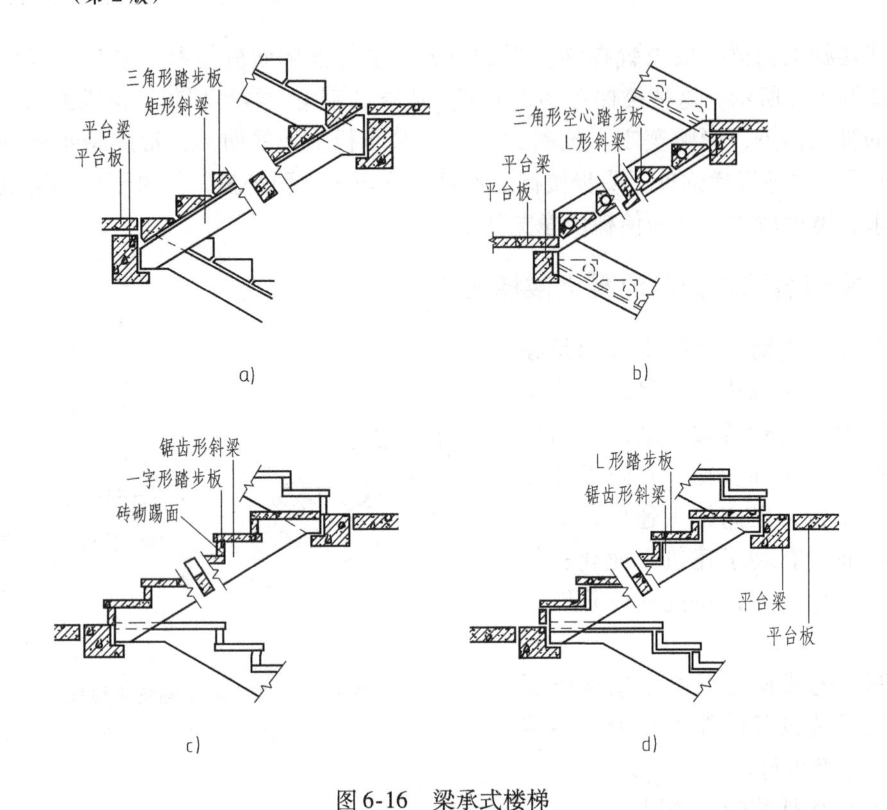

图6-16　梁承式楼梯
a）三角形踏步板矩形斜梁　b）三角形踏步板L形斜梁　c）一字形踏步板锯齿形斜梁
d）L形踏步板锯齿形斜梁

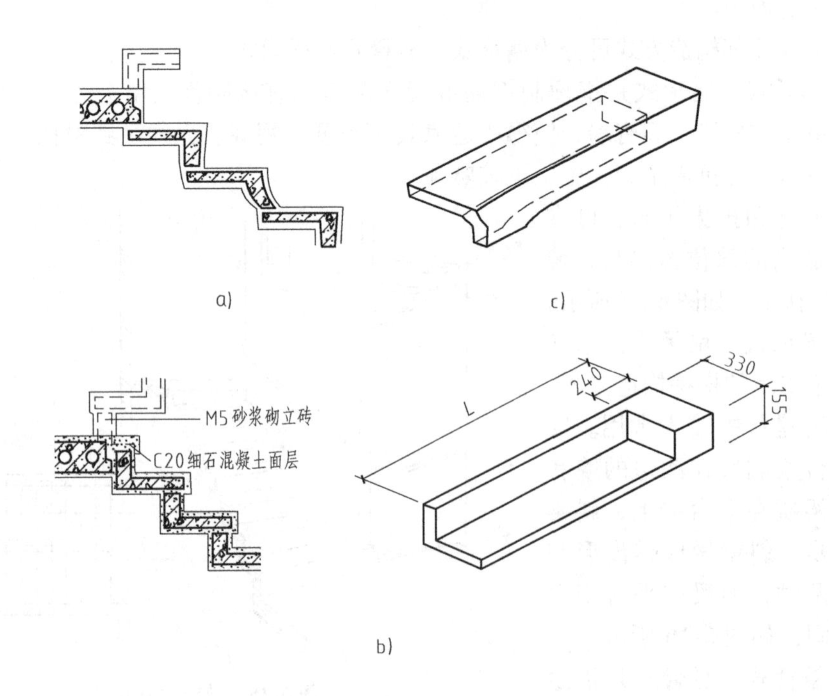

图6-17　悬臂式楼梯与踏步板
a）悬臂式楼梯　b）正L形踏步板　c）反L形踏步板

悬臂式钢筋混凝土楼梯无平台梁和梯段斜梁，也无中间墙，楼梯间空间较空透，结构占空间少，但楼梯间整体刚度较差，不能用于有抗震设防要求的地区。其施工较麻烦，现已很少采用。

2. 大、中型构件装配式楼梯

（1）平台板 平台板根据需要采用钢筋混凝土空心板、槽板和平板。在平台上有管道井处，不应布置空心板。平台板平行于平台梁布置，利于加强楼梯间的整体刚度；垂直布置时，常用小平板，如图6-18所示。

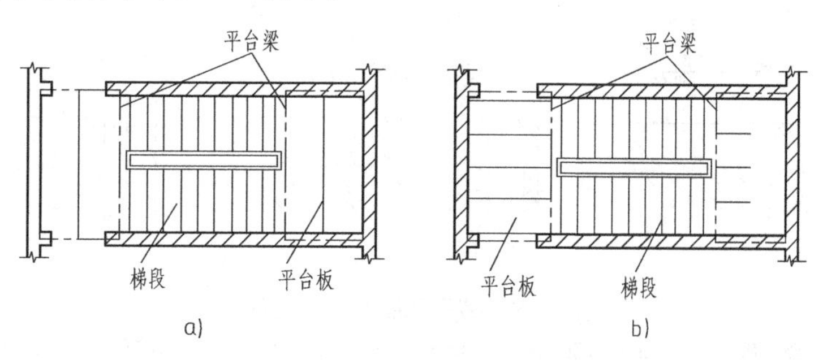

图6-18 平台板布置方式

a）平台板平行于平台梁 b）平台板垂直于平台梁

（2）梯段 板式梯段有空心和实心之分，实心梯段加工简单，但自重较大；空心梯段自重较小，多为横向留孔。板式梯段的底面平整，适合在住宅、宿舍建筑中使用。

梁式梯段是把踏步板和边梁组合成一个构件，多为槽板式。为了节约材料、减小自重，对踏步断面进行改造，主要采取踏步板内留孔、把踏步板踏面和踢面相交处的凹角处理成小斜面、做成折板式踏步等措施。

6.2.3 楼梯的细部构造

1. 踏步与防滑构造

踏步面层应便于行走、耐磨、防滑，并易于清洁及美观。常见的有水泥砂浆面层、水磨石砂浆面层、花岗岩面层、大理石面层等。

2. 防滑处理

为了避免行人滑到，并起到保护踏步阳角的作用，常用的防滑条材料有水泥钢屑、金刚砂、铝条、铜条及防滑踏面砖等。防滑条应高出踏步面2~3mm，如图6-19所示。

3. 无障碍楼梯和台阶

1）梯段无障碍楼梯应考虑残障者和行动不便的老年人的使用要求，楼梯与台阶的形式应采用有休息平台的两跑或三跑梯段，并在距离踏步起点和终点250~300mm处设置盲道提示，如图6-20所示。梯段的设计应充分考虑拄杖者及视力残障者使用时的舒适感及安全感，其坡度宜控制在35°以下，公共建筑梯段宽度不应小于1500mm，居住建筑不应小于1200mm，每梯段踏步数应在3~18级范围内，且保持相同的步高，梯段两侧均设置扶手，做法同坡道扶手。

2）踏步形状应无直角突出，踢面完整，左右等宽，临空一侧设立缘、踢缘板或栏板，踏面不应积水并做防滑，防滑条突出向上不大于5mm，踏步的安全措施如图6-20

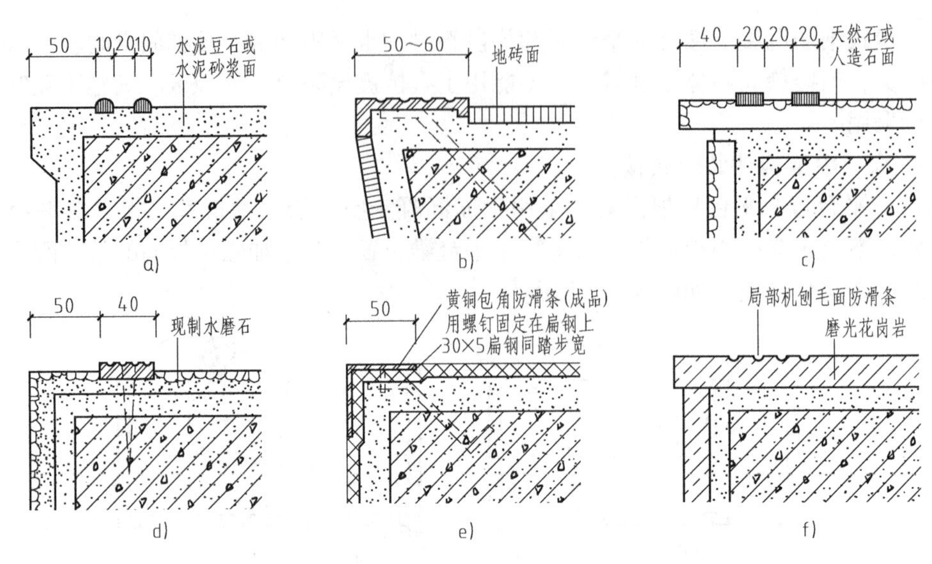

图 6-19　踏步面层及防滑处理

a）金刚砂防滑条　b）地砖面踏步防滑条　c）马赛克防滑条　d）有色金属防滑条

e）粘贴地毯踏步防滑压条　f）磨光花岗岩机刨毛面防滑条

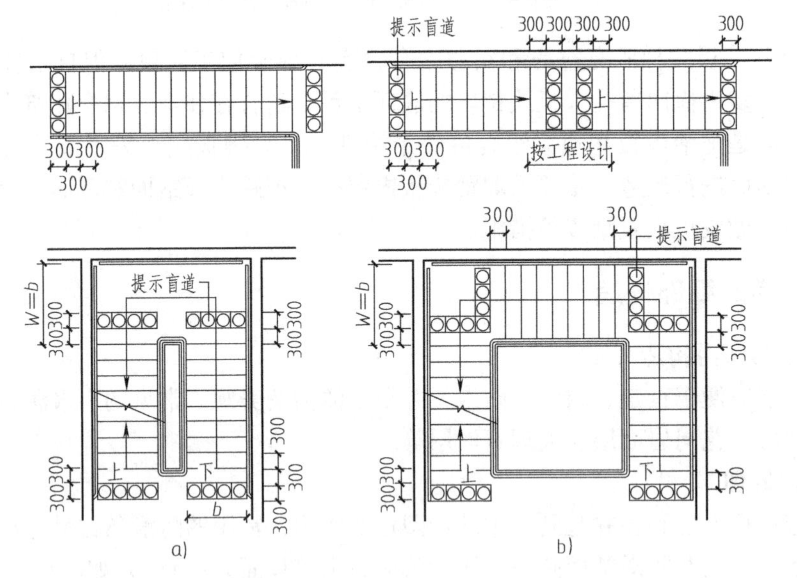

图 6-20　无障碍楼梯和台阶形式

a）双跑平行式　b）三跑式

所示。

3）上下平台的宽度除满足公共楼梯的要求外，其宽不应小于1500mm（不含导盲石宽），导盲石内侧距起止步距离为300mm或不小于踏面宽。

4. 栏杆与扶手构造

（1）栏杆的形式和材料　栏杆的形式可分为空花式、栏板式、混合式等类型。空花式栏杆具有自重小、空透轻巧的特点，一般用于室内楼梯，如图6-21所示。栏板是实心的，有钢筋混凝土预制板或现浇板、钢丝抹灰栏板、砖砌栏板，常用于室外楼梯。混合式栏板是空花式和栏板式两种栏杆形式的组合，如图6-22所示。

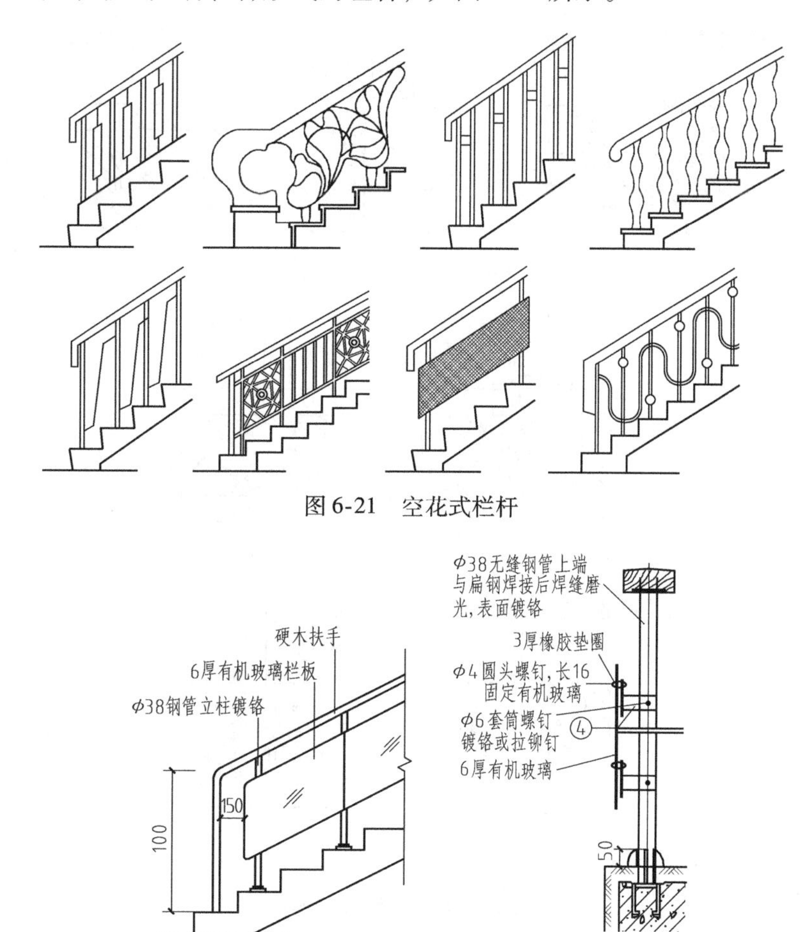

图6-21 空花式栏杆

图6-22 混合式栏杆

（2）栏杆和踏步的连接

1）锚固连接：把栏杆端部做成开脚插入踏步预留孔中，然后用水泥砂浆或细石混凝土嵌牢，如图6-23a、b所示。

2）焊接：栏杆焊接在踏步的预埋钢板上，如图6-23c、e、g所示。

3）栓接：栏板靠螺栓固接在踏步板上，如图6-23d、f所示。

（3）扶手的构造

1）扶手与栏杆的连接。空花式和混合式栏杆采用木材或塑料扶手时，一般在栏杆竖杆顶部设通长扁钢与扶手底面或侧面槽口榫接，用木螺钉固定。金属管材扶手与栏杆竖杆连接一般采用焊接或铆接，采用焊接时需注意扶手与栏板竖杆用材一致。

2）扶手与墙面的连接。靠墙扶手与墙的连接是预先在墙上留洞口，然后安装开脚螺栓，并用细石混凝土填实，或在混凝土墙中预埋扁钢，锚接固定，如图6-24所示。

3）栏杆、扶手的转弯处理。将平台处栏杆前伸半个踏步距离，可顺当连接，如图6-25a所示；当上下行楼梯的第一个踏步口平齐时，两段扶手需延伸一段再连接或做成“鹤颈”扶手，如图6-25b所示；因鹤颈扶手制作较麻烦，也可改用直线转折的硬接方

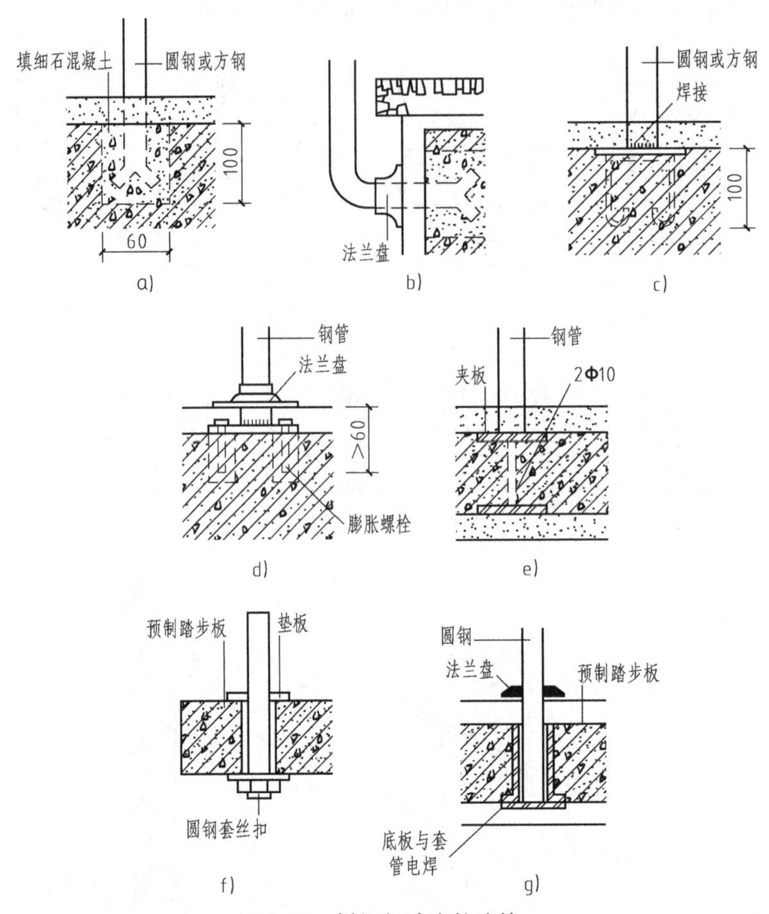

图6-23　栏杆与踏步的连接

a）埋入预留孔内　b）立杆埋入踏板侧面预留孔内　c）与预埋钢板焊接　d）立杆焊在底板上，用膨胀螺栓固定　e）、g）立杆插入套管电焊　f）立杆穿过预留孔用螺母固定

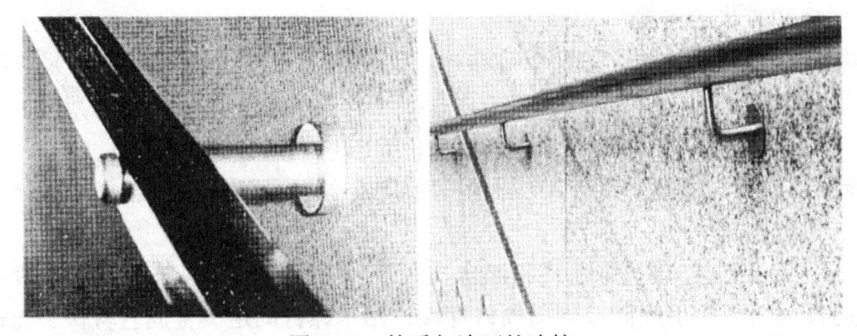

图6-24　扶手与墙面的连接

式，如图6-25c所示；当上下梯段错一步时，扶手在转折处不需要向平台延伸即可自然断开连接，如图6-25d所示；将上下行的楼梯段的第一个踏步互相错开，扶手可顺当连接，如图6-25e、f所示。

（4）无障碍扶手　无障碍扶手是行动受限制者在通行中不可缺少的助行设施，如图6-26所示，协助行动不便者安全行进，保持身体的平衡。在坡道、台阶、楼梯的两边应设置

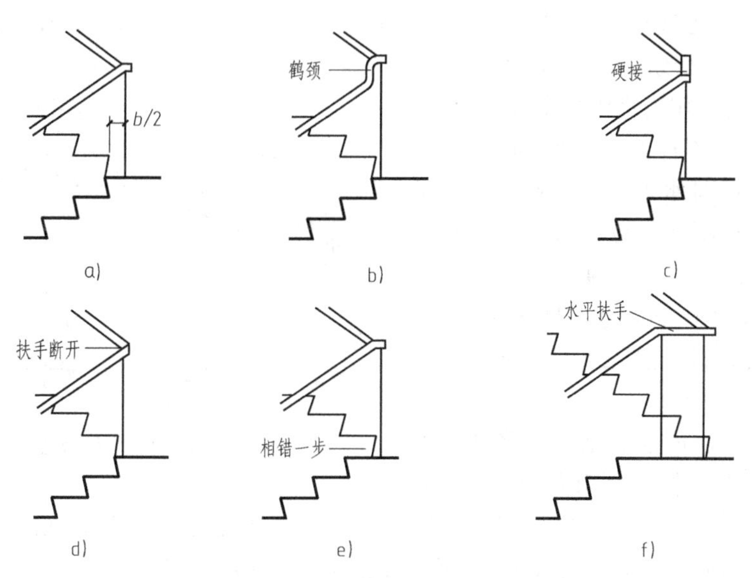

图 6-25　梯段转折处栏杆扶手处理

a）栏杆前伸半个踏步　b）鹤颈扶手　c）整体硬接　d）拼接

e）、f）错开踏步的扶手处理

扶手，并保持连贯。扶手安装的高度为 850mm，公共楼梯应设置上下两层扶手，下层扶手高度为 650mm。为了确保通行安全和平稳，扶手在楼梯的起步和终止处应延伸 300mm，在扶手靠近末端处设置盲文标志牌，告知视力残障者楼层和目前所在位置的信息。

图 6-26　无障碍扶手

6.3　室外台阶和坡道

6.3.1　室外台阶

台阶是建筑物出入口联系室内外地坪高差的构件，其位置明显，人流较大，须考虑无障碍设计。

台阶的踏步比室内楼梯踏步坡度小，踏步的高度为100～150mm，宽度为300～350mm。在台阶与建筑物出入口大门之间，需设一缓冲平台，作为室内外空间的过渡。平台的深度一般不应小于1000mm，平台需做1%～4%的排水坡度，以利于雨水的排除，如图6-27所示。考虑有无障碍设计坡道时，出入口平台的深度一般不应小于1500mm，室外台阶要防水、防冻、防滑，因此可用天然石材、混凝土等，面层材料应根据建筑设计决定。

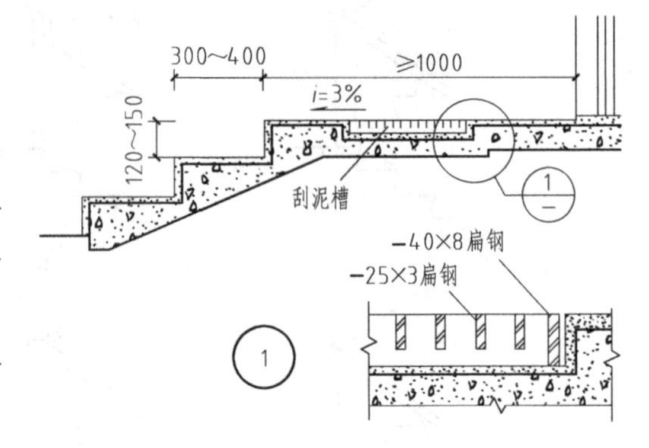

图6-27　台阶尺度

混凝土台阶由面层、结构层和垫层组成。面层材料应选择防滑和耐久的材料，可采用水泥砂浆、细石混凝土、水磨石等材料，也可采用缸砖、石材贴面。垫层的做法与地面垫层做法相似，一般采用灰土、三合土或碎石、碎砖、混凝土等。

室外台阶高度超过1000mm时，常采用栏杆、花池等防护措施。在人流密集的场所，台阶高度超过700mm并侧面临空时，应有防护设施。

严寒地区的台阶还需考虑地基土冻胀因素，可用含水率低的砂石垫层换土至冰冻线以下，如图6-28所示。

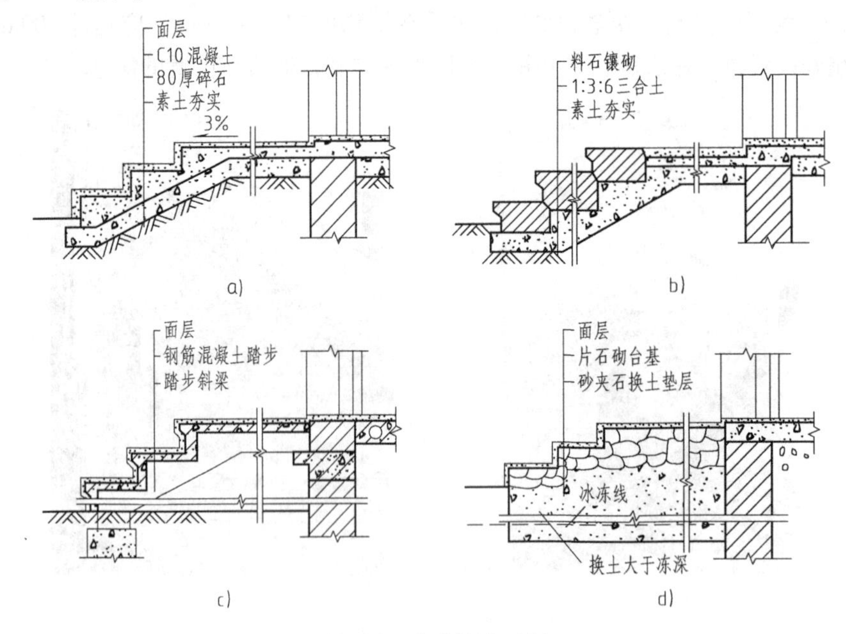

图6-28　台阶构造示例

a）混凝土台阶　b）石砌台阶　c）钢筋混凝土架空台阶　d）换土地基台阶

6.3.2　坡道

室内外入口处需通行车辆的建筑或不适宜做台阶的部位，可采用坡道连接。坡道按其用途不同分为行车坡道和轮椅坡道两类。坡道的构造做法如图6-29所示。

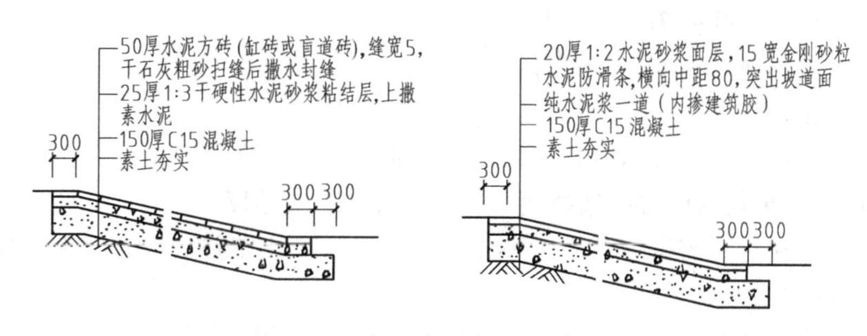

图6-29 坡道的构造做法

坡道的坡度用高度与长度之比来表示，一般为1:8～1:12。室内坡道坡度不宜大于1:8，室外坡道坡度不宜大于1:10。坡道的坡度、坡段高度和水平长度的最大容许值见表6-2。

表6-2 坡道的坡度、坡段高度和水平长度的最大容许值 （单位：mm）

坡 度	1/20	1/16	1/12	1/10	1/8	1/6
坡段最大高度	1500	1000	750	600	350	200
坡段水平长度	30000	16000	9000	6000	2800	1200

坡道要考虑防滑，当坡度较大时坡道面每隔一段距离需做防滑条或做成锯齿形，达到防滑的目的。

方便残障者通行的坡道，根据场地条件的不同可分为一字形、L形、U形、一字多段式等。每段坡道的坡度、坡段高度和水平长度以方便通行为准则。为保证安全及残障者上下坡道方便，应在坡道两侧增设扶手，起步应设300mm长水平扶手。为避免轮椅撞击墙面及栏杆，应在扶手下设置护堤，坡道面层应作防滑处理。

6.4 电梯和自动扶梯

电梯一般多用于高层建筑中，但对于建筑级别较高或有特殊使用需要的建筑，往往也设置电梯。

6.4.1 电梯的类型

1. 根据电梯的使用性质分

1）客梯：用于人们在建筑物中上下楼层。

2）货梯：用于运送货物及设备。

3）消防电梯：在发生火灾、爆炸等紧急情况下消防人员紧急救援使用。

2. 根据动力拖动的方式分

1）交流拖动电梯。

2）直流拖动电梯。

3）液压电梯。

3. 根据电梯行驶速度分

1）高速电梯：速度大于2m/s，梯速随层数增加而提高。

2）中速电梯：速度在2m/s以内。

3）低速电梯：速度在1.5m/s以内。

4. 其他特殊类型

1）观景电梯：具有垂直运输和观景双重功能，适用于高层宾馆、商业建筑等公共建筑。观景电梯在建筑物的位置应选择使乘客获得最佳观赏角度。

2）无机房电梯：无需设置专用机房，将驱动主机安装在井道或轿厢上，控制柜放在维修人员能接近的位置。

3）液压电梯：适用于行程高度小、机房不设在顶部的建筑物。

6.4.2 电梯的设计要求

客梯应该设置在主要入口且明显的位置，不应在转角处邻近布置。在电梯附近宜设有安全楼梯，以备就近上下楼和安全疏散。

设置电梯的建筑，楼梯仍按常规做法设置。高层民用建筑除了设普通客梯以外，必须按规范规定设置消防电梯。

6.4.3 电梯的组成

1. 井道

电梯井道是电梯轿厢运行的通道，其平面净空尺寸根据选用的电梯型号确定，井道壁多为钢筋混凝土或框架填充墙。电梯构造组成如图6-30所示。

电梯轿厢在井道中运行，上下都需要有一定的空间供吊揽装置和检修的需要。电梯井道在顶层停靠必须有4.5m以上的高度，底层以下需要留有不小于1.4m深度的地坑，供电梯缓冲之用。井道有防潮要求，地坑的深度达到2.5m时，应设置检修爬梯和必要的检修照明电源等。井道的围护结构具有防火性能，其耐火极限不低于2.5h。井道内严禁敷设可燃气体、液体管道。

为了利于通风和发生火灾时能将烟和热气排出室外，井道顶部和中部适当位置及坑底处设置不小于300mm×600mm或其面积不小于井道面积的3.5%的通风口。

电梯在启动和停层时噪声较大，会对井道周边的房间产生影响。为了减少噪声，井道外侧应设置隔声措施。

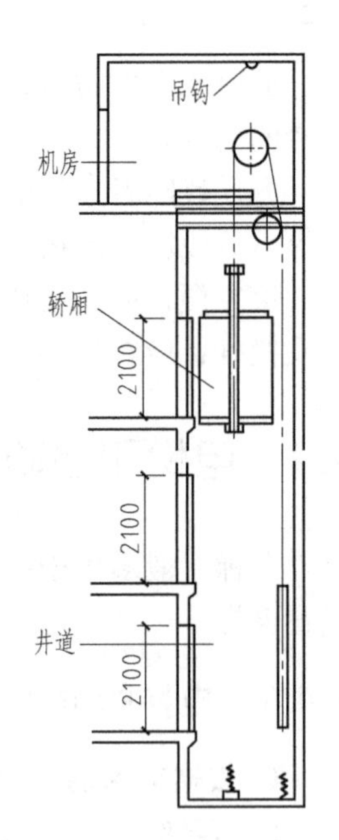

图6-30 电梯构造组成示意图

2. 机房

电梯机房一般设在电梯井道的顶部，电梯机房的尺寸根据机械设备的安排和管理维修的需要确定，机房屋顶在电梯吊揽正上方设置受力梁或吊钩，以便起吊轿厢和重物。

3. 轿厢

电梯轿厢直接用作载人或载货，其内部用材应考虑美观、耐用、易清洗。轿厢采用金属框架结构，内部用光洁有色金属板壁面或金属穿孔壁面、花格钢板地面等作内饰材料。

6.4.4 自动扶梯

自动扶梯是一种连续运行的垂直交通设施，承载力大，安全可靠，适用于地铁、航空港、商场、码头等公共场所。自动扶梯的运行原理是采用机电技术，由电动机变速器和安全制动器组成的推动单元拖动两条环链，每级踏板都与环链连接，通过轧辊的滚动，踏板沿轨道循环运行。

自动扶梯可用于室内或室外。自动扶梯常见的坡度有27.3°、30°、35°，自动扶梯运行速度一般为0.45～0.75m/s，常见的速度为0.5m/s。自动扶梯的宽度为600mm、800mm、1000mm、1200mm等。自动扶梯的载客能力较高，可达到每小时4000～10000人。

自动扶梯的布置方式有：

1）并联排列式如图6-31a所示，楼层交通、乘客流动连续，外观豪华，但安装面积大。

2）平行排列式如图6-31b所示，楼层交通、不连续，安装面积小。

3）串联排列式如图6-31c所示，楼层交通、乘客流动连续。

4）交叉排列式如图6-31d所示，乘客流动连续且不发生混乱，安装面积小。

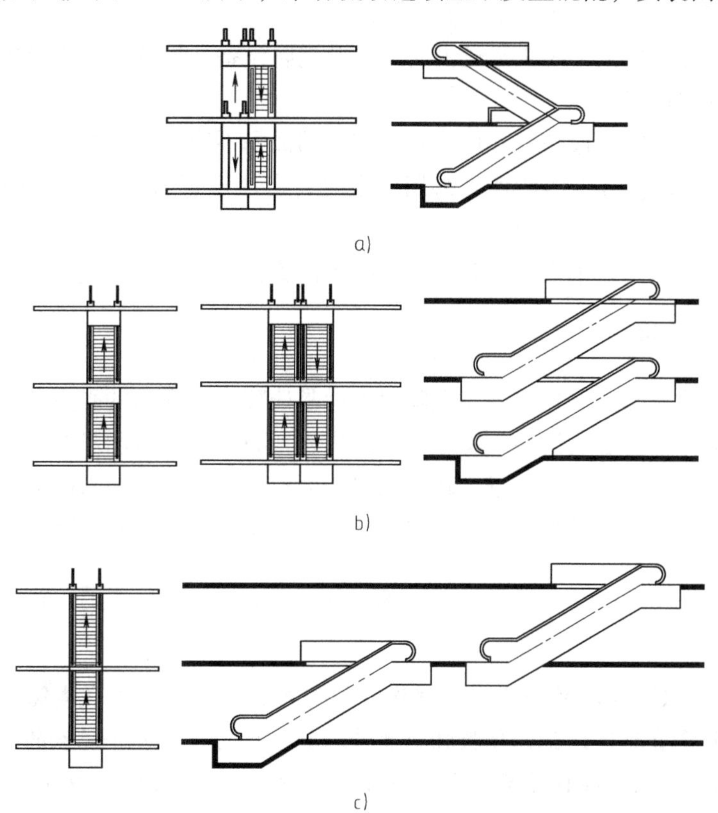

图6-31 自动扶梯的布置方式

a）并联排列式 b）平行排列式 c）串联排列式

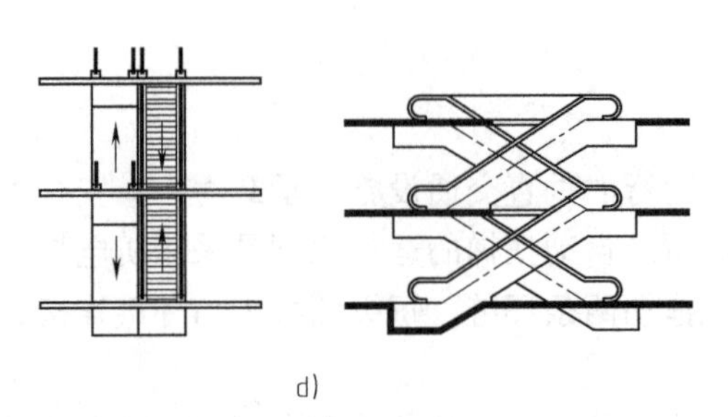

d）

图6-31　自动扶梯的布置方式（续）

d）交叉排列式

自动扶梯的机械装置悬在楼板梁上，楼层下作装饰外壳处理，底部做成地坑。在机房上部自动扶梯口处应有金属活动地板供检修之用。在室内每层自动扶梯开口处，四周敞开的部位须设防火卷帘及水幕喷头。自动扶梯停运时不得作为安全疏散楼梯。

为防止乘客头、手探出自动扶梯栏板受伤，自动扶梯和自动人行道与平行墙面间、扶手与楼板开口边缘，即相邻平行梯扶手带的水平距离不应小于0.5m。当不能满足上述距离时，在外盖板上方设置一个无锐利边缘的垂直防碰挡板，以保证安全。

6.4.5　消防电梯

消防电梯是在发生火灾时供运送消防人员及消防设备，抢救受伤人员用的垂直交通工具，根据国家规定设置。

消防电梯的电梯间应设前室，居住建筑前室的面积不应小于4.5m^2，公共建筑前室的面积不应小于6.0m^2。与防烟楼梯间共用前室时，居住建筑前室的面积不应小于6.0m^2，公共建筑前室的面积不应小于10m^2。

消防电梯门口采用防水措施，井底应设排水设施，排水井容量应大于或等于2m^3。

6.4.6　无障碍电梯

在大型公共建筑和高层建筑中，无障碍电梯是残障者最适用的垂直交通设施。考虑残障者乘坐电梯的方便，在设计中应将电梯靠近出入口布置，并有明显标志。候梯厅的面积不小于1500mm×1500mm，轮椅进入轿厢的最小面积为1400mm×1100mm，电梯门宽不小于800mm。自动扶梯的扶手端部应留不小于1500mm×1500mm的轮椅停留及回转空间。

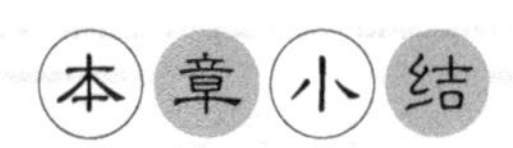

1）楼梯是多层建筑物的垂直交通设施，在高层建筑和大型公共建筑中电梯和自动扶梯已成为主要的垂直交通设施，但楼梯仍然要承担紧急情况下安全疏散的任务。

2）楼梯由楼梯段、楼梯平台、栏杆和扶手组成。最常用的楼梯形式是平行双跑楼梯。对楼梯的防火性能要求极高，一般多采用钢筋混凝土楼梯。

3）楼梯及楼梯间的平面形式种类较多，应根据建筑的具体情况进行选择。

4）钢筋混凝土楼梯在建筑中普遍采用，根据施工方式分为现浇和预制装配式两种。现浇分为板式和梁式两种，预制装配式分为小型构件装配式和大、中型构件装配式两类。

一般根据建筑规模和施工条件选用。

5）栏杆、栏板是安全与装饰构件，高度不小于900mm。

6）电梯由井道、机房和轿厢三部分组成。自动扶梯一般设置在大量人流上下的公共建筑中。它是由电动机械牵动、梯级踏步和扶手同步进行的。

7）在大型公共建筑和高层建筑中，无障碍电梯是残障者最适用的垂直交通设施。无障碍楼梯应考虑残障者和行动不便的老年人的使用要求。无障碍扶手是行动受限制者在通行中不可缺少的助行设施，协助行动不便者安全行进，保持身体的平衡。

8）台阶是建筑物出入口联系室内外地坪高差的构件，其位置明显，人流较大，须考虑无障碍设计。室外台阶高度超过1m时，常采用栏杆、花池等防护措施。

9）消防电梯是在发生火灾时供运送消防人员及消防设备，抢救受伤人员用的垂直交通工具，根据国家规定设置。

6-1　楼梯的类型是如何划分的？

6-2　楼梯段的最小净宽有何规定？平台宽度和梯段宽度的关系如何？

6-3　楼梯的净空高度有哪些规定？原因是什么？

6-4　明步楼梯和暗步楼梯各自具有什么特点？

6-5　为了使预制钢筋混凝土楼梯在同一位置起步，应当在构造上采取什么措施？

6-6　台阶的构造做法有哪些？

6-7　栏杆和踏步的连接方式有几种？

6-8　自动扶梯的布置形式有几种？各有什么特点？

6-9　楼梯的作用、组成和对楼梯的要求是什么？

6-10　现浇钢筋混凝土楼梯有几种？在荷载的传递上有何不同？

6-11　现浇钢筋混凝土楼梯和预制装配式钢筋混凝土楼梯各有哪些特点？

6-12　楼梯踏步的防滑措施有哪些？

6-13　栏杆的形式有几种？

6-14　电梯主要由哪几部分组成？

第7章 屋 顶

学习目标

了解民用建筑屋顶的类型、作用和要求；掌握平屋顶的组成、特点和排水组织方法；熟练掌握平屋顶的防水、泛水构造方法和保温与隔热措施；了解坡屋顶的类型、组成、特点，以及屋顶承重结构的布置；熟练掌握坡屋顶的坡面组织方法、屋面防水、泛水构造和保温与隔热措施。

7.1 概述

7.1.1 屋顶的组成和类型

1. 屋顶的组成

屋顶由屋面、承重结构、保温（隔热）层和顶棚等部分组成。屋顶的细部构件有檐口、女儿墙、泛水、天沟、落水口、出屋面管道、屋脊等。

屋面是屋顶的面层，它暴露在大气中，直接受自然界的影响。所以，屋面材料不仅应有一定的抗渗能力，还应能经受自然界各种有害因素的长期作用。另外，屋面材料还应该具有一定的强度，以便承受风、雪荷载和屋面检修荷载。

屋顶承重结构承受屋面传来的荷载和屋顶自重。承重结构可以是平面结构，也可以是空间结构。当房屋内部空间较小时，多采用平面结构，如屋架、梁板结构等。大型公共建筑（如体育馆、会堂等）内部使用空间大，不允许设柱支承屋顶，故常采用空间结构，如薄壳、网架、悬索结构等。

保温层是寒冷地区为了防止冬季室内热量透过屋顶散失而设置的构造层。隔热层是炎热地区为了夏季隔绝太阳辐射热进入室内而设置的构造层。保温层和隔热层应采用导热系数小的材料，其位置设在顶棚与承重结构之间或承重结构与屋面之间。

顶棚是屋顶的底面。当承重结构采用梁板结构时，可以在梁、板的底面抹灰，形成抹灰顶棚。当承重结构为屋架或要求顶棚平齐（不允许梁外露）时，应采用吊顶式顶棚。顶棚也可以用搁栅搁置在墙上形成，与屋顶承重结构不连在一起。屋顶的组成如图7-1所示。

2. 屋顶的类型

（1）按功能划分　按功能划分可分为保温屋顶、隔热屋顶、采光屋顶、蓄水屋顶、种植屋顶等。

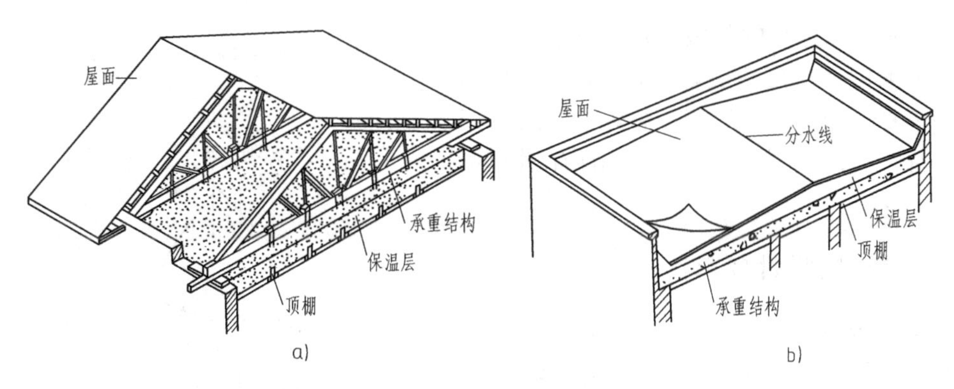

图 7-1 屋顶的组成

a）坡屋面 b）平屋面

（2）按屋面材料划分 按屋面材料划分可分为钢筋混凝土屋顶、瓦屋顶、卷材屋顶、金属屋顶、玻璃屋顶等。

（3）按结构类型划分 按结构类型划分可分为平面结构屋顶，包括梁板结构、屋架结构屋顶；空间结构屋顶，有折板、桁架、壳体、网架、悬索、薄膜等结构屋顶。

（4）按外观形式划分 按外观形式划分可分为平屋顶、坡屋顶及曲面屋顶等多种形式，如图 7-2 所示。

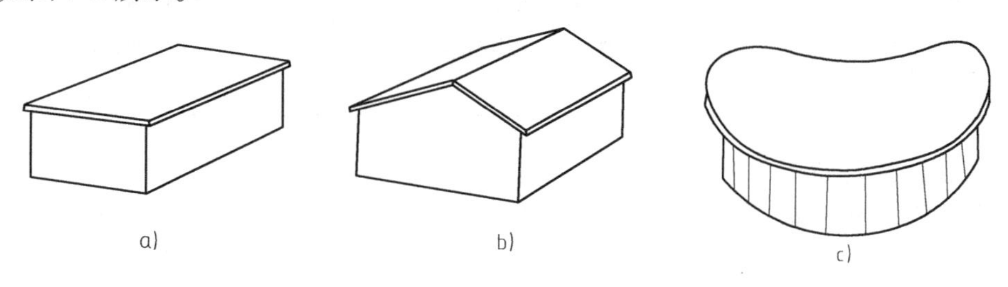

图 7-2 按外观形式划分

a）平屋顶 b）坡屋顶 c）曲面屋顶

7.1.2 屋顶的常用坡度和坡度范围

建筑中的屋顶由于排水和防水需要，均要有一定的坡度。排水坡度的表示方法有角度法、斜率法、百分比法。角度法用屋面与水平面的夹角表示屋面的排水坡度，如 26°、30°，主要用于坡屋面；斜率法用屋顶高度与坡面的水平长度之比表示屋面的排水坡度，即$H:L$，如 1:3、1:20 等，既可用于平屋面也可用于坡屋面；百分比法用屋顶的高度与坡面水平投影长度的百分比表示排水坡度，常用 i 表示，如 $i=1\%$、$i=2\%$ 等，主要用于平屋面。习惯上把坡度小于 10% 的屋顶称为平屋顶，坡度大于 10% 的屋顶称为坡屋顶。在实际工程中，影响屋顶坡度的主要因素有屋面防水材料、屋顶结构形式、地理气候条件、施工方法及建筑造型要求等方面。不同的屋面防水材料有各自的适宜排水坡度范围（图 7-3）。一般情况下，屋面防水材料单块面积越小，接缝就越多，所要求的屋面排水坡度越大；反之，尺寸大、密封整体性好，坡度就可以小些。材料厚度越厚，所要求的屋面排水坡度也越大。建筑物所在地区的降雨量、降雪量的大小对屋面坡度影响很大，屋面坡度还受屋面排水路线的长短，是否有上人活动要求（上人屋面坡度一般取1% ~2%），以及其他功能的要求（如蓄水、种植）等因素影响。同时，不同的结构形式也影响着屋顶的坡度。

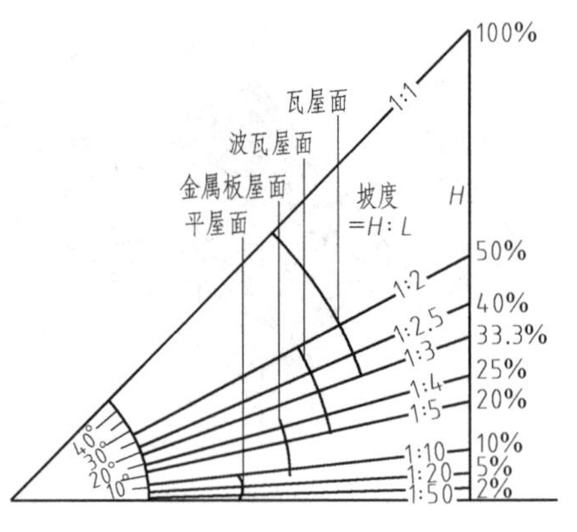

图7-3　屋面坡度范围

7.1.3　屋顶的设计要求

1. 防水要求

当屋顶坡度较小时，屋顶排水速度较慢，雨水在屋面上停留时间较长，屋面应有较好的防水性能。反之，当屋顶坡度较大时，屋顶排水速度较快，对屋面的防水要求就较低。由于屋面的多样性，为了使屋面防水做到经济合理，《屋面工程技术规范》（GB 50345—2012）根据建筑物的类别、重要程度、使用功能要求，将防水等级划分为两级。屋面工程应按所要求的等级进行设防，并应符合表7-1的要求。

表7-1　屋面防水等级和设防要求

防水等级	建筑类别	设防要求
Ⅰ级	重要建筑和高层建筑	两道防水设防
Ⅱ级	一般建筑	一道防水设防

2. 保温隔热要求

在寒冷地区的冬季，室内一般需要采暖，屋顶应有良好的保温性能，以保持室内温度。南方炎热地区，气温高、湿度大，天气闷热，要求屋顶有良好的隔热性能。屋顶的保温通常是采用导热系数小的材料，阻止室内热量由屋顶流向屋外。屋顶的隔热通常靠设置通风间层，利用风压及热压差带走一部分辐射热，或者利用隔热性能好的材料减少由屋顶传入室内的热量来达到。

3. 结构要求

屋顶作为房屋主要水平构件，承受和传递屋顶上各种荷载，对房屋起着水平支撑作用，以保证房屋具有良好的刚度、强度和整体稳定性，保证房屋的结构安全；不允许有过大的结构变形，否则易使防水层开裂，造成屋面渗漏。

4. 建筑艺术要求

在许多建筑中，特别是在大型公共建筑中，屋顶的色彩及造型等对建筑艺术和风格有着十分重要的影响，是建筑造型的重要组成部分。

7.2　平屋顶的构造

平屋顶为满足防水、保温、隔热、上人等各种要求，屋顶构造层次较多，但主要由结构层、保温等隔绝层、防水层等组成，另外还有保护层、结合层、找平层、隔汽层、平顶装修等构造层次。平屋顶的坡度一般小于5%，上人屋面为1% ~2%，不上人屋面为

3%～5%。

我国幅员辽阔，地理气候条件差异较大，各地区屋顶做法也有所不同。如南方地区应主要满足屋顶隔热和通风要求；北方地区应主要考虑屋顶的保温措施。又如上人屋顶则应设置有较好的强度和整体性的屋面面层。图7-4所示为普通卷材柔性防水屋面和刚性防水屋面组成示意图。我国各地区均有屋面做法标准图或通用图，实际工程中可以选用。

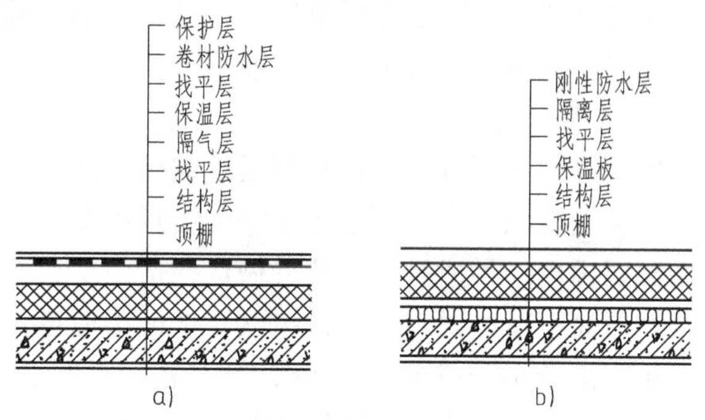

图7-4 卷材防水和刚性屋面组成示意图

a）柔性防水屋面 b）刚性防水屋面

7.2.1 平屋顶的排水组织

平屋顶的排水组织主要有屋顶的排水坡度和排水方式两个方面。

1. 排水坡度

平屋顶的排水坡度主要取决于排水要求、防水材料、屋顶使用要求和屋面坡度形成方式等因素。从排水要求看，要使屋面排水畅通，屋面就需要有适宜的排水坡度，坡度越大，排水速度越快；从防水材料看，平屋顶屋面目前主要采用卷材防水和混凝土防水，防水性能良好，其最低坡度要求是1%；从屋顶使用要求看，若为上人屋面，有一定的使用要求，一般希望坡度小于或等于2%；从屋面坡度形成方式看，平屋面的坡度主要由结构找坡和材料找坡形成（图7-5）。

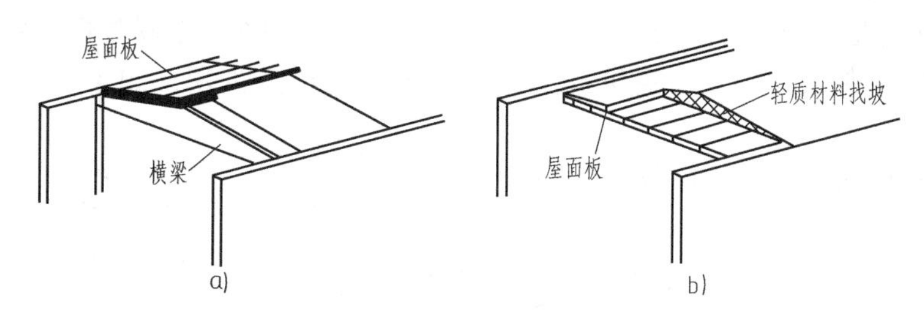

图7-5 平屋面坡度的形成

a）结构找坡 b）材料找坡

（1）结构找坡 结构找坡也称为搁置坡度。这种作法是由倾斜搁置的屋面板形成坡度，顶棚是倾斜的（图7-5a）。屋面板以上各层厚度不变化。结构找坡的坡度加大时，并不会增加材料用量和提高屋顶的造价，所以结构找坡形成的坡度可以比材料找坡形成的坡度大。结构找坡不需另做找坡层，从而减少了屋顶荷载，施工简单，造价低；但在屋顶不加吊顶时，顶棚面是倾斜的，这种做法多用于生产性建筑和有吊顶的公共建筑。

（2）材料找坡 材料找坡也称为垫置坡度。这种做法的屋面板水平搁置，由铺设在屋面板上的厚度有变化的找坡层形成屋面坡度（图7-5b）。找坡层的材料一般采用造价低的轻质材料，如炉渣等。材料找坡形成的坡度不宜过大，否则找坡层的平均厚度增加，使屋面荷载过大，从而导致屋顶造价增加。

在北方地区，屋顶设保温层时，也有兼用保温层形成坡度的做法，这种做法较单独设置找坡层的构造方案造价高，一般不宜采用。

2. 排水方式

排水方式分为有组织排水和无组织排水两类。

（1）无组织排水　雨水经屋檐直接自由下落称为无组织排水或自由落水。无组织排水的檐部要挑出，做成挑檐。这种做法构造简单，造价较低。屋檐高度大的房屋或雨量大的地区，屋面下落的雨水容易被风吹至墙面沿墙漫流，使墙面污染。因而无组织排水一般应用于年降雨量小于或等于0.9m，檐口高度不大于10m；或者年降雨量大于0.9m，檐口高度不大于8m的房屋，以及次要建筑。无组织排水挑檐尺寸不宜小于0.6m。

（2）有组织排水　当房屋较高或年降雨量较大时，应采用有组织排水，以避免因雨水自由下落对墙面冲刷，影响房屋的耐久性和美观。

有组织排水即设置与屋面排水方向垂直的纵向天沟，把雨水汇集起来，经过雨水口和雨水管有组织地排到地面或排入下水系统。有组织排水又分为外排水和内排水两种方式。

1）外排水。外排水为常用的排水方式，一般将屋面做成四坡水，沿房屋四周做外檐沟，或者沿四周做女儿墙，女儿墙与屋面相交形成内檐沟，将屋面雨水汇集，经雨水口和室外雨水管排至地面。屋面也可以做成两坡水，此时沿屋面纵向做檐沟或做女儿墙形成檐沟，为了避免雨水沿山墙方向溢出，山墙处也要设女儿墙或设挑檐。檐沟底面应向雨水口方向做出不小于5‰的纵向坡度，以避免雨水在檐沟中滞留。檐沟的坡度也不宜大于1%，以避免檐沟过深。为了排水通畅这个坡度通常采用1%。

外排水的女儿墙，也可以在下部设置排水口或做成栏杆形式，女儿墙外再用檐沟集水。这种方案女儿墙处构造复杂，容易漏水。女儿墙高出屋面，地震时容易被震坏，所以在地震设防地区除上人屋面和建筑造型需要以外，应尽量少用，如果采用也应限制其高度。

平屋顶外排水方式如图7-6所示。

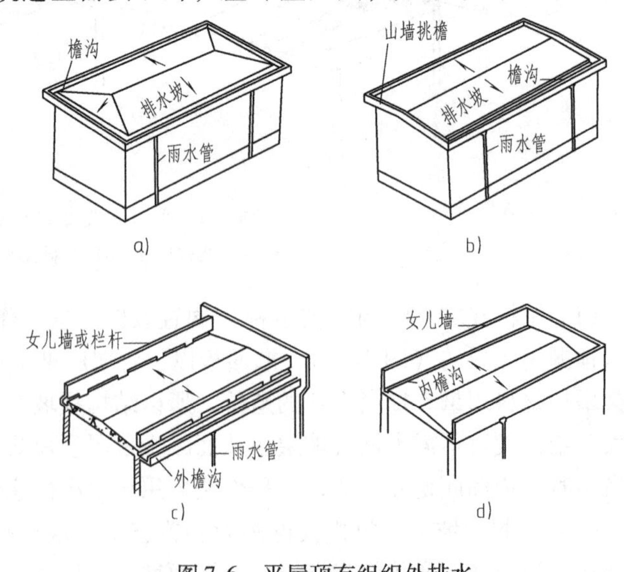

图7-6　平屋顶有组织外排水

a）沿屋面四周设檐沟　b）沿纵墙设檐沟

c）女儿墙外设檐沟　d）女儿墙内设檐沟

2）内排水。多跨房屋、高层建筑，以及有特殊需要时，可以采用内排水方式。此时雨水由屋面天沟汇集，经雨水口和室内雨水管排入下水系统。平屋顶内排水示意图如图7-7所示。

3）雨水管的间距。有组织排水时，不论内排水还是外排水，都要通过雨水管将雨水排除，因而必须有足够数量的雨水管才能将雨水及时排走。雨水管的数量与降雨量和雨水管的直径有关。

根据经验公式，当已知房屋

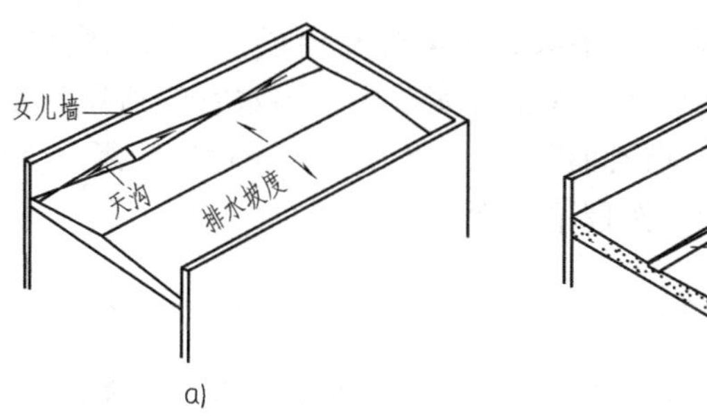

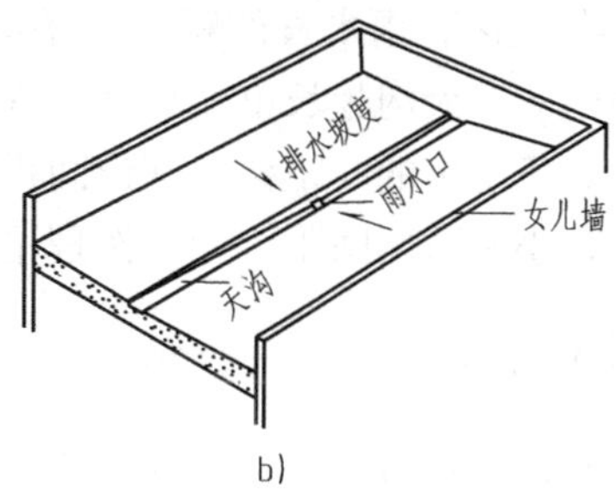

图7-7 平屋顶有组织内排水

a）女儿墙内设天沟 b）多跨或跨中天沟

所在地区的降雨量后，可以计算出一定管径雨水管的允许集水面积。经验公式为：

$$F = 438D^2/H \tag{7-1}$$

式中 F——允许集水面积（m^2）；

D——雨水管直径（cm）；

H——每小时降雨量（mm/h）。

例如：某地 $H = 110$mm/h，选用雨水管直径 $D = 10$cm，则每个雨水管的容许集水面积为：$F = 438 \times 10^2/110 = 398.18\text{m}^2$。

如屋面的水平投影面积为1000m^2，至少应设三个雨水管。为了计算方便，按上述公式编制了雨水管最大集水面积，见表7-2。

表7-2 雨水管最大集水面积 （单位：m^2）

H(mm/h)	管径/mm				
	75	100	125	150	200
50	490	880	1370	1970	3500
60	410	730	1140	1640	2920
70	350	630	980	1410	2500
80	310	548	855	1230	2190
90	273	487	760	1094	1940
100	246	438	683	985	1750
110	223	399	621	896	1590
120	205	363	570	820	1460
130	189	336	526	757	1350
140	175	312	488	703	1250
150	164	292	456	656	1170
160	153	273	426	616	1095
170	144	257	401	579	1530
180	136	243	379	547	975
190	129	230	359	518	923
200	123	219	341	492	876

根据屋面水平投影面积，每小时降雨量和雨水管直径，可以通过公式（7-1）或表7-2确定雨水管的数量，将雨水管布置在屋顶平面图上，就能够确定雨水管的间距。对于

那些 H 值很小的地区，雨水管的距离会很大，天沟必然会很长。而天沟底面坡度是被限定在一定范围内的，天沟越长也就越深。在工程实践中，雨水管的适用间距为10～15m。按公式计算或查表得出的间距称为理论间距，当理论间距大于适用间距时，按适用间距设置；如理论间距小于适用间距，则应按理论间距设置。

7.2.2 柔性防水屋面

柔性防水屋面是指将柔性防水卷材相互搭接用胶结料粘贴在屋面基层上，形成一个大面积封闭的防水覆盖层。由于卷材有一定的柔性，能适应部分屋面变形，所以称为柔性防水屋面（也称卷材防水屋面）。

1. 防水卷材的种类

（1）沥青防水卷材　沥青防水卷材以原纸、纤维织物、纤维毡等胎体材料浸涂沥青，表面撒布粉状、粒状或片状材料制成可卷曲的片状防水材料。如玻纤布胎沥青防水卷材、铝箔面沥青防水卷材、麻布胎沥青防水卷材等。

（2）合成高分子防水卷材　合成高分子防水卷材以合成橡胶、合成树脂或它们两者的混合体为基料，加入适量的化学助剂和填充剂等，采用橡胶或塑料的加工工艺所制成的可卷曲片状防水材料。如三元乙丙橡胶（EPODM）防水卷材、氯化聚乙烯-橡胶共混防水卷材、聚氯乙烯防水卷材等。

（3）改性沥青防水卷材　改性沥青防水卷材以聚乙烯膜为胎体，以氧化改性沥青、丁苯橡胶改性沥青或高聚物改性沥青为涂盖层，表面覆盖聚乙烯薄膜，经滚压成形水冷新工艺加工制成的可卷曲片状防水材料。如SBS改性沥青防水卷材、APP改性沥青防水卷材、SBR改性沥青防水卷材。

卷材防水屋面构造层次如图7-8所示。

2. 卷材防水屋面的构造做法

（1）防水层　防水层由防水卷材和相应的卷材粘结剂分层粘结而成，层数或厚度由防水等级确定。具有单独防水能力的一个防水层称为一道防水设防。

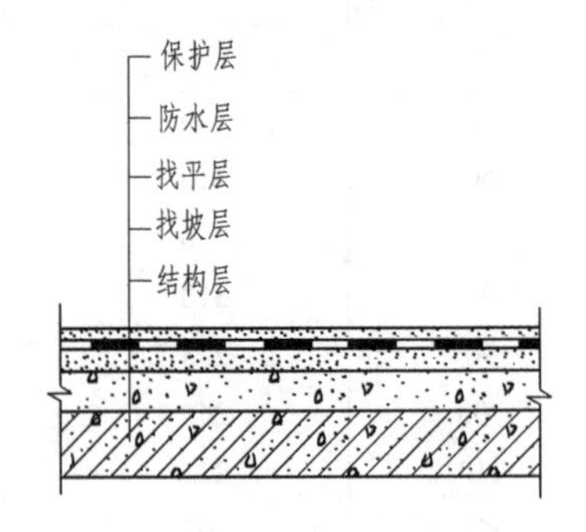

图7-8　卷材防水屋面构造层次

卷材铺设前基层必须干净、干燥，并涂刷与卷材配套使用的基层处理剂（此层称为结合层），以保证防水层与基层粘结牢固。卷材的层数与屋面坡度有关。一般屋面铺两层卷材，在卷材与找平层之间、卷材之间和上层卷材表面共涂浇三层沥青，重要部位或严寒地区的屋面铺三层卷材（两层油毡、一层油纸），共涂浇四层沥青。前者习惯称为两毡三油做法，后者称为三毡四油做法。

卷材的铺贴方法有：冷粘法、热熔法、热风焊接法、自粘法等。卷材一般分层铺设，当屋面坡度小于3%时，卷材宜平行屋脊铺设；当坡度在3%～15%时，卷材可以平行或垂直屋脊铺设，上下层及相邻两幅卷材的搭接应错开。平行屋脊的搭接应顺水流方向，垂直屋脊的搭接应顺年最大频率风向搭接。卷材搭接时，搭接宽度依据卷材种类和铺贴方法确定，见表7-3。

表7-3 卷材搭接宽度

卷材类别		搭接宽度/mm
合成高分子防水卷材	胶粘剂	80
	胶粘带	50
	单缝焊	60,有效焊接宽度不小于25
	双缝焊	80,有效焊接宽度10×2+空腔宽
高聚物改性沥青防水卷材	胶粘剂	100
	自粘	80

（2）保护层 屋面保护层的做法要考虑卷材类型和屋面是否作为上人的活动空间。

1）不上人屋面。沥青类卷材防水层用沥青胶粘直径3~6mm的绿豆砂（豆石），如图7-9a所示；高聚物改性沥青防水卷材或合成高分子卷材防水层，可用铝箔面层、彩砂及涂料等。

2）上人屋面。一般可在防水层上浇筑30~50mm厚细石混凝土层，如图7-9b所示；也可用水泥砂浆或砂垫层铺地砖，如图7-9c所示；还可以架设预制板，如图7-9d所示。

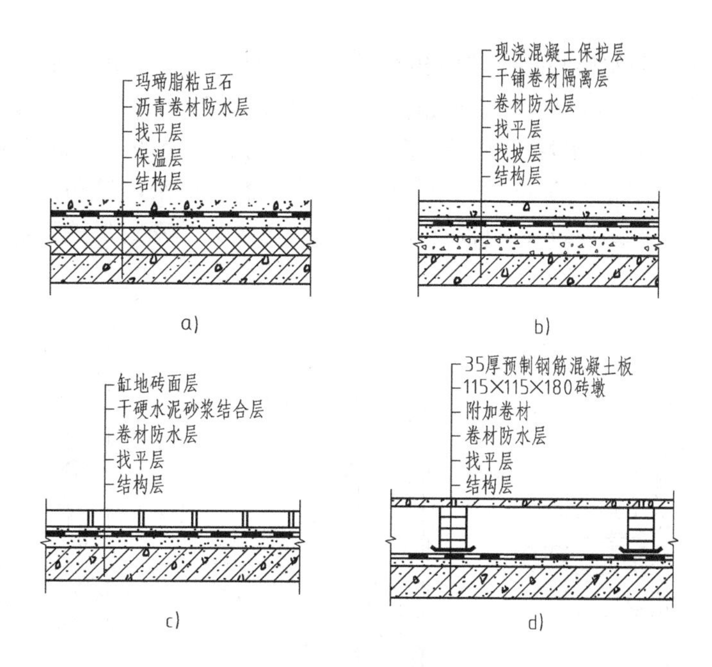

图7-9 卷材防水屋面保护层

a）豆石保护层 b）现浇混凝土 c）铺地砖 d）架预制板

（3）找平层 沥青纸胎防水卷材虽然有一定的韧性，可以适应一定程度的胀缩和变形，但当变形较大时，卷材就将破坏。所以卷材应该铺设在表面平整的刚性垫层上。一般在结构层或保温层上做水泥砂浆或细石混凝土找平层，找平层的厚度和技术要求见表7-4。找平层宜留设分隔缝，缝宽一般为5~20mm，纵横缝的间距一般不宜大于6m。

表7-4　找平层的厚度和技术要求

找平层分类	适用的基层	厚度/mm	技术要求
水泥砂浆	整体现浇混凝土板	15~20	1:2.5水泥砂浆
	整体材料保温层	20~25	
细石混凝土	装配式混凝土板	30~35	C20混凝土，宜加钢筋网片
	板状材料保温层		C20混凝土

（4）结合层　当在干燥的找平层上涂浇热沥青胶结材料时，由于砂浆找平层表面存在因水分蒸发形成的孔隙和小颗粒粉尘，很难使沥青与找平层粘结牢固。为了解决这个问题，要在找平层上预先涂刷一层既能和沥青粘结，又容易渗入水泥砂浆表层的稀释的沥青溶液。这种沥青稀释溶液一般用柴油或汽油作为溶剂，称为冷底子油。冷底子油涂层是卷材面层和基层的结合层。

3. 卷材防水屋面的细部构造

卷材防水屋面防水层的转折和结束部位的构造处理必须特别注意。这些部位包括：屋面防水层与垂直墙面相交处的泛水；屋面边缘的檐口；雨水口；伸出屋面的管道、烟囱、屋面检查口等与屋面防水层的接缝等。这些部位都是防水层被切断或防水层的边缘，是屋面防水的薄弱环节。

（1）泛水　屋面防水层与垂直墙面相交处的构造处理称为泛水。如女儿墙、出屋面的水箱室、出屋面的楼梯间等与屋面相交部位，均应做泛水，以避免渗漏。卷材防水屋面的泛水重点应做好防水层的转折、垂直墙面上的固定及收头。转折处应做成弧形或45°斜面（又称八字角）防止卷材被折断。泛水处卷材应采用满贴法，泛水高度由设计确定，但最低不小于250mm，应根据墙体材料确定收头及密封形式。卷材防水屋面泛水构造如图7-10所示。

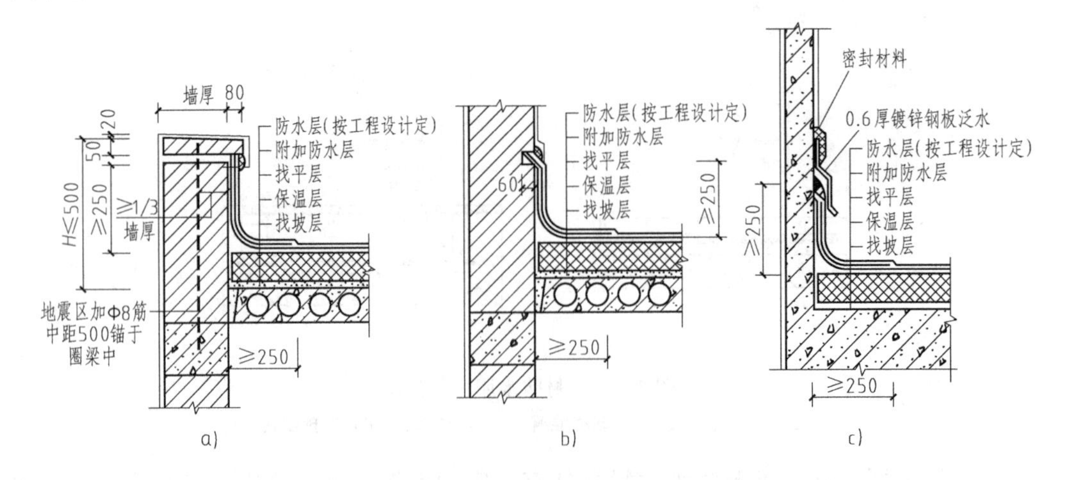

图7-10　卷材防水屋面泛水构造

a）砖墙（高度小于500mm）泛水处理　b）砖墙（高度大于500mm）泛水处理　c）混凝土墙泛水处理

（2）檐口　卷材防水屋面的檐口，包括自由落水挑檐、有组织排水檐口。

1）自由落水挑檐：即无组织排水的檐口。防水层应做好收头处理，檐口范围内防水层应采用满粘法，收头应固定密封，如图 7-11 所示。

2）天沟：即有组织排水檐口。卷材防水屋面的天沟应解决好卷材收头及与屋面交界处的防水处理，天沟与屋面的交接处应做成弧形，并增铺 200mm 宽的附加层，且附加层宜空铺，如图 7-12 所示。

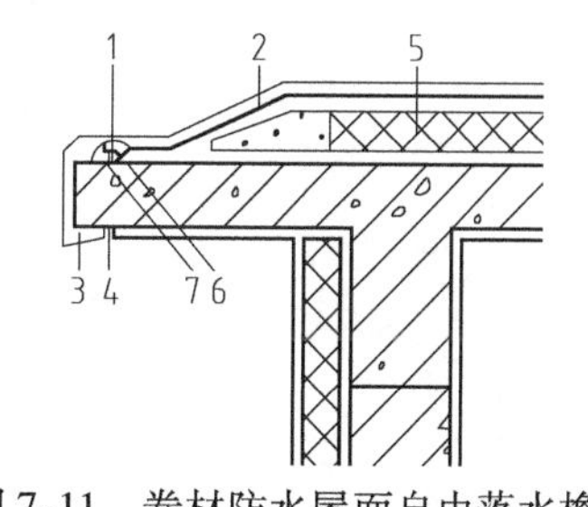

图 7-11 卷材防水屋面自由落水檐口
1—密封材料 2—卷材防水层 3—鹰嘴
4—滴水槽 5—保温层 6—金属压条
7—水泥钉

（3）雨水口 雨水口是屋面雨水汇集并排至落水管的关键部位，要求排水通畅、防止渗漏和堵塞。雨水口的材料常用的有金属制品和 UPVC 塑料，分为横式和直式两种。

1）直式雨水口用于天沟沟底开洞，UPVC 塑料雨水口的构造如图 7-13a 所示。

2）横式雨水口用于女儿墙外排水，UPVC 塑料雨水口构造如图 7-13b 所示。

雨水口的位置应注意其标高，保证为排水最低点，雨水口周围直径 500mm 范围内坡度不应小于 5%。

（4）出屋面管道 出屋面管道包括烟囱、通风道及透气管。砖砌或混凝土预制烟囱和通风道构造如图 7-14a 所示。透气管做法如图 7-14b 所示。当用钢制烟囱时要处理好烟囱的变形和绝热，其构造如图 7-14c 所示。

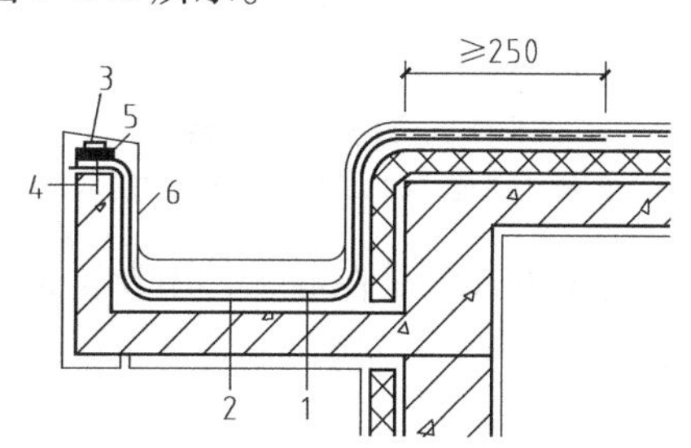

图 7-12 卷材防水屋面天沟
1—防水层 2—附加层 3—密封材料
4—水泥钉 5—金属压条 6—保护层

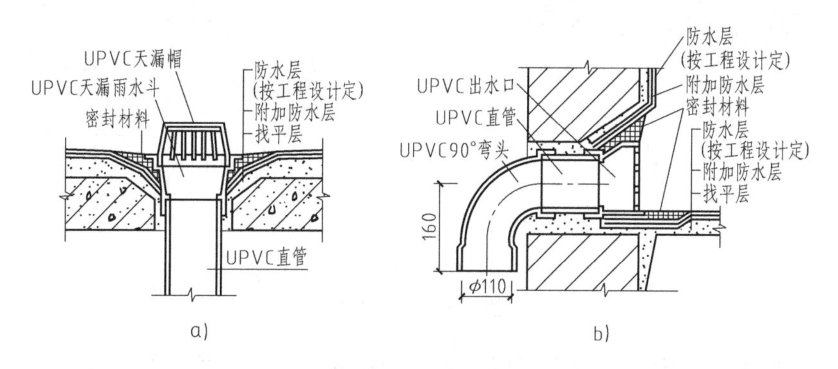

图 7-13 雨水口构造
a）直式雨水口 b）横式雨水口

（5）变形缝 等高屋面处的变形缝，可采用平缝做法，即缝内填沥青麻丝或泡沫塑料，上部填放衬垫材料，用镀锌钢板盖缝，然后做防水层，如图 7-15a 所示；也可在缝两

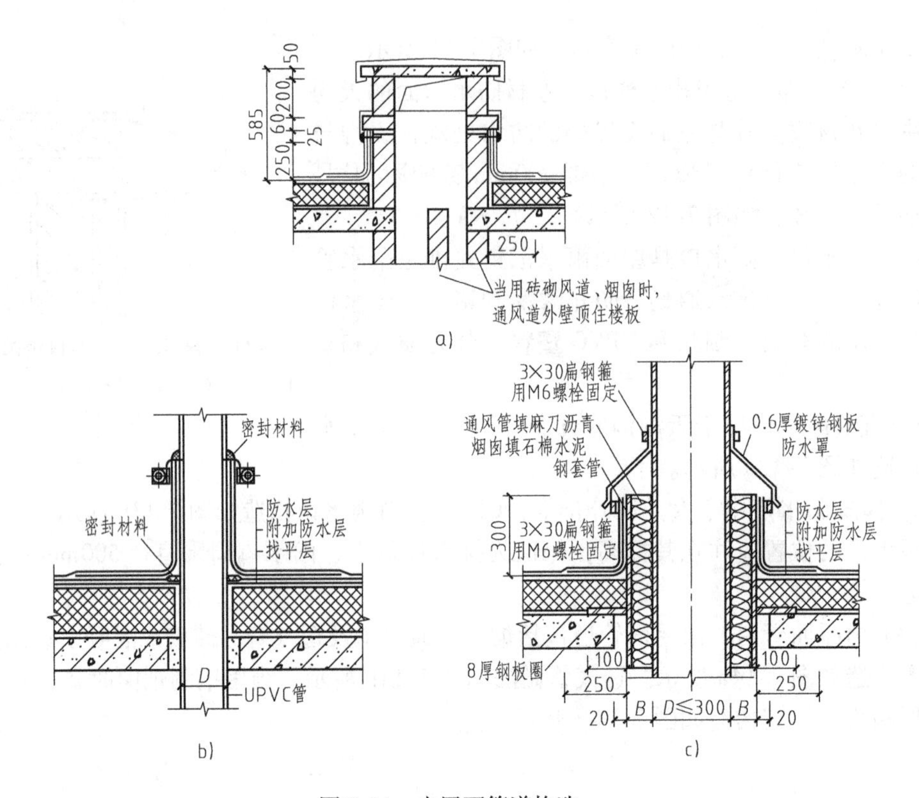

图7-14　出屋面管道构造

a）砖砌通风道　b）透气管　c）钢制烟囱

侧砌矮墙，将两侧防水层采用泛水方式收头在墙顶，用卷材封盖后，顶部加混凝土盖板或镀锌钢盖板，如图7-15b所示。

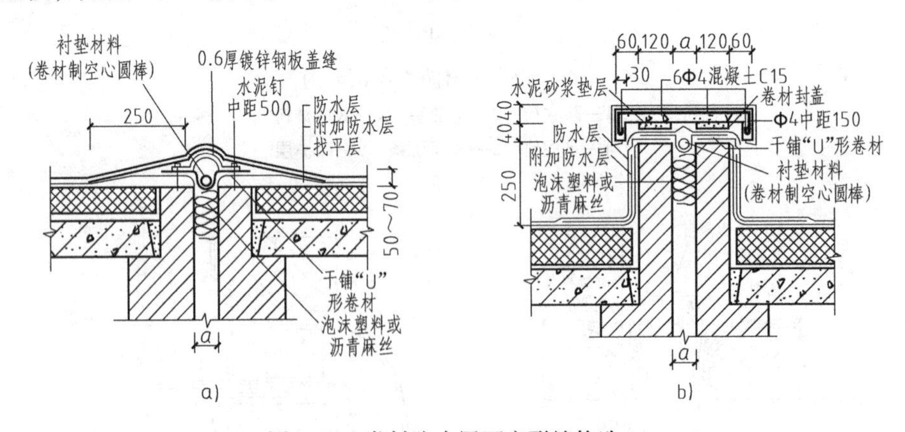

图7-15　卷材防水屋面变形缝构造

a）平缝做法　b）砌挡墙做法

（6）屋面检查口　为了进行多层房屋屋面的检修，常在屋顶设置屋面检查口，屋面检查口要突出屋面之上，屋面检查口周围的卷材要卷起不小于250mm，并固定在检查口的框上，检查口的上盖应向四周挑出，以遮挡卷材的边缘。保温层顶屋面检查口的构造如图7-16所示。不保温屋顶设检查口时，可将保温层省去。

7.2.3 涂膜防水屋面

涂膜防水屋面是靠直接涂刷在基层上的防水涂料固化后形成有一定厚度的膜来达到防水的目的。防水涂料按其成膜厚度，可分成厚质涂料和薄质涂料。水性石棉沥青防水涂料、膨润土沥青乳液和石灰乳化沥青等沥青基防水涂料，涂成的膜厚一般在4～8mm，称为厚质涂料；而高聚物改性沥青防水涂料和合成高分子防水涂料涂成的膜较薄，一般为2～3mm，称为薄质涂料，如溶剂型和水乳型防水涂料、聚氨酯和丙烯酸涂料等。防水涂料具有防水性能好、粘接力强、耐腐蚀、耐老化、整体性好、冷作业、施工方便等优点，但价格较贵。

（1）涂膜防水屋面做法　涂膜防水层是通过分层、分遍的涂布，最后形成一道防水层。为加强防水性能（特别是防水薄弱部位），可在涂层中加铺聚酯无纺布、化纤无纺布或玻璃纤维网布等胎体增强材料。胎体增强材料的铺设，当屋面坡度小于15%时可平行屋脊铺设，并应由屋面最低处向上铺设；当屋面坡度大于15%时应垂直屋脊铺设。胎体长边搭接宽度不小于50mm，短边搭接宽度不小于70mm。采用两层胎体增强材料时，上下层不得互相垂直铺设，搭接缝应错开，其间距不应小于幅宽的1/3。

涂膜防水层的基层应为混凝土或水泥砂浆，其质量同卷材防水屋面中找平层要求。

涂膜防水屋面应设保护层，保护层材料可采用细砂、云母、蛭石、浅色涂料、水泥砂浆或块材等。采用水泥砂浆或块材时，应在涂膜和保护层之间设置隔离层。水泥砂浆保护层厚度不应小于20mm。涂膜防水层构造层次如图7-16所示。

（2）涂膜防水屋面的细部构造　涂膜防水屋面的细部构造与卷材防水构造基本相同，可参考卷材防水的节点构造图。

1）檐口：在自由落水挑檐中，涂膜防水层的收头应用防水涂料多遍涂刷或用密封材料封严。在天沟、檐沟与屋面交接处应加铺胎体增强材料附加层，附加层宜空铺，空铺宽度宜为200～300mm。

2）泛水：涂膜防水层宜直接涂刷至女儿墙的压顶下，转角处做成圆弧或斜面，收头处应用防水涂料多遍涂刷封严，如图7-17所示。

3）涂膜防水变形缝：缝内应填充泡沫塑料或沥青麻丝，其上放衬垫材料，并用卷材封盖，顶部加扣混凝土或金属盖板，如图7-17所示。

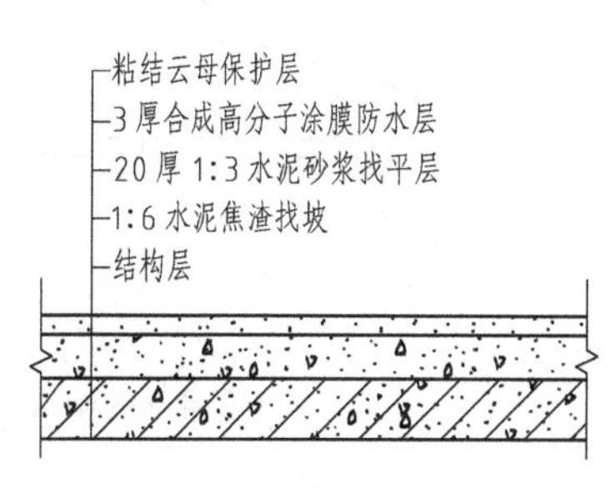

图7-16　涂膜防水层构造层次

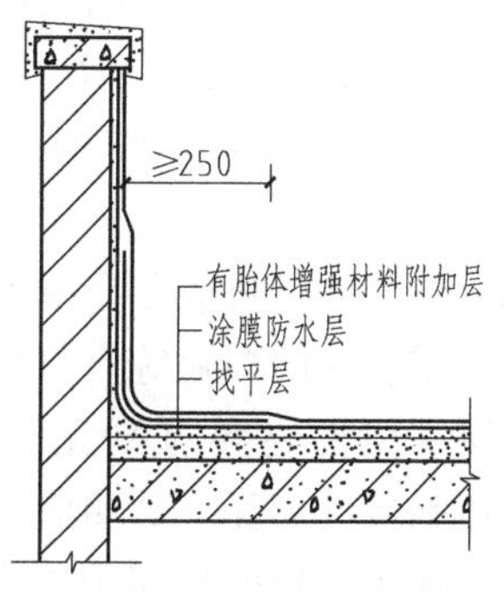

图7-17　涂膜防水层面泛水构造

7.3 坡屋顶的构造

坡屋顶有许多优点，功能上它利于挡风、排水、保温、隔热；构造上，构造简单、便于维修、用料方便，又可就地取材、因地制宜；造型上，大屋顶会产生庄重、威严、神圣、华美之感，一般坡屋顶会给人以亲切、活泼、轻巧、秀丽之感。随着科学的发展，原来的木结构坡屋顶已被钢、钢筋混凝土结构所代替，在传统的坡屋顶上体现了新材料、新结构、新技术；轻巧透明的玻璃、彩色的钢板代替了过去的瓦材；新的设计思想将屋顶空间也做了很好的利用，如利用坡顶空间做成阁楼或局部错层，不仅增加使用面积，也创造了一种新奇空间。新型屋顶窗的出现，更为建筑注入了新的血液，坡屋顶建筑将比过去更具魅力。

7.3.1 坡屋顶的形式和组成

1. 坡屋顶的形式

坡屋顶是一种沿用较久的屋面形式，种类繁多，多采用块状防水材料覆盖屋面，故屋面坡度较大，根据材料的不同坡度可取10%~50%，根据坡面组织的不同，坡屋顶形式主要有单坡、双坡及四坡，如图7-18所示。

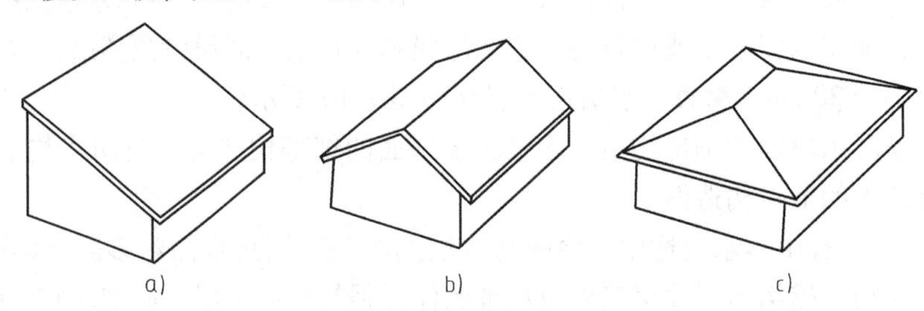

图7-18 坡屋顶的形式

a）单坡顶 b）双坡顶 c）四坡顶

2. 坡屋顶的组成及各部分的作用

坡屋顶一般由承重结构、屋面两部分组成，根据需要还有顶棚、保温层等，如图7-19所示。

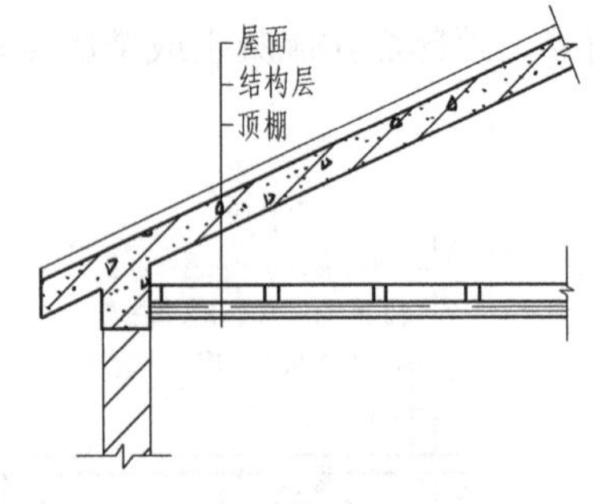

图7-19 坡屋顶的组成

（1）承重结构 承重结构主要承受屋面各种荷载并传到墙或柱上，一般有木结构、钢筋混凝土结构、钢结构等。

（2）屋面 屋面是屋顶上的覆盖层，起抵御雨、雪、风、霜、太阳辐射等自然侵蚀的作用，包括屋面盖料和基层。屋面材料有平瓦、油毡瓦、波形水泥石棉瓦、彩色钢板波形瓦、玻璃板、PC板等。

（3）顶棚 顶棚是屋顶下面的遮盖部分，起遮蔽上部结构构件、使室内平整、改变空间形状及起保温隔热和装饰作用，其组成如前面的吊顶。

（4）保温、隔热层　保温、隔热层起保温、隔热作用，可设在屋面层或顶棚层。

7.3.2 承重结构

坡屋顶的承重结构主要由椽子、檩条、屋面梁、屋架等组成，承重方式主要有以下两种。

1. 山墙承重

山墙承重即在山墙上搁檩条、檩条上设椽子后再铺屋面，也可以在山墙上直接搁置挂瓦板、预空板等形成屋面承重体系，如图7-20所示。布置檩条时，山墙端部檩条可出挑形成悬山屋顶。常用檩条有木檩条、混凝土檩条、钢檩条等，如图7-21所示。由于檩条及挂瓦板等跨度一般在4m左右，故山墙承重结构体系适用于小空间建筑中，如宿舍、住宅等。

山墙承重结构简单，构造和施工方便，在小空间建筑中是一种合理和经济的承重方案。

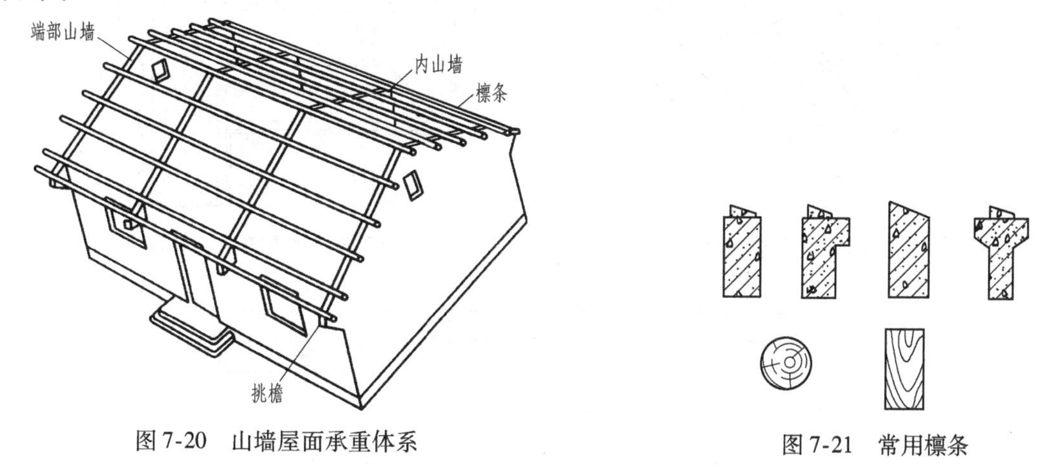

图7-20　山墙屋面承重体系

图7-21　常用檩条

2. 屋架承重

屋架承重即在柱或墙上设屋架，再在屋架上放置檩条及椽子而形成的屋顶结构形式。屋架由上弦杆、下弦杆、腹杆组成。由于屋顶坡度较大，故一般采用三角形屋架。屋架有木屋架、钢屋架、钢筋混凝土屋架等，如图7-22所示。屋架应根据屋面坡度进行布置，在四坡

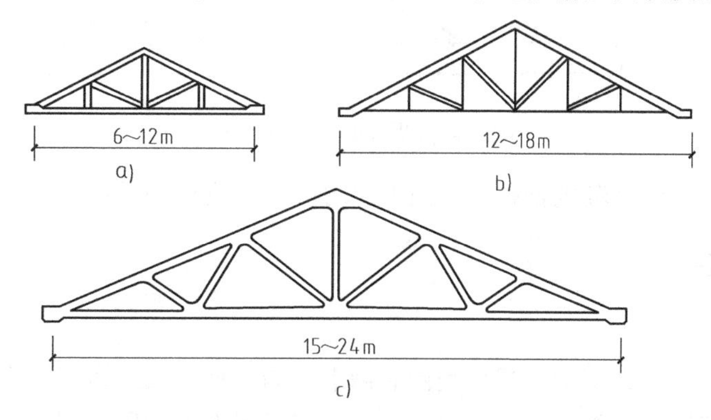

图7-22　屋架的类型

a）木屋架　b）钢屋架　c）钢筋混凝土屋架

顶屋面及屋面相互交接处需增加斜梁或半屋架等构件，如图7-23所示。为保证屋架承重结构坡屋顶的空间刚度和整体稳定性，屋架间需设支撑。屋架承重结构适用于有较大空间的建筑中。

7.3.3 排水组织

坡屋顶是利用其屋面坡度自然进行排水的，和平屋顶一样，当雨水集中到檐口处时，可以无组织排水，也可以有组织排水（内排水或外排水），如图7-24所示。当建筑平面有变化、坡屋顶有穿插交接时，需进行坡顶组织。坡屋顶的坡面组织既是建筑造型设计，也是屋顶的排水组织。当建筑平面变化较多时，坡面组织就比较复杂，从而导致屋顶结构布置复杂。图7-25为常见建筑平面的坡面组织示意图。

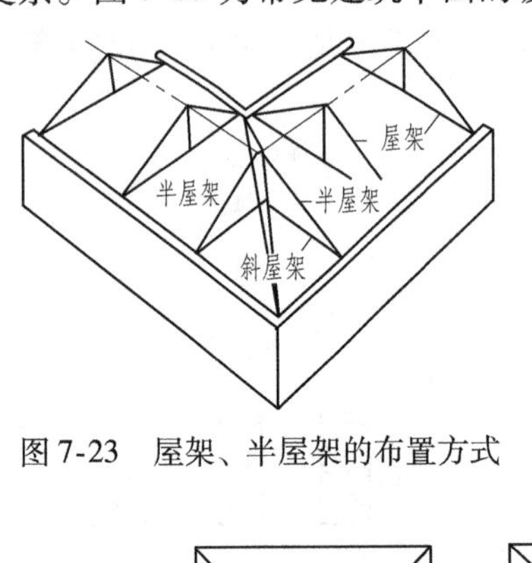

图7-23　屋架、半屋架的布置方式

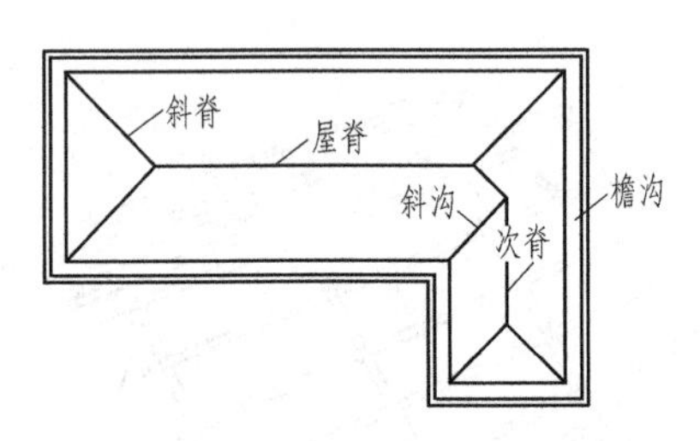

图7-24　坡屋顶排水组织

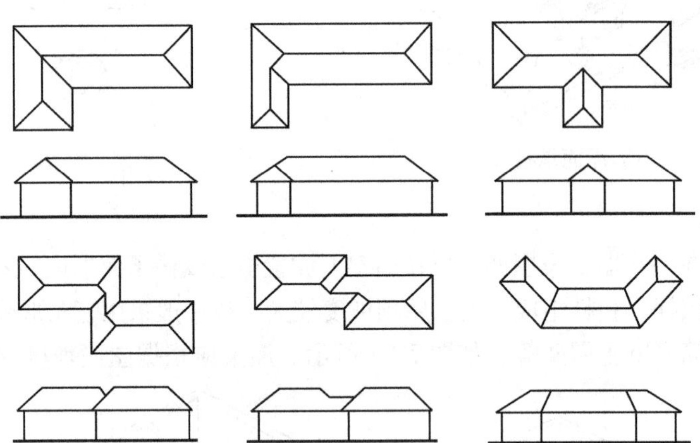
图7-25　坡屋顶的坡面组织

坡屋顶建筑平面应比较规整，在坡面组织时应尽量避免平天沟。

7.3.4 屋面构造

1. 屋面组成

在我国传统坡屋顶建筑中，主要是依靠最上层的各种瓦相互搭接形成防水能力的。其屋面构造分板式和檩式两类：板式屋面构造是在墙或屋架上搁置预制空心板或挂瓦板，再在板上用砂浆贴瓦或用挂瓦条挂瓦；檩式构造由椽子、屋面板、油毡、顺水条、挂瓦条及平瓦等组成。

图7-26为目前常用的几种坡屋顶构造组成示意图。

2. 屋面细部构造

（1）檐口构造 坡屋顶檐口构造有挑檐无组织排水、檐沟有组织排水和包檐有组织排水等几种类型。

采用挑檐无组织排水时，可为砖挑檐、下弦托木或挑檐木挑檐、椽子挑檐及挂瓦板挑檐等形式，如图7-27所示。当采用有组织排水时，我国传统做法是用镀锌薄钢板构造方法，但此种方法不耐久、易损坏，建议仿照平屋顶形式做混凝土挑檐沟，如图7-28所示。

（2）山墙泛水构造 坡屋顶山墙处有硬山、悬山及山墙出屋顶等三种形式。坡屋顶山墙为硬山时，一般采用1∶2水泥砂浆窝瓦，如图7-29所示；坡屋顶山墙为悬山时，可用檩条出挑，也可用混凝土板出挑，如图7-30所示；坡屋顶山墙为山墙出屋顶时，泛水构造如图7-31所示。防水要求较高时，还可在瓦下加铺油毡、镀锌薄钢板等。

（3）屋脊和斜天沟构造 坡屋顶屋脊（正脊或斜脊）一般采用1∶2水泥砂浆或水泥纸筋石灰砂浆窝脊，如图7-32所示；斜天沟采用镀锌薄钢板、铅合金皮等天沟构造，如图7-33所示。

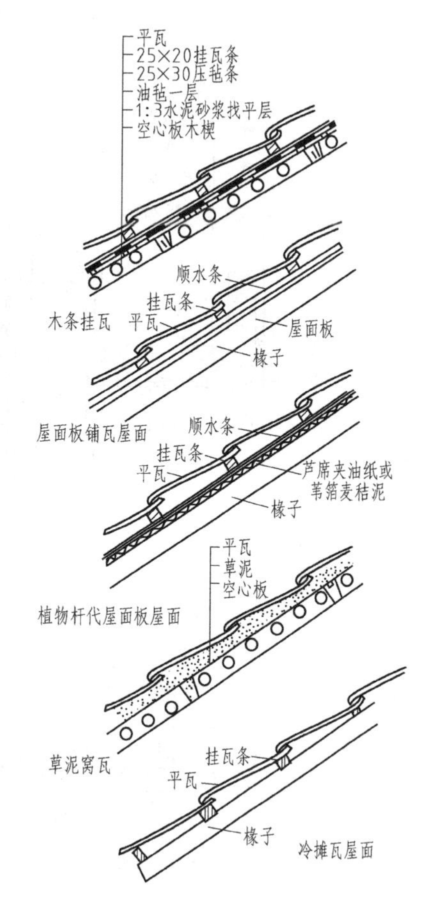

图7-26 常用坡屋顶的构造组成

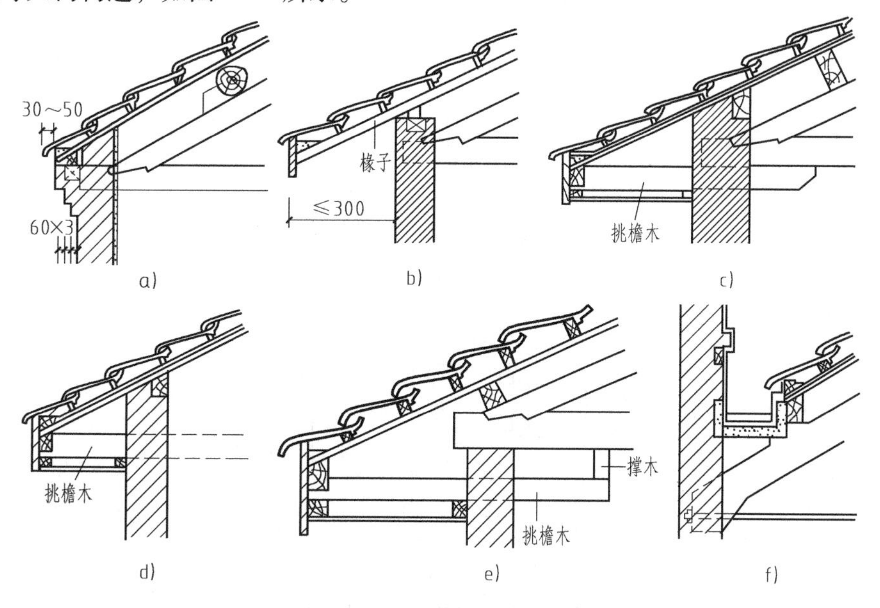

图7-27 坡屋顶挑檐无组织排水构造

a）砖砌挑檐 b）椽子外挑 c）挑檐木置于屋架下 d）挑檐木置于承重横墙中 e）挑檐木下移 f）女儿墙檐口

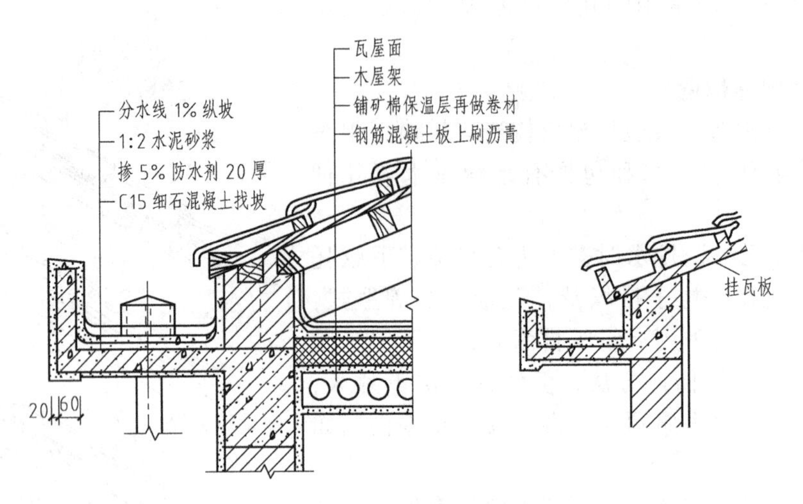

图 7-28　坡屋顶挑檐沟构造

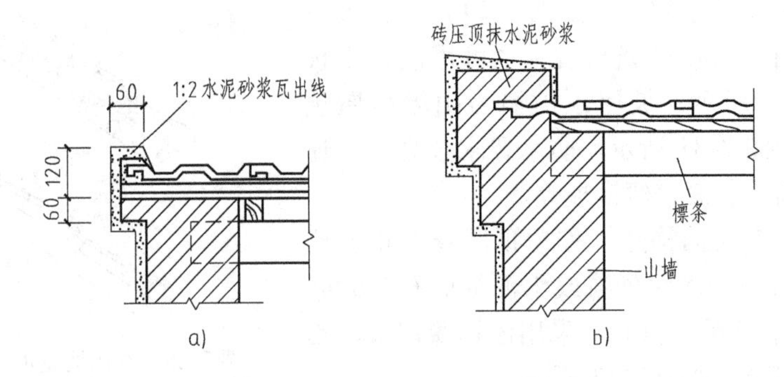

图 7-29　坡屋顶硬山泛水构造

a）抹瓦出线封檐　b）挑砖压顶封檐

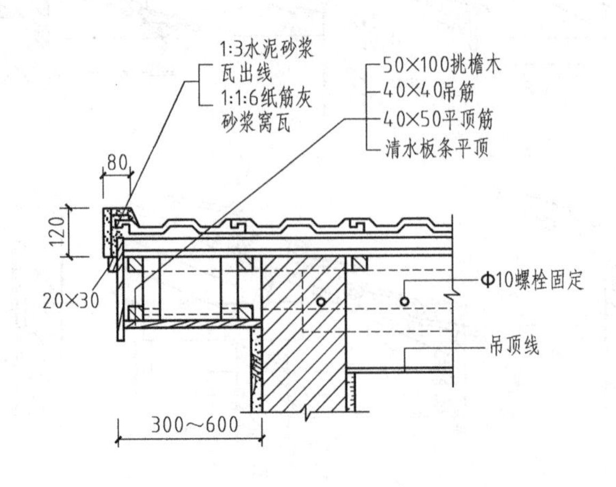

图 7-30　坡屋顶悬山泛水构造

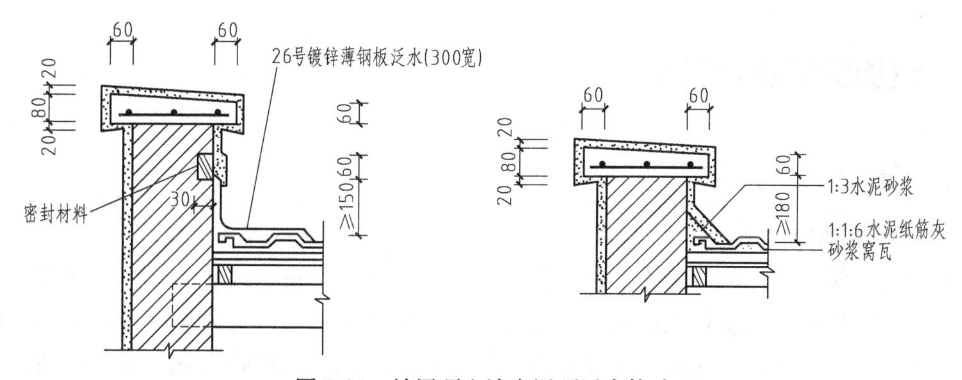

图7-31 坡屋顶山墙出屋顶泛水构造

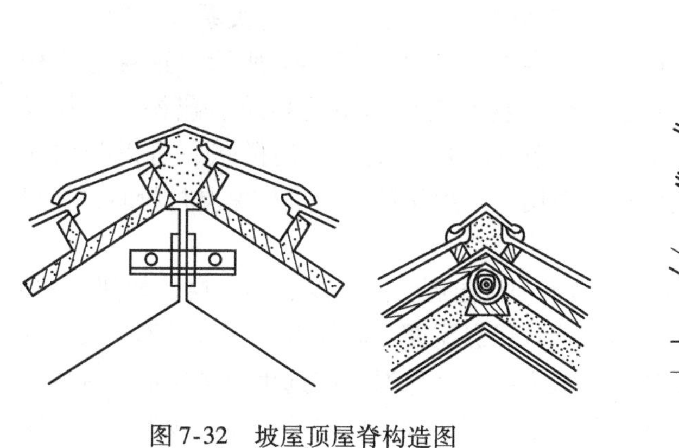

图7-32 坡屋顶屋脊构造图

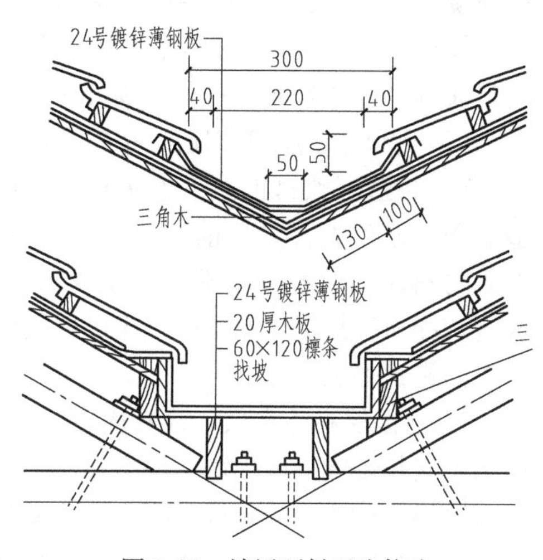

图7-33 坡屋顶斜天沟构造

3. 坡屋顶的其他防水材料

坡屋顶除用水泥平瓦防水外，还有以下几种瓦材：

(1) 彩色水泥瓦 彩色水泥瓦基本尺寸和构造同水泥平瓦，但为屋顶提供了翠绿、金橙黄、素跷红等色彩。

(2) 小青瓦 小青瓦是我国民间常用的屋面瓦，由于其尺寸较小，要求屋面坡度不小于1/2。小青瓦有盖瓦、底瓦、滴水瓦之分，一般应搭七露三。筒瓦、底瓦一般用砂条粘贴于屋面基层上。

(3) 琉璃瓦 琉璃瓦有琉璃平瓦和琉璃筒瓦两类，并有绿、黄、紫红、湖兰等各种颜色，其屋面构造与水泥平瓦相同。

(4) 彩色压型钢板瓦 彩色压型钢板瓦是我国近年来逐步推广应用的新型屋面防水材料，有彩色压型钢板波形瓦和压型V形或W形瓦两类，一般用自攻螺丝钉、拉铆钉或专用连接件固定于各类檩条上。彩色压型钢板瓦防水性能好、构造简单、屋面轻，在平屋顶、坡屋顶中均可使用。当采用复合板时，其保温与隔热性能也好，是极有发展前景的新型屋面防水材料。

7.4 屋顶的保温与隔热

7.4.1 屋顶的保温

1. 平屋顶的保温

为保持建筑室内环境，为人们提供舒适空间，避免外界自然环境的影响，建筑外围护构件必须具有良好的建筑热工性能。我国各地区气候差异很大，北方地区冬天寒冷，南方地区夏天炎热，因此北方地区需加强保温措施，南方地区则需加强隔热措施。在寒冷地区或装有空调设备的建筑中，为防止热量损失过多过快，以保障室内有一个舒适的生活和工作环境，建筑屋顶应设保温层。保温屋面的材料和构造做法应根据建筑物的使用要求、屋面结构形式、环境气候条件、防水处理方法和施工条件等因素综合考虑确定。保温层的厚度是通过热工计算确定的，一般可从当地建筑标准设计图集中查得。

（1）平屋顶的保温构造　在屋顶中保温层与结构层、防水层的位置关系有三种：

1）构造层次自上而下为防水层、保温层、结构层，如图7-34a所示。这种形式构造简单、施工方便，目前广泛采用。保温材料一般为热导率小的轻质、疏松、多孔或纤维材料，如蛭石、岩棉、膨胀珍珠岩等。这些材料可以直接使用散料，可以与水泥或石灰拌和后整浇成保温层，还可以制成板块使用。但用松散或用块材保温材料时，保温层上需设找平层。

2）保温层在防水层上，其构造层次自上而下为保温层、防水层、结构层，如图7-34b所示。它与传统的屋顶铺设层次相反，称为倒置式保温屋面。其优点是防水层不受太阳辐射和剧烈气候变化的直接影响，不易受外来机械损伤；但保温层应选用吸湿性低、耐候性强的保温材料，如聚苯乙烯泡沫塑料板或聚氨酯泡沫塑料板。保温层上面应设保护层以防表面破损，保护层要有足够的重量以防保温层在下雨时漂浮，可用混凝土板或大粒径砾石。

3）将保温层与结构层组成复合板的形式，如图7-34c所示。还可用硬质聚氨酯泡沫塑料现场喷涂形成防水、保温合一的屋面（硬泡屋面）。

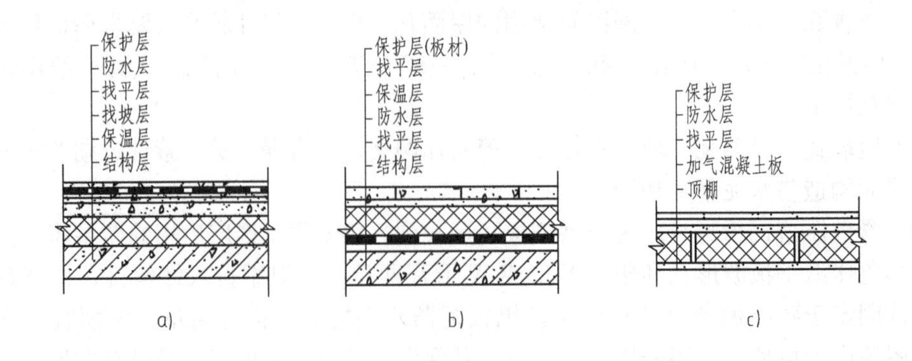

图7-34　保温屋顶构造层次

（2）保温层的保护　由于保温层常为多孔轻质材料，一旦受潮或进水，会使保温效果降低，严重的甚至使保温层冻结而使屋面破坏。为了防止使用中的蒸汽、施工过程中保温层和找平层中残留的水影响保温效果，可设置排气道和排气孔。排气道应纵、横连通不得堵塞，其间距为6m，并与排气口相通，如图7-35所示。如果室内蒸气压较大（如浴室、厨房蒸煮间），屋顶需设置隔汽层防止室内水蒸气进入保温层。隔汽层可采用一层涂料类或卷材类防水层。

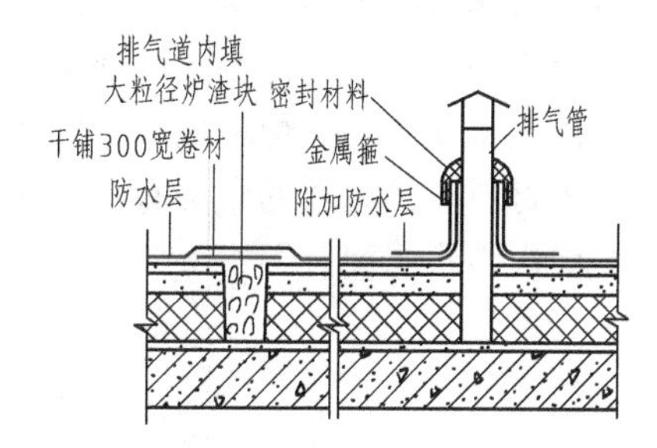

图7-35　排气道与排气口构造

2. 坡屋顶的保温

坡屋顶保温可根据结构体系、屋面盖料、经济性及地方材料来确定。

1）钢筋混凝土结构坡屋顶通常是在屋面板下用聚合物砂浆粘贴聚苯乙烯泡沫塑料板保温层；也可在瓦材和屋面板之间铺设一层保温层，或者顶棚上铺设保温材料，如纤维保温板、泡沫塑料板、膨胀珍珠岩等，如图7-36所示。

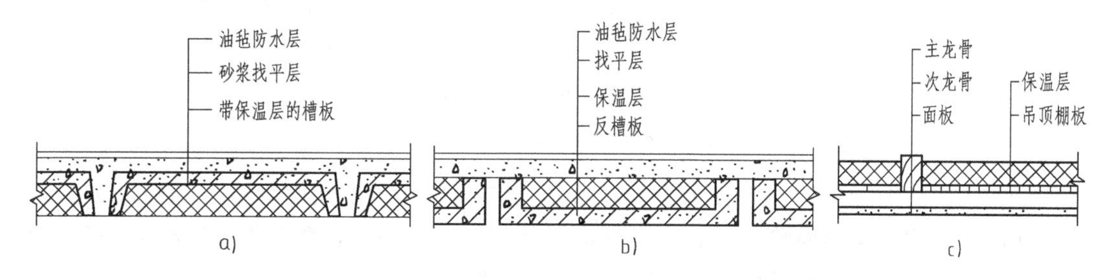

图7-36　钢筋混凝土结构屋顶保温构造

a）保温层在结构层之下　b）保温层在结构层之上　c）顶棚上设保温层

2）金属压型钢板屋面可在板上铺保温材料（如乳化沥青珍珠岩或水泥蛭石等），上面做防水层，如图7-37a所示；也可用金属夹心板，保温材料用硬质聚氨酯泡沫塑料，如图7-37b所示。

3）采光屋顶的保温可采用中空玻璃或PC中空板，以及用内外铝合金中间加保温塑料的新型保温型材做骨架。

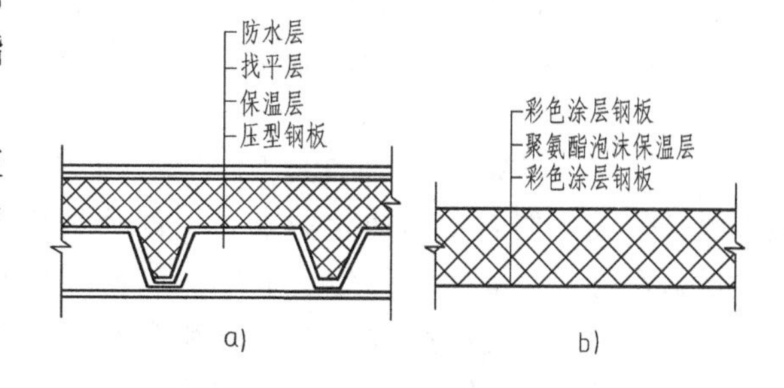

图7-37　金属压型钢板屋面保温

7.4.2　屋顶的隔热

1. 平屋顶的隔热

夏季在太阳辐射和室外空气温度的共同作用下，屋顶温度剧烈升高，直接影响到室内环境。特别在南方地区，屋顶的隔热降温问题更为突出，因此要求必须从构造上采取隔热降温措施，以减少屋顶的热量对室内的影响。

隔热降温的原理是：尽量减少直接作用于屋顶表面的太阳辐射能，及减少屋面热量向室内散发。主要构造做法有：

（1）实体材料隔热屋顶　在屋顶中设实体材料隔热层，利用材料的热稳定性使屋顶内表面温度比外表面温度有较大的降低。热稳定性大的材料一般表观密度都比较大，所以这种构造做法将使屋顶重量增加，如图7-38所示。

实体材料隔热屋顶的做法有：大阶砖或混凝土板实铺屋面；堆土屋面，其上植草；砾石层屋面；蓄水屋面。

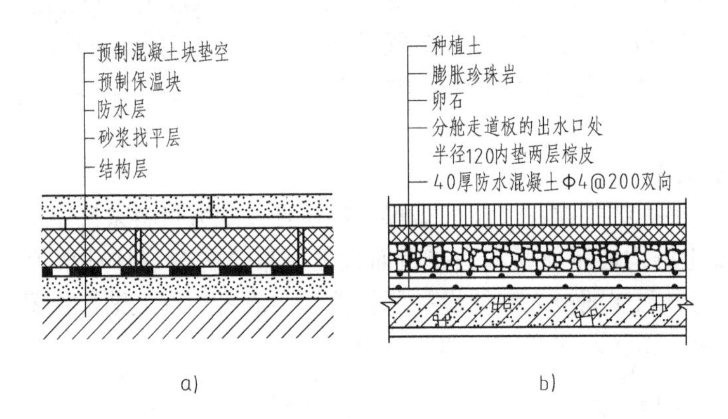

图7-38　实体材料隔热屋顶

a）铺设实体材料保温屋面　b）堆土植草屋面

（2）通风降温屋顶　在屋顶上设置通风的空气间层，利用间层中空气的流动带走热量，从而降低屋顶内表面温度。通风降温屋顶比实体材料隔热屋顶的降温效果好。通常通风层设在防水层之上，这样做对防水层也有一定的保护作用。

通风层可以由大阶砖或预制混凝土板以垫块或砌砖架空组成。架空层内空气可以纵、横各向流动。如果把垫块铺成条形，使它与主导风向一致，两端分别处于正压区和负压区，气流会更畅通，降温效果也会更好。

通风层也可以由预制的拱形、三角形、槽形混凝土瓦放置在屋面上形成，这种做法施工方便，用料也省，但屋顶不能上人，如图7-39所示。

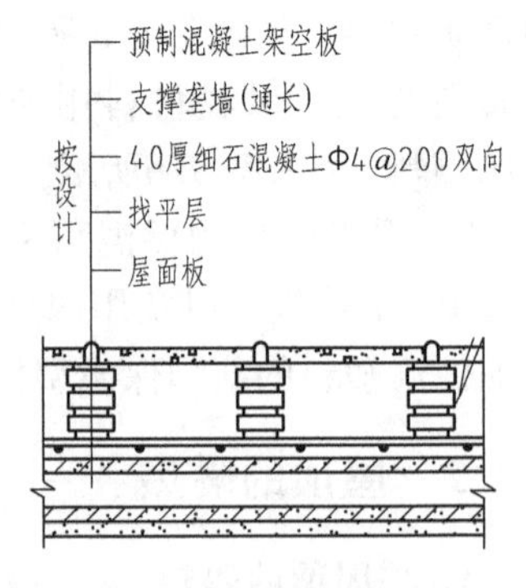

图7-39　通风降温屋顶

（3）屋面反射降温　太阳辐射到屋面上，其能量一部分被吸收转化成热能对室内产生影响；一部分被反射到大气中，反射量与入射量之比称为反射率，反射率越高越利于屋面降温。因此，可利用材料的颜色和光滑度提高屋顶反射率而达到降温的目的。如屋面上采用浅色的砾石铺面、在屋面上涂刷一层白色涂料或粘贴云母等，对隔热降温均有一定效果，但浅色表面会随着使用时间的延长、灰尘的增多而使反射效果逐渐降低。如果在架空通风层中加设一层铝箔反射层，其隔热效果更加显著，也减少了灰尘对反射层的污染。

2. 坡屋顶的隔热

（1）通风隔热　在结构层下做吊顶，并在山墙、檐口或屋脊等部位设通风口，也可在屋面上设老虎窗，或利用吊顶上部的大空间组织穿堂风，达到隔热效果，如图7-40所示。

（2）材料隔热 通过改变屋面材料的物理性能实现隔热。如提高金属屋面板的反射效率，采用低辐射镀膜玻璃、热反射玻璃等。

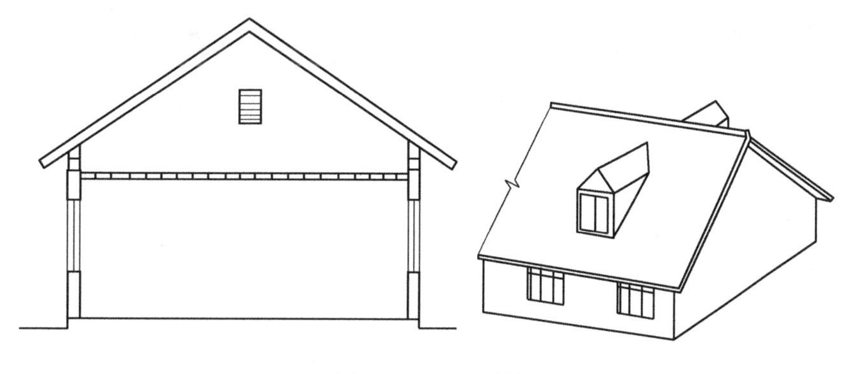

图7-40 通风隔热

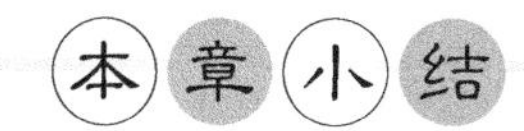

本章小结

1）屋顶由屋面、承重结构、保温（隔热）层和顶棚等部分组成。屋顶承重结构承受屋面传来的荷载和屋顶自重。承重结构可以是平面结构，也可以是空间结构。

2）平屋顶的排水坡度主要取决于排水要求、防水材料、屋顶使用要求和屋面坡度形成方式等因素。平屋面的排水坡度主要由结构找坡和材料找坡两种方式形成。

3）屋顶的排水方式分为有组织排水和无组织排水两类。

4）柔性防水屋面是将柔性的防水卷材相互搭接用胶结料粘贴在屋面基层上形成防水能力，由于卷材有一定的柔性，能较好地适应部分屋面变形。

5）涂膜防水屋面是靠直接涂刷在基层上的防水涂料固化后形成有一定厚度的膜来达到防水的目的。

6）坡屋顶一般由承重结构、屋面两部分组成，根据需要还有顶棚、保温层等。

7）保温屋面的材料和构造做法应根据建筑物的使用要求、屋面结构形式、环境气候条件、防水处理方法和施工条件等因素综合考虑确定。

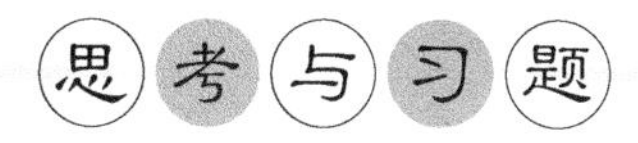

思考与习题

7-1 屋顶有哪些类型？其作用是什么？

7-2 平屋顶有哪些特点？其主要构造组成有哪些？

7-3 平屋顶排水组织有哪些类型，各有什么优缺点？

7-4 柔性防水层施工时应注意哪些问题？

7-5 提高平屋顶保温、隔热性能的措施有哪些？

7-6 坡屋顶有几种结构布置形式？其适用范围如何？

7-7 坡屋顶如何进行坡面组织？其要求是什么？

7-8 影响屋顶坡度的因素有哪些？坡度如何形成？

7-9 什么叫有组织排水？它主要包括哪些形式？

7-10 卷材防水屋面有哪些构造层次？防水层铺设要注意哪些问题？

7-11 屋顶的隔热措施有哪些？各有何特点？

7-12 坡屋顶由哪几部分组成？

第8章 门与窗

学习目标

了解门窗的作用及门窗的材料；了解门窗洞口大小的确定；掌握门窗的选用与布置；掌握门窗的分类与构造。

8.1 概述

8.1.1 门窗的作用

门和窗是建筑物的重要组成部分，也是主要维护构件之一。窗主要作用是采光、通风、围护和分割空间、联系空间（观望和传递）、建筑立面装饰和造型，以及在特殊情况下交通和疏散。门的主要作用是内外联系（交通和疏散）、围护和分隔空间、建筑立面的装饰和造型，并兼有采光和通风作用。

8.1.2 门窗的材料

门窗通常采用木、金属、塑料、玻璃等材料制作。

木制门窗用于室内较多，因为大多数木材遇水容易发生翘曲变形，用于外墙上有可能会因变形而造成难以开启。但木制品易加工，感官效果良好，用于室内的效果是其他材料难以替代的。

金属门窗主要包括钢门窗及铝合金门窗。其中实腹钢门窗因为节能效果和整体刚度都较差，已不再推广使用。空腹钢门窗采用薄壁型钢制作，可节省钢材近40%左右，具有更大的刚度，近年来使用较为广泛。铝合金门窗由不同断面型号的铝合金型材和配套零件及密封件加工制成，其自重小，也具有相当的刚度，在使用中的变形小，且框料经过氧化着色处理，无需再涂漆和进行表面维修。

塑料门窗是经以聚氯乙烯、改性聚氯乙烯或其他树脂为主要原料，轻质碳酸钙为填料，添加适量助剂和改性剂，经挤压、机制成各种空腹截面后拼装而成的。因为抗弯曲变形能力较差，所以制作时一般需要在型材内腔加入钢或铝等加强材料，故称为塑钢门窗。塑料门窗的材料耐腐蚀性能好，使用寿命长，且无需油漆着色及维护保养。中空塑料的保温、隔热性能好，制作时断面形状容易控制，有利于加强门窗的气密性、水密性和隔声性能。加上工程塑料良好的耐气候性、阻燃性和电绝缘性，使得塑料门窗成为受到推崇使用的产品类型。

8.1.3 门洞口大小的确定

门洞口大小应根据建筑中人员和设备等的日常通行要求、安全疏散要求，以及建筑造型艺术和立面设计要求等决定。为避免门扇面积过大导致门扇及五金连接件等变形而影响使用，平开门、弹簧门等的单扇门宽度不宜超过1000mm，一般供日常活动进出的门，其单扇门宽度为800～1000mm，双扇门宽度为1200～2000mm。腰窗高度常为400～900mm，可根据门洞高度进行调节。在部分公共建筑和工业建筑中，按使用要求，门洞高度可适当提高。

8.1.4 门的选用与布置

1. 门的选用

门的选用应注意以下几点：

1）一般公共建筑经常出入的向西或向北的门，应设置双道门或门斗，以避免冷风影响。外面一道用外开门，里面的一道门宜用双面弹簧门或电动推拉门。

2）湿度大的门不宜选用纤维板门或胶合板门。

3）大型营业性餐厅制备餐间的门，宜做成双扇上下行的单面弹簧门，带小玻璃。

4）体育馆内运动员经常出入的门，门扇净高不低于2200mm。

5）托幼建筑的儿童用门，不得选用弹簧门，以免挤手碰伤。

6）所有的门若无隔声要求，不得设门槛。

2. 门的布置

门的布置应注意以下几点：

1）两个相邻并经常开启的门，应避免开启时相互碰撞。

2）向外开启的平开外门，应有防止风吹碰撞的措施。

3）门开向不宜朝西或朝北，以减少冷风对室内环境的影响。

4）门框立口宜立墙立口（内开门）、墙外口（外开门），也可立中口（墙中），以满足使用方便、装修、连接的要求。

5）凡无间接采光、通风要求的套间内门，不许设上亮子，也不需设纱窗。

6）经常出入的外门宜设雨罩，楼梯间外门雨罩下如设吸顶灯时，应防止被门扉碰碎。

7）变形缝外不得利用门框盖缝，门扇开启时不得跨缝。

8）住宅内门位置和开向，应结合家具布置考虑。

8.1.5 窗洞口大小的确定

窗的尺度应综合考虑以下几方面因素：

（1）采光　从采光要求来看，窗的面积与房间面积有一定的比例关系。

（2）使用　窗的自身尺寸及窗台高度取决于人的行为和尺度。

（3）符合窗洞口尺寸系列　为了使窗的设计与建筑设计、工业化和商业化生产，以及施工安装相协调，国家颁布了《建筑门窗洞口尺寸系列》（GB/T 5824—2008）这一标准。窗洞口的高度和宽度（指标志尺寸）规定为3M的倍数。但考虑到某些建筑，如住宅建筑的层高不大，以3M进位作为窗洞高度，尺寸变化过大，所以增加2200mm、2300mm作为窗洞高的辅助参数。

（4）结构　窗的高、宽尺寸受到层高及承重体系，以及窗过梁高度的制约。

（5）美观　窗是建筑物造型的重要组成部分，窗的尺寸和比例关系对建筑立面影响极大。

8.1.6 窗的选用与布置

1. 窗的选用

窗的选用应注意以下几点：

1）面向外廊的居室、橱、侧窗应向内开，或者在人的高度以上外开，并应考虑防护安全及密封性要求。

2）低、多、高层的所有民用建筑，除高级空调房间外（确保昼夜运转），均应设纱扇，并应避免走道、楼梯间、次要房间漏装纱窗而进蚊蝇。

3）高温、高湿及防火要求高时，不宜用木窗。

4）用于锅炉房、烧火间、车库等处的外窗，可不装纱扇。

2. 窗的布置

窗的布置应注意以下几点：

1）楼梯间外窗应考虑各层圈梁走向，避免冲突。

2）楼梯间外窗做内开扇时，开启后不得在人的高度内突出墙面。

3）窗台高度由工作面需要而定，一般不宜低于工作面（900mm）。如窗台过高或上部开启时，应考虑开启方便，必要时加设开启设施。

4）需做暖气片时，窗台板下净高、净宽需满足暖气片及阀门操作的空间需要。

5）窗台高度低于800mm时，需有防护措施。窗台有阳台或大平台时可以除外。

6）错层住宅屋顶不上人处，尽量不设窗，如因采光或检修需设窗时，应有可锁启的钢栅栏，以免儿童上屋顶发生事故，并可以减少屋面损坏及相互串通。

8.2 门的分类与构造

8.2.1 门的分类

1. 按所使用材料分类

（1）木门　木门用途较广泛，其特点是轻便，制作简单，保温、隔热性好；但防腐性差，且耗费大量木材，因而常用于房屋的内门。

（2）钢门　钢门采用型钢和钢板焊接而成，它具有强度高、不易变形等优点，但耐腐蚀性差，多用于有防盗要求的门。

（3）铝合金门　铝合金门采用铝合金型材作为门框及门扇边框，一般用玻璃作为门板，也可用铝板作为门板。它具有美观、光洁、不需油漆等优点，但价格较高，目前应用较多，一般在门洞口较大时使用。

（4）玻璃钢门、无框玻璃门　玻璃钢门、无框玻璃门多用于公共建筑的出入口，美观大方，但成本较高，为安全起见，门扇外一般还要设如卷帘门等安全门。

2. 按开启方式分类（图8-1）

图8-1　门的开启方式
a）平开门　b）弹簧门　c）推拉门　d）折叠门　e）旋转门

（1）平开门　平开门分为内开和外开及单扇和双扇。其构造简单，开启灵活，密封性能好，制作和安装较方便，但开启时占用空间较大。此种门在居住建筑中及学校、医院、办公楼等公共建筑的内门应用比较多。

（2）推拉门　推拉门分为单扇和双扇，能左右推拉且不占空间，但密封性能较差，可手动和自动。自动推拉门多用于办公、商业等公共建筑，门的开启多采用光控。手动推拉门多用于房间的隔断和卫生间等处。

（3）弹簧门　弹簧门多用于公共建筑人流多的出入口，开启后可自动关闭，密封性能差。

（4）旋转门　旋转门是由四扇门相互垂直组成十字形，绕中竖轴旋转的门。其密封性能及保温、隔热性能比较好，且卫生方便，多用于宾馆、饭店、公寓等大型公共建筑的正门。

（5）折叠门　折叠门用于尺寸较大的洞口，开启后门扇相互折叠，占用空间较少。

(6) 卷帘门　卷帘门有手动和自动、正卷和反卷之分，开启时不占用空间。

(7) 翻板门　翻板门外表平整，不占用空间，多用于仓库、车库等。

此外，门按所在位置不同又可分为内门（在内墙上的门）和外门（在外墙上的门）。

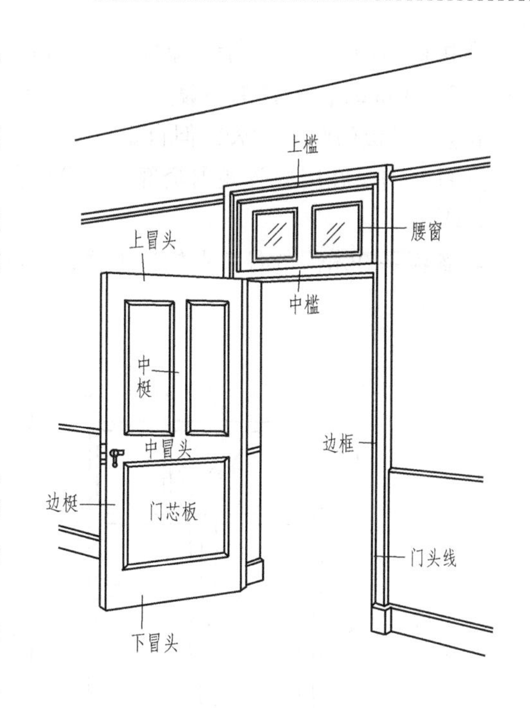

图 8-2　木门的组成

8.2.2　门的构造

1. 平开木门

平开木门是建筑中最常用的一种门。它主要由门框、门扇、亮子、五金零件等组成，如图 8-2 所示，有些木门还设有贴脸板等附件。

(1) 门框　门框又称为门樘子，主要由上框、边框、中横框（有亮子时加设）、中竖框（三扇以上时加设）、门槛（一般不设）等榫接而成。

门框安装方式有两种：一是立口，即先立门框后砌筑墙体，门上框两侧伸出长度 120mm（俗称羊角）压砌入墙内；二是塞口，为使门框与墙体有可靠的连接，砌墙时沿门洞两侧每隔 500 ~ 700mm 砌入一块防腐木砖，再用长钉将门框固定在墙内的防腐木砖上。防腐木砖每边为 2 ~ 3 块，最下一块木砖应放在地坪以上 200mm 左右处。门框相对于外墙的位置可分为内平、居中和外平三种情况。

(2) 门扇　门扇嵌入到门框中，门的名称一般以门扇所选的材料和构造来命名，民用建筑中常见的有夹板门、镶板门、拼板门、百叶门等形式。

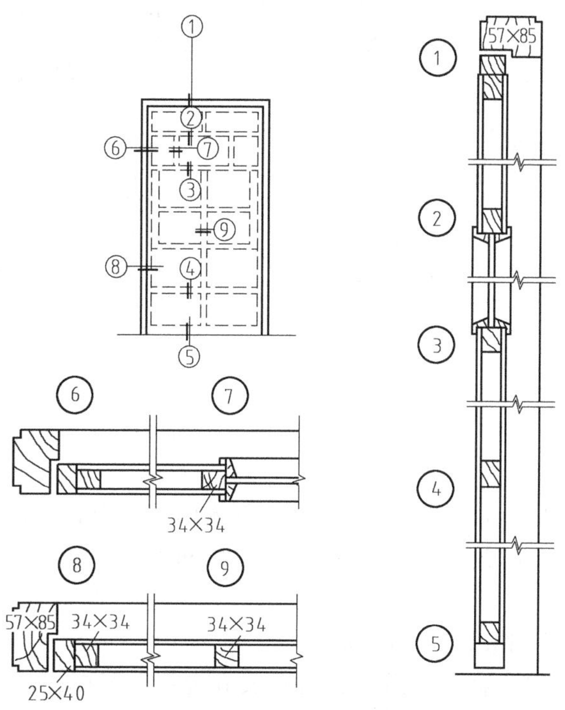

图 8-3　夹板门的构造

① 夹板门采用小规格［(32 ~ 35mm) × (34 ~ 60mm)］木料作骨架，在骨架两侧贴上胶合板、硬质纤维板或塑料板，然后四周再用木条封闭而成。夹板门具有较好的保温、隔声性能，自重小，但牢固性一般，通常用作内门，如图 8-3 所示。

② 拼板门用的拼板的骨架构造与镶板门相类似，只是竖向拼接的门芯板规格较厚（一般15～20mm），中冒头一般只设一道或不设，有时不用门框，直接用门铰链与墙上预埋件相连。拼板门坚固耐久，但自重较大。

③ 百叶门是在门扇骨架内全部或部分安装百叶片，具有较好的透气性，用于卫生间、储藏室等。

④ 镶板平开木门的各节点构造大样，如图8-4所示。

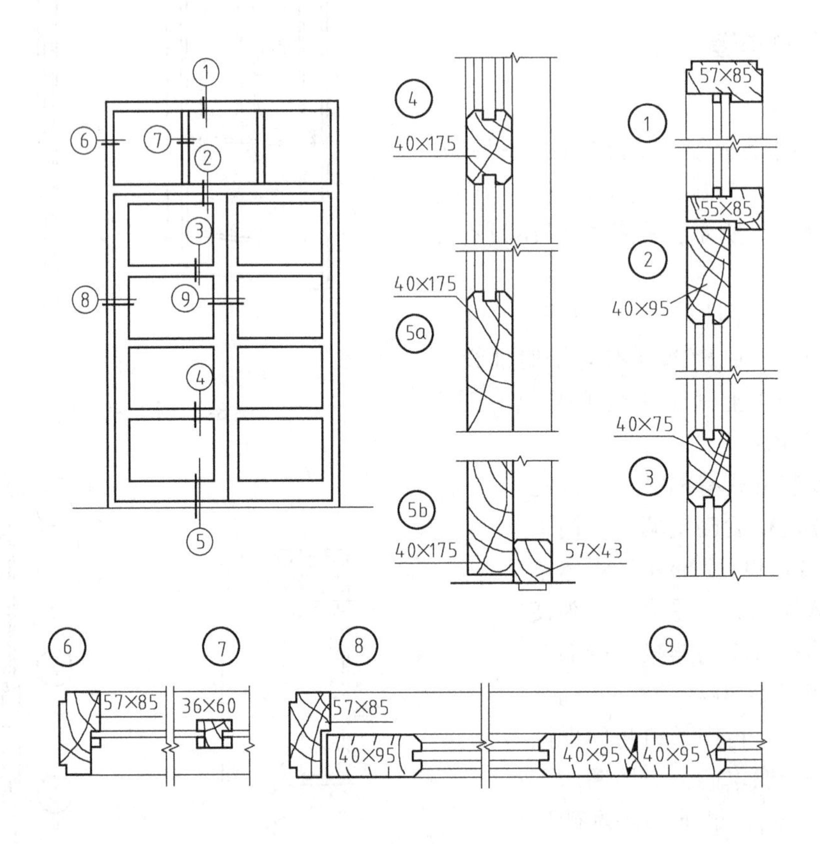

图8-4　镶板门的构造

（3）五金零件及附件　平开木门上常用五金有铰链（合页）、拉手、插锁、门锁、金属脚、门碰头等。五金零件与木门间采用木螺钉固定。门附件主要有木质贴板脸板、筒子板等。

2. 铝合金门及构造

铝合金门由门框、门扇及五金零件组成。门框、门扇均用铝合金型材制作，为改善铝合金门冷桥散热，可在其内部夹泡沫塑料新型型材。由于生产厂家不同，门框型材种类繁多。铝合金门常采用推拉门、平开门和地弹簧门。窗扇、窗框、玻璃的安装等构造及窗框与墙体的连接相类似，后面会讲到铝合金窗的构造，铝合金门的构造不作复述。

8.3 窗的分类与构造

8.3.1 窗的分类

1. 按所使用材料分类

(1) 木窗　用松、杉木制作而成，具有制作简单，经济，密封性能、保温性能好等优点，但相对透光面积小，防火性能差，耗用木材，耐久性低，易变形、损坏等。过去经常采用此种窗，目前随着窗材料的增多，已基本上不再采用。

(2) 钢窗　由型钢经焊接而成的。钢窗与木窗相比较，具有坚固，不易变形，透光率大的优点，但易生锈，维修费用高，目前采用越来越少。

(3) 铝合金窗　由铝合金型材用拼接件装配而成的，其成本较高，但具有轻质高强，美观耐久，耐腐蚀，刚度大，变形小，开启方便等优点，目前应用较多。

(4) 塑钢窗　由塑钢型材装配而成的，其成本较高，但密闭性好，保温、隔热、隔声，表面光洁，便于开启。该窗与铝合金窗同样是目前应用较多的窗。

(5) 玻璃钢窗　由玻璃钢型材装配而成的，具有耐腐蚀性强，重量轻等优点，但表面粗糙度较大，通常用于化工类工业建筑。

2. 按开启方式分类 (图 8-5)

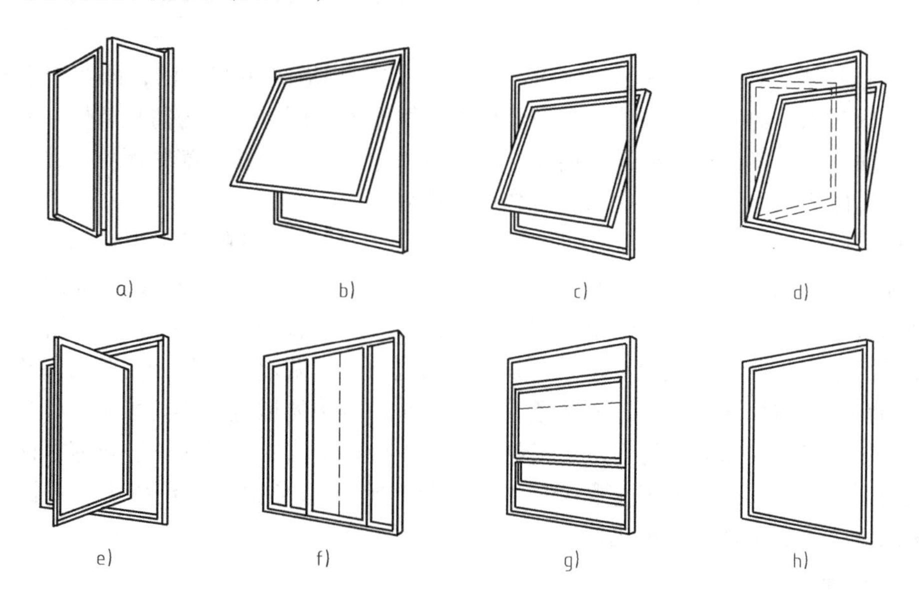

图 8-5　窗的开启方式

a) 平开窗　b) 上悬窗　c) 中悬窗　d) 下悬窗　e) 立转窗　f) 水平推拉窗　g) 垂直推拉窗　h) 固定窗

(1) 固定窗　固定窗不需窗扇，玻璃直接镶嵌于窗框上，不能开启，不能通风，通常用于外门的亮子和楼梯间等处，供采光、观察和围护所用。

(2) 平开窗　平开窗有内开和外开两种，其构造比较简单，制作、安装、维修、开启都比较方便，通风面积比较大。

（3）悬窗　它根据水平旋转轴的位置不同分为上悬窗、中悬窗和下悬窗三种。为了避免雨水进入室内，上悬窗必须向外开启；中悬窗上半部向内开、下半部向外开，此种窗有利于通风，开启方便，多用于高窗和门亮子；下悬窗一般内开，不防雨，不能用于外窗。

（4）立转窗　窗扇可以绕竖向轴转动，竖轴可设在窗扇中心，也可以略偏于窗扇一侧，通风效果较好。

（5）推拉窗　窗扇沿着导轨槽可以左右推拉，也可以上下推拉，这种窗不占用空间，但通风面积小，目前铝合金窗和塑钢窗均采用这种开启方式。

8.3.2　窗的构造

1. 推拉式铝合金窗

铝合金窗的开启方式有很多种，目前较多采用水平推拉式。

（1）推拉式铝合金窗组成及构造　铝合金窗主要由窗框、窗扇和五金零件组成。

推拉式铝合金窗的型材有55系列、60系列、70系列、90系列等，其中70系列是目前广泛采用的窗用型材，采用90°开榫对合，螺钉连接成形。玻璃根据面积大小、隔声、保温、隔热等的要求，可以选择3～8mm厚的普通平板玻璃、热反射玻璃、钢化玻璃、夹层玻璃或中空玻璃等。玻璃安装时采用橡胶压条或硅硐密封胶密封。窗框与窗扇的中梃和边梃相接处，设置塑料垫块或密封毛条，以使窗扇受力均匀，开关灵活，其具体构造如图8-6所示。

（2）推拉式铝合金窗框的安装　铝合金窗框的安装应采用塞口法，即在砌墙时，先留出比窗框四周大的洞口，墙体砌筑完成后将窗框塞入。固定时，为防止墙体中的碱性对窗框的腐蚀，不能将窗框直接埋入墙体，一般可采用预埋件焊接、膨胀螺栓锚接或射钉等方式固定。但当墙体为砌体结构时，严禁用射钉固定。

窗框与墙体连接时，每边不能少于两个固定点，且固定点的间距应在700mm以内。在基本风压大于或等于0.7kPa的地区，固定点的间距不能大于500mm，边框两端部的固定点距两边缘不能大于200mm。窗框固定好后，窗外框与墙体之间的缝隙，用弹性材料填嵌密实、饱满，确保无缝隙。填塞材料与方法应按设计要求，一般用与其材料相容的闭孔泡沫塑料、发泡聚苯乙烯、矿棉毡条或玻璃丝毡条等填塞嵌缝且不得填实，以避免变形破坏。外表留设5～8mm深的槽口用密封膏密封。这种做法主要是为了防止窗框四周形成冷热交换区产生结露，也有利于隔声、保温，同时还可避免窗框与混凝土、水泥砂浆接触，消除墙体中的碱性对窗框的腐蚀。

2. 塑钢窗

（1）塑钢窗的组成与构造　塑钢窗的组装多用组角与榫接工艺。考虑到PVC塑料与钢衬的收缩率不同，钢衬的长度应比塑料型材长度短1～2mm，且能使钢衬较宽松地插入塑料型材空腔中，以适应温度变形。组角和榫接时，在钢衬型材的空腔插入金属连接件，用自攻螺钉直接锁紧形成闭合钢衬结构，使整窗的强度和整体刚度显著提高。

（2）塑钢窗的安装　塑钢窗应采用塞口安装。窗框与墙体固定时，应先固定上框，然后再固定边框。窗框每边的固定点不能少于3个，且间距不能大于600mm。当墙体为混凝土材料时，大多采用射钉、塑料膨胀螺栓或预埋件焊接固定；当墙体为砖墙材料时，大

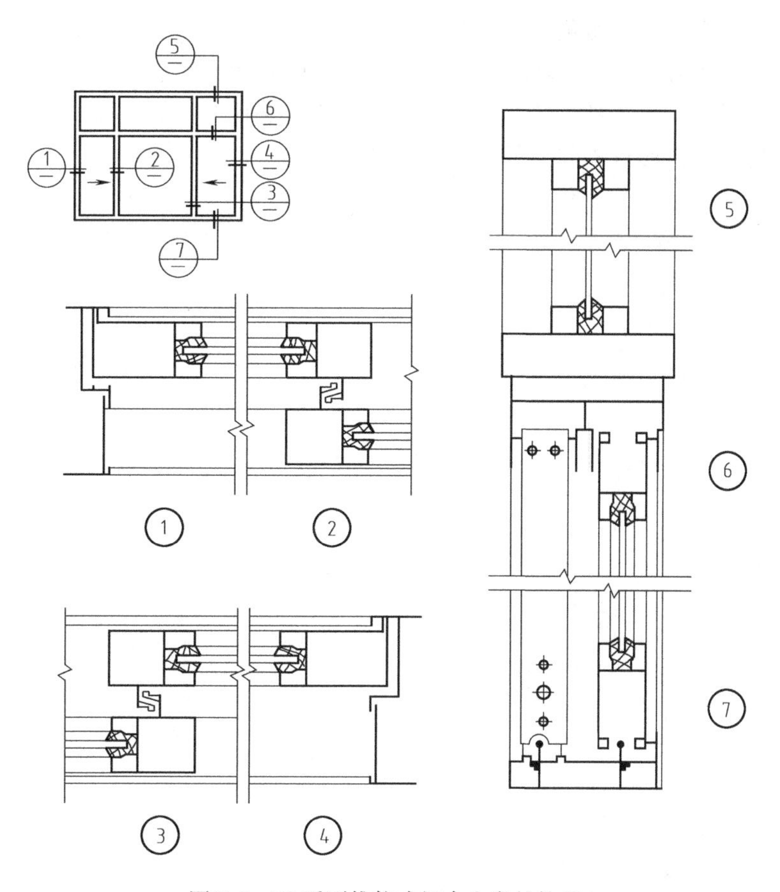

图8-6 70系列推拉式铝合金窗的构造

多采用塑料膨胀螺栓或水泥钉固定，但注意不得固定在砖缝处；当墙体为加气混凝土材料时，大多采用木螺钉将固定片固定在已预埋的胶结木块上。

窗框与洞口的缝隙内应采用闭孔泡沫塑料、发泡聚苯乙烯或毛毡等弹性材料分层填塞，填塞不宜过紧，以适应塑钢窗的自由胀缩。对于保温、隔声要求较高的工程，应采用相应的隔热、隔声材料填塞。墙体面层与窗框之间的接缝用密封胶进行密封处理。

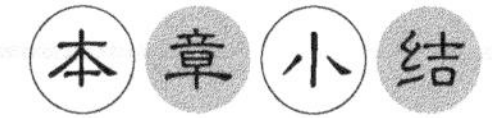

本章小结

1）窗在建筑中的主要作用是采光、通风和日照；门的主要作用是交通联系，并兼有采光、通风的功能。

2）门窗的选用与布置，门窗的构造要依据建筑物的功能及立面效果来确定。

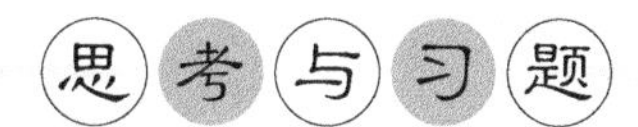

思考与习题

8-1 门窗的作用和要求是什么？

8-2 铝合金窗与墙体怎样连接？

8-3 简述铝合金门窗的优点。

8-4 门的形式有哪几种，各自的特点和使用范围是什么？

8-5 窗的形式有哪几种，各自的特点和使用范围是什么？

8-6 简述平开门的组成和门框的安装方式。

第9章 变形缝

学习目标

了解建筑物变形缝的概念及分类；掌握变形缝的作用、设置原则及各类变形缝的宽度；了解在各种位置的各类变形缝的构造处理方法。

9.1 变形缝的作用和分类

当建筑物的长度超过规定，平面有曲折变化，同一建筑部分高度或荷载有很大差别时，建筑构件会因温度变化、地基不均匀沉降和地震等因素的影响，使结构内部产生附加应力和变形，使建筑物发生裂缝或破坏，所以在设计时应预先将建筑物用垂直的缝分成几个单独的部分，使各部分能够独立地变形，这种缝称为变形缝。

变形缝分为温度伸缩缝、沉降缝和抗震缝。

9.2 变形缝的设缝要求

9.2.1 伸缩缝

建筑物因受温度变化的影响而产生热胀冷缩，在结构构件内部产生附加应力，当建筑物长度超过一定限度时，建筑平面变化较多或结构类型变化较大时，建筑物会因热胀冷缩变形较大而产生裂缝，为了避免这种情况发生，通常沿建筑物长度方向每隔一定距离或结构变化较大处预留缝隙，将建筑物断开，这种因温度变化而设置的缝隙称为伸缩缝。设置伸缩缝时，将基础以上的建筑构件全部断开。

伸缩缝的最大间距，应根据不同材料的结构而定。砌体房屋伸缩缝的最大间距见表9-1；钢筋混凝土结构伸缩缝的最大间距见表9-2。

表9-1 砌体房屋伸缩缝的最大间距 （单位：m）

屋盖和楼盖类别		间距
整配式或装配整体式钢筋混凝土结构	有保温层或隔热层的屋盖、楼盖	50
	无保温层或隔热层的屋盖	40
整配式无檩体系钢筋混凝土结构	有保温层或隔热层的屋盖、楼盖	60
	无保温层或隔热层的屋盖	50
整配式有檩体系钢筋混凝土结构	有保温层或隔热层的屋盖	75
	无保温层或隔热层的屋盖	60
瓦材屋盖、木屋盖或楼盖、轻钢屋盖		100

注：1. 对烧结普通砖、烧结多孔砖、配筋砌块砌体房屋，取表中数值；对石砌体、蒸压灰砂普通砖、蒸压粉煤灰普遍砖、混凝土砌块、混凝土普通砖和混凝土多孔砖房屋，取表中数值乘以0.8的系数，当墙体有可靠外保温措施时，其间距可取表中数值。
2. 在钢筋混凝土屋面上挂瓦的屋盖应按钢筋混凝土屋盖采用。
3. 层高大于5m的烧结普通砖、烧结多孔砖、配筋砌块砌体结构单层房屋，其伸缩缝间距可按表中数值乘以1.3。
4. 温差较大且变化频繁地区和严寒地区不采暖的房屋及构筑物墙体的伸缩缝的最大间距，应按表中数值予以适当减少。
5. 墙体的伸缩缝应与结构的其他变形缝相重合，缝宽度应满足各种变形缝的变形要求；在进行立面处理时，必须保证缝隙的变形作用。

表9-2　钢筋混凝土结构伸缩缝的最大间距　　（单位：m）

结　构	类　型	室内或土中	露　天
排架结构	装配式	100	70
框架结构	装配式	75	50
	现浇式	55	35
剪力墙结构	装配式	65	40
	现浇式	45	30
挡土墙及地下室墙壁等类结构	装配式	40	30
	现浇式	30	20

注：1. 装配整体式结构的伸缩缝间距可根据结构的具体情况取表中装配式结构与现浇式结构之间的数值。
2. 框架—剪力墙结构或框架—核心筒结构房屋的伸缩缝间距可根据结构的具体布置情况取表中框架结构与剪力墙结构之间的数值。
3. 当屋面无保温或隔热措施时，框架结构、剪力墙结构的伸缩缝间距宜按表中露天栏的数值取用。
4. 现浇挑檐、雨罩等外露结构的局部伸缩缝间距不宜大于12m。

9.2.2　沉降缝

沉降缝是为了预防建筑物各部分由于不均匀沉降引起的破坏而设置的变形缝。设置沉降缝时，必须从建筑物的基础到屋顶在垂直方向全部断开。

凡属下列情况的，均应考虑设置沉降缝：

1）同一建筑物部分的高度相差较大、荷载大小相差悬殊、结构形式变化较大等易导致地基沉降不均匀时，如图9-1、图9-2所示。

2）建筑物平面形状较复杂、连接部位又比较薄弱时，如图9-3所示。

图9-1　相邻部位结构类型不同设沉降缝

图 9-2 相邻部分高度悬殊处设沉降缝

图 9-3 平面体型复杂的建筑物设沉降缝

3）新建建筑物与既有建筑物毗邻时，如图9-4所示。

4）当建筑物各部分相邻基础的形式、宽度及埋置深度相差较大，易形成不均匀沉降时。

5）当建筑物建造在不同的地基上，并难以保证均匀沉降时。

图9-4　新建建筑与既有建筑相邻处设沉降缝

9.2.3　防震缝

在地震区建造房屋必须充分考虑地震对建筑物造成的影响。我国《建筑抗震设计规范》（GB 50011—2010）中明确了对各地区的建筑物抗震的要求。建筑物的防震和抗震可从设置防震缝和对建筑物进行抗震加固两方面考虑。

防震缝应沿建筑物全高设置，缝的两侧应布置双墙或双柱，使各部分结构有较好的刚度。一般情况下基础可以不分开，但当建筑物平面复杂时，应将基础分开。

9.2.4　变形缝的缝宽

表9-3为三种不同变形缝的缝宽设置。

表9-3　变形缝的缝宽设置

变形缝	伸缩缝	沉　降　缝	防　震　缝
缝宽/mm	20～30	一般地基 建筑物高＜5m　缝宽30 5～10m　缝宽50 10～15m　缝宽70 软弱地基 建筑物2～3层　缝宽50～80 4～5层　缝宽80～120 ≥6层　缝宽＞120 沉陷性黄土　缝宽≥30～50	当建筑物高≤15m时：缝宽70mm 当建筑物高＞15m时：7、8、9度设防，高度每增加4m、3m、2m，缝宽增加20mm

9.3　变形缝的处理

9.3.1　伸缩缝的结构处理

砖混结构：砖混结构的墙和楼板及屋顶结构布置可采用单墙也可采用双墙承重方案，如图9-5所示。

框架结构：框架结构的伸缩缝结构一般采用悬臂梁方案、双梁双柱方式，但施工较复杂，如图9-5所示。

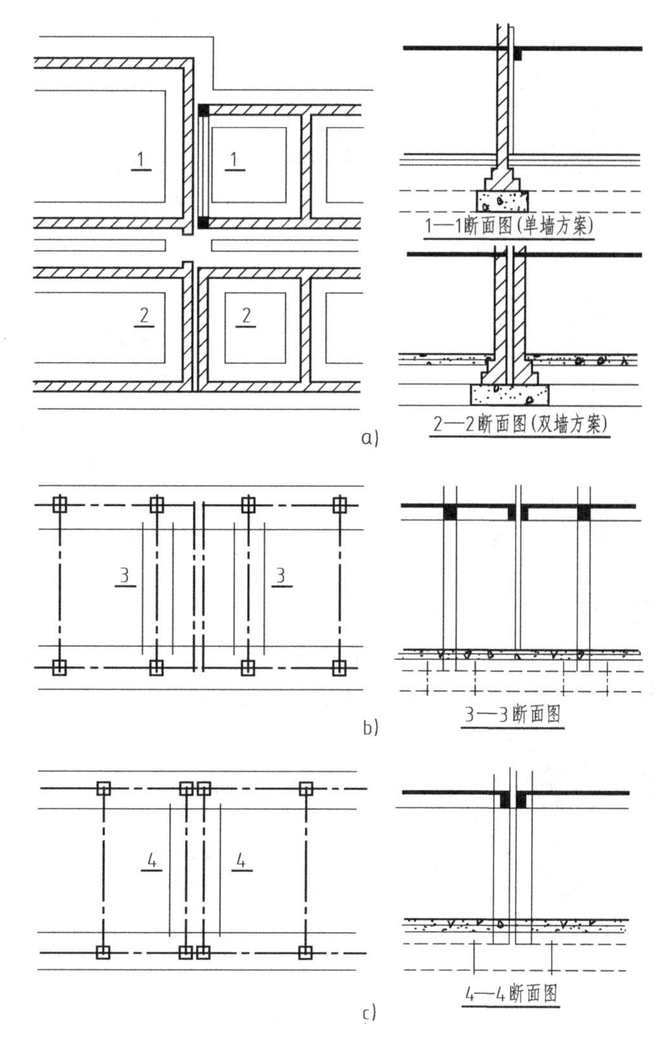

图 9-5 伸缩缝的设置

a）承重墙方案 b）框架悬臂梁方案 c）框架双柱方案

1. 墙体伸缩缝构造

墙体伸缩缝一般做成平缝、错口缝和凹凸缝等截面形式，如图 9-6 所示。

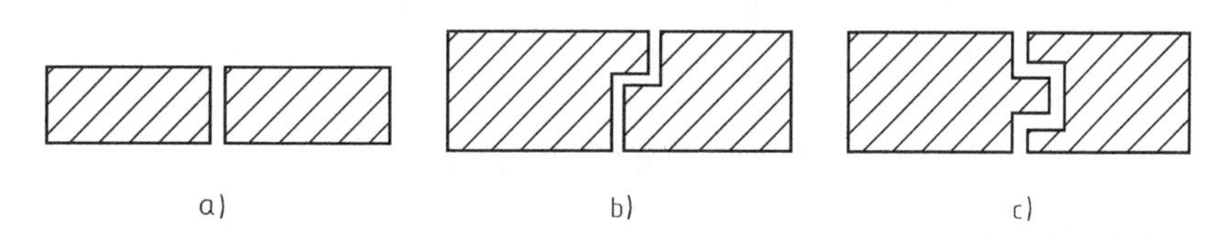

图 9-6 砖墙伸缩缝的截面形式

a）平缝 b）错口缝 c）凹凸缝

为了防止外界自然条件对墙体及室内环境的影响，变形缝外墙一侧常用沥青麻丝、泡沫塑料条等有弹性的防水材料填缝，当缝较宽时，缝口可用镀锌薄钢板、彩色薄钢板等材料做盖缝处理。所有填缝及盖缝材料和构造应保证结构在水平方向自由伸缩而不产生破裂，如图9-7所示。

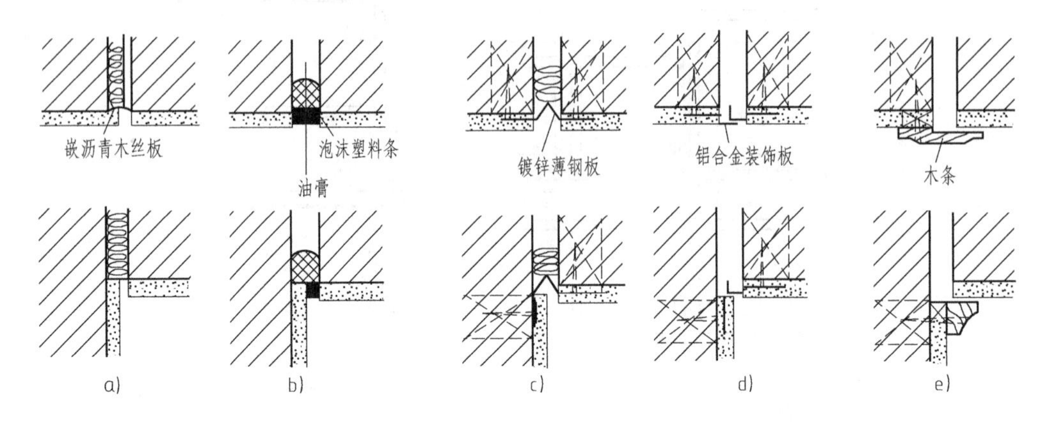

图9-7 砖墙伸缩缝构造

a）沥青纤维 b）油膏 c）金属皮 d）塑铝或铝合金装饰板 e）木条

2. 楼板层伸缩缝构造

楼地板伸缩缝的缝内常用沥青麻丝、油膏等填缝进行密封处理，上铺金属、混凝土等活动盖板，如图9-8所示。满足地面平整、光洁、防水、卫生等使用要求。

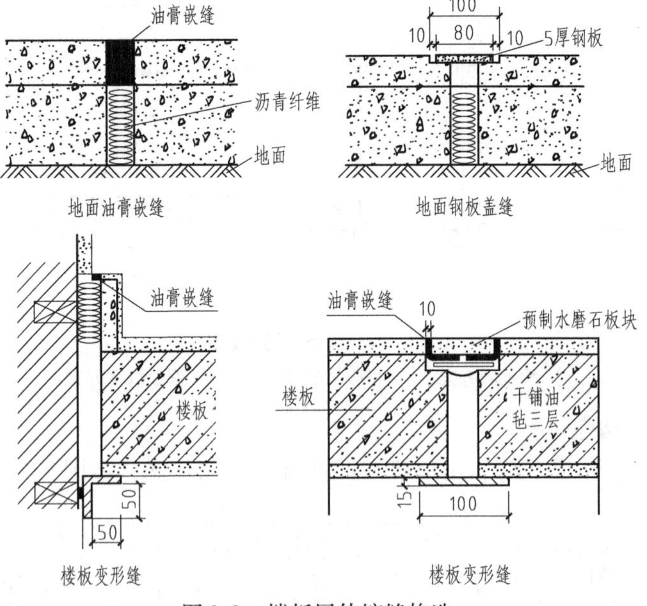

图9-8 楼板层伸缩缝构造

3. 屋顶伸缩缝构造

屋顶伸缩缝的位置一般在同一标高屋顶处或墙与屋顶高低错落处。当屋顶为不上人屋面时，一般在伸缩缝处加砌矮墙，并做好屋面防水和泛水的处理，其要求同屋顶泛水构造；当屋顶为上人屋面时，则用防水油膏嵌缝并做好泛水处理。常见屋面伸缩缝构造如图9-9、图9-10所示。屋面采用镀锌金属片和防腐木砖的构造方式，其使用寿命是有限的，随着材料的发展出现了彩色薄钢板、铝板、不锈钢皮等新型材料。

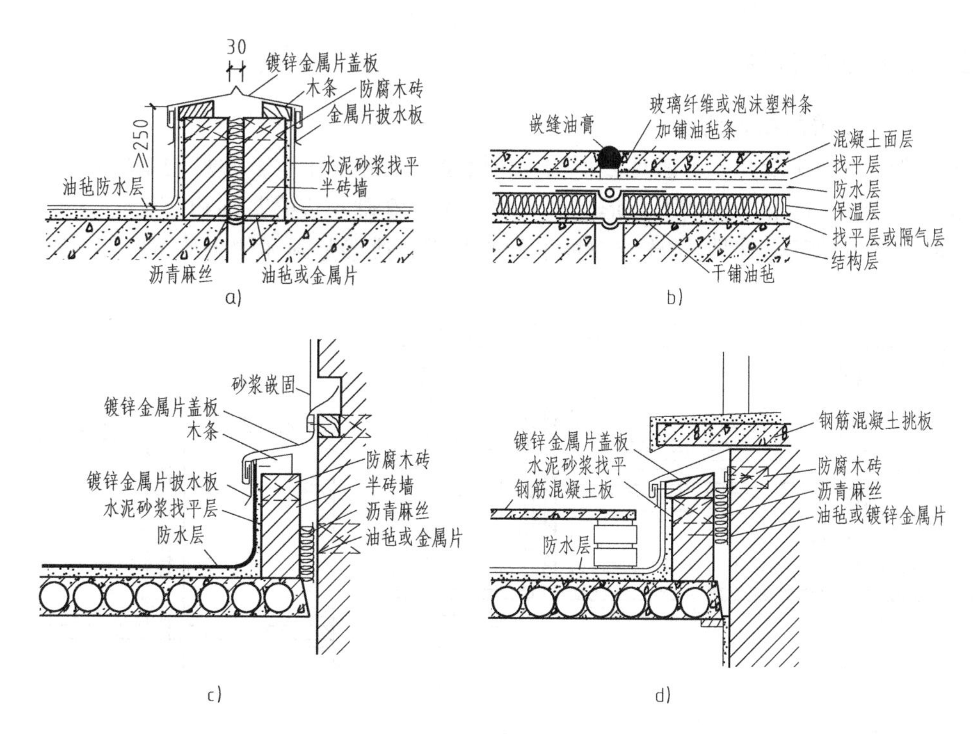

图9-9 卷材屋面伸缩缝构造

a）一般平屋面变形缝 b）上人屋面变形缝 c）高低缝处变形缝 d）进出口处变形缝

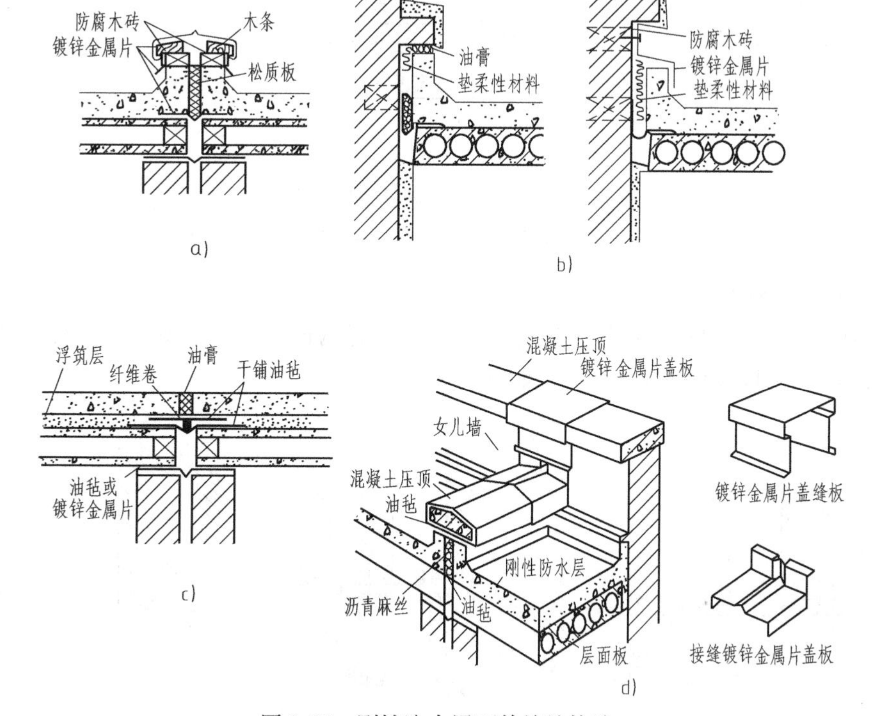

图9-10 刚性防水屋面伸缩缝构造

a）刚性屋面变形缝 b）高低缝处变形缝 c）上人屋面变形缝 d）变形缝立体图

9.3.2　沉降缝的构造

1. 基础沉降缝的结构处理

沉降缝的基础应断开，可避免因不均匀沉降造成的相互干扰。常见的结构处理有砖墙结构和框架结构，砖混结构墙下条形基础有双墙偏心基础、挑梁基础和交叉式基础等三种方案，如图9-11所示。框架结构有双柱下偏心基础、挑梁基础和柱交叉布置等三种方案。

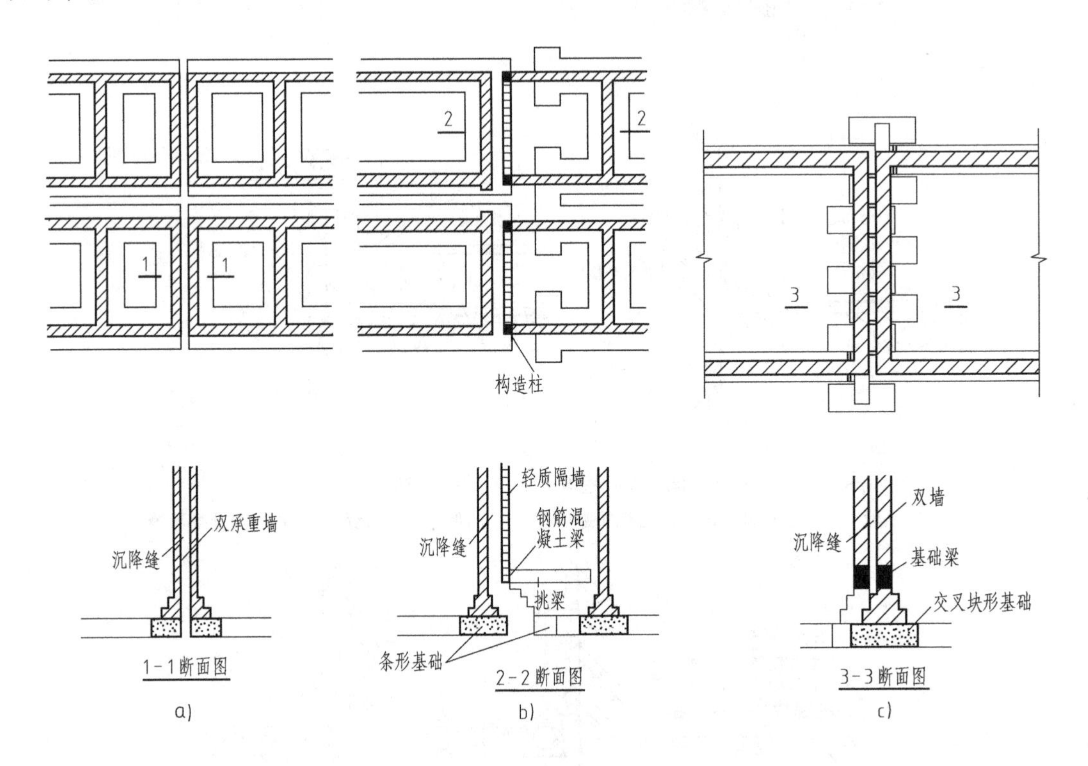

图9-11　基础沉降缝处理示意

a）双墙方案　b）悬挑基础方案　c）双墙基础交叉排列方案

2. 墙体沉降缝的构造

墙体沉降缝常用镀锌薄钢板、铝合金板和彩色薄钢板等盖缝，墙体沉降缝盖缝条应满足水平伸缩和垂直沉降变形的要求，如图9-12所示。

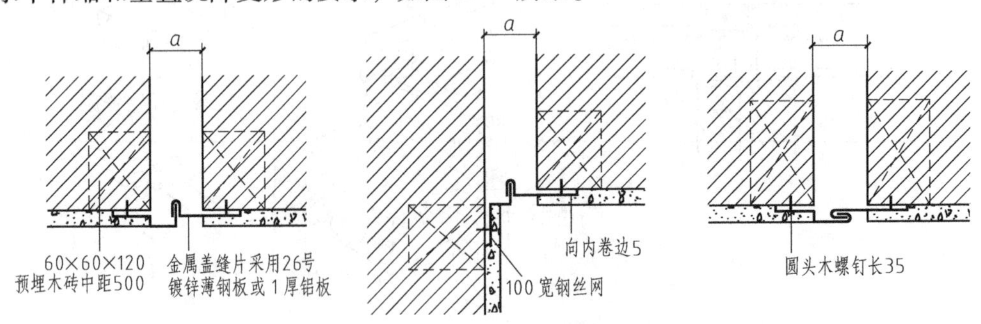

图9-12　墙体沉降缝的构造

3. 屋顶沉降缝的构造

屋顶沉降缝应充分考虑不均匀沉降对屋面防水和泛水带来的影响，如图 9-13 所示。

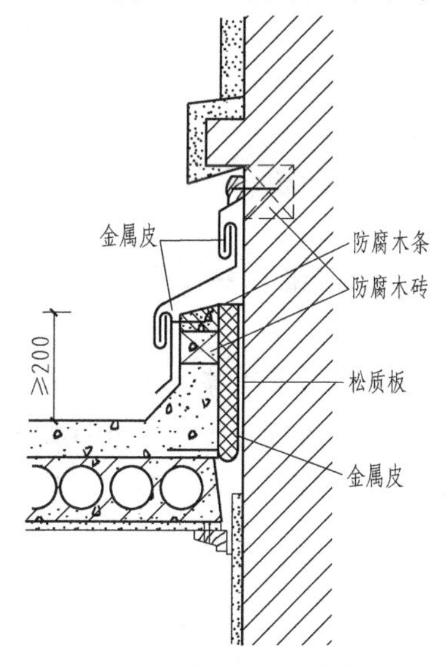

图 9-13 屋顶沉降缝的构造

9.3.3 防震缝的构造

防震缝因缝宽较宽，在构造处理时，应考虑盖缝板的牢固性及适应变形的能力，具体构造如图 9-14 所示。

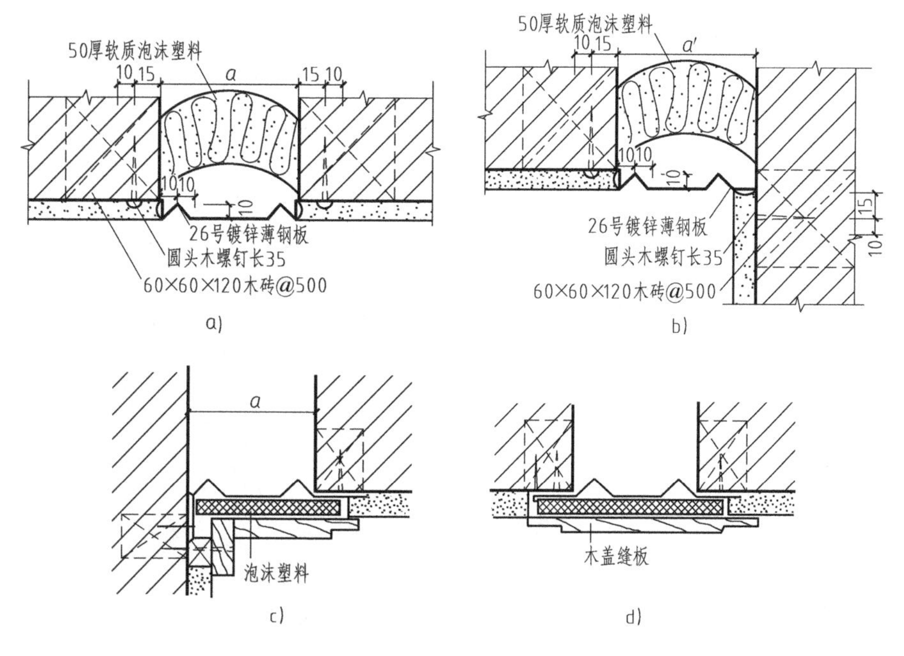

图 9-14 墙体防震缝构造

a）外墙平缝处 b）外墙转角处 c）内墙转角处 d）内墙平缝处

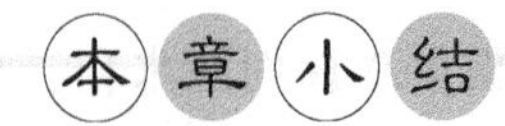

本章小结

1）变形缝的概念及分类。
2）各种变形缝的作用及设置原则。
3）三种变形缝在不同位置的构造方法。

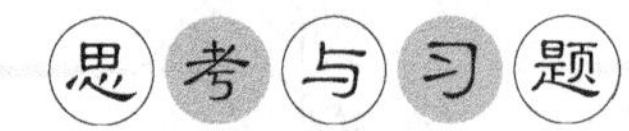

思考与习题

9-1　伸缩缝在外墙、地面、楼板和屋顶等位置时如何进行处理？
9-2　沉降缝在基础、墙体和屋顶等位置时如何进行处理？
9-3　防震缝在外墙如何进行处理？
9-4　简述伸缩缝、沉降缝和防震缝设置的位置，哪些变形缝能相互代替使用？
9-5　什么叫建筑变形缝？
9-6　什么叫伸缩缝？伸缩缝的宽度是多少？
9-7　什么叫沉降缝？沉降缝的宽度是多少？
9-8　什么叫防震缝？如何确定防震缝的宽度？
9-9　当同一座建筑中要同时考虑伸缩缝、沉降缝和防震缝时，该如何处理？

第10章 工业建筑构造

学习目标

掌握工业建筑的特点；了解工业建筑的各种分类；掌握单层工业厂房结构类型；了解单层工业厂房起重运输设备的种类；了解定位轴线的划分和分类；了解单层工业厂房的外墙、天窗、屋面、侧窗、大门等构件的构造。

10.1 工业建筑概述

工业建筑指为工业生产的需要而建造的各种不同用途的建筑物和构筑物的总称。从事工业生产的房屋主要包括生产厂房、辅助生产用房以及为生产提供动力的房屋，这些房屋往往称为“厂房”或“车间”。它承担着国民经济各部门需要的基础装备，为社会生产提供原料、燃料、动力及其他工业品，成为农业、科学技术、国防及其本身的物质技术基础，是工业建筑必不可少的物质基础。

10.1.1 工业建筑的特点

工业建筑与民用建筑一样，要体现适用、安全、经济、美观的方针；在设计、建筑用材、施工技术等方面，两者有着许多共同之处。但由于生产工艺复杂多样，在设计配合、使用要求、建筑构造等方面，工业建筑又具有如下特点：

1）设计满足生产工艺的要求。与民用建筑不同，工业建筑主要是为了工业生产的需要，因此在厂房的设计时，满足生产工艺的要求是第一位的，只有这样，才能为工人创造良好的生产环境。

2）厂房内部有较大的面积和空间。由于厂房内部生产设备多、体量大，各部生产联系密切，并有多种起重设备和运输设备通行，因此厂房内部需要有较大的畅通空间，来保证设备和运输机械的使用。

3）当厂房的内部空间较大时，特别是多跨厂房，为满足室内采光、通风的需要，屋顶往往设有天窗，并且在屋面排水、防水的要求下，一般厂房的顶部结构较为复杂。且由于部分厂房需要架设起重机梁等，因此与民用建筑相比，工业建筑结构、构造更复杂，技术要求也高。

10.1.2 工业建筑的分类

工业生产的类别繁多，生产工艺不同，分类也随之而异，在建筑设计中常按照厂房的用途、内部生产状况及层数进行分类。

1. 按厂房的用途分类

（1）主要生产厂房　主要生产厂房指进行生产加工主要工序的厂房。这类厂房的建筑面积大，职工人数较多。它在工厂中占主要地位，是工厂的主要厂房。如机械制造厂中的机械加工车间及装配车间等。

（2）辅助生产厂房　辅助生产厂房指为主要生产厂房服务的厂房。它为主要厂房的生产提供服务，为主要生产厂房生产的工业产品提供必要的基础和准备。如机械制造厂中的机修车间、工具车间等。

（3）动力用厂房　动力用厂房指为全厂提供能源的厂房。动力设备的正常运行对全厂生产是特别重要的，因此此类厂房必须有足够的坚固耐久性、妥善的安全措施等。如锅炉房、变电站、煤气发生站等。

（4）贮藏用房屋　贮藏用房屋指用于储存各种原材料、成品、半成品的仓库。对于不同的存储物质，在防火、防潮、防腐蚀等方面也有不同的要求。因此，此类厂房在设计、建造时应根据不同的要求按照不同的规范、标准采取妥善措施。如金属材料库、油料库、成品库等。

（5）运输用房屋　运输用房屋指管理、停放、检修交通运输工具的房屋。如汽车库、机车库等。

（6）后勤管理用房　后勤管理用房指工厂中办公、科研及生活设施等用房。此类建筑类似于一般的同类型民用建筑。如办公室、实验室、宿舍、食堂等。

（7）其他用房　其他用房，如污水处理站等。

2. 按车间内部生产状况分类

（1）热加工车间　热加工车间指生产中会产生大量热量及烟尘等有害气体的车间。如炼钢、铸造、锻压车间。

（2）冷加工车间　冷加工车间指在正常温度、湿度条件下进行生产的车间。如机械加工车间、装配车间等。

（3）有侵蚀性介质作用的车间　有侵蚀性介质作用的车间指在生产工程中会受到化学侵蚀性介质作用，对厂房的耐久性有影响的车间。如冶金厂的酸洗车间、化肥厂的调和车间等。

（4）恒温、湿车间　恒温、湿车间指在生产过程中相对温度、湿度变化较小或稳定的车间，此类车间除安装空调外还须有一些特殊的保湿、隔热措施。如精密机械车间、纺织车间等。

（5）洁净车间　洁净车间指在产品的生产对室内空气的洁净程度要求很高，防止大气中的灰尘和细菌污染的车间。如食品加工车间、集成电路车间、制药车间等。

（6）其他特殊状况的车间　其他特殊状况的车间指有爆炸可能、有大量腐蚀物、放射形散发物等特殊状况的车间。如核生产车间、化学试剂生产车间。

3. 按厂房层数分类

（1）单层工业厂房　此类厂房主要用于一些生产设备或振动比较大、原材料或产品比较重的机械、冶金等重工业厂房。它便于沿地面水平方向组织生产工艺流程，生产设备和重型加工件荷载直接传给地基。其优点是内外设备布置及联系方便；缺点是占地面积大、土地利用率低、围护结构面积多、各种工程技术管道较长、维护管理费用高。

单层工业厂房按跨数的多少有单跨（图 10-1）、高低跨（图 10-2）和多跨（图 10-3）三种形式。其中多跨厂房实践中使用较多。

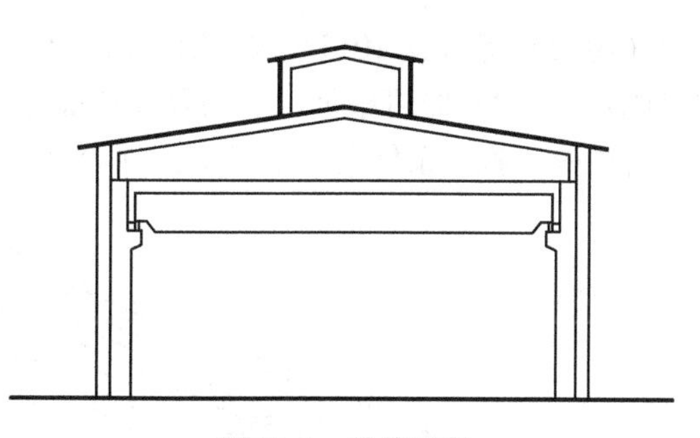

图 10-1　单跨厂房

（2）多层厂房　此类厂房主要用于垂直方向组织生产及工艺流程的生产企业，以及设备和产品较轻的车间。多层厂房占地面积少、建筑面积大、造型美观，适用于用地紧张的城市，也易于适应城市规划和建设布局的要求。多层厂房如图 10-4 所示。

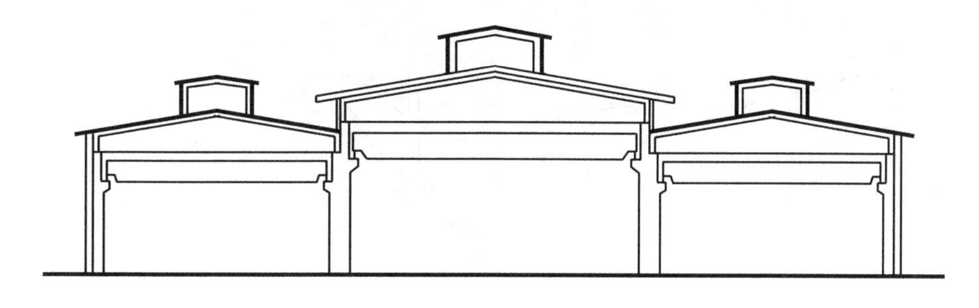

图 10-2　高低跨厂房

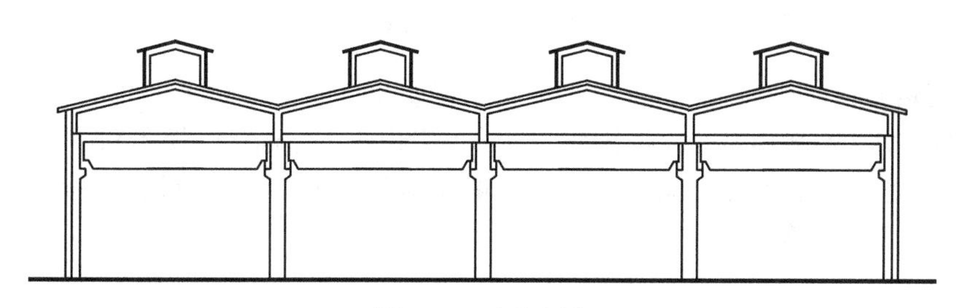

图 10-3　多跨厂房

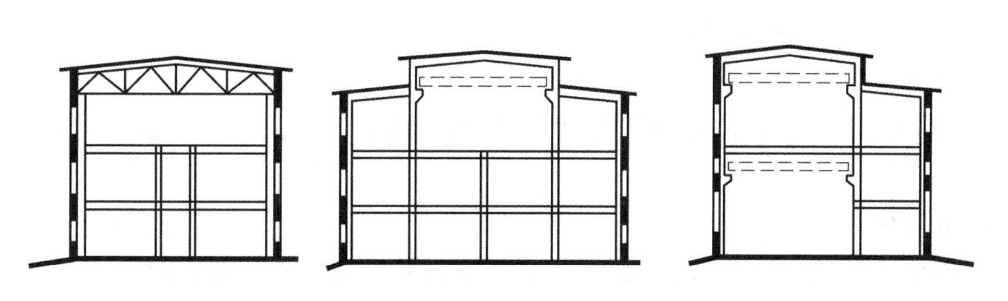

图 10-4　多层厂房

（3）混合层次厂房　混合层次厂房又称组合式厂房，即既有单跨又有多跨的厂房。

10.1.3　单层工业厂房的结构组成

单层工业厂房，其主要的结构构件有：基础、基础梁、柱子、起重机梁、屋面板、屋面梁（屋架）等（图10-5）。目前国家已将工业厂房的所有构件及配件编成标准图集，简称“国标”。设计时可根据厂房的具体情况（跨度、高度及起重机起重量等），并考虑当地材料供应、施工条件及技术经济条件等因素合理使用。

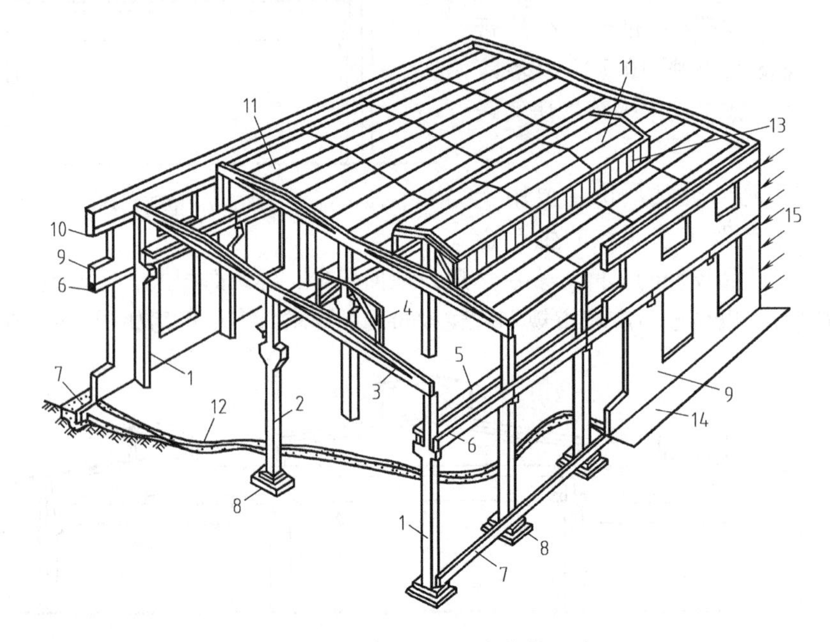

图10-5　单层工业厂房构件组成

1—边列柱　2—中列柱　3—屋面大梁　4—天窗梁　5—起重机梁　6—连系梁　7—基础梁　8—基础　9—外墙　10—圈梁　11—屋面板　12—地面　13—天窗扇　14—散水　15—风力

1. 屋盖结构

屋盖结构分为有檩体系和无檩体系两种：前者由小型屋面板、檩条和屋架等组成；后者由大型屋面板、屋面梁或屋架等组成。一般屋盖的组成有：屋面板、屋架（屋面梁）、屋架支撑、天窗架、檐沟板等。

2. 柱子

柱子是厂房的主要承重构件，它承受屋盖、起重机梁、墙体上的荷载，以及山墙传来的风荷载，并把这些荷载传给基础。

3. 基础

基础承担作用在柱子上的全部荷载，以及基础梁传来的荷载，并将这些荷载传给地基。

4. 起重机梁

起重机梁安装在柱子伸出的牛腿上，它承受起重机自重和起重机荷载，并把这些荷载传递给柱子。

5. 围护结构

围护结构由外墙、抗风柱、墙梁、基础梁等构件组成，这些构件所承受的荷载主要是墙体和构件的自重，以及作用在墙上的风荷载。

6. 支撑系统

支撑系统包括柱间支撑和屋盖支撑两部分。

单层工业厂房的结构类型，按照主要承重结构的形式，一般来说可以分为两种：

（1）排架结构　基本特点是把屋架看作一个刚度很大的横梁，屋架（或屋面梁）与柱子的连接为铰接，柱子与基础的连接为刚接。排架结构施工安装较方便，适用范围广，如图 10-6 所示。

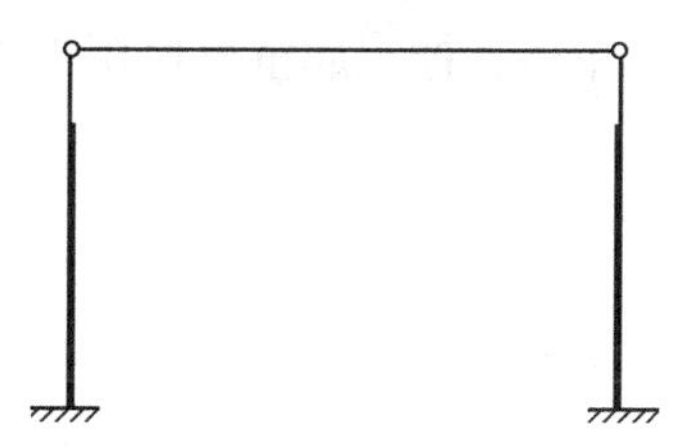

图 10-6　排架结构

（2）刚架结构　刚架结构是将屋架（或屋面梁）与柱子合并为一个构件，柱子与屋架（或屋面梁）的连接处为刚性节点，柱子与基础一般做成铰接。刚架结构梁柱合一，构件种类减少，制作简单，结构轻巧，建筑空间宽敞，如图 10-7 所示。

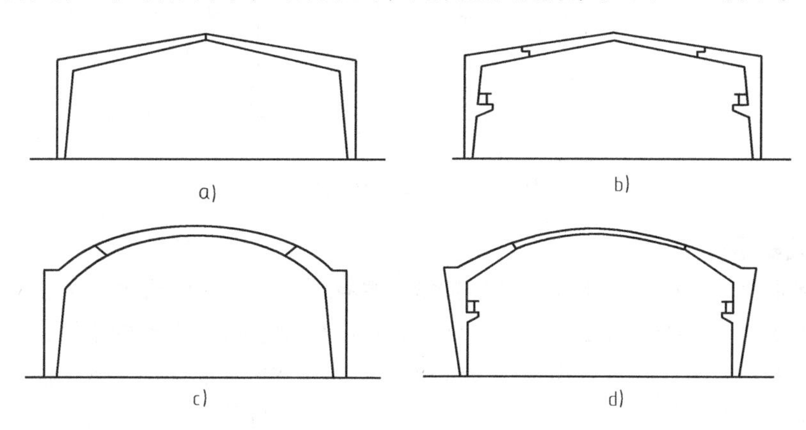

图 10-7　刚架结构

a）人字形钢架　b）带起重机人字形钢架　c）弧形拱钢架　d）带起重机弧形拱钢架

单层工业厂房大多采用装配式钢筋混凝土排架结构（重型厂房采用钢结构）。厂房的承重结构由横向骨架和纵向连系构件组成，横向骨架包括：屋面大梁（或屋架）、柱子及柱基础，它承受屋顶、天窗、外墙及起重机等荷载。纵向连系构件包括屋盖结构、连系梁、起重机梁等。它们能保证横向骨架的稳定性，并将作用在山墙上的风力或起重机纵向制动力传给柱子。此外，为保证厂房的整体性和稳定性，还要设置一些支撑系统。

10.1.4　厂房内部的起重运输设备

工业厂房在生产过程中，为装卸、搬运各种原材料和产品，以及进行生产、设备检修等，在地面上可采用电瓶车、汽车及火车等运输工具；在自动生产线上可采用悬挂式运输起重机或输送带等；在厂房上部空间可安装各种类型的起重机。

起重机是目前厂房中应用最为广泛的一种起重运输设备。厂房剖面高度的确定和结构计算等，与起重机的规格、起重量等有着密切的关系。常见的起重机有单轨悬挂起重机、梁式起重机和桥式起重机等。

1. 单轨悬挂式起重机

单轨悬挂式起重机按操纵方法有手动及电动两种。起重机由运行部分和起升部分组成，安装在工字形钢轨上，钢轨悬挂在屋架（或屋面大梁）的下弦上，它可以布置成直线或曲线形（转弯或越跨时用）。为此，厂房屋顶应有较大的刚度，以适应起重机荷载的作用。单轨悬挂式起重机如图10-8所示。

单轨悬挂式起重机适用于小型起重量的车间，一般起重量为1~2t。

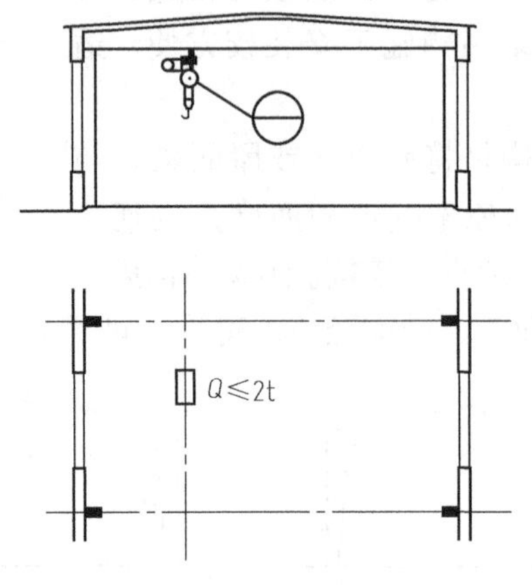

图10-8　单轨悬挂式起重机

2. 梁式起重机

梁式起重机有悬挂式和支承式两种类型。悬挂式如图10-9a所示，是在屋架或屋面梁下弦悬挂梁式钢轨，钢轨布置成两行直线，在两行轨梁上设有滑行的单梁，在单梁上设有可横向移动的滑轮组。支承式电动单梁起重机如图10-9b所示，是在排架柱上设牛腿，牛腿设起重机梁，起重机梁上安装钢轨，钢轨上设有可滑行的单梁，在滑行的单梁上设可滑

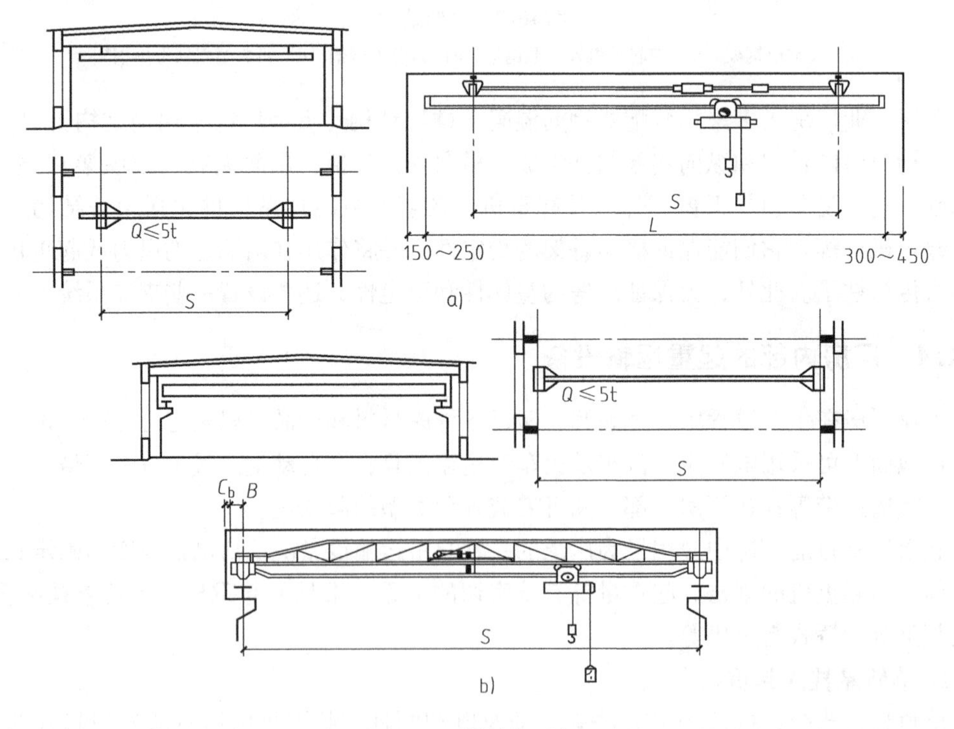

图10-9　梁式起重机

a）悬挂式电动单梁起重机（DDXQ型）　b）支承式电动单梁起重机（DDQ型）

行的滑轮组，在单梁与滑轮组行走范围内均可起重。梁式起重机起重量一般不超过5t。

3. 桥式起重机

桥式起重机由起重行车及桥架组成，桥架上铺有起重行车运行的轨道（沿厂房横向运行），桥架两端借助车轮可在起重机轨道上运行（沿厂房纵向运行），起重机轨道铺设在柱子支承的起重机梁上。桥式起重机的司机室一般设在起重机端部，有的也可设在中部或做成可移动的。电动桥式起重机如图10-10所示。

根据工作班时间内的工作时间，桥式起重机的工作制分为重级工作制（工作时间>40%）、中级工作制（工作时间为25%～40%）、轻级工作制（工作时间为15%～25%）三种情况。

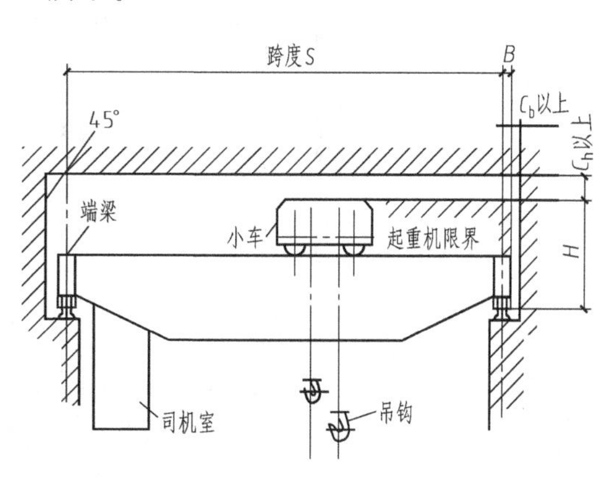

图10-10 电动桥式起重机

当同一跨度内需要的起重机数量较多，且起重机起重量相差悬殊时，可沿高度方向设置双层起重机，以减少起重机运行中的相互干扰。

设有桥式起重机时，应注意厂房跨度和起重机跨度的关系，使厂房的宽度和高度满足起重机运行的需要，并应在柱间适当位置设置通向起重机司机室的钢梯及平台。当起重机为重级工作制或其他需要时，尚应沿起重机梁侧设置安全走道板，以保证检修和人员行走的安全。

4. 悬臂起重机

常用的悬臂起重机，有固定式旋转悬臂起重机和壁行式悬臂起重机两种。前者一般是固定在厂房的柱子上，可180°旋转，其服务范围为以臂长为半径的半圆面积，适用于固定地点及某一固定生产设备的起重、运输之用；后者可沿厂房纵向往返行走，服务范围为一条狭长地带。

悬臂起重机布置方便，使用灵活，一般起重量可达8～10t，悬臂长可达8～10m，在实际工程中有一定的应用。

除上述几种起重机形式外，厂房内部根据生产特点的不同，还有各式各样的运输设备，如火车、汽车、电瓶车；拖拉机制造厂装配车间的吊链；冶金工厂轧钢车间采用的辊道；铸工车间所用的传送带；此外，还有气垫等较新的运输工具。

10.1.5 柱网及定位轴线

1. 柱网选择

在厂房中，承重结构柱子在平面上排列时所形成的网格称为柱网。柱网尺寸是由跨度和柱距组成的。

（1）柱网尺寸的确定

1）跨度尺寸的确定。首先是生产工艺中生产设备的大小及布置方式。设备面积大，所占面积也大，设备布置成横向或纵向，布置成单排或多排，都直接影响跨度的尺寸。

2）生产流程中运输通道，生产操作及检修所需的空间。

根据1)、2）项所得的尺寸，调整为符合《厂房建筑模数协调标准》的要求。

当屋架跨度小于或等于18m时，应采用扩大模数30M的数列，即跨度尺寸是18m、15m、12m、9m及6m；当屋架跨度大于18m时，宜采用扩大模数60M的数列，即跨度尺寸是18m、24m、30m、36m、42m等。当工艺布置有明显优越性时，跨度尺寸也可采用21m、27m、33m。厂房横、纵跨图如图10-11所示。

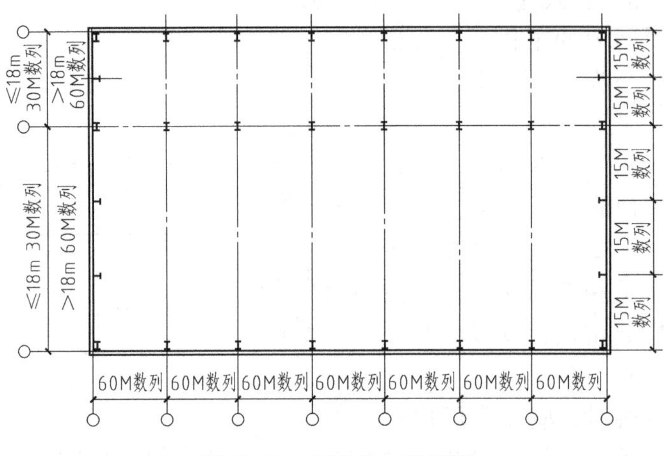

图10-11 厂房横、纵跨图

3）柱距尺寸的确定。我国单层工业厂房主要采用装配式钢筋混凝土结构体系，采用扩大模数60M的数列，相应的结构构件如基础梁、吊车梁、连系梁、屋面板、横向墙板等，均已配套成型。柱距尺寸还受到材料的影响，当采用砖混结构的砖柱时，其柱距宜小于4m，可为3.9m、3.6m、3.3m。

（2）扩大柱网尺寸 常用扩大柱网（跨度×柱距）为12m×12m、15m×12m、18m×12m、24m×12m、18m×18m、24m×24m等。

2. 定位轴线

对于单层工业厂房，与民用建筑相一致，定位轴线可以分为横向定位轴线和纵向定位轴线两种。单层工业厂房定位轴线是确定厂房主要承重构件位置及其标志尺寸的基准线，同时也是厂房施工放线和设备定位的依据，其设计应执行《厂房建筑模数协调标准》(GB/T 50006—2010)的有关规定。定位轴线的划分是在柱网布置的基础上进行的。厂房定位轴线图如图10-12所示。

（1）横向定位轴线 横向定位轴线是垂直于厂房长度方向（即平行于屋架）的定位轴线。厂房横向定位轴线之间的距离是柱距。它标注了厂房纵向构件如屋面板、吊车梁长度的标志尺寸及其与屋架（或屋面梁）之间的相互关系。

1）中间柱与横向定位轴线的联系。除横向变形缝处及山墙端部柱外，中间柱的中心线应与柱的横向定位轴线相重合，在一般情况下，横向定位轴线之间的距离也就是屋面板、吊车梁长度方向的标志尺寸，如图10-13所示。

2）变形缝处柱与横向定位轴线的联系。在单层工业厂房中，横向伸缩缝、防震缝处采用双柱双轴线的定位方法，柱的中心线从定位轴线向缝的两侧各移600mm，双轴线间插入距 a_i 等于伸缩缝或防震缝的宽度 a_e，这种方法可使该处两条横向定位轴线之

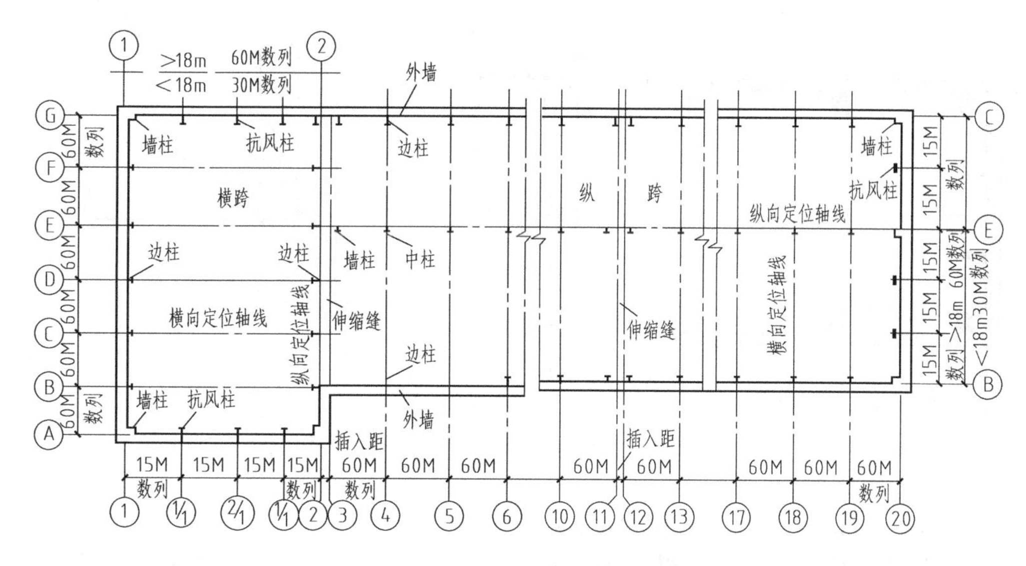

图 10-12 厂房定位轴线图

间的距离与其他轴线间柱距保持一致，不增加构件类型，有利于建筑工业化，如图 10-14所示。

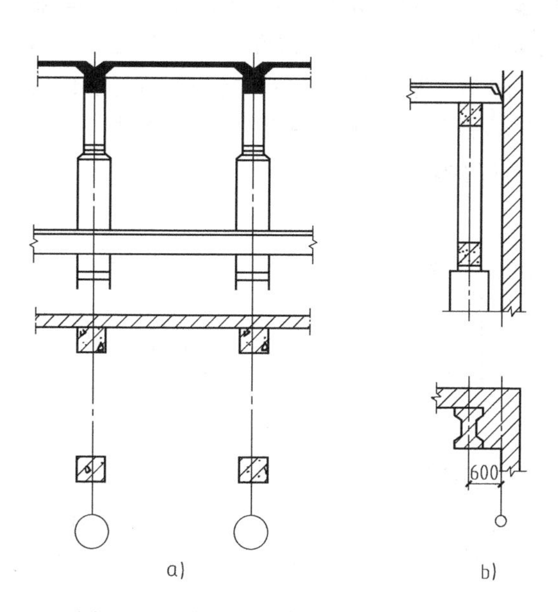

图 10-13 中间柱与横向定位轴线的联系

a）中间柱与横向定位轴线 b）边柱与横向定位轴线

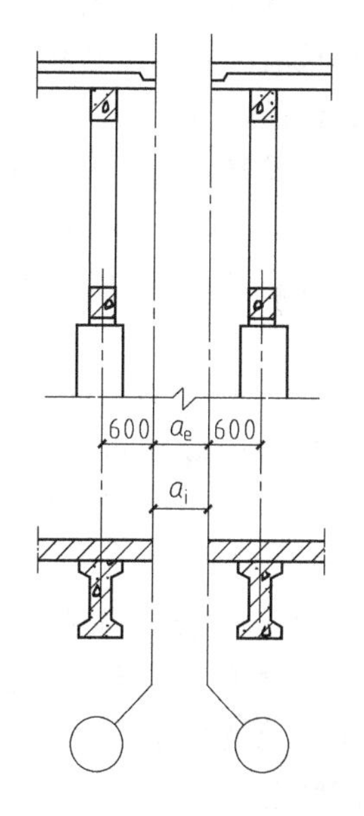

图 10-14 横向伸缩缝、防震缝处柱与横向定位轴线的联系

a_i—插入距 a_e—变形缝宽

3）山墙与横向定位轴线的联系。

① 山墙为非承重墙时，墙内缘与横向定位轴线重合，端部柱的中心线从横向定位轴线内移 600mm，如图 10-15 所示。

② 山墙为承重墙时，墙内缘与横向定位轴线的距离 λ 为砌体材料的半块或半块的倍数或墙厚的一半，如图 10-16 所示。

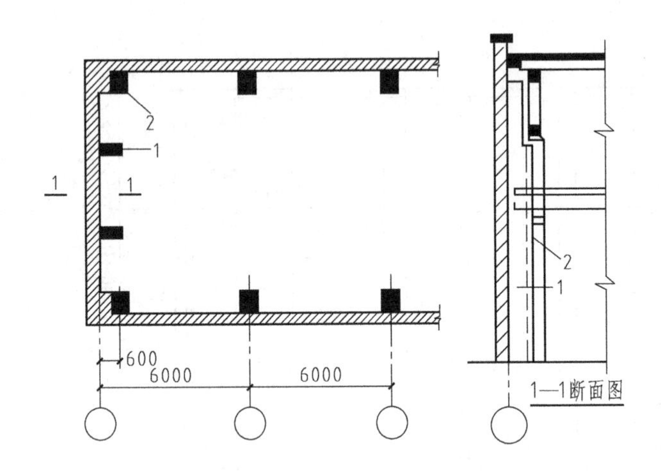

图 10-15　非承重山墙与横向定位轴线的联系
1—山墙抗风柱　2—厂房排架柱（端柱）

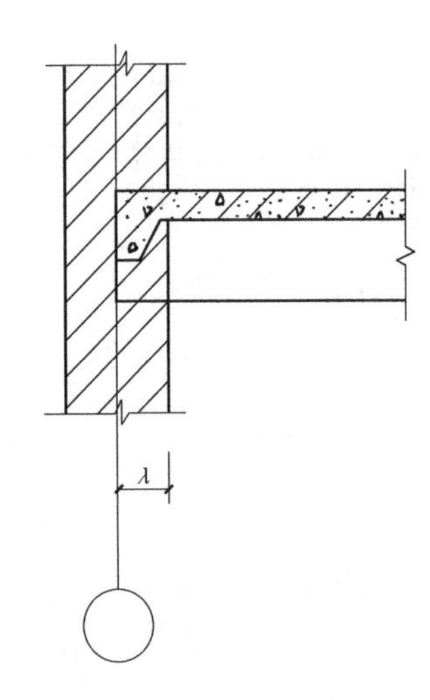

图 10-16　承重山墙与横向定位轴线的联系

（2）纵向定位轴线　纵向定位轴线是平行于厂房长度方向（即垂直于屋架）的定位轴线。厂房纵向定位轴线之间的距离是跨度。它主要用来标注厂房横向构件如屋架（或屋面梁）长度的标志尺寸和确定屋架（或屋面梁）、排架柱等构件间的相互关系。纵向定位轴线的布置应使厂房结构和起重机的规格协调，保证起重机与柱之间留有足够的安全距离。在支承式梁式起重机或桥式起重机的厂房设计中，由于屋架（或屋面梁）和起重机的设计、生产、制作都是标准化的，建筑设计应满足。

1）外墙、边柱与纵向定位轴线的联系。

① 封闭结合。当纵向定位轴线与柱外缘和墙内缘相重合，屋架和屋面板紧靠外墙内缘时，称为封闭结合。

② 非封闭结合。当纵向定位轴线与柱子外缘有一定距离，此时屋面板与墙内缘之间有一段空隙时称为非封闭结合。

2）中柱与纵向定位轴线的联系。

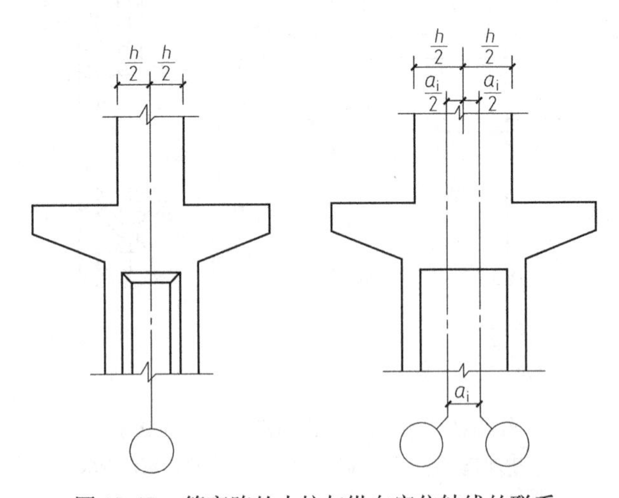

图 10-17　等高跨的中柱与纵向定位轴线的联系

① 平行等高跨中柱。当厂房为平行等高跨时，通常设置单柱和一条定位轴线，柱的中心线一般与纵向定位轴线相重合。当等高跨中柱需采用非封闭结合时，仍可采用单柱，但需设两条定位轴线，在两轴线间设插入距 a_i，并使插入距中心与柱中心相重合。等高跨的中柱与纵向定位轴线的联系如图 10-17 所示。高低跨处中柱与纵向定位轴线的联系如图 10-18 所示。

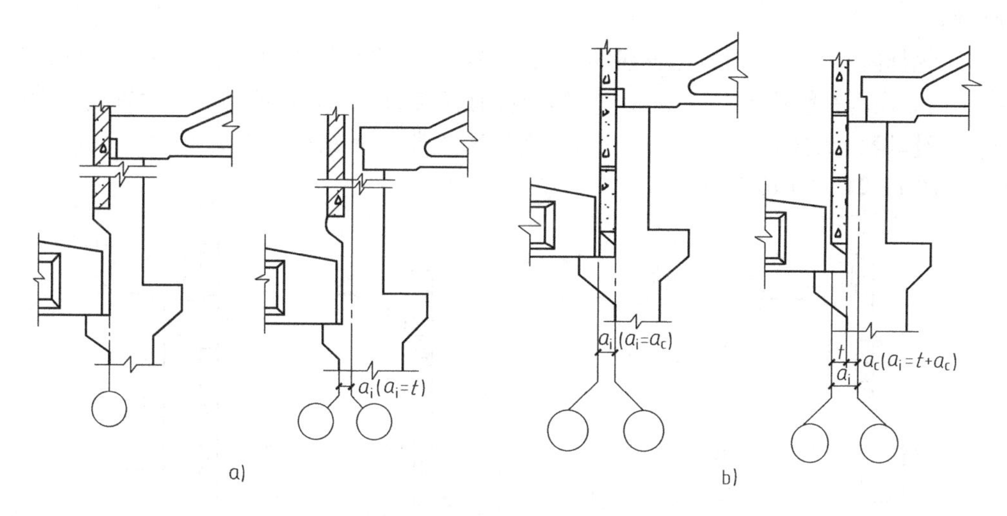

图 10-18　高低跨处中柱与纵向定位轴线的联系

a）单轴线　b）双轴线

a_i—插入距　a_c—联系尺寸　t—封墙厚度

② 平行不等高跨中柱。单轴线封闭结合。高跨上柱外缘与纵向定位轴线重合，纵向定位轴线按封闭结合设计，不需设联系尺寸。

双轴线封闭结合。高低跨都采用封闭结合，但低跨屋面板上表面与高跨柱顶之间的高度不能满足设置封墙的要求，此时需增设插入距 a_i，其大小为封墙厚度 t。

双轴线非封闭结合。当高跨为非封闭结合，且高跨上柱外缘与低跨屋架端部之间不设封闭墙时，两轴线增设插入距 a_i 等于轴线与上柱外缘之间的联系尺寸 a_c；当高跨为非封闭结合，且高跨柱外缘与低跨屋架端部之间设封墙时，则两轴线之间的插入距 a_i 等于墙厚 t 与联系尺寸 a_c 之和。

③ 纵向伸缩缝处中柱。当等高厂房须设纵向伸缩缝时，可采用单柱单轴线处理，缝一侧的屋架支承在柱头上，另一侧的屋架搁置在活动支座上，采用一根纵向定位轴线，定位轴线与上柱中心重合，如图 10-19 所示。

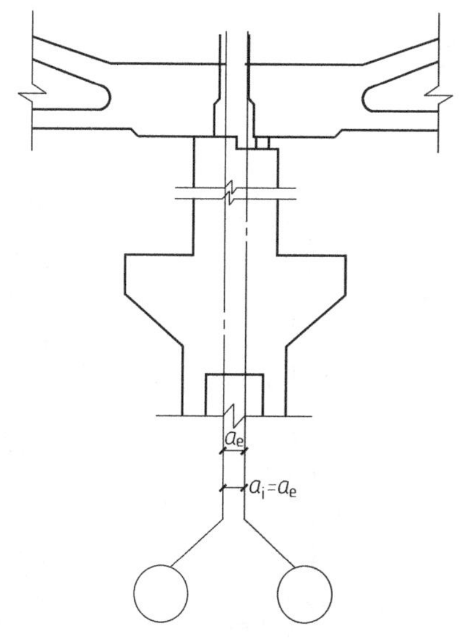

图 10-19　等高厂房纵向伸缩缝处单柱与双轴线的处理

不等高跨的纵向伸缩缝一般设在高低跨处，若采用单柱，应设两条定位轴线，两轴线间设插入距 A。当高低跨都为封闭结合时，插入距 a_i 等于伸缩缝宽 a_e；当高跨为非封闭结合时，插入距 $a_i=a_e+a_c$，a_c 为联系尺寸。

当不等高跨高差悬殊或者吊车起重量差异较大时，或须设防震缝时，常在不等高跨处采用双柱双轴处理，两轴线间设插入距 a_i。当高低跨都为封闭结合时，$a_i=a_c+a_e$；当高跨为非封闭结合时，$a_i=t+a_e+a_c$，t 为封墙厚度。

3）纵横跨相交处柱与定位轴线的联系。在厂房的纵横跨相交时，常在相交处设有变形缝，使纵横跨在结构上各自独立。纵横跨应有各自的柱列和定位轴线，两轴线间设插入距 a_i。当横跨为封闭结合时 $a_i = t + a_e$；当横跨为非封闭结合时，$a_i = t + a_e + a_c$，如图10-20、图10-21、图10-22所示。

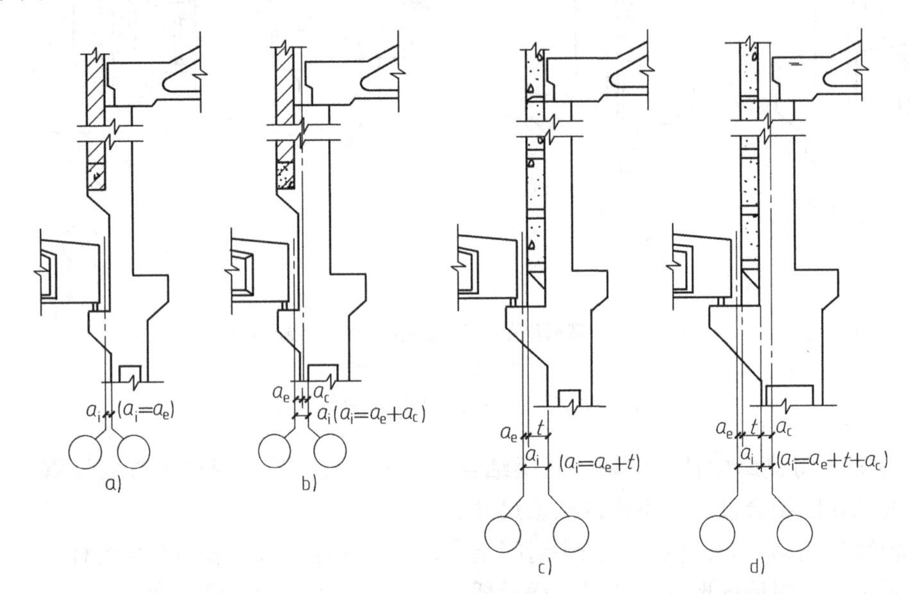

图10-20 不等高厂房纵向变形缝处单柱与纵向定位轴线的联系

a）未设联系尺寸 b）设联系尺寸 c）a＋封墙厚度 d）b＋封墙厚度

a_c—联系尺寸 t—封墙厚度 a_e—变形缝宽度

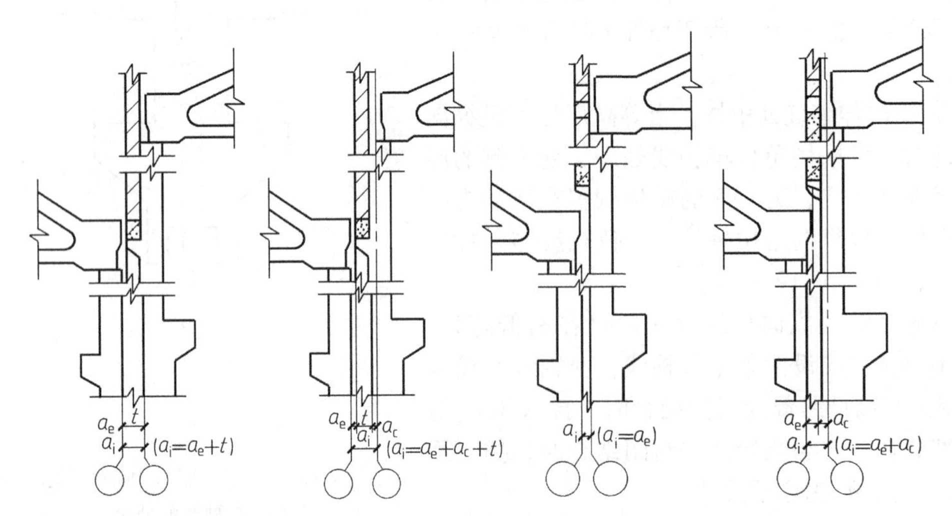

图10-21 不等高厂房纵向变形缝处双柱与纵向定位轴线的联系

a_i—插入距 a_c—联系尺寸 t—封墙厚度 a_e—变形缝宽度

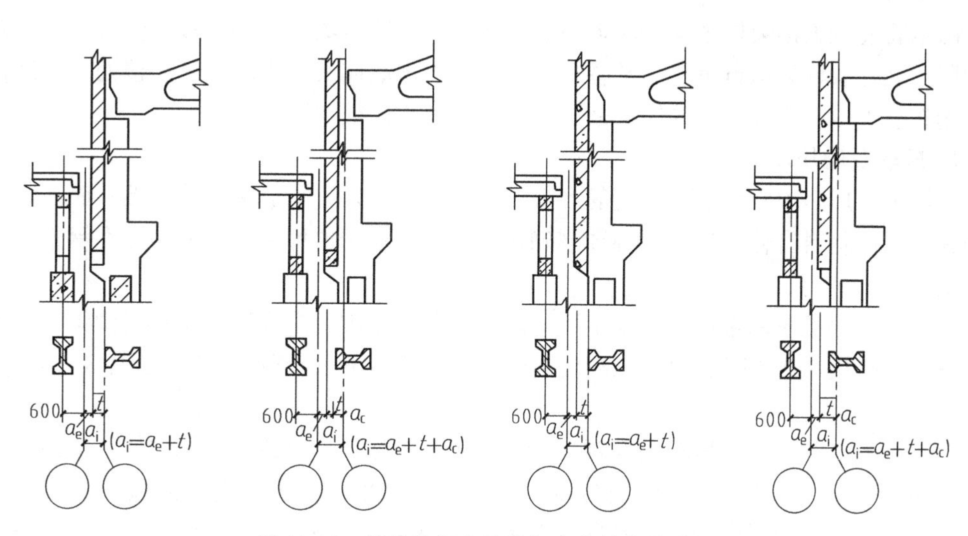

图 10-22　纵横跨相交处柱与定位轴线的联系

a_i—插入距　a_c—联系尺寸　t—封墙厚度　a_e—变形缝宽度

10.2　单层工业厂房的构造

10.2.1　外墙

厂房外墙主要是根据生产工艺、结构条件和气候条件等要求来设计的。单层工业厂房的外墙高度和长度都比较大，要承受较大的风荷载，同时还要受到机器设备与运输工具振动的影响，因此墙身的刚度和稳定性应有可靠的保证。单层工业厂房的外墙按其材料类别可分为砖砌块墙、板材墙、轻型板材墙等；按其承重情况则可分为承重墙、承自重墙、填充墙和幕墙等。

外墙按承重情况分为承重墙、承自重墙及框架墙等类型，如图 10-23 所示。

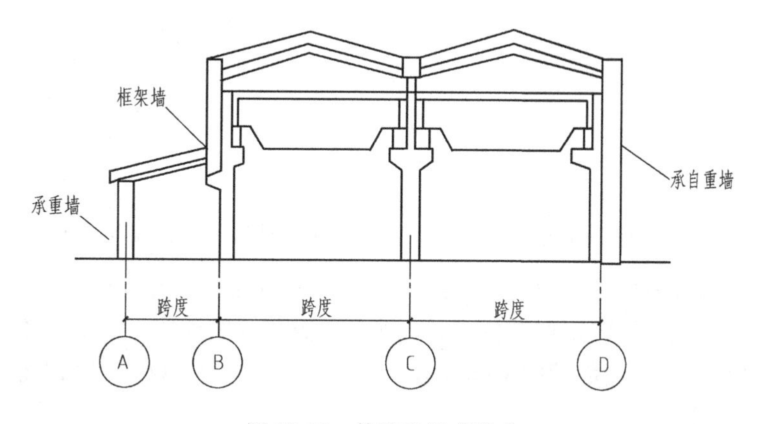

图 10-23　外墙的组成形式

当厂房的跨度和高度不大，没有或只有较小的起重运输设备时，一般可采用承重墙直接承受屋盖与起重运输设备等荷载。当厂房跨度和高度较大，起重运输设备吨位较大时，通常由钢筋混凝土排架柱来承受屋盖与起重运输设备等荷载，而外墙只承受自重，仅起围护作用，这种墙称为承自重墙。某些高大厂房的上部墙体及厂房高低跨交接处的墙体，往往采用架空支承在排架柱上的墙梁来承担，这种墙称为框架墙。

1. 砖墙及砌块墙

单层工业厂房通常为装配式钢筋混凝土结构，因此外墙一般采用填充墙，而作为填充墙的常用墙体材料有普通砖和各种预制砌块。当然，对于这种砖砌外墙，存在承重和非承重的划分。

承重墙体一般采用带壁柱的承重墙，墙下设条形基础，并在适当位置设圈梁。承重砖墙只适用于跨度小于15m、起重机吨位不超过5t、柱高不大于9m，以及柱距不大于6m的厂房。

当起重机吨位重，厂房较高大时，若再采用带壁柱的承重砖墙，则墙体结构面积会增大，使用面积相应减少，工程量也将增加。砖墙对重型起重机等引起的振动抵抗能力也差。因此，一般采用强度较高的材料（钢筋混凝土或钢）做骨架来承重，使外墙的承重和围护功能分开，外墙只起围护作用和承受自重及风荷载。

外墙的细部构造要点有以下几点：

1）外墙和柱的相对位置通常可以有四种布置方案，如图10-24所示。

2）墙和柱的连接构造：为了使砖墙与排架柱保持一定的整体性及稳定性，墙体与柱子之间应有可靠的连接。通常的做法是沿柱子高度方向每隔500～600mm伸出两根Φ6的钢筋（伸出长度为450mm），砌墙时砌入墙内，如图10-25所示。

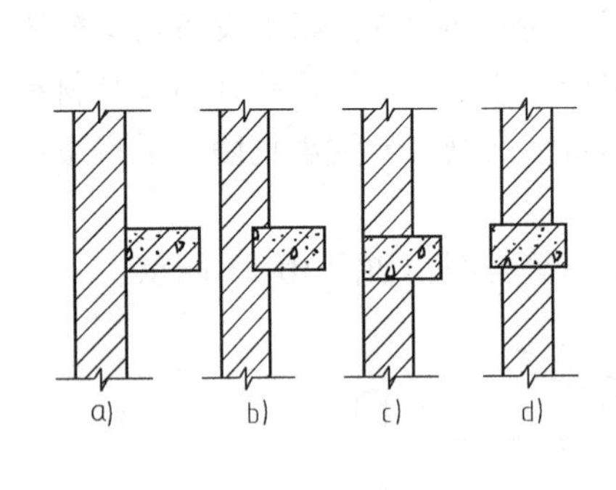

图10-24　厂房外墙与柱的相对位置

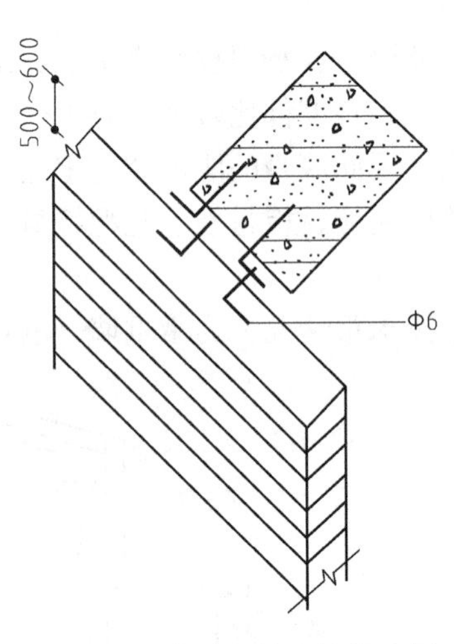

图10-25　外墙与柱连接构造图

3）山墙与屋面板的连接：单层工业厂房的山墙比较高大，为保证其稳定性和抗风要求，山墙与抗风柱及端柱除用钢筋拉结外，在非地震区一般尚应在山墙上部沿屋面设置2根Φ8钢筋于墙中，并在屋面板的板缝中嵌入一根Φ12（长为1000mm）钢筋与山墙中钢筋相连接，如图10-26所示。

4）山墙与柱的连接：由于厂房山墙与柱子有一定的距离，常用的做法是将山墙局部厚度增大，使山墙与柱子挤紧，通过拉结筋来连接。

5）女儿墙的拉结构造：可以适当参阅前面民用建筑部分内容，如图10-27所示。

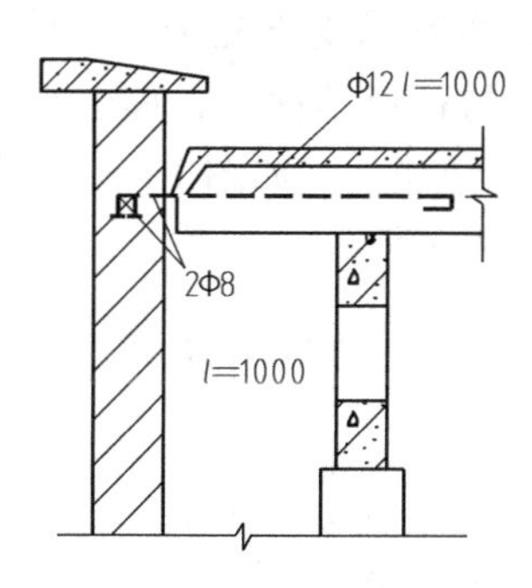

图 10-26　山墙与屋面板的连接

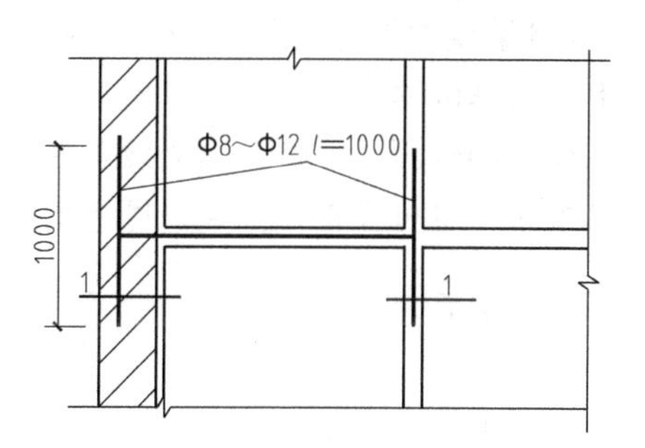

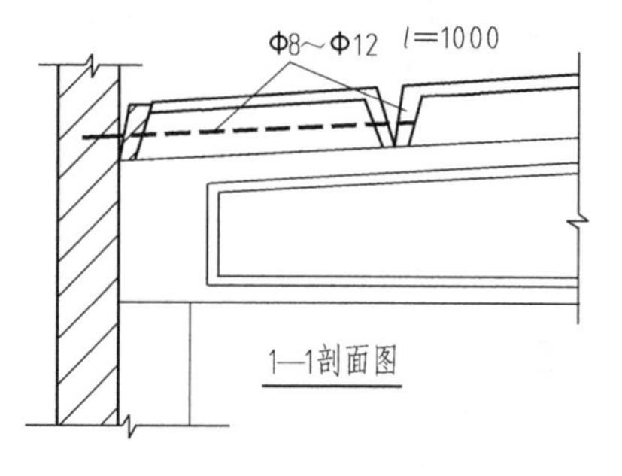

图 10-27　女儿墙与屋面的连接

6）抗风柱的连接构造，钢筋混凝土抗风柱用来保证承自重山墙的刚度和稳定性。抗风柱与山墙、屋面板与山墙之间采用钢筋拉结，抗风柱的下端插入基础杯口，在柱的上端通过一个特制的“弹簧”钢板与屋架相连接，如图 10-28 所示。

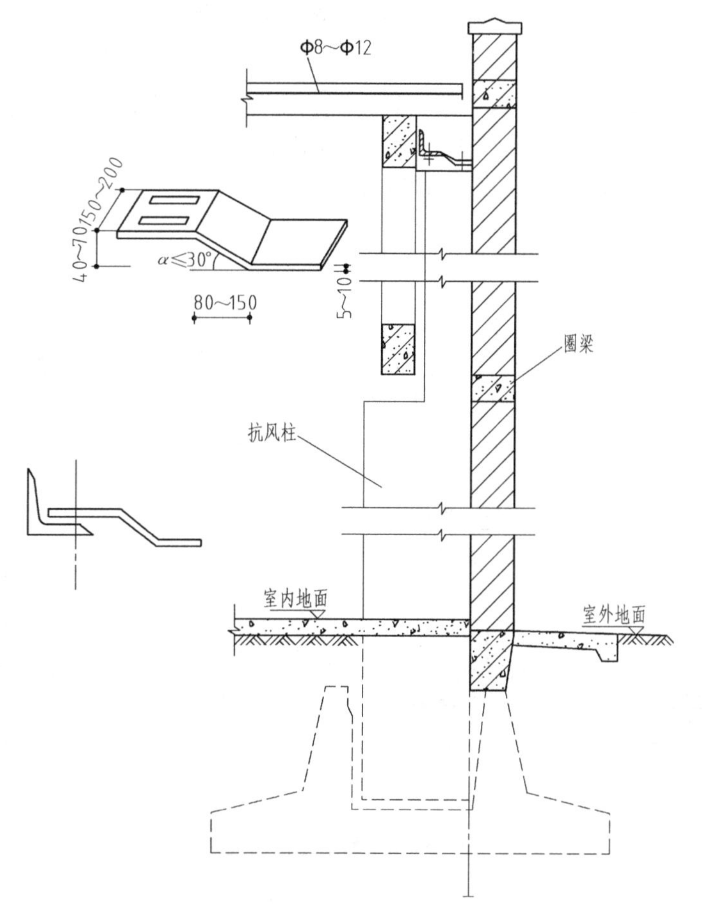

图 10-28　山墙与抗风柱的连接图

7）承自重墙的下部构造：单层工业厂房承自重墙通常砌置在简支于柱子基础顶面的基础梁上。当基础埋深不大时，基础梁可直接搁置在柱基础的杯口顶面上，如图 10-29a 所示；如果基础较深，可将基础梁设置在柱基础杯口的混凝土垫块上，如图 10-29b 所示；当埋深更大时，也可设置在排架柱底部的小牛腿上，如图 10-29c 所示。

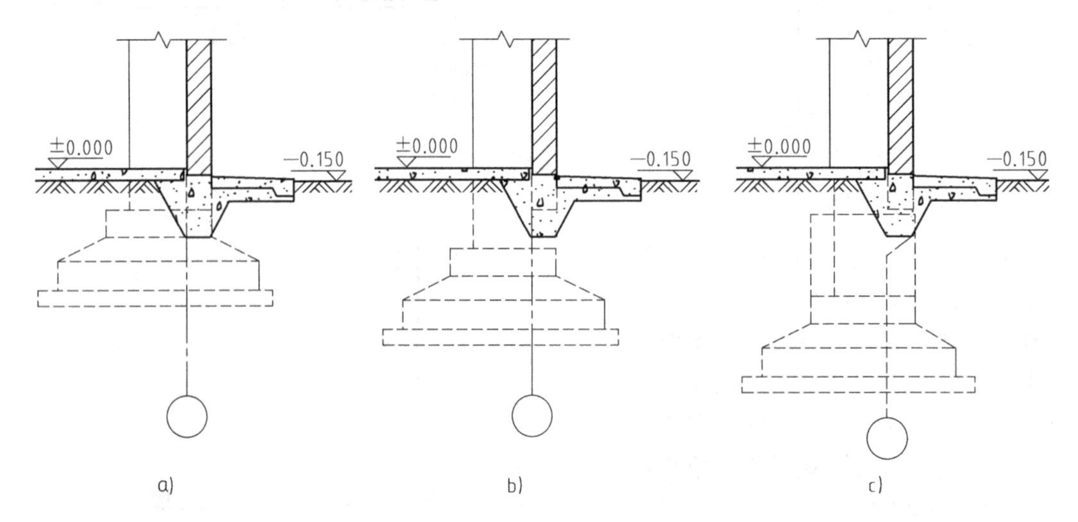

图 10-29　承自重墙下部构造图

a）基础梁设置在杯口上　b）基础梁设置在垫块上　c）基础梁设置在小牛腿上

8）连系梁与圈梁的构造：连系梁与厂房的排架柱连接，可增强厂房的纵向刚度，并传递水平荷载和承担上部墙体的荷载。它支承在排架柱外伸的牛腿上，并通过螺栓或焊接与柱子相连接，如图 10-30 所示。自承重墙的圈梁设置要求与承重墙中的圈梁设置要求基本相同，其构造做法如图 10-31 所示。

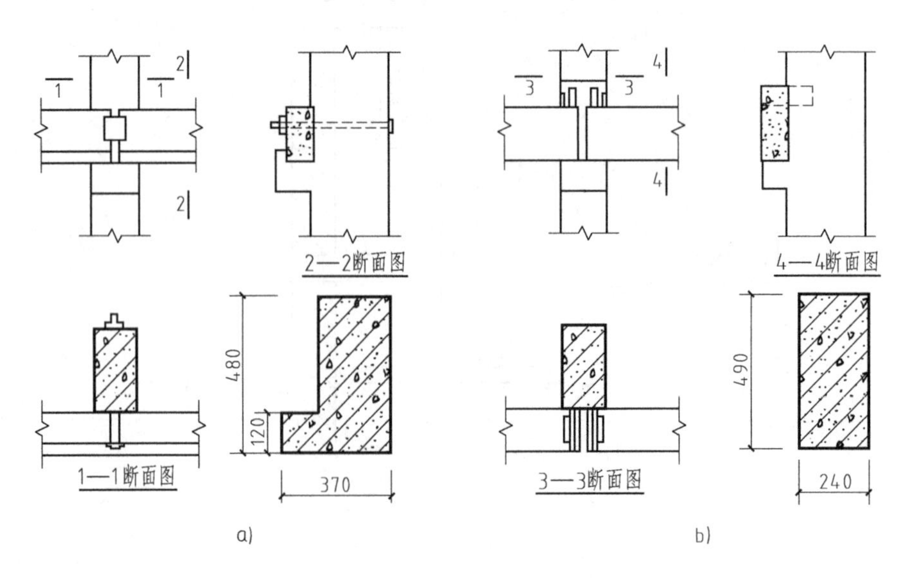

图 10-30　连系梁与柱的连接

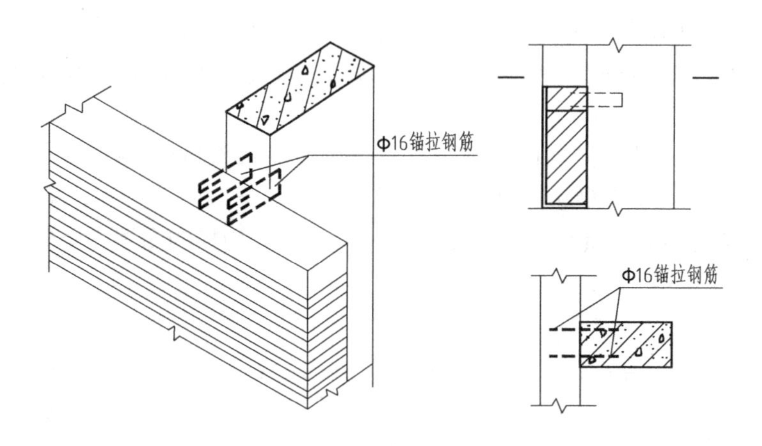

图 10-31　自承重墙圈梁的构造图

2. 板材墙

应用板材墙是墙体改革的重要内容，也是建筑工业化发展的方向。与民用建筑一样，厂房多利用轻质材料制成块材或用普通混凝土制成空心块材砌墙，可参阅民用建筑中墙体这部分内容。

板材墙连接与砖墙相似，即块材之间应横平竖直、灰浆饱满、错缝搭接，块材与柱子之间由柱子伸出钢筋砌入水平缝内实现锚拉。它可以充分利用工业废料，不占农田，加快施工进度，减轻劳动强度，同时板材墙较砖墙重量轻、抗震好、整体性强，但用钢量大、造价偏高，接缝不易保证质量，有时易渗水、透风，保温、隔热效果不理想。

（1）板材的类型和尺寸　板材墙的分类，可根据不同需要进行不同划分。

按规格尺寸分为基本板、异型板和补充构件。基本板是指形状规整、量大面广的基本形式墙板；异型板是指量少、形状特殊的板型，如窗框板、加长板、山尖板等；补充构件是指与基本板和异型板共同组成厂房墙体围护结构的其他构件，如转角构件、窗台板等。

按其所在墙面位置不同可分为檐口板、窗上板、窗框板、窗下板、一般板、山尖板、勒脚板、女儿墙板等。

按其构造和材料可分为如下几种：

1）单一材料板。

① 钢筋混凝土槽形板、空心板：这类板的优点是耐久性好、制造简单、可施加预应力。槽形板也称为肋形板，其钢材、水泥用量较省，但保温、隔热性能差，故只适用于某些热车间和保温、隔热要求不高的车间、仓库等。空心板材料用量较多，但双面平整，并有一定的保温、隔热能力。

② 配筋轻混凝土墙板：这种板种类较多，如粉煤灰硅酸盐混凝土墙板、加气混凝土墙板等，它们的共同特点是比普通混凝土和砖墙轻，保温、隔热性能好。缺点是吸湿性较大，故必须加水泥砂浆等防水面层。

2）复合材料板。这种板是用钢筋混凝土、塑料板、薄钢板等材料做成骨架，其内填矿毡棉、泡沫塑料、膨胀珍珠岩板等轻质保温材料。其特点是材料各尽所长，性能优良；缺点是制造工艺较复杂。

墙板的长和高采用 3M 为扩大模数，板长有 4500mm、6000mm、7500mm（用于山墙）

和12000mm四种，可适用于6m或12m柱距及3m整倍数的跨距。板高（宽）有900mm、1200mm、1500mm、1800mm四种。板厚以分模数1/5M（20mm）为模数晋级，常用厚度为160～240mm。

（2）墙板的布置　墙板排列的原则应尽量减少所用墙板的规格类型。墙板可从基础顶面开始向上排列至檐口，最上一块为异形板；也可从檐口向下排列，多余尺寸埋入地下；还可以柱顶为起点，由此向上和向下排列。具体可分为横向布置、竖向布置、混合向布置三种类型，如图10-32所示。

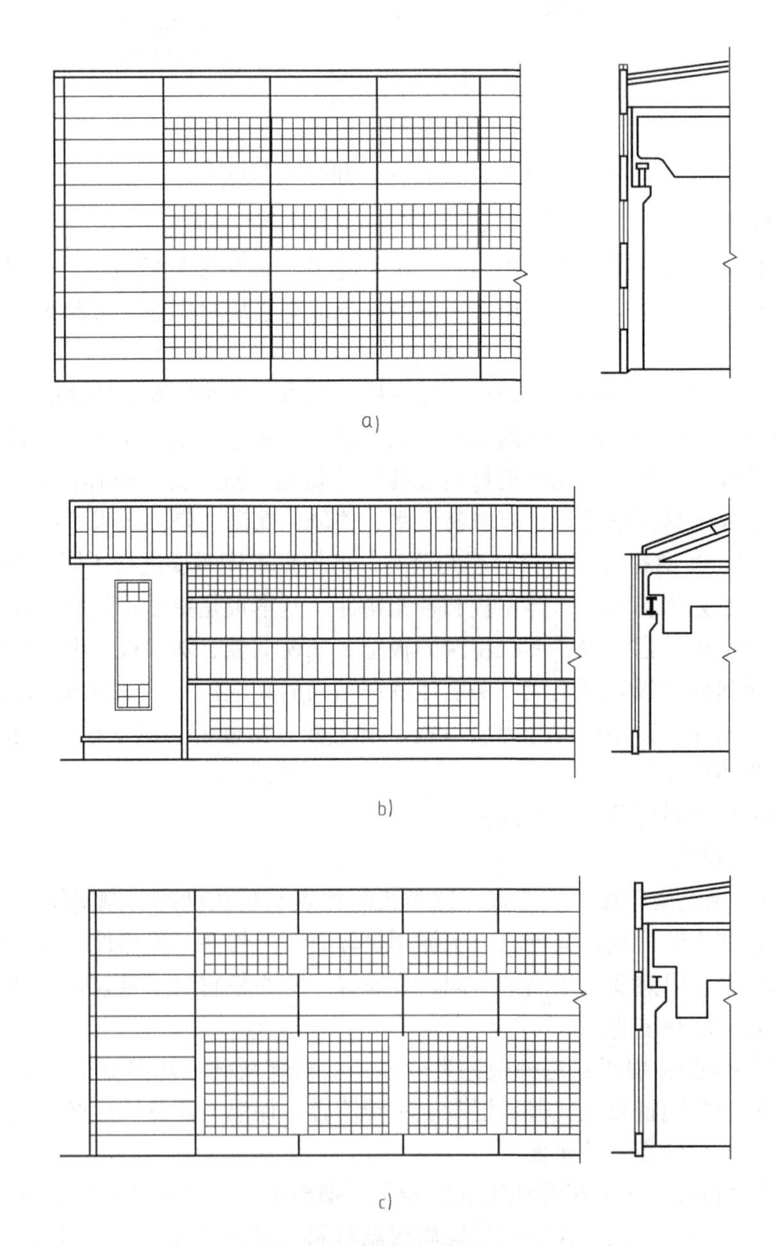

图10-32　墙板布置图

a）横向布置　b）竖向布置　c）混合向布置

（3）墙板与柱的连接　墙板与柱子的连接有柔性连接和刚性连接两种。

1）柔性连接：包括螺栓连接、压条连接和角钢连接。

柔性连接适用于地基不均匀、沉降较大或有较大振动影响的厂房，多用于承自重墙，是目前采用较多的方式。柔性连接是通过设置预埋件和其他辅助构件使墙板和排架柱相连接。柱只承受由墙板传来的水平荷载，墙板的重量并不加给柱子而由基础梁或勒脚板来承担。

① 螺栓挂钩连接（图 10-33a）：墙板在垂直方向每隔 3 ~4 块板由钢支托（焊于柱上）支撑，水平方向用螺栓挂钩拉结固定。这种连接可使墙板和柱在一定范围内相对独立位移、维修方便、不用焊接、能较好地适应振动引起的变形。但厂房的纵向刚度较差，连接件易受腐蚀，安装固定要求准确，费工、费钢材。

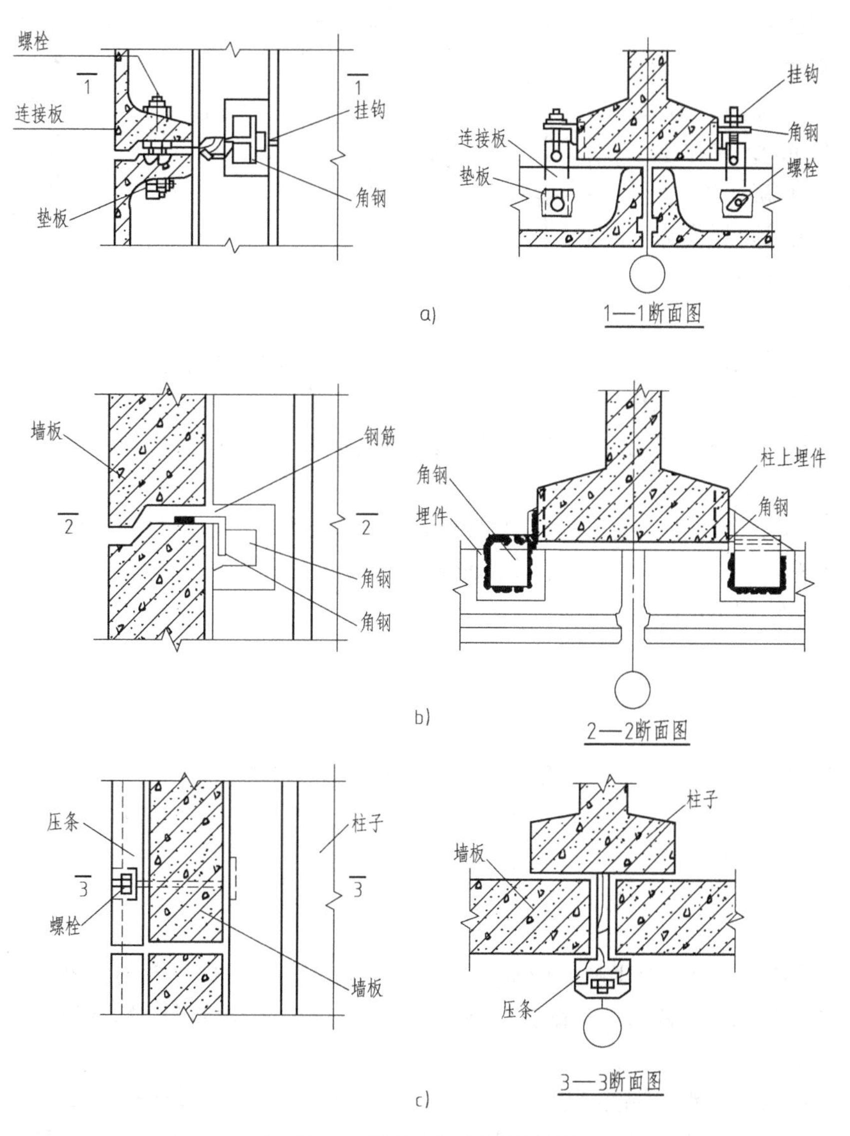

图 10-33　墙板与柱柔性连接图

a）螺栓挂钩连接　b）角钢勾挂连接　c）螺栓压条连接

② 角钢勾挂连接（图10-33b）：利用焊在墙板和柱子上的角钢相互搭挂固定的，这种方法施工速度快，用钢量较少，但对连接构件位置的准确度要求较高。角钢连接适应板柱相对位移的程度较螺栓连接差。

③ 螺栓压条连接（图10-33c）：在墙板外加压条，再用螺栓（焊于柱上）将墙板与柱子压紧拉牢。压条连接适用于对预埋件有锈蚀作用或握裹力较差的墙板（如粉煤灰硅酸盐混凝土、加气混凝土等）。其优点是墙板中不需另设预埋件，构造简单，省钢材，压条封盖后的竖缝密封性好；缺点是螺栓的焊接或膨胀螺栓质量要求较高，施工较复杂，安装时墙板要求在一个水平面上，预留孔要求准确。

2）刚性连接：在柱子和墙板中先分别设置预埋件，安装时用角钢或Φ16的钢筋段把它们焊接连牢。其优点是施工方便、构造简单，厂房的纵向刚度好；缺点是对不均匀沉降及振动较敏感，墙板板面要求平整，预埋件要求准确。刚性连接宜用于地震设防烈度为7度或7度以下的地区，如图10-34所示。

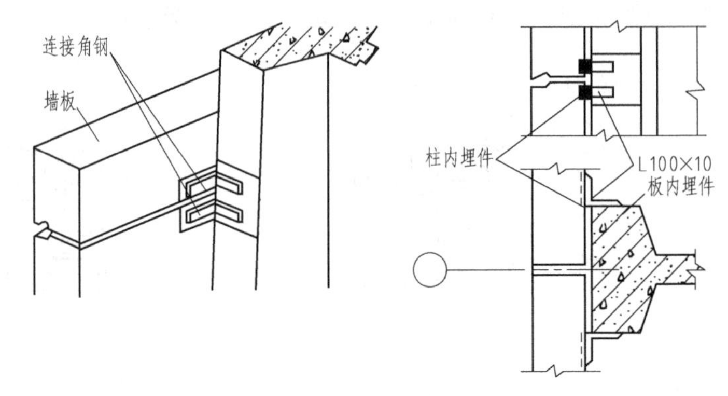

图10-34　刚性连接构造示例

（4）板缝防水构造　优先采用“构造防水”用砂浆勾缝，其次可选用“材料防水”。防水要求较高时，可采用“构造防水”和“材料防水”相结合的形式。

1）水平缝：防止沿墙面下淌的雨水渗入内侧。做法是用憎水材料（油膏、聚氯乙烯胶泥等）填缝，将混凝土等亲水材料表面刷防水涂料，并将外侧缝口敞开使其不能形成毛细管作用，如图10-35所示。

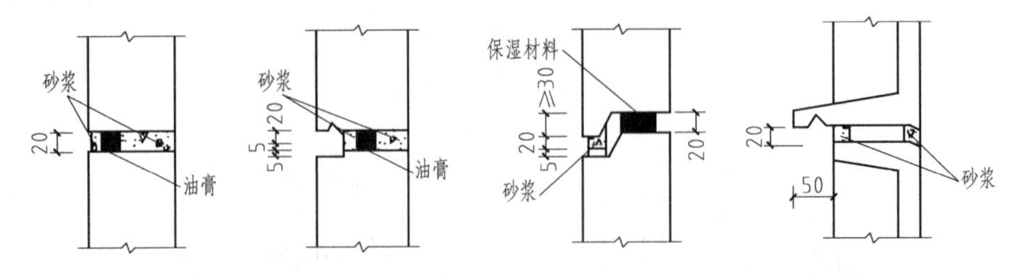

图10-35　水平板缝处理图

2）垂直缝：防止风将水从侧面吹入和墙面水流入。由于垂直缝的胀缩变形较大，单用填缝的办法难以防止渗透，常配合其他构造措施加强防水，如图10-36所示。

3. 轻质板材墙

在一些不要求保温、隔热的热加工车间、防爆车间和仓库建筑的外墙，可采用轻质板材墙。这种墙板仅起围护结构作用，墙板除传递水平风荷载外，不承受其他荷载，墙板本身的重量也由厂房骨架来承受。

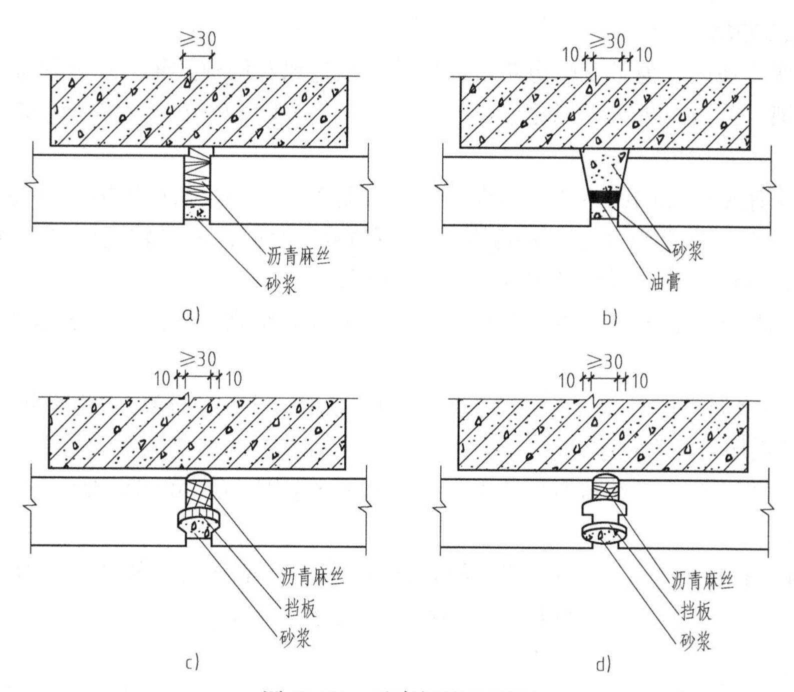

图 10-36　垂直板缝处理图

a）平直缝　b）喇叭缝　c）单腔缝　d）双腔缝

常用的轻质板材墙板有石棉水泥波形瓦、镀锌薄钢板波形瓦、压型钢板、塑料或玻璃钢瓦等。

（1）压型钢板外墙　压型钢板是将薄钢板压制成波形断面而成。经压制后，其力学性能大为改善，抗弯强度和刚度大幅提高。压型钢板具有轻质、高强，防火抗震等优点。它主要是通过金属墙梁固定在柱子上，在施工时要注意合理搭接、尽量减少板缝。

（2）石棉水泥波瓦墙板　石棉水泥波瓦用于厂房外墙时，一般采用大波瓦。为加强力学与抗裂性能，可在瓦内加配网状高强玻璃丝。石棉水泥瓦与厂房骨架的连接通常是通过连接件悬挂在连系梁上，瓦缝上下搭接不少于 100mm。为防止风吹雨水经板缝侵入室内，瓦板应顺主导风向铺设，左右搭接为一个瓦垅，石棉水泥波瓦与横梁的连接如图 10-37 所示。

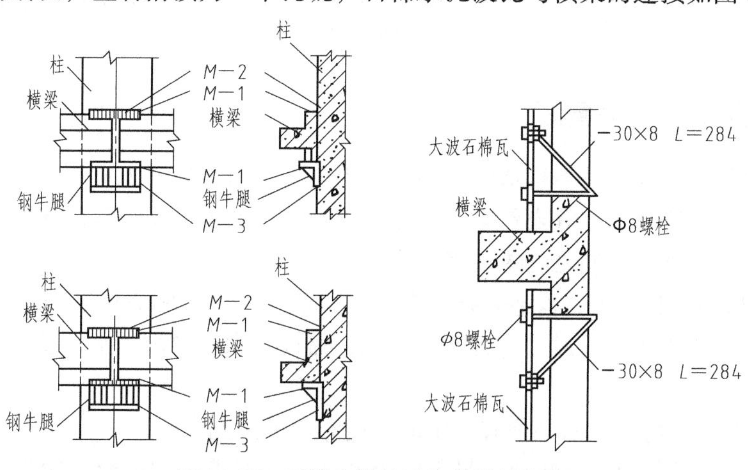

图 10-37　石棉水泥波瓦与横梁的连接

4. 开敞式外墙

在我国南方地区，为了使厂房获得良好的自然通风和散热效果，一些热加工车间常采用开敞式外墙。开敞式外墙通常是在下部设矮墙，上部的开敞口设置挡雨遮阳板，如图10-38所示。

每排挡雨遮阳板之间的距离，与当地的飘雨角度、日照及通风等因素有关。设计时应结合车间对防雨的要求来确定。一般飘雨角可按45°设计，风雨较大地区可酌情减少角度。垂挡雨板间距与设计飘雨角关系如图10-39所示。

挡雨板的构造形式通常有以下两种，但在室外气温很高、灰沙大的干热带地区不应采用开敞式外墙。

（1）石棉水泥瓦挡雨板　石棉水泥瓦挡雨板的特点是重量轻，它由型钢支架（或钢筋支架）、型钢檩条、石棉水泥瓦挡雨板及防溅板构成。型钢支架焊接在柱的预埋件上，石棉水泥瓦用弯钩螺栓勾在角钢檩条上。挡雨板垂直间距视车间挡雨要求和飘雨角而定，如图10-40所示。

（2）钢筋混凝土挡雨板　钢筋混凝土挡雨板分有支架和无支架两种，其基本构件有支架、挡雨板和防溅板。各种构件通过预埋件焊接予以固定。

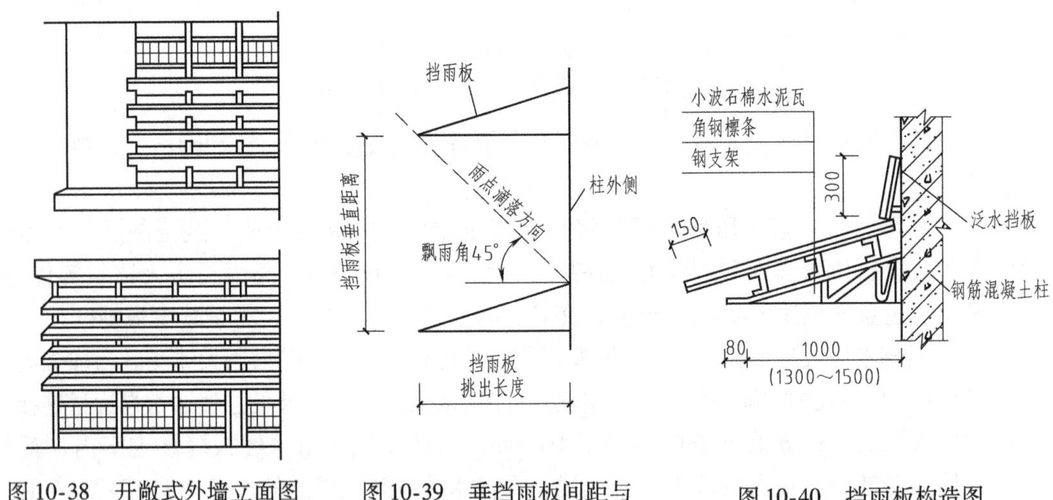

图10-38　开敞式外墙立面图　　图10-39　垂挡雨板间距与设计飘雨角关系图　　图10-40　挡雨板构造图

10.2.2　单层工业厂房屋面

单层工业厂房屋面的基本构造同民用建筑类似，但由于单层工业厂房屋面面积大，经常受日晒、雨淋、冷热气候等自然条件和振动、高温、腐蚀、积灰等内部生产工艺条件的影响，又有其特殊性。不同之处主要表现是：

1）厂房屋面面积较大，构造复杂，多跨成片的厂房各跨间有的还有高差，屋面上常设有天窗，以便于采光和通风，为排除雨雪水，需设天沟、檐沟、水斗及水落管，都使屋面构造复杂。

2）有吊车的厂房，屋面必须有一定的强度和足够的刚度。

3）厂房屋面的保温、隔热要满足不同生产条件的要求，如恒温车间保温隔热要求比一般民用建筑高。

4）热车间只要求防雨，有爆炸危险的厂房要求屋面防爆、泄压，有腐蚀介质的车间应防腐蚀等。

5）减少厂房屋面面积和减轻屋面自重对降低厂房造价有较大影响。

1. 屋面基层类型及组成

屋面基层分为有檩体系与无檩体系两种，屋面基层结构类型如图 10-41 所示。

1）有檩体系是在屋架（或屋面梁）上弦搁置檩条，在檩条上铺小型屋面板（或瓦材）。此体系采用的构件小、重量轻、吊装容易，但构件数量多、施工琐碎、施工期长，故多用在施工机械起吊能力较小的施工现场。

2）无檩体系是在屋架（或屋面梁）上弦直接铺设大型屋面板。此体系所用构件大、类型少，便于工业化施工，但要求施工吊装能力强。目前无檩体系在工程实践中较为广泛。

按制作材料分为钢筋混凝土屋架，或屋面梁、钢屋架、木屋架和钢木屋架。钢筋混凝土屋面板如图 10-42 所示。

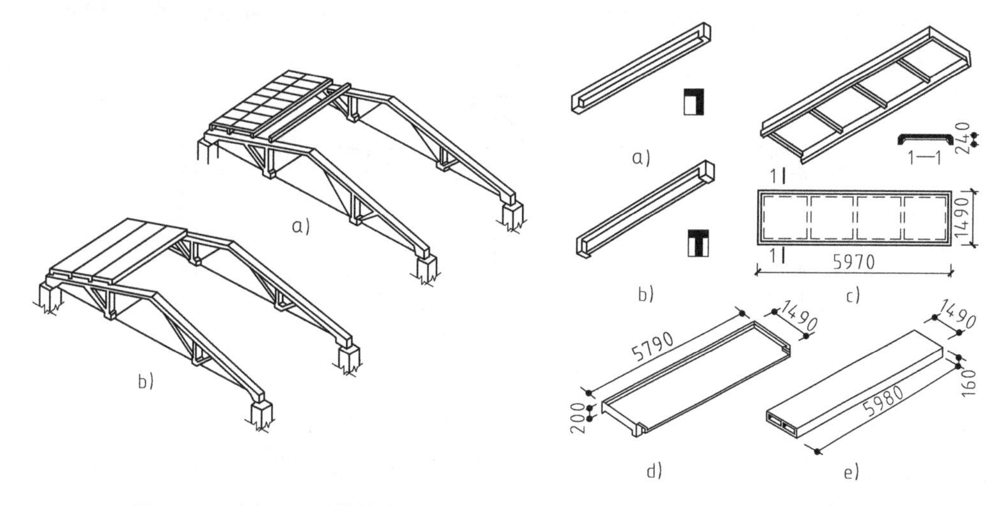

图 10-41　屋面基层结构类型
a）有檩体系　b）无檩体系

图 10-42　钢筋混凝土屋面板类型

2. 屋面排水方式与排水坡度

厂房屋面排水和民用建筑一样可以分为有组织排水和无组织排水（自由落水）两种。按屋面部位不同，可分为屋面排水和檐口排水两部分，其排水方式应根据气候条件、厂房高度、生产工艺特点、屋面面积大小等因素综合考虑，如图 10-43 ~ 图 10-45 所示。

1）厂房檐口排水方式如无特殊需要，应尽量采用无组织排水。

2）积灰尘多的屋面应采用无组织排水。如铸工车间、炼钢车间等在生产中散发的大量粉尘积于屋面，下雨时被冲进天沟易造成管道堵塞，故这类厂房不宜采用有组织排水。

3）有腐蚀性介质的厂房也不宜采用有组织排水。如铜冶炼车间、某些化工厂房，因生产中散发大量腐蚀性介质，会使铸铁雨水装置遭受侵蚀。

4）如立面处理需做女儿墙的厂房可做有组织内排水。在寒冷地区采暖厂房及在生产中有热量散发的车间，厂房屋面宜采用有组织内排水。

5）冬季室外气温低的地区可采用有组织外排水。

6）降雨量大的地区或厂房较高的情况下，宜采用有组织排水。

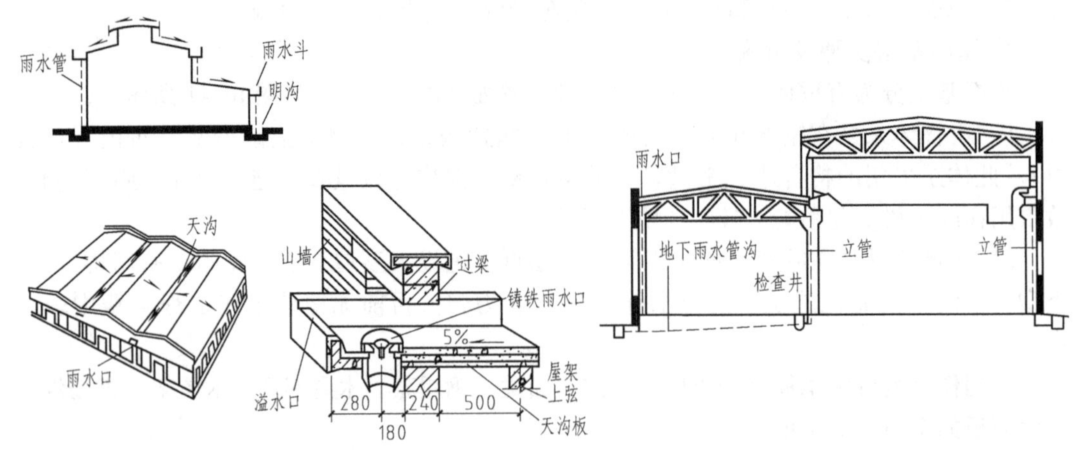

图10-43 有组织外排水示意图　　图10-44 有组织内排水示意图

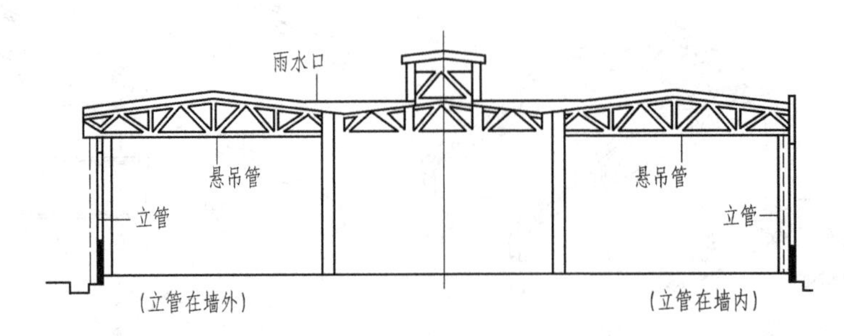

图10-45 有组织外排水系统示意图

屋面排水坡度与防水材料、屋盖构造、屋架形式、地区降雨量等都有密切关系。我国厂房常用屋面防水方式有卷材防水、构件自防水和刚性防水等数种。各种不同防水材料的屋面排水坡度见表10-1。

表10-1 屋面排水坡度选择参考表

防水类型	卷材防水	构件自防水			
		嵌缝式	F板	槽瓦	石棉瓦等
选择范围	1:4～1:50	1:4～1:10	1:3～1:8	1:2.5～1:5	1:2～1:5
常用坡度	1:5～1:10	1:5～1:8	1:4～1:5	1:3～1:4	1:2.5～1:4

3. 屋面防水

通常情况下，屋面的排水和防水问题是工业厂房屋面的关键所在。排水组织得好，会减少渗漏的可能性，从而有助于防水；而高质量的防水又有助于屋面排水。

单层工业厂房屋面防水有卷材防水、刚性防水、构件自防水和波形瓦屋面等几种。

（1）卷材防水　卷材屋面在单层工业厂房中的做法与民用房屋类似。卷材防水屋面坡度要求较平缓，一般以1/3～1/5为宜，如图10-46所示。

卷材防水在施工时，对于横缝处的卷材开裂是要引起重视的。防止其发生的措施有：

1）增强屋面基层的刚度和整体性，以减小屋面变形。如选择刚度大的板型；保证屋面板与屋架的焊接质量；填缝要密实；合理设置支撑系统等。

2）选用性能优良的卷材。选用卷材时，应首先考虑其耐久性和延展性，要优先选用改性沥青油毡等新型防水材料。

3）改进油毡的接缝构造。在无保温层的大型屋面板上铺贴油毡防水层时，先将找平层沿横缝处做出分格缝，缝中用油膏填充，缝上先干铺宽为300mm左右的油毡条作为缓冲层，然后再铺油毡防水层。

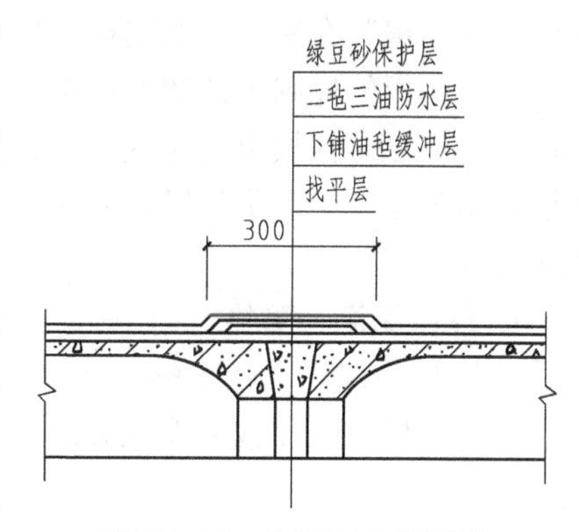

图10-46 卷材防水构造图

（2）刚性防水 在工业厂房中如做刚性防水屋面，由于生产中的不利因素，往往容易引起刚性防水层开裂，加之刚性防水的钢材、水泥用量较大，重量也较大，因而一般情况不使用。

（3）构件自防水 构件自防水屋面是利用屋面板本身的密实性和平整度（或者再加涂防水涂料），再配合油膏嵌缝及油毡贴缝，或者靠板与板相互搭接来盖缝等措施，以达到防水的目的。这种防水施工程序简单、省材料、造价低，但不宜用于振动较大的厂房，多用于南方地区。构件自防水屋面，按照板缝的构造方式可分为嵌缝（脊带）式和搭盖式两种基本类型，如图10-47所示。

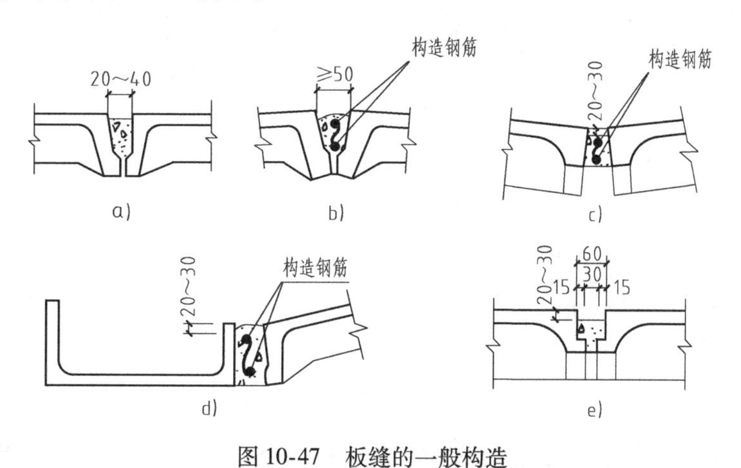

图10-47 板缝的一般构造

a）普通的板缝做法 b）大于50mm的板缝做法 c）梯形端缝做法

d）上窄下宽的板缝做法 e）端缝留台阶做法

（4）波形瓦屋面 波形瓦屋面具有较好的排水、防水条件，但需较大坡度，占用结构空间偏大。在厂房中运用得最多的是波形石棉水泥瓦屋面、镀锌薄钢板瓦屋面和压型钢板。波形石棉水泥瓦屋面的优点是重量轻、施工简便；缺点是易脆裂、耐久性和保温隔热性差，所以主要用于一些仓库及对室内温度状况要求不高的厂房中。镀锌薄钢板瓦屋面是较好的轻型屋面材料，它抗震性能好，在高烈度地震区应用比大型屋面板优越，适合一般高温工业厂房和仓库。压型钢板屋面是一种新型的屋面材料。20世纪60年代以来，国内外对压型钢板的轧制工艺和镀锌防腐喷涂工艺进行了不断改进和革新，从单纯镀锌和涂层发展为多层复合钢板及金属夹心板，产品规格也由短板发展为长板。用压型钢板做屋面防水层，施工速度快，重量轻，防锈、耐腐、美观，可根据需要设置保温、隔热及防露层，适应性较强。

4. 屋面保温、隔热

（1）屋面保温　屋面板上铺保温层的构造做法与民用建筑平屋顶相同，在厂房屋面中也广为采用。屋面板下设保温层主要用于构件自防水屋面，其做法可分为直接喷涂和吊挂两种。

直接喷涂时将散状材料拌合一定量水泥而成保温材料，如水泥膨胀蛭石（配合比按体积，水泥:白灰:蛭石粉=1:1:8～5）等用喷浆机喷涂在屋面板下，喷涂厚度一般为20～30mm。吊挂固定是将很轻的保温材料，如聚苯乙烯泡沫塑料、玻璃棉毡、铝箔等固定吊挂在屋面板下面。

夹心保温屋面板具有承重、保温、防水三种功能。其优点是能叠层生产、减少高空作业、施工进度快，部分地区已有使用。它的缺点是不同程度地存在板面、板底裂缝，板较重和温度变化引起板的起伏变形，以及有冷桥等问题。如图10-48所示为几种夹心保温屋面板。

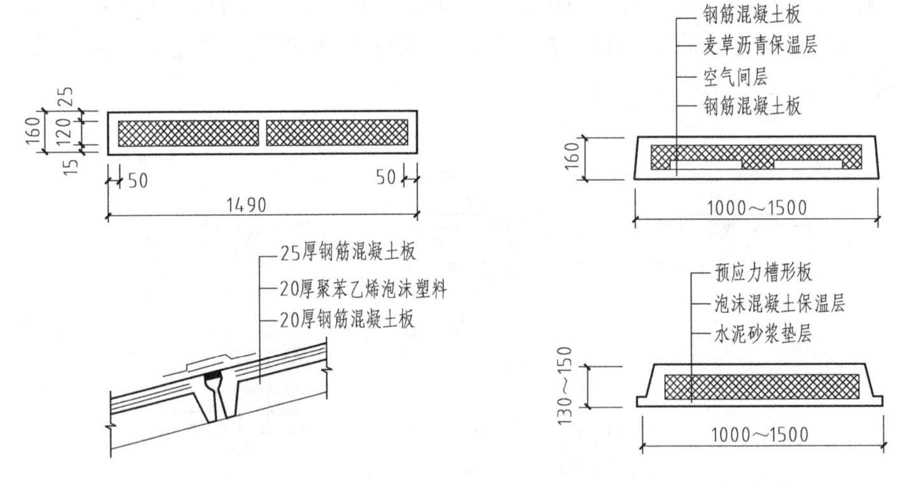

图10-48　夹心保温屋面板

（2）屋面隔热　厂房的屋面隔热措施与民用建筑相同。当厂房高度大于8m，且采用钢筋混凝土屋面时，屋面对工作区的辐射热有影响，屋面应考虑隔热措施。通风屋面隔热效果较好，构造简单、施工方便，在一些地区采用较广，也可在屋面的外表面涂刷反射性能好的浅色材料，以达到降低屋面温度的效果。

对于单层工业厂房屋面的保温和隔热，相对于民用建筑，还应注意以下问题。

1）一般保温只在采暖厂房和空调厂房中设置。保温层大多数设在屋面板上，如民用房屋中平屋顶所述，也有设在屋面板下的情况，还可采用带保温层的夹心板材。

2）除有空调的厂房外，一般只在炎热地区较低矮的厂房才作隔热处理。如厂房屋面高度大于9m，可不隔热，主要靠通风解决屋面散热问题；如厂房屋面高度小于或等于 9m，但大于 6m，且高度大于跨度的 1/2 时不需隔热；若高度小于或等于跨度的 1/2 时可隔热；如厂房屋面高度小于或等于 6m，则需隔热。厂房屋面隔热原理与构造做法均同民用房屋。

10.2.3 天窗

大跨度或多跨的单层工业厂房中，为满足天然采光与自然通风的要求，在屋面上常设置各种形式的天窗。这些天窗按功能可分为采光天窗与通风天窗两大类型，但实际上大部分天窗都同时兼有采光和通风双重作用。

单层工业厂房采用的天窗类型较多，目前我国常见的天窗形式中，主要用作采光的有：矩形天窗、平天窗、锯齿形天窗、三角形天窗、横向下沉式天窗等；主要用作通风的有：矩形通风天窗、纵向或横向下沉式天窗、井式天窗，如图 10-49 所示。

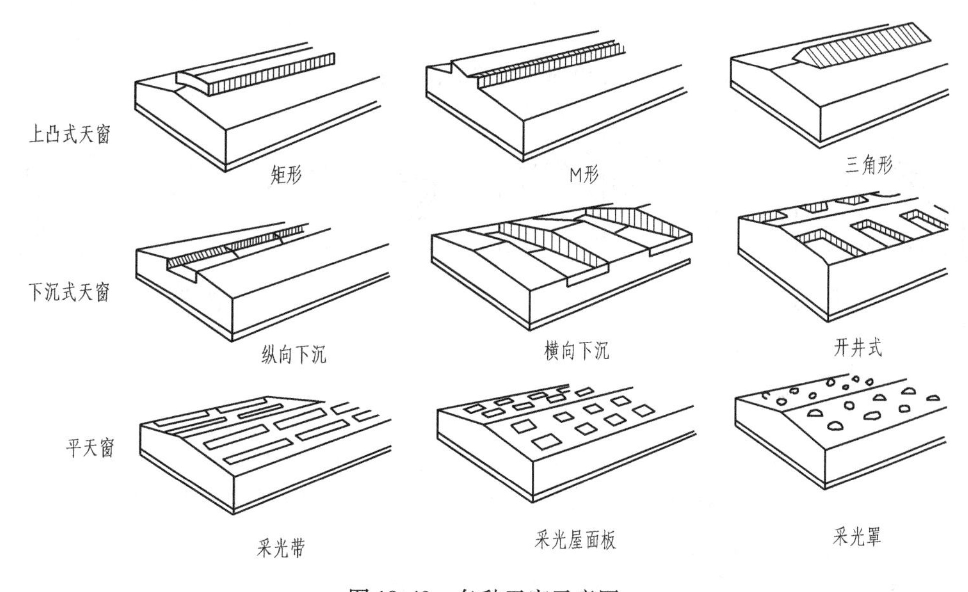

图 10-49　各种天窗示意图

1. 矩形天窗构造

矩形天窗是单层工业厂房常用的天窗形式。它一般在厂房纵向布置，为了简化构造并留出屋面检修和消防通道，在厂房的两端和横向变形缝的第一个柱间通常不设天窗。在每段天窗的端壁应设置上天窗屋面的消防梯。矩形天窗主要由天窗架、天窗扇、天窗屋面板、天窗侧板及天窗端壁等构件组成。如图 10-50 所示。

（1）天窗架　天窗架是天窗的承重结构，它直接支承在屋架上，天窗架的材料与屋架相同，常用钢筋混凝土天窗架和钢天窗架。钢筋混凝土天窗架与钢筋混凝土屋架配合使用，它的形式一般为 Π 形或 W 形，也可做成双 Y 形。天窗架的形式如图 10-51 所示。

天窗架的宽度根据采风和通风要求一般为厂房跨度的 1/2 ~ 1/3 左右，且应尽可能将天窗架支承在屋架的节点上。天窗架的宽度为 6m 和 9m 两种，一般由两榀或三榀预制构件拼接而成，各榀之间采用螺栓连接，其支脚与屋架采用焊接。天窗架的高度应根据采光和通风的要求，并结合所选用的天窗扇尺寸确定，一般高度为宽度的 0.3 ~ 0.5 倍。

（2）天窗扇　天窗扇有钢制和木制两种。钢天窗扇具有耐久、耐高温、重量轻、挡

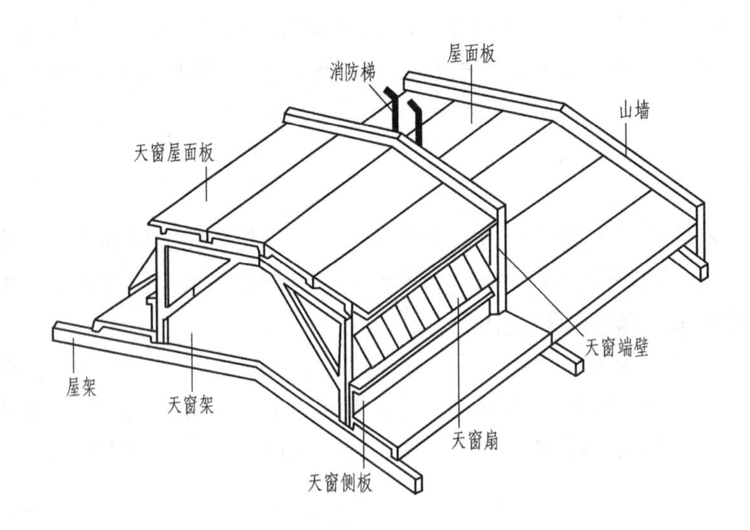

图 10-50　矩形天窗示意图

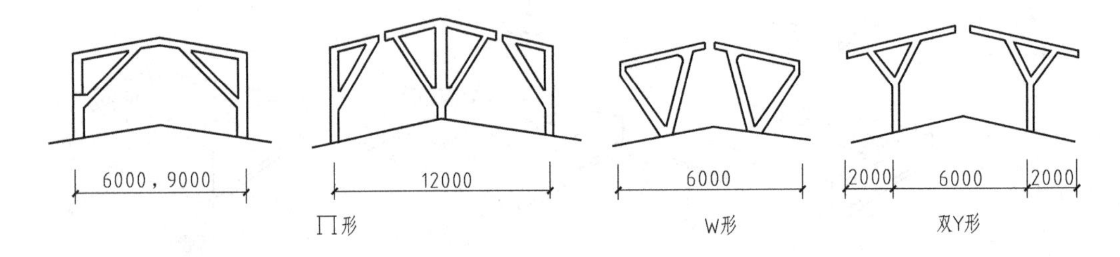

图 10-51　天窗架形式

光少、不宜变形、关闭严密等优点，因此工业建筑中多采用钢天窗扇。

通长天窗扇是由两个端部固定窗扇和一个可整体开启的中部通长窗扇利用垫板和螺栓连接而成。开启扇可长达数十米，其长度应根据厂房长度，采光、通风的需要，以及天窗开关器的启动能力等因素决定，撑臂式开关器如图 10-52 所示。

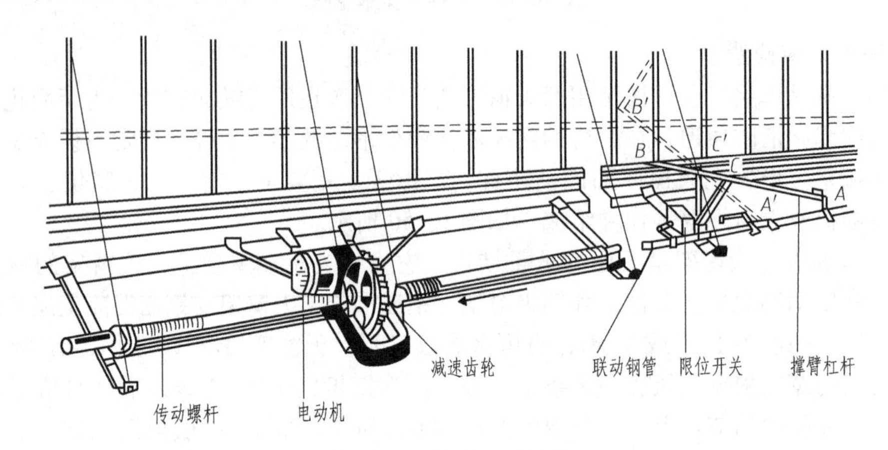

图 10-52　撑臂式开关器

分段天窗扇是在每个柱距内设单独开启的窗扇，一般不用开关器。

无论是通长窗扇还是分段窗扇，在开启扇之间及开启扇与天窗端壁之间，均需设置固定扇来起竖框作用。防雨要求较高的厂房可在上述固定扇的后侧加 600mm 宽的固定挡雨板，以防止雨水从窗扇两端开口处飘入车间。

（3）天窗檐口　一般情况下，天窗屋面的构造与厂房屋面相同。天窗檐口常采用无组织排水，由带挑檐的屋面板构成，挑出长度一般为 300～500mm 。檐口下部的屋面上需铺设滴水板。雨量多的地区或天窗高度和宽度较大时，宜采用有组织排水。一般可采用带檐沟的屋面板或天窗架的钢牛腿上铺槽形天沟板，以及屋面板的挑檐下悬挂镀锌薄钢板或石棉水泥檐沟等三种做法，如图 10-53 所示。

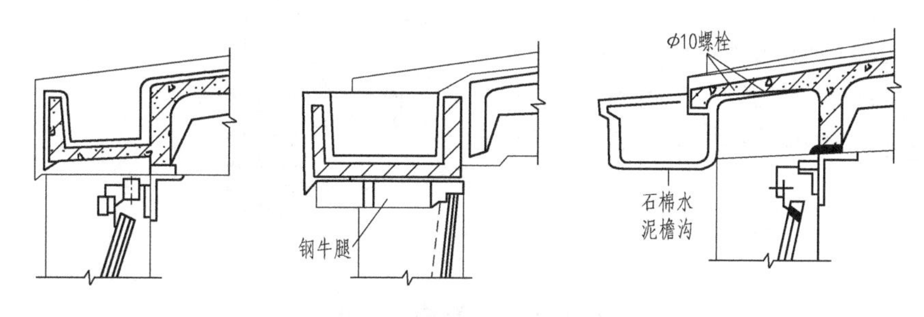

图 10-53　钢筋混凝土天窗檐口

（4）天窗侧板　天窗侧板是天窗窗口下部的围护构件，其主要作用是防止屋面上的雨水流入或溅入室内或屋面积雪影响天窗扇的开启。天窗侧板应高出屋面不小于 300mm，常有大风雨或多雪地区应增高到 400～600mm。

侧板的形式有两种：当屋面为无檩体系时，采用钢筋混凝土侧板，侧板长度与屋面板长度一致；当屋面为有檩体系时，侧板可采用石棉水泥波瓦等轻质材料，侧板安装时向外稍倾斜，以利排水。侧板与屋面交接处应做好泛水处理，如图 10-54 所示。

（5）天窗端壁　天窗端壁有预制钢筋混凝土端壁和石棉水泥瓦端壁，主要起支撑和围护作用，一般采用钢筋混凝土端壁板，钢筋混凝土端壁板可以代替端部的天窗架支承天窗屋面板，焊接在屋架上弦的一侧，屋架上弦的另一侧用于铺放与天窗相邻的屋面板。端壁下部与屋面板相交处应做好泛水，需要时可在端壁板内侧设置保温层，如图 10-55 所示。天窗屋顶的构造通常与厂房屋顶构造相同。

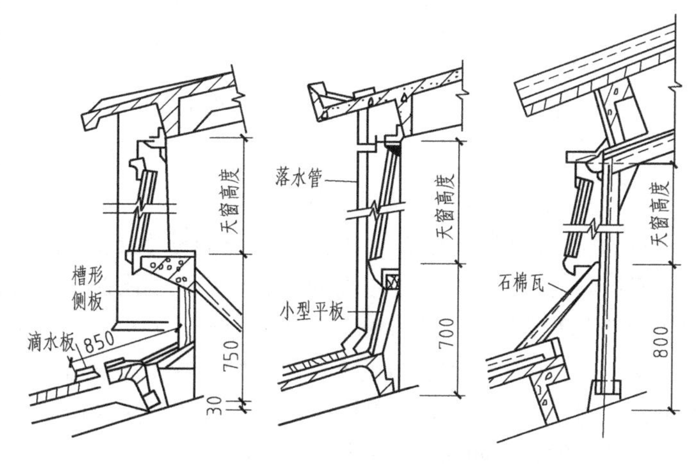

图 10-54　钢筋混凝土侧板

2. 矩形避风天窗

矩形通风天窗由矩形天窗及其两侧的挡风板构成，如图 10-56、图 10-57 所示。

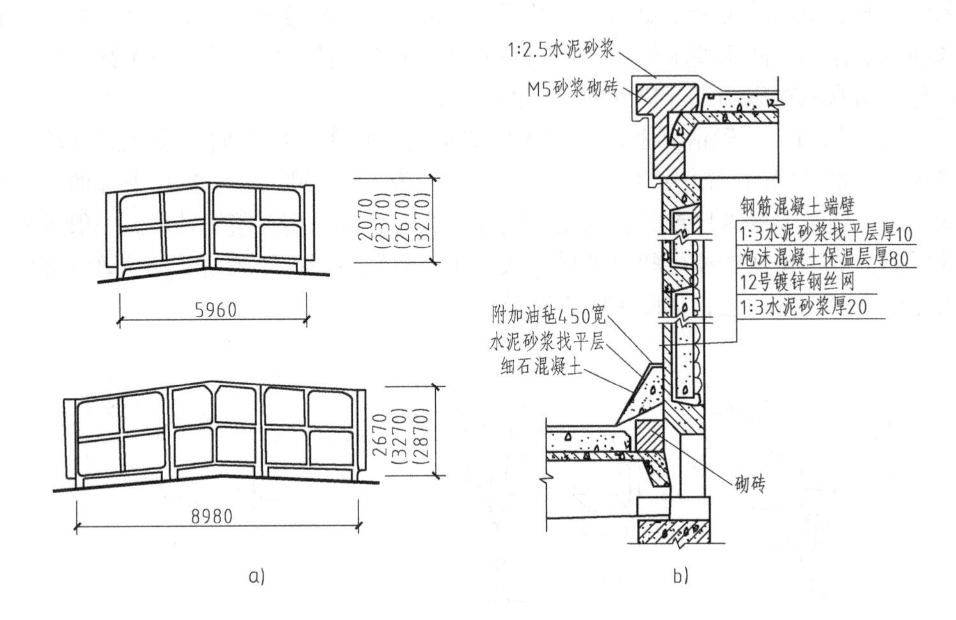

图10-55　钢筋混凝土端壁

a）6m与9m的端壁板划分　b）端壁构造

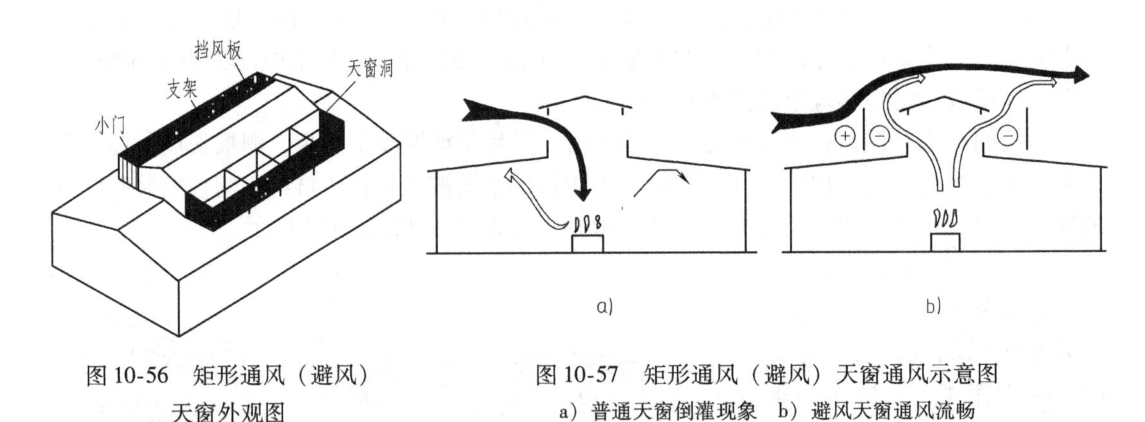

图10-56　矩形通风（避风）天窗外观图

图10-57　矩形通风（避风）天窗通风示意图

a）普通天窗倒灌现象　b）避风天窗通风流畅

（1）挡风板的形式　挡风板的形式有立柱式（直或斜立柱式）和悬挑式（直或斜悬挑式）。立柱式是将立柱支承在屋架上弦的柱墩上，用支撑与天窗架相连，结构受力合理，但挡风板与天窗之间的距离受屋面板排列的限制，立柱处防水处理较复杂。悬挑式的支架固定在天窗架上，挡风板与屋面板脱开，处理灵活，适用于各类屋面，但增加了天窗架的荷载，对抗震不利。挡风板可向外倾斜或垂直设置，向外倾斜的挡风板，倾角一般与水平面成50°~70°，当风吹向挡风板时，可使气流大幅度飞跃，从而增加抽风能力，通风效果比垂直的好，如图10-58所示。

（2）挡雨设施　设大挑檐方式，使水平口的通风面积减小。垂直口设挡雨板时，挡雨板与水平夹角越小通风越好，但不宜小于15°。水平口设挡雨片时，通风阻力较小，是较常用的方式，挡雨片与水平面的夹角多采用60°。挡雨片高度一般为200~300mm。在大风多雨地区和对挡雨要求较高时，可将第一个挡雨片适当加长，如图10-59所示。

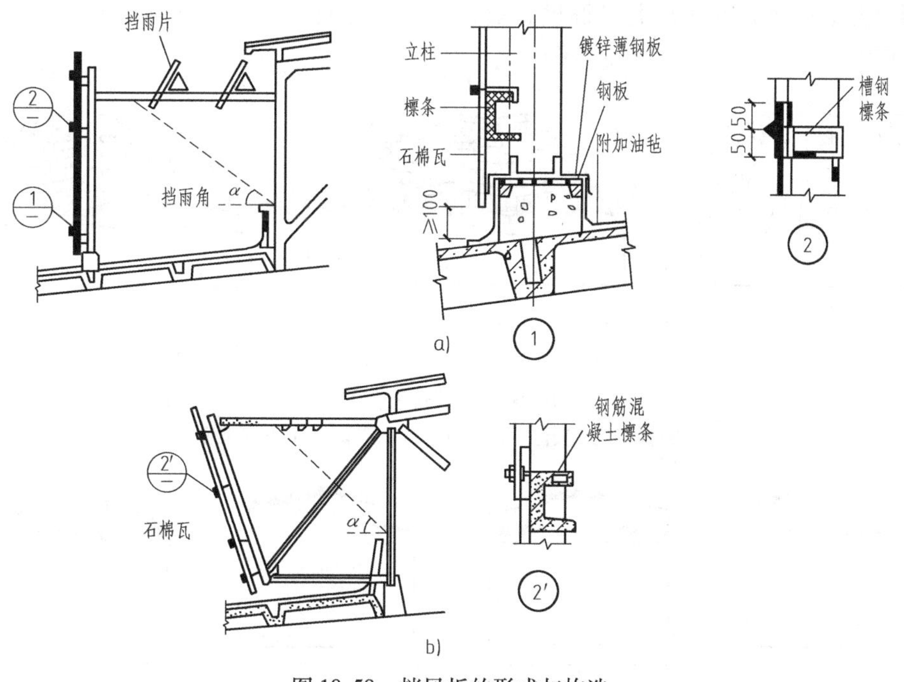

图 10-58　挡风板的形式与构造

a）立柱式垂直挡风板　b）悬挑式倾斜挡风板

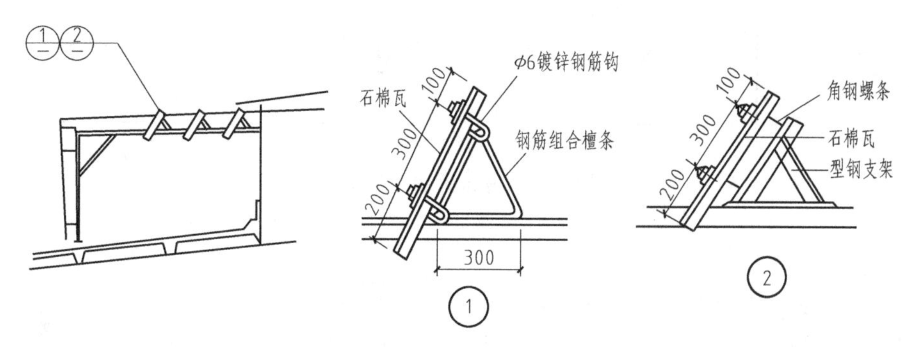

图 10-59　水平口挡雨片的构造

挡风板常用石棉波形瓦、钢丝网水泥瓦、瓦楞铁等轻型材料，用螺栓将瓦材固定在檩条上。檩条有型钢和钢筋混凝土的两种，其间距视瓦材的规格而定。檩条焊接在立柱或支架上，立柱与天窗架之间设置支撑使其保持稳定。当用石棉水泥波瓦做挡雨片时，常用型钢或钢三角架做檩条，两端置于支撑上，石棉水泥波瓦挡雨片固定在檩条上。

3. 井式天窗

井式天窗是下沉式天窗的一种类型。下沉式天窗是在拟设置天窗的部位，把屋面板下移铺在屋架的下弦上，从而利用屋架上、下弦之间的空间构成天窗，如图 10-60、图 10-61所示。

（1）井底板　井底板位于屋架下弦，搁置的方法有两种：横向铺板和纵向铺板，横向铺板类型如图 10-62 所示。

（2）井口板及挡雨设施　井式天窗通风口一般做成开敞式，不设窗扇，但井口必须设置挡雨设施。做法包括井上口挑檐、设挡雨片、垂直口设挡雨板等，如图 10-63、图 10-64 所示。

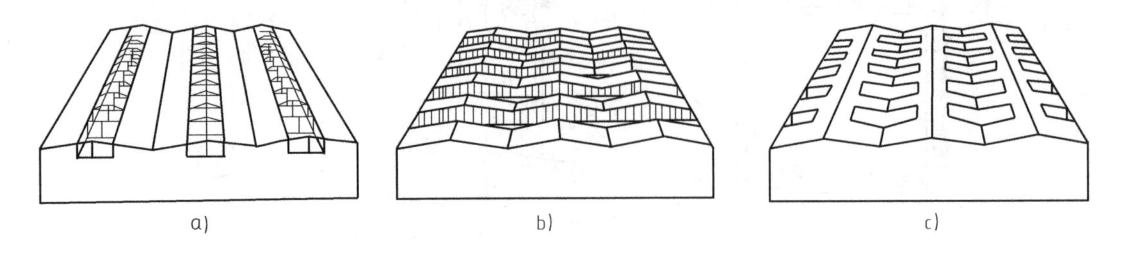

图 10-60　下沉式天窗类型
a）纵向下沉式天窗　b）横向下沉式天窗　c）井式天窗

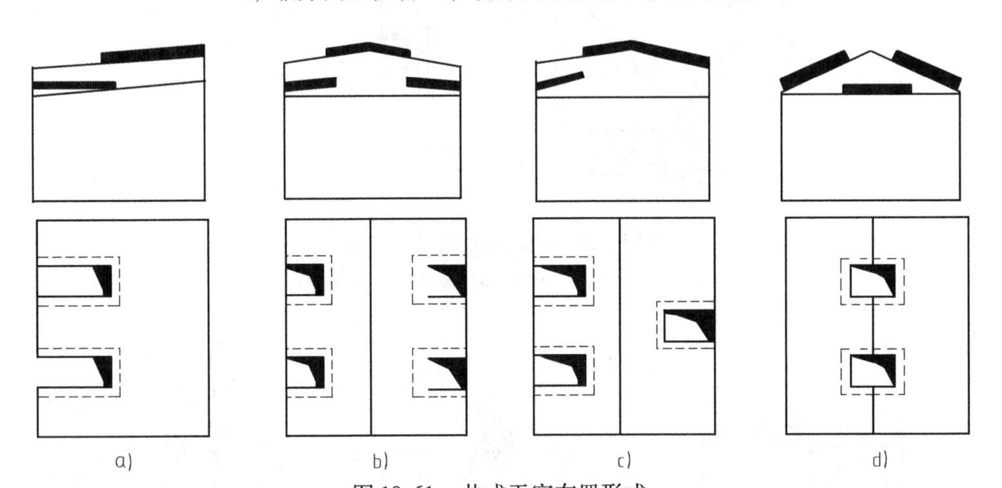

图 10-61　井式天窗布置形式
a）单侧布置　b）两侧对称布置　c）两侧错开布置　d）跨中布置

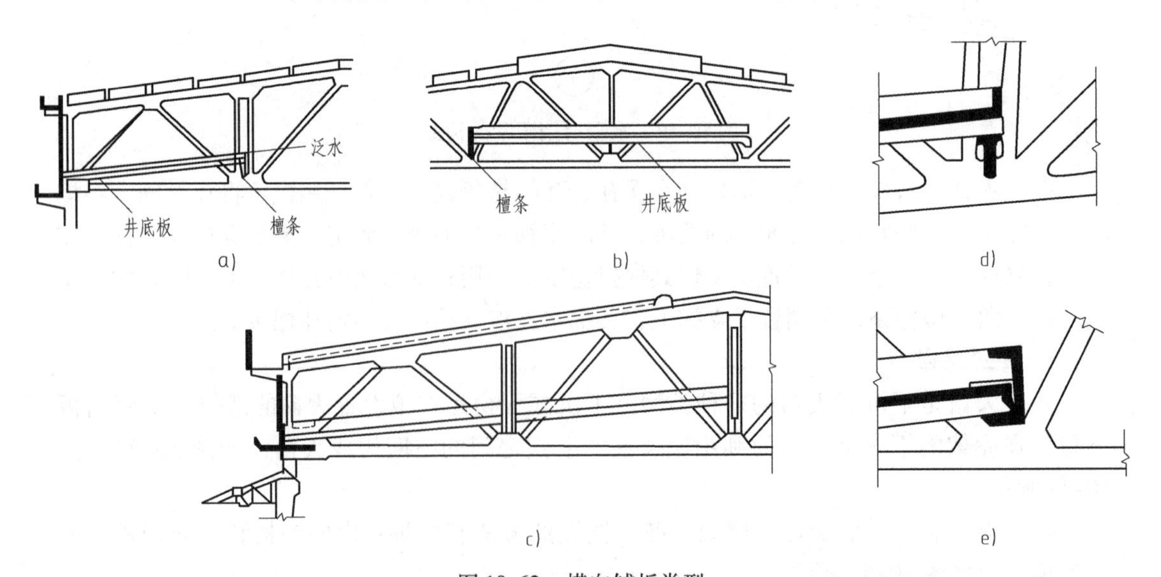

图 10-62　横向铺板类型
a）搁置在檩条与天沟板上　b）搁置在檩条上　c）檩条置于竖向双腰杆之间　d）下卧式檩条　e）槽形檩条

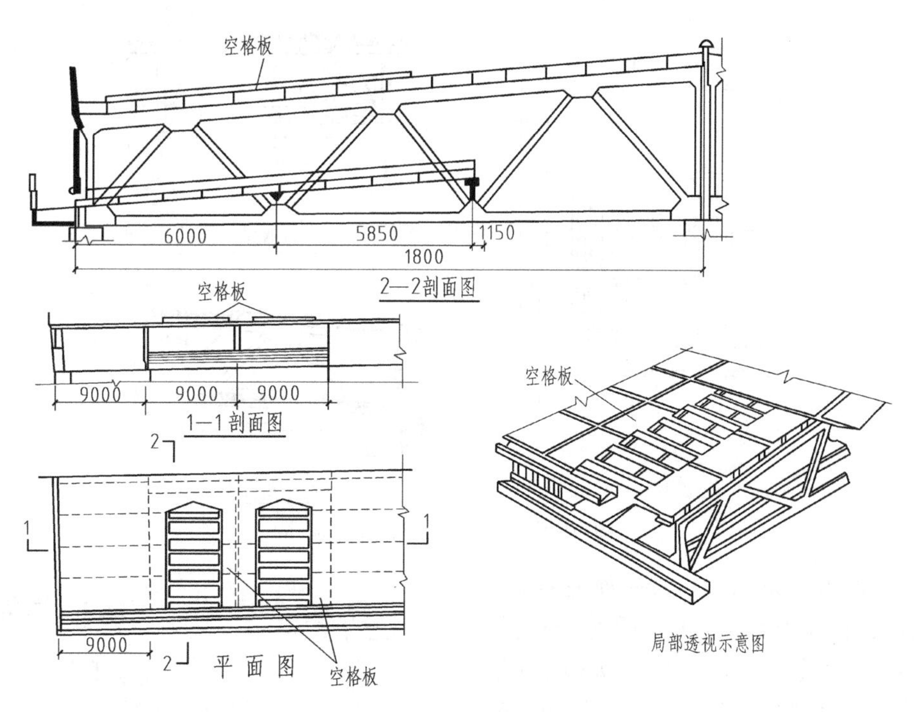

图 10-63　井式天窗井口窗的格板构造

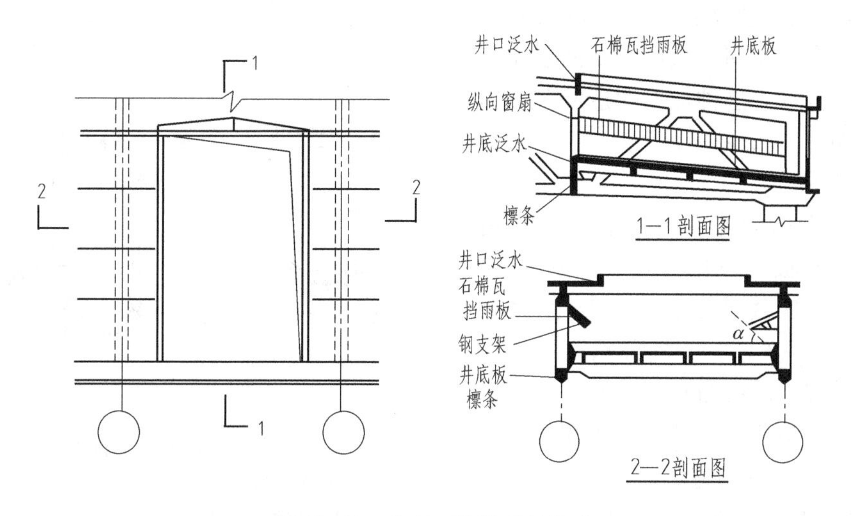

图 10-64　垂直口设挡雨板构造

井上口挑檐影响通风效果；因此多采用井上口设挡雨片的方法，如图 10-65 所示。

（3）窗扇设置　如果厂房有保暖要求，可在垂直井口设置窗扇。沿厂房纵向的垂直口，可以安设上悬或中悬窗扇。

（4）排水措施

1）无组织排水：上下层屋面均做无组织排水，井底板的雨水经挡风板与井底板的空隙流出，构造简单、施工方便，适用于降雨量不大的地区，如图 10-66a 所示。

2）单层天沟排水：上层屋檐做通长天沟，下层井底板做自由落水，适用于降雨量较大的

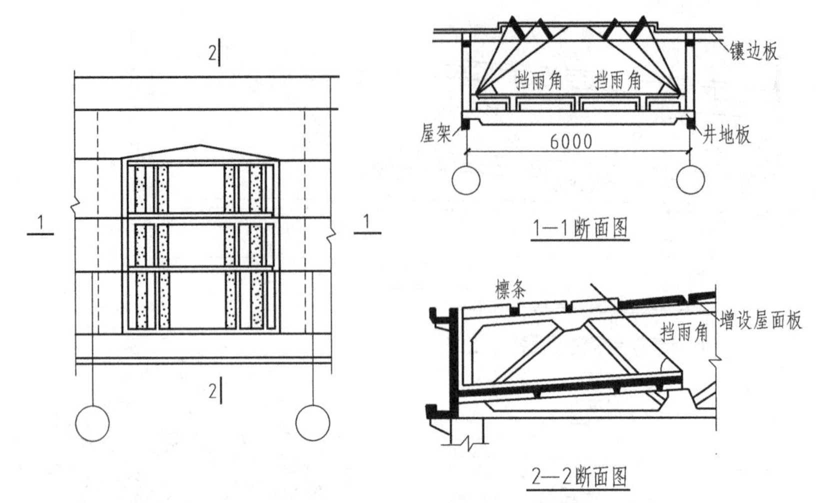

图 10-65　水平口设挡雨片的构造

地区，如图 10-66b 所示。另一种是下层设置通长天沟，上层自由落水，适用于烟尘量大的热车间及降雨量大的地区。天构兼做清灰走道时，外侧应加设栏杆，如图 10-66c 所示。

3）双层天沟排水：在雨量较大的地区，灰尘较多的车间，采用上下两层通长天沟有组织排水。这种形式构造复杂，用料较多，如图 10-66d 所示。

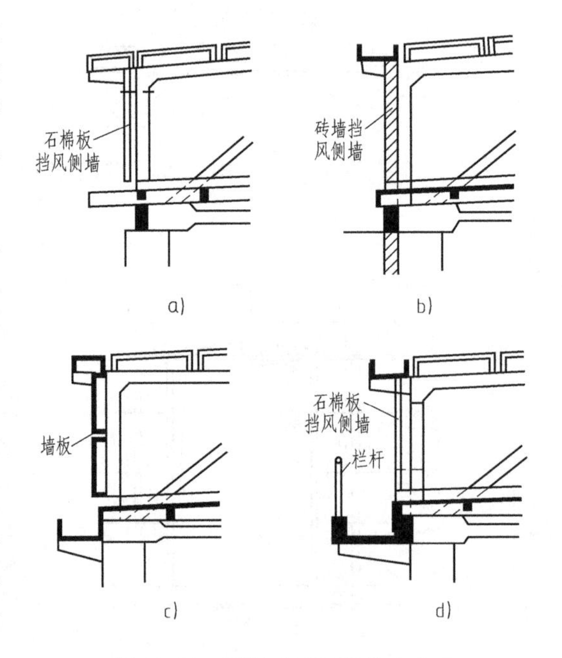

图 10-66　下沉式天窗的排水方式
a）无组织排水　b）单层天沟排水
c）天沟兼做清灰走道　d）双层天沟排水

4. 平天窗

（1）平天窗的特点与类型　平天窗的类型有采光板、采光罩和采光带三种。这三种平天窗的共同特点是：采光效率比矩形天窗高 2 ~ 3 倍，布置灵活，采光也较均匀，构造简单、施工方便，但造价高，易积尘，适用于一般冷加工车间。

（2）平天窗的构造

1）采光板。采光板是在屋面板上留孔，装设平板透光材料。板上可开设几个小孔，也可开设一个通长的大孔。固定的采光板只作采光用；可开启的采光板以采光为主，兼作少量通风，如图 10-67 所示。

2）采光罩。采光罩是在屋面板上留孔，装弧形透光材料，如弧形玻璃钢罩、弧形玻璃罩等。采光罩有固定和可开启两种，如图 10-68 所示。

3）采光带。采光带是指采光口长度在 6m 以上的采光口。采光带根据屋面结构的不同形式，可布置成横向采光带和纵向采光带，如图 10-69 所示。

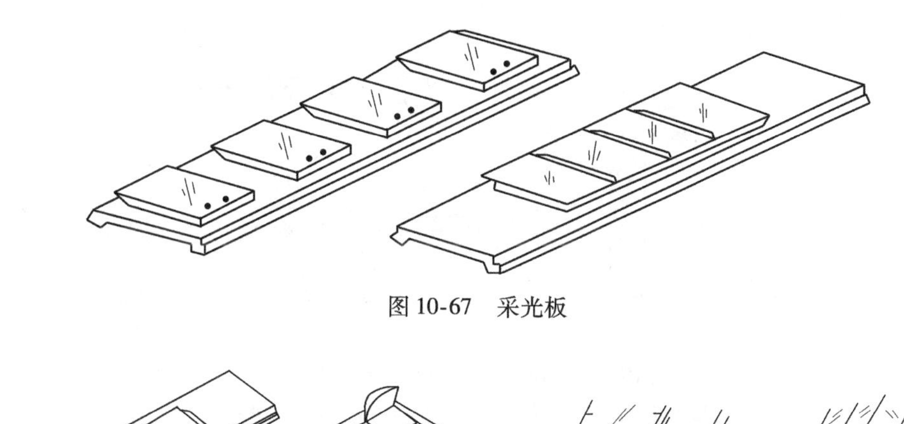

图 10-67　采光板

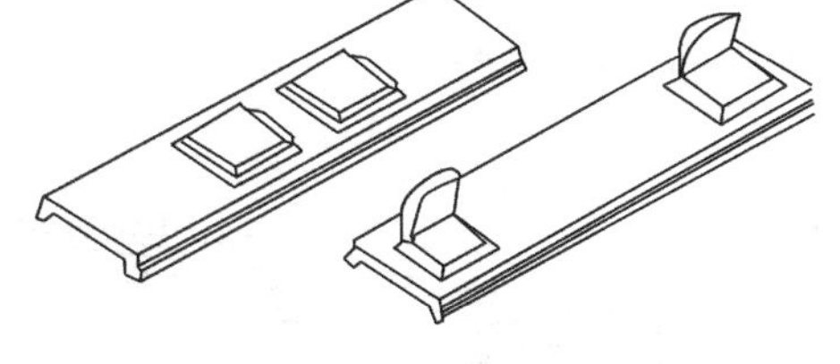

图 10-68　采光罩

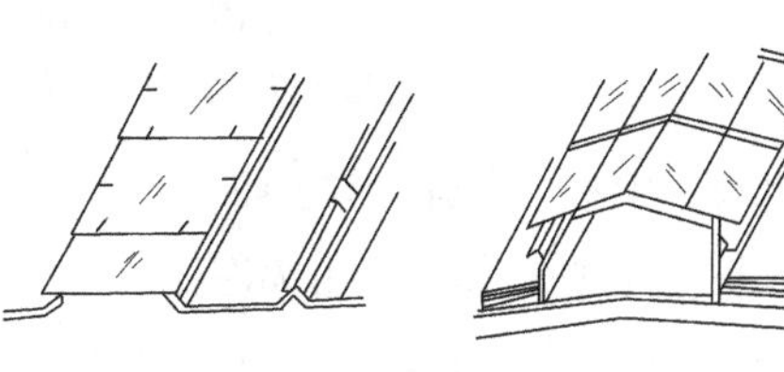

图 10-69　采光带

平天窗在采光口周围做井壁泛水，井壁上安放透光材料。泛水高度一般为 150 ~ 200mm。井壁有垂直和倾斜两种。井壁可用钢筋混凝土、薄钢板、塑料等材料制成。预制井壁现场安装，工业化程度高，施工快，但应处理好与屋面板之间的缝隙，以防漏水，如图 10-70、图 10-71 所示。

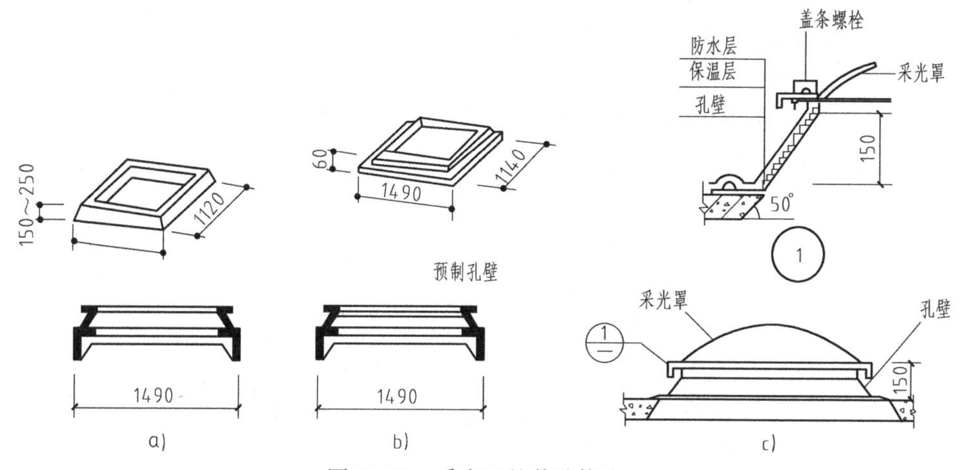

图 10-70　采光口的井壁构造

a）预制钢筋混凝土倾斜孔壁　b）预制钢筋混凝土折角形孔壁　c）2mm 厚钢板或玻璃纤维塑料孔壁

（3）平天窗的几个问题

1）防水。玻璃与井壁之间的缝隙是防水的薄弱环节，可用聚氯乙烯胶泥或建筑油膏等弹性较好的材料垫缝，不宜用油灰等易干裂材料。

2）防太阳辐射和眩光。平天窗受直射阳光强度大，时间长，如果采用一般的平板玻璃和钢化玻璃透光材料，会使车间内过热和产生眩光，有损视力，影响安全生产和产品质量。因此，应优先选用扩散性能好的透光材料，如磨砂玻璃、乳白玻璃、夹丝压花玻璃、玻璃钢等，也可在玻璃下面加浅色遮阳格卡，以减少直射光增加扩散效果，另外还要注意

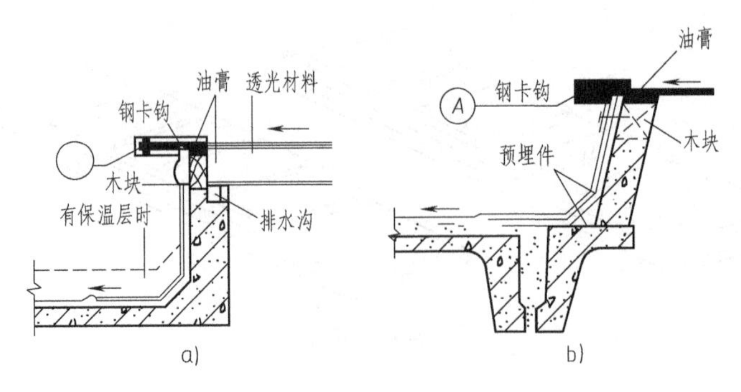

图 10-71　钢筋混凝土井壁细部构造图

a）整浇井壁（有保温要求）　b）预制井壁（无保温要求）

玻璃的搭接构造，如图 10-72 所示。

3）安全防护措施。防止冰雹或其他原因破坏玻璃，保证生产安全，可采用夹丝玻璃。若采用非安全玻璃（如普通平板玻璃、磨砂玻璃、压花玻璃等），须在玻璃下加设一层金属安全网。

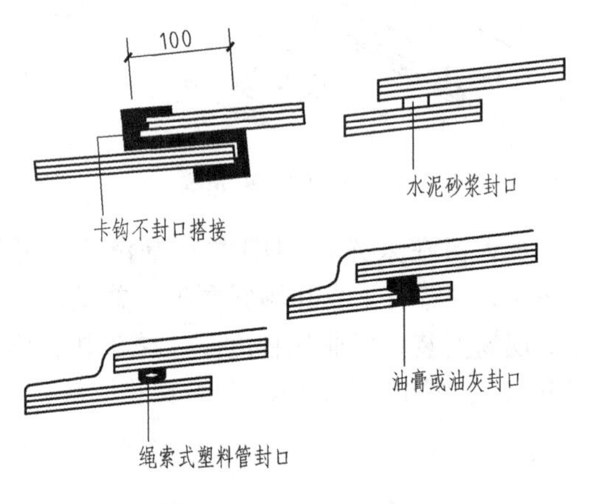

图 10-72　玻璃上下搭接构造

4）通风问题。南方地区采用平天窗时，必须考虑通风散热措施，使滞留在屋盖下表面的热气及时排至室外。目前采用的通风方式有两类：一是采光和通风结合处理，采用可开启的采光板、采光罩或带开启扇的采光板，既可采光又可通风，但使用不够灵活。二是采光和通风分开处理，平天窗只考虑采光，另外利用通风屋脊解决通风，构造较复杂，如图 10-73 所示。

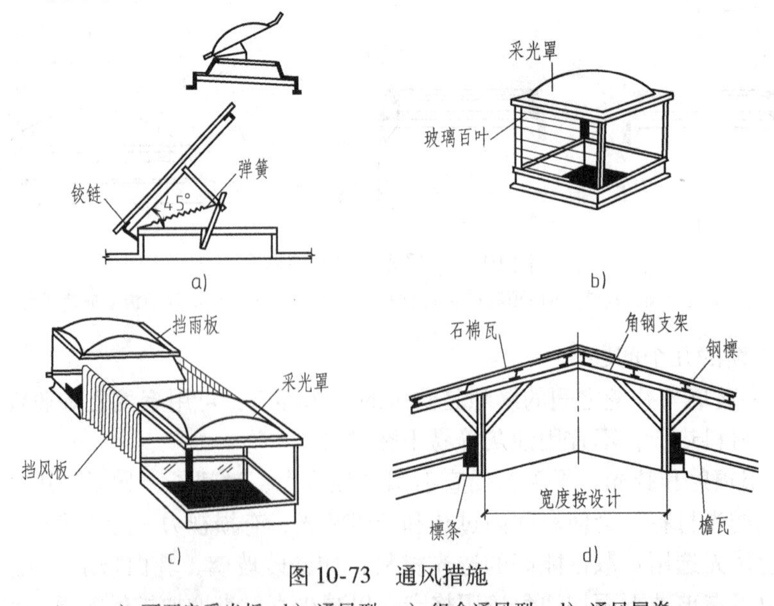

图 10-73　通风措施

a）可开启采光板　b）通风型　c）组合通风型　d）通风屋脊

10.2.4　侧窗、大门

1. 侧窗

在工业厂房中，侧窗不仅要满足采光和通风的要求，还要根据生产工艺的需要，满足其他一些特殊要求。如有爆炸危险的车间，侧窗应便于泄压；要求恒温、恒湿的车间，侧窗应有足够的保温、隔热性能；洁净车间要求侧窗防尘和密闭等。由于工业建筑侧窗面积较大，在进行构造设计时，应在坚固耐久、开关方便的前提下，节省材料，降低造价。

对侧窗的要求是：洞口尺寸的数列，应符合建筑模数协调标准的规定，以利于窗的标准化和定型化；构造要求坚固耐久、接缝严密、开关灵活、节省材料、降低造价。

（1）侧窗的特点

1）侧窗的面积大。一般以起重机梁为界，其上部的小窗为高侧窗，下部的大窗为低侧窗，如图 10-74 所示。

2）大面积的侧窗因通风的需要、多采用组合式。一般平开窗位于下部、接近工作面；中悬窗位于上部；固定窗位于中部。在同一横向高度内，应采用相同的开关方式。

3）侧窗的尺寸应符合模数。

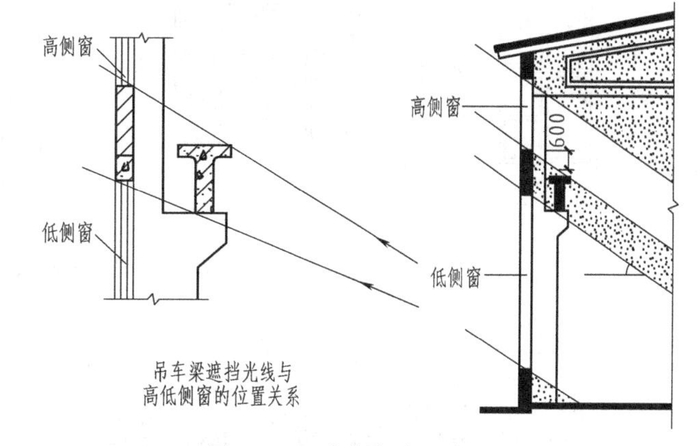

图 10-74　高低侧窗示意图

（2）侧窗的布置与类型

1）侧窗的布置。侧窗分为单面侧窗和双面侧窗。当厂房跨度不大时，可采用单面侧窗采光；单跨厂房多为双侧采光，可以提高厂房采光照明的均匀程度。

窗洞高度和窗洞位置的高低对采光效果影响很大，侧窗位置越低，近墙处的照度越强，而厂房深处的照度越弱。因此，侧窗窗台的高度，从通风和采光要求来看，一般以低些为好，但考虑到工作面的高度、工作面与侧窗的距离等因素，可按以下几种情况来确定窗台的高度。

① 当工作面位于外墙处，工人坐着操作时，或者对通风有特殊要求时，窗台高度可取800 ~ 900mm。

② 大多数厂房中，工人是站着操作，其工作面一般离地面 1m 以上，因此应使窗台高度大于 1m。

③ 当工人靠墙操作时，为防止工作用的工件击碎玻璃，应使窗台至少高出工作面250 ~ 300mm。

④ 当作业地点离开外墙在 1.5m 以内时，窗台到地面的距离应不大于 1.5m。

⑤ 外墙附近没有固定作业地点的车间，以及侧窗主要供厂房深处作业地带采光的车间，或者沿外墙铺设有铁路线的车间，窗台高度可以增加到 2 ~ 4m。

⑥ 在有起重机梁的厂房中，如靠起重机梁位置布置侧窗，因起重机梁会遮挡一部分光线，使该段窗不能发挥作用。因此，在该段范围内通常不设侧窗，而做成实墙面，这也

是单层工业厂房侧窗一般至少分为两排的原因之一。

窗间墙的宽度大小也会影响厂房内部采光效果，通常窗口宽度不宜小于窗间墙的宽度。

工业建筑侧窗一般采用单层窗，只有严寒地区的采暖车间在4m以下高度范围，或者生产有特殊要求的车间（恒温、恒湿、洁净），才部分或全部采用双层窗。

2）侧窗的类型。

① 按材料分有：钢窗、木窗、钢筋混凝土窗、铝合金窗及塑钢窗等，如图10-75、图10-76所示。

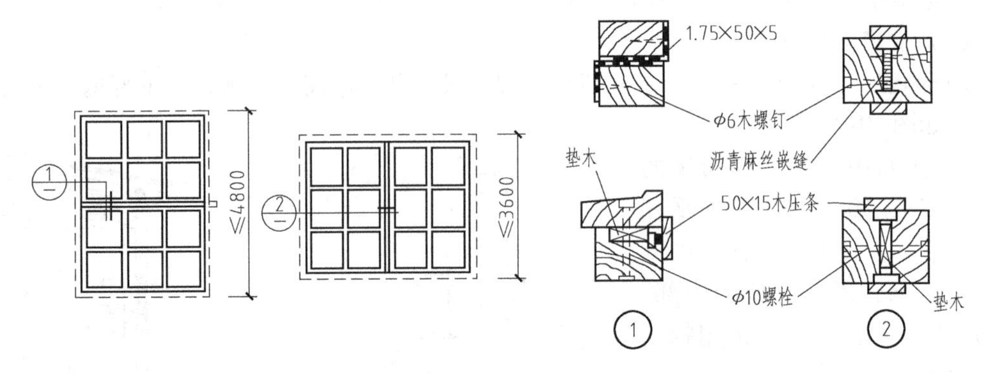

图10-75　木窗拼框构造

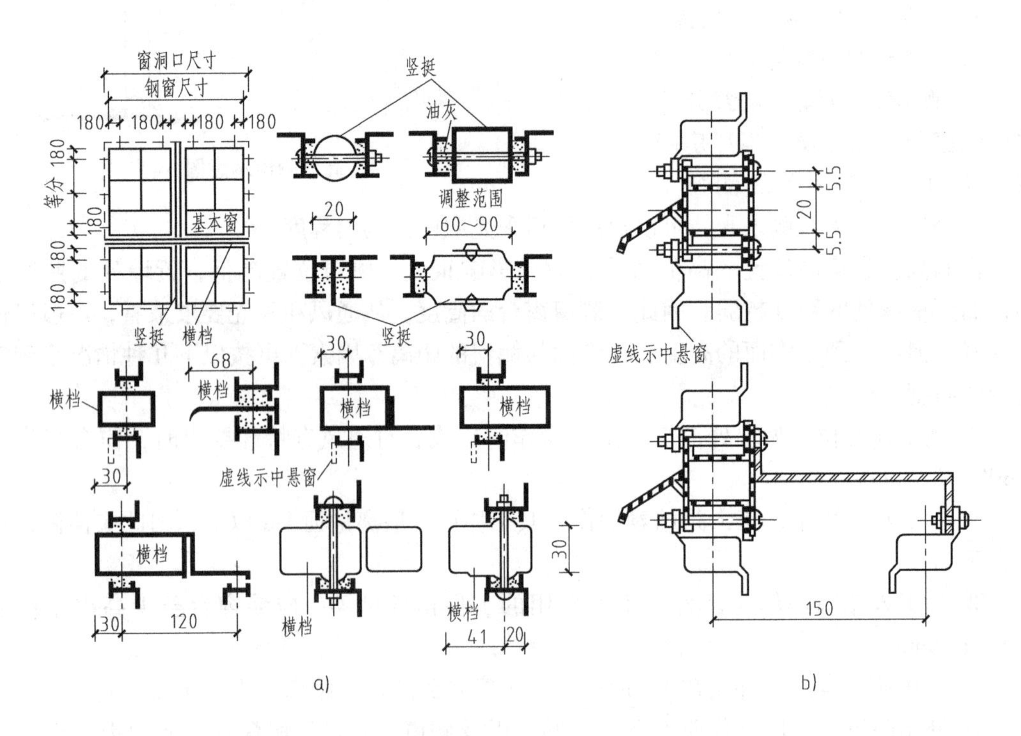

图10-76　钢窗拼框构造

a）实腹钢窗　b）空腹钢窗

② 按层数分有：单层窗和双层窗。

③ 按开启方式分有：平开窗、中悬窗、固定窗、垂直旋转窗（立旋窗）等。

（3）钢侧窗的构造　钢侧窗具有坚固、耐久、耐火、挡光少、关闭严密、易于工厂机械化生产等优点。

1）钢窗料型及构造。目前我国生产的钢侧窗窗料有实腹钢窗料和空腹钢窗料两种。

① 实腹钢窗：工业厂房钢侧窗多采用截面为32mm 和40mm 高的标准钢窗型钢，它适用于中悬窗、固定窗和平开窗，窗口尺寸以300mm 为模数。

② 空腹钢窗：空腹钢窗是用冷轧低碳带钢，经高频焊接轧制成形。它具有重量轻、刚度大等优点，与实腹钢窗相比可节约钢材 40% ~50%，提高抗扭强度 2.5 ~3.0 倍。但因其壁薄、易受到锈蚀破坏，故不宜用于有酸碱介质腐蚀的车间。

为便于制作和安装，基本钢窗的尺寸一般不宜大于 1800mm ×2400mm（宽 ×高）。

钢窗与砖墙连接固定时，组合窗中所有竖梃和横档两端必须插入窗洞四周墙体的预留洞内，并用细石混凝土填实，如图 10-77 所示。

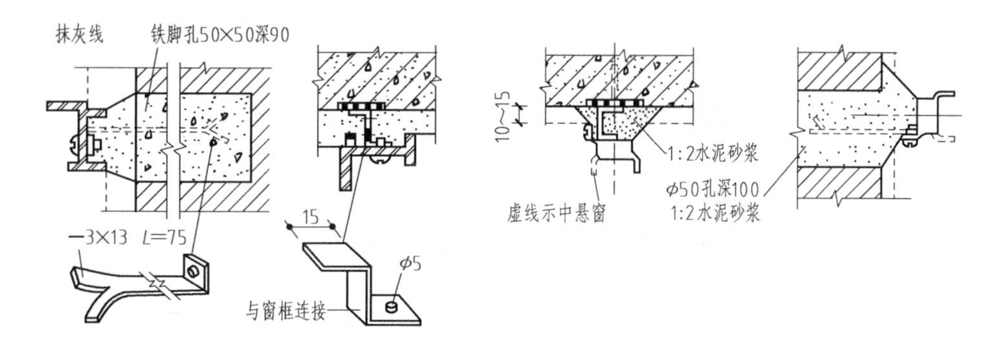

图 10-77　钢窗框与砖墙体的连接

钢窗与钢筋混凝土构件连接时，在钢筋混凝土构件中相应位置预埋件，用连接件将钢窗与预埋件焊接固定，如图 10-78 所示。

2）侧窗开关器。工业厂房侧窗面积较大，上部侧窗一般用开关器进行开关。开关器分电动、气动和手动等几种，电动开关器使用方便，但制作复杂，要经常维护。

2. 大门

（1）洞口尺寸与大门类型

1）大门洞口的尺寸。厂房大门主要是供生产运输车辆及人通行、疏散之用。门的尺寸应根据所需运输工具、运输货物的外形并考虑通行方便等因素而定。

一般门的宽度应比满载货物的车辆宽 600 ~1000mm，高度应高出 400 ~600mm。大门的尺寸以 300mm 为扩大模数晋级，如图 10-79 所示。

2）大门的类型。

① 按用途分：有一般大门和特殊大门（保温门、防火门、冷藏门、射线防护门、隔声门、烘干室门等）。

② 按门的材料分：有钢木大门、木大门、钢板门、空腹薄壁钢门、铝合金门等。

③ 按门的开启方式分：有平开门、推拉门、折叠门、升降门、卷帘门及上翻门等。

（2）大门的构造

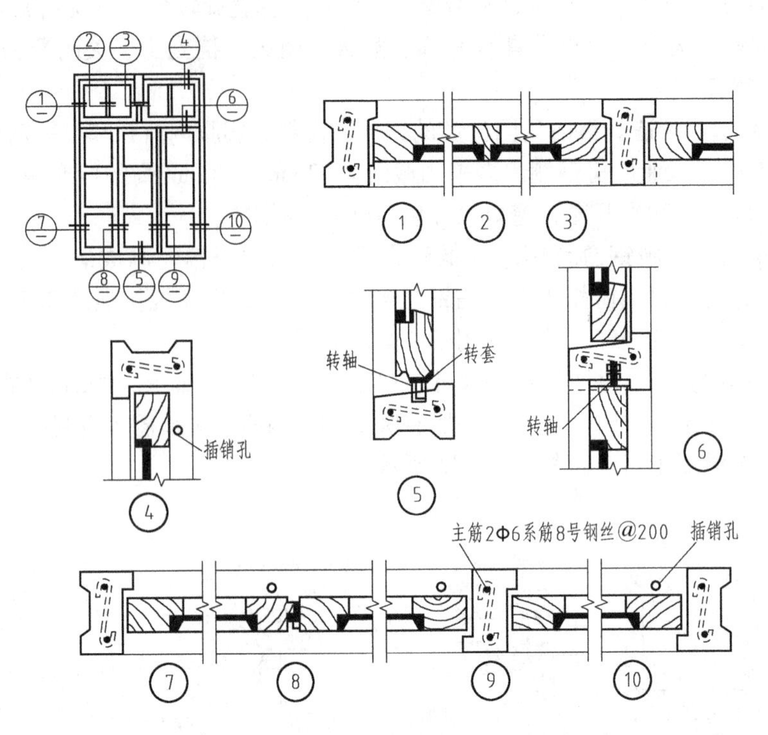

图 10-78　钢窗与钢筋混凝土构件的连接

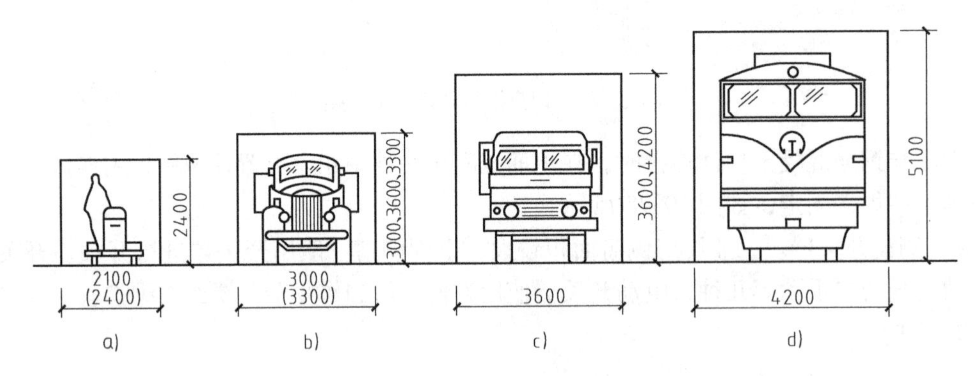

图 10-79　运输工具通行尺寸

a）电瓶车　b）一般载重汽车　c）重形载重汽车　d）火车

1）平开钢木大门。平开钢木大门由门扇、门框、五金零件组成。

平开钢木大门的洞口尺寸一般不宜大于 3.6m×3.6m。

门扇由骨架和门芯板构成，当门扇的面积大于 $5m^2$ 时，宜采用角钢或槽钢骨架。门芯板采用 15～25mm 厚的木板，用螺栓将其与骨架固定。寒冷地区有保温要求的厂房大门可采用双层门芯板，中间填充保温材料，并在门扇边缘加钉橡皮条等密封材料封闭缝隙。

大门门框有钢筋混凝土和砖砌两种，如图 10-80 所示。门洞宽度大于 3m 时，采用钢筋混凝土门框，在安装铰链处预埋件。洞口较小时，可采用砖砌门框，墙内砌入有预埋件的混凝土块，砌块的数量和位置应与门扇上铰链的位置相适应。一般每个门扇设两个铰

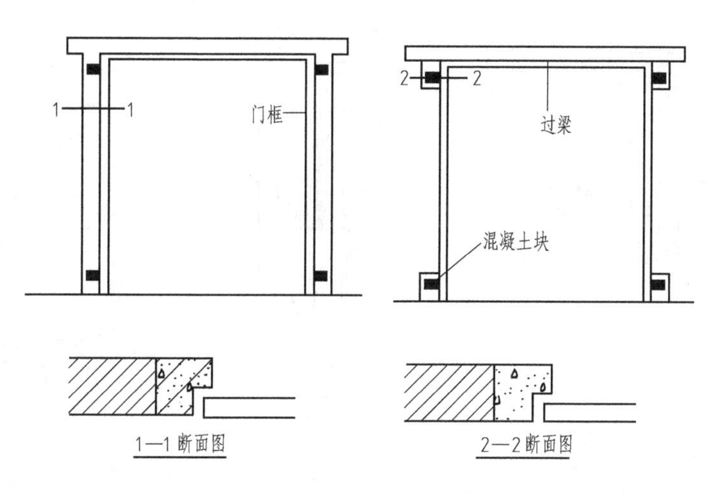

图 10-80　门框构造种类

链，如图 10-81 所示。

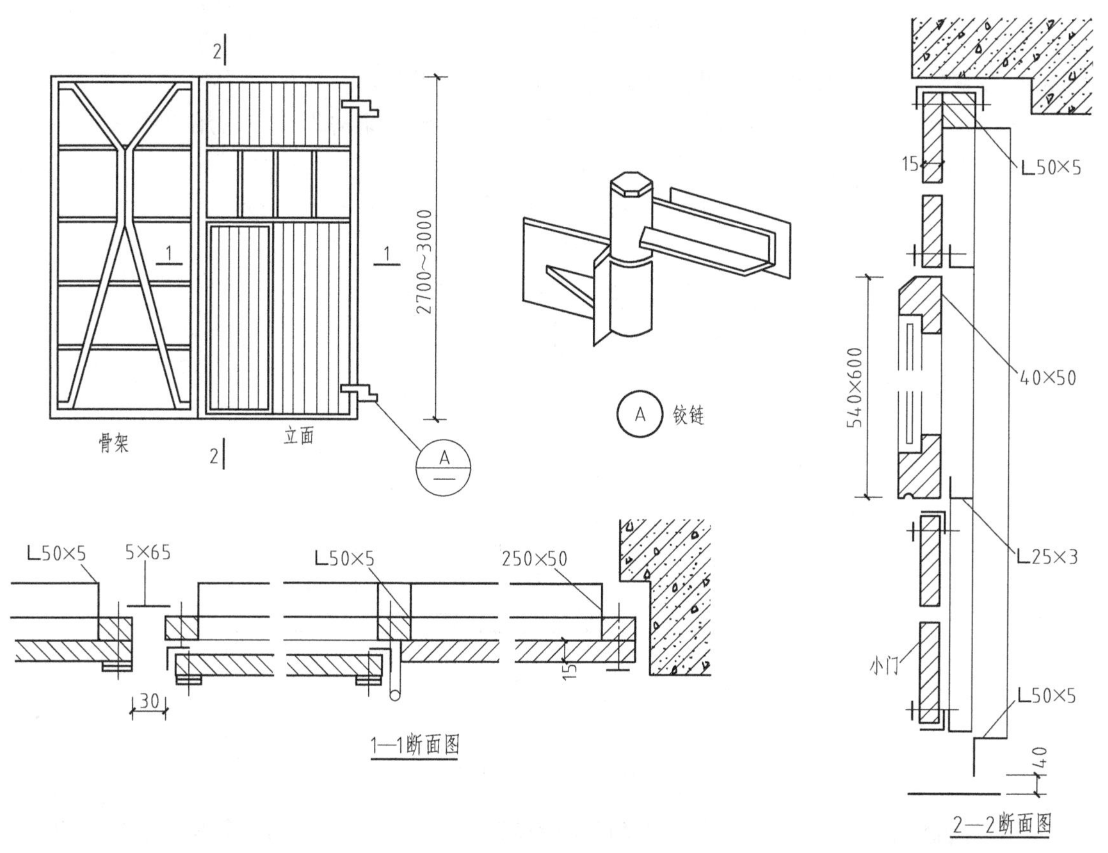

图 10-81　门框具体构造

2）推拉门。推拉门由门扇、导轨、地槽、滑轮及门框组成，如图 10-82 所示。

门扇可采用钢板门、钢木门、空腹薄壁钢门等，每个门扇的宽度不大于 1.8m。当门洞宽度较大时可设多个门扇，分别在各自的轨道上推行。门扇因受室内柱子的影响，一般

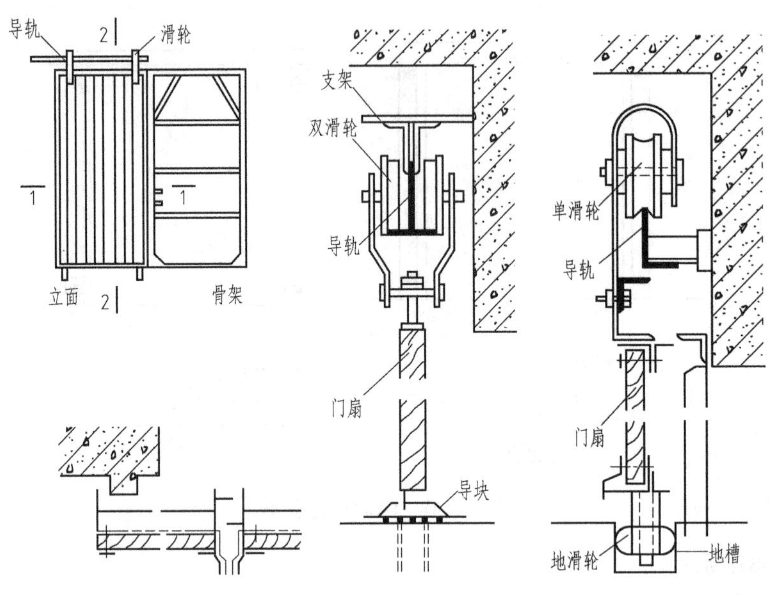

图 10-82　推拉门构造

只能设在室外一侧。因此，应设置足够宽度的雨篷加以保护。

根据门洞的大小，可做成单轨双扇、双轨双扇、多轨多扇等形式，常用单轨双扇。

（3）特殊要求的门

1）防火门。防火门用于加工易燃品的车间或仓库，如图 10-83 所示。

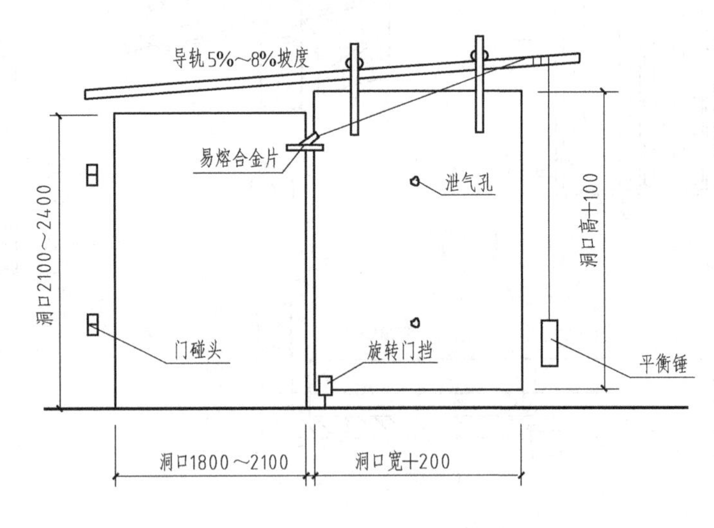

图 10-83　防火门构造

2）保温门和隔声门。保温门要求门扇具有较好的保温性能，且门缝密闭性好，如图 10-84 所示。

10.2.5　厂房地面及其他构造

1. 厂房地面的特点与要求

单层工业厂房地面面积大、荷重大、材料用料多。据统计，一般机械类厂房混凝土地

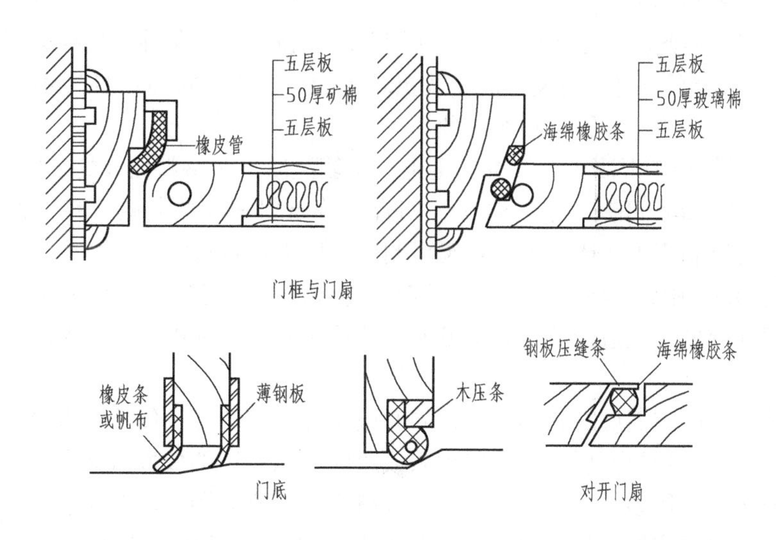

图 10-84　保温门构造

面的混凝土用量约占主体结构的 25% ~50%。所以正确而合理地选择地面材料和相应的构造，不仅有利于生产，而且对节约材料和基本建设投资都有重要的意义。

工业厂房的地面首先要满足使用要求，同时厂房地面面积大、承受荷载重，还应具有抵抗各种破坏作用的能力。

1）具有足够的强度和刚度，满足大型生产和运输设备的使用要求，有良好的抗冲击、耐振、耐磨、耐碾压性能。

2）满足不同生产工艺的要求，如生产精密仪器仪表的车间应防尘，生产中有爆炸危险的车间应防爆，有化学侵蚀的车间应防腐等。

3）处理好设备基础、不同生产工段对地面不同要求引起的多类型地面的组合拼接。

4）满足设备管线铺设、地沟设置等特殊要求。

5）合理选择材料与构造做法，降低造价。

2. 常用地面的类型与构造

（1）地面的组成与类型　单层工业厂房地面由面层、垫层和基层组成。当它们不能充分满足使用要求或构造要求时，可增设其他构造层，如结合层、找平层、隔离层等；特殊情况下，还需设置保温层、隔声层等，如图 10-85 所示。

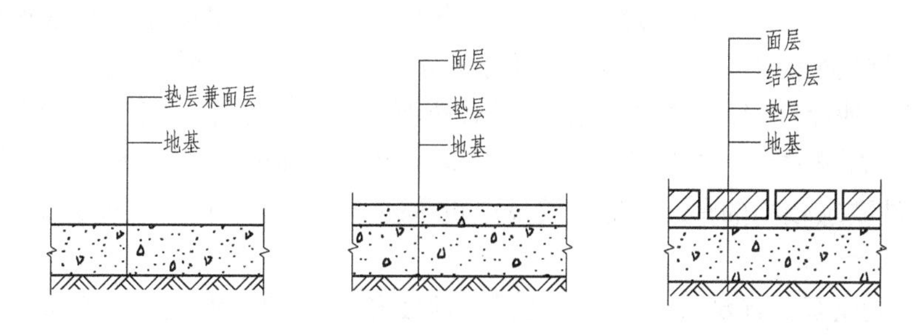

图 10-85　地面组成

1）面层。面层分为整体面层和块料面层两大类。由于面层是直接承受各种物理、化学作用的表面层，因此应根据生产特征、使用要求和技术经济条件来选择面层。

2）垫层。垫层是承受并传递地面荷载至基层的构造层。按材料性质不同，垫层可分为刚性垫层、半刚性垫层和柔性垫层三种。

① 刚性垫层是指用混凝土、沥青混凝土和钢筋混凝土等材料做成的垫层。

② 半刚性垫层是指用灰土、三合土、四合土等材料做成的垫层。其受力后有一定的塑性变形，它可以利用工业废料和建筑废料制作，因而造价低。

③ 柔性垫层是用砂、碎（卵）石、矿渣、碎煤渣、沥青碎石等材料做成的垫层。它受力后产生塑性变形，但造价低，施工方便，适用于有较大冲击、剧烈振动作用或堆放笨重材料的地面。

垫层的选择还应与面层材料相适应，同时应考虑生产特征和使用要求等因素。如现浇整体式面层、卷材及塑料面层，以及用砂浆或胶泥做结合层的板块状面层，其下部的垫层宜采用混凝土垫层；用砂、炉渣做结合层的块材面层，宜采用柔性垫层或半刚性垫层。

垫层的厚度主要依据作用在地面上的荷载情况来定，其所需厚度应按《建筑地面设计规范》（GB 50037—1996）的有关规定计算确定。

3）基层。基层是承受上部荷载的土壤层，是经过处理的基土层，最常见的是素土夯实。地基处理的质量直接影响地面承载力，地基土不应用过湿土、淤泥、腐殖土、冻土，以及有机物含量大于8%的土做填料。若地基土松软，可加入碎石、碎砖或铺设灰土夯实，以提高强度，用单纯加厚混凝土垫层和提高其强度等级的办法来提高承载力是不经济的。

（2）常见地面的构造做法

1）单层整体地面。单层整体地面是将面层和垫层合为一层直接铺在基层上。

① 灰土地面：素土夯实后，用3∶7灰土夯实到100～150mm厚。

② 矿渣或碎石地面：素土夯实后用矿渣或碎石压实至不小于60mm厚。

③ 三合土夯实地面：100～150mm厚素土夯实以后，再用1∶3∶5或1∶2∶4石灰、砂（细炉渣）、碎石（碎砖）、三合土夯实。

这类地面可承受高温及巨大的冲击作用，适用于平整度和清洁度要求不高的车间，如铸造车间、炼钢车间、钢坯库等。

2）多层整体地面。此地面垫层厚度较大，面层厚度薄，不同的面层材料可以满足不同的生产要求。

① 水泥砂浆地面：与民用建筑构造做法相同。为增加耐磨要求可在水泥砂浆中加入适量铁屑。此地面不耐磨，宜起尘，适用于有水、中性液体及油类作用的车间。

② 水磨石地面：同民用建筑构造，若对地面有不起火要求，可采用与金属或石料撞击不起火花的石子材料，如大理石、石灰石等。此地面强度高、耐磨、不渗水、不起灰，适用于对清洁要求较高的车间，如汽轮发电机车间、计量室、仪器仪表装配车间、食品加工车间等。

③ 混凝土地面：有60mm厚C15混凝土地面和C20细石混凝土地面等。为防止地面开裂，可在面层设纵、横向的分仓缝，缝距一般为12m，缝内用沥青等防水材料灌实。如采用密实的石灰石、碱性的矿渣等做混凝土的集料，可做成耐碱混凝土地面。此地面在单层工业厂房中应用较多，适用于金工车间、热处理车间、机械装配车间、油漆车间、油料

库等。

④ 水玻璃混凝土地面：水玻璃混凝土由耐酸粉料、耐酸砂子、耐酸石子配以水玻璃胶结剂和氟硅酸钠硬化剂调制而成。此地面机械强度高、整体性好，具有较高的耐酸性、耐热性，但抗渗性差，须在地面中加设防水隔离层。水玻璃混凝土地面多用于有酸腐蚀作用的车间或仓库。

⑤ 菱苦土地面：菱苦土地面是在混凝土垫层上铺设 20mm 厚的菱苦土面层。菱苦土面层由苛性菱镁矿、砂子、锯末和氯化镁水溶液组成，它具有良好的弹性、保温性能，不产生火花、不起灰，适用于精密生产装配车间，计量室和纺纱、织布车间。

3）块材地面。块材地面是在垫层上铺设块料或板料的地面，如砖块、石块、预制混凝土地面砖、瓷砖、铸铁板等。块材地面承载力强，便于维修。

① 砖石地面：砖石地面面层由普通砖侧砌而成，若先将砖用沥青浸渍，可做成耐腐蚀地面。

石材地面有块石地面和石板地面，这种地面较粗糙、耐磨损。

② 预制混凝土板地面：采用 C20 预制细石混凝土板做面层，主要用于预留设备位置或人行道处。

③ 铸铁板地面：有较好的抗冲击和耐高温性能，板面可直接浇筑成凸纹或穿孔防滑。

（3）地面细部构造

1）地面变形缝。地面变形缝的位置应与建筑物的变形缝一致。同时，在一般地面与振动大的设备基础之间应设变形缝，地面上局部堆放荷载与相邻地段的荷载相差悬殊时也应设变形缝。

变形缝应贯穿地面各构造层，宽度为 20～30mm，用沥青类材料填充，如图 10-86 所示。还应注意防腐地面的变形缝处理，如图 10-87 所示。

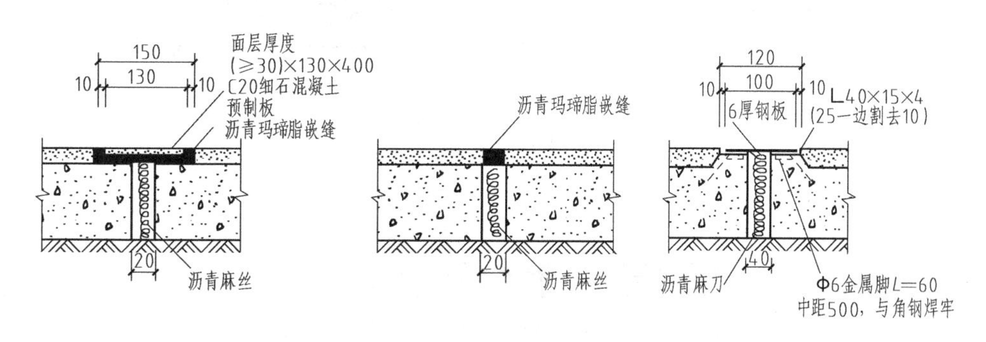

图 10-86　地面变形缝构造

2）地面坡度与地沟。生产中须经常冲洗或需排除各种液体的地面，必须设置排水坡和排水沟。较光滑的地面坡度取 1%～2%，较粗糙的地面坡度可取 2%～3%。地面排水一般多用明沟，明沟不宜过宽，以免影响通行和生产操作，一般为 100～250mm，过宽时加设盖板或篦子，沟底最浅处为 100mm，沟底纵向坡度一般为 0.5%。

敷设管线的地沟，沟壁用砖砌，其厚度一般不小于 240mm，要求防水时，沟壁及沟底均应作防水处理。沟深及沟宽根据敷设检修管线的要求确定。盖板根据荷载大小制成配筋预制板。防腐蚀排水沟及地漏如图 10-88 所示。

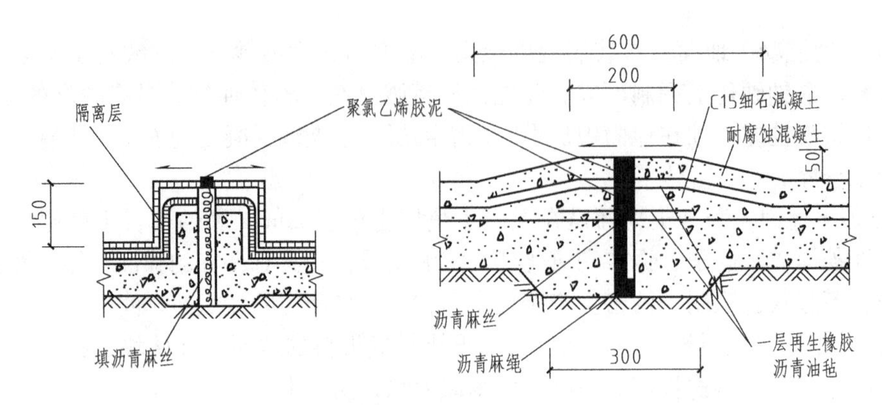

图10-87　防腐地面变形缝构造

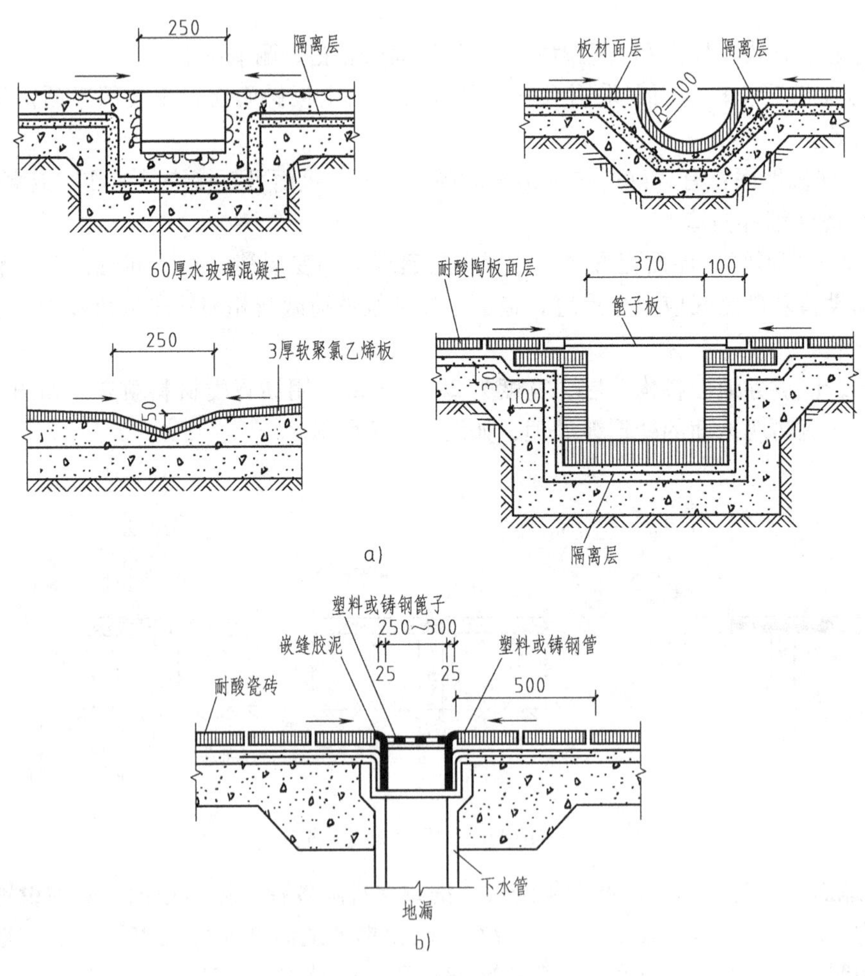

图10-88　防腐蚀排水沟及地漏

a）排水沟　b）地漏

3）坡道。厂房出入口处为便于各种车辆通行，在门外侧设坡道，坡道两侧一般较门洞口各宽500mm，坡度一般为10%～15%，最大不超过30%，若采用大于10%的坡度，其面层应做防滑齿槽。

3. 其他构造

（1）平台与钢梯　在厂房中由于使用需要，常设置各种钢梯，它们的宽度一般为600～800mm，梯级每步高为300mm，其形式有直梯和斜梯两种。直梯的梯梁常采用角钢，踏步用ϕ18 圆钢；斜梯的梯梁多用6mm 厚钢板，踏步用3mm 厚花纹钢板，也可用不少于2 根ϕ18 的圆钢制作。

1）作业梯　作业梯是供工人上下作业平台或跨越生产设备联动线的交通联系工具，为节约钢材和减少占地，其坡度一般较陡，有 45°、59°、73°及 90°等几种。作业梯可从钢梯标准图集 02J401、02（03）J401 中选用。当钢梯段超过 4～5m 时，应设中间休息平台。作业平台一般采用钢筋混凝土板平台，当面积较小、开洞较多、结构复杂时，宜用钢平台。作业平台中间应设 1m 高的安全栏杆，如图 10-89 所示。

2）起重机梯：起重机梯是为起重机司机上下而设的，其位置应设在便于上起重机操纵室的地方，同时应考虑不妨碍工艺布置和生产操作，一般多设在端部第二个柱距的柱边。一般每台起重机应设一个起重机梯。在多跨厂房内，当相邻两跨均有起重机时，起重机梯可设在中柱上，以供两侧的起重机司机用，如图 10-90 所示。

图 10-89　作业平台梯

图 10-90　起重机梯

3）消防检修梯：当单层工业厂房屋面高度大于 9m 时，应设通往屋面的室外钢梯用于消防检修，供到屋面进行检修、清灰、清除积雪及擦洗天窗用，兼供消防用。

消防检修梯底端应高出室外地面 1000～1500mm，以防儿童攀爬。梯与外墙表面距离通常不小于 250mm，梯梁用焊接的角钢埋入墙内，墙预留孔 260mm×260mm，深度最小为 240mm，然后用 C15 混凝土嵌固或做成带角钢的预制块砌墙时砌入。消防检修梯如图10-91、图 10-92 所示。

（2）走道板　走道板又称为安全走道板，是为维修起重机或检修起重机而设。走道板沿起重机梁顶面铺设，高温车间起重机为重级工作制或露天跨设起重机时，不论起重机台数、轨顶高度，均应在跨度的两侧设通长走道板。

在边柱位置：利用起重机梁与外墙的空隙设走道板。

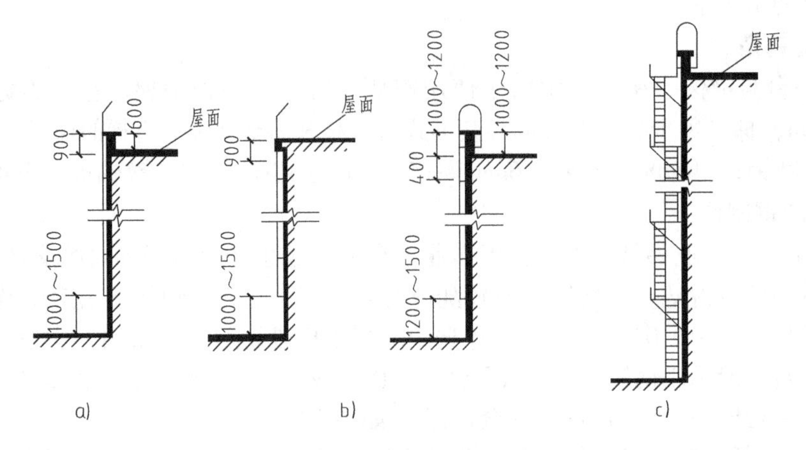

图 10-91　消防检修梯构造

a）端墙处设置　b）纵墙　c）厂房很高时消防检修梯形式

在中柱位置：当中列柱上只有一列起重机梁时，设一条走道板，并在上柱内侧考虑通行宽度；当有两列起重机梁，且标高相同时，可设一条走道板并考虑两侧通行的宽度，当其标高相差很大或为双层起重机，则仍根据需要设两层走道板。

露天跨的走道板常设在露天柱上，不设在靠车间外墙的一侧，以减小车间边柱外牛腿的出挑长度。

走道板由支架、走道板和栏杆组成。走道板有木板、钢板、钢筋混凝土板等，其中钢筋混凝土板用得较多，其支架和栏杆为钢材。走道板一般用钢支架支撑固定，若利用外墙支撑，可不另设支架。走道板布置如图 10-93 所示。

图 10-92　消防检修梯

（3）隔断　用隔断可以根据不同需要在单层工业厂房内设置出车间办公室、工具间、临时仓库等房间。隔断高度一般为 2100mm。

1）木隔断。木隔断多用于车间内的办公室、工具室。因构造不同分为全木隔断和组合木隔断，隔断木扇也可装玻璃。木隔断耗用木材较多，且不耐火，现已较少采用。

2）砖隔断。砖隔断常用 240mm 厚砖墙或有壁柱的 120mm 厚砖墙。砖隔断施工方便，造价较低，并有防火及防腐蚀性能，故应用较广。

3）金属网隔断。金属网隔断由金属网及框架组成，金属网可用钢板网或镀锌钢丝网。框架可用普通型钢、钢管柱或冷弯薄壁型钢制作。隔扇之间用螺栓连接或焊接，隔扇与地面的连接可用膨胀螺栓或预埋螺栓。

4）钢筋混凝土隔断。钢筋混凝土隔断多为预制装配，施工方便，经久耐用，适用于火灾危险性大和湿度大的车间。它由拼板和立柱及上槛组成，立柱与拼板分别用螺栓与地面连接，上槛卡紧拼板，并用螺栓与立柱固定。拼板上部可装玻璃或金属网以采光和通风。装配式钢筋混凝土隔断如图 10-94 所示。

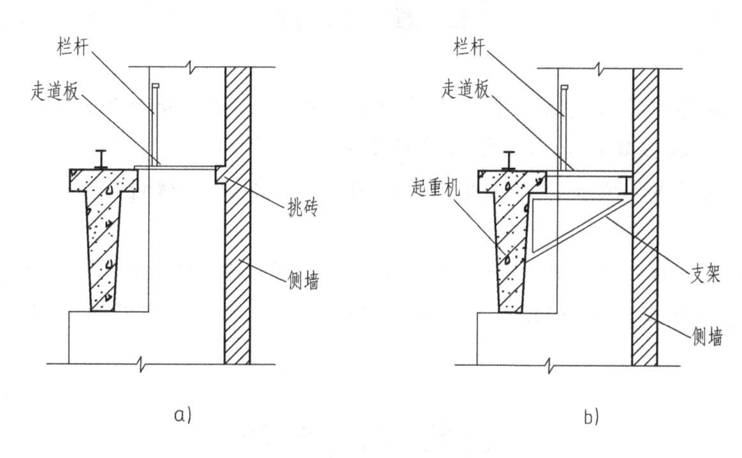

图 10-93　走道板布置图
a）外墙支撑　b）支架支撑

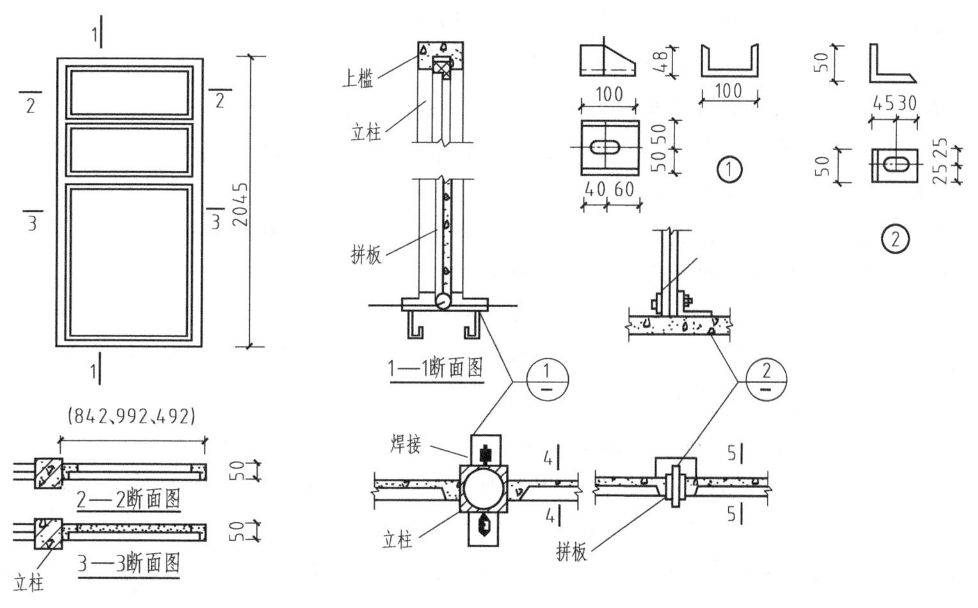

图 10-94　装配式钢筋混凝土隔断

5）混合隔断。混合隔断下部为 1000mm 左右高的 120mm 厚砖墙，上部为玻璃木隔扇或金属网隔扇。为保证隔断的稳定性，沿墙每隔 3m 砌一个 240mm × 240mm 的砖柱。

（4）地沟　单层工业厂房地沟主要用于铺设各种管线，有电缆地沟，通风、采暖、压缩空气管道地沟等。地沟断面尺寸应根据生产工艺所需的管道数量、大小、类型等确定。地沟上面一般应加设盖板。常用的地沟有砖砌地沟和现浇钢筋混凝土地沟。砖砌地沟用于地下水位以上，其沟底为现浇混凝土，沟壁由普通砖砌筑。现浇钢筋混凝土地沟能用于地下水位以下，其沟底和沟壁均由混凝土整体浇筑而成。地沟应根据地下水位情况采取防水或防潮措施。地沟盖板多为预制钢筋混凝土板，设有活络拉手。地沟盖板还有木板、钢板等形式。

本章小结

1）工业建筑作为工业建设必不可少的物质基础，以符合安全生产、技术先进、经济合理为原则，为把我国建设成工业化强国起着不可估量的作用。

2）随着建筑发展的需要，工业建筑和民用建筑在模式、材料、施工等方面间存在着相似和差异。

3）天窗在工业建筑中使用广泛，类型在保证使用功能的前提下更趋向于美观性。

4）结合前面章节，加强工业建筑和民用建筑的对比，掌握两者在实际设计中的差异。

10-1　常见的单层工业厂房板材墙有哪些类型和规格尺寸？

10-2　什么是轻质板材墙，一般用什么材料制作？

10-3　开敞式外墙适用于什么车间？

10-4　单层工业厂房侧窗与民用房屋侧窗比较有什么特点？

10-5　侧窗按开启方式分为哪些形式，它们各适用于哪种情况？

10-6　单层工业厂房大门有哪些类型？

10-7　井式天窗有什么优缺点，它有哪些布置方式？主要由哪些配件构成？

10-8　天窗侧板有哪些类型？天窗侧板在构造上有什么要求？

10-9　厂房隔断有什么特点？有哪些类型？

10-10　单层工业厂房屋面排水有几种方式，各适用哪些范围？屋面排水如何组织？试画出屋顶平面图并表达排水方式。

10-11　平开大门和推拉大门由哪些构配件组成？试画出主要节点图。

10-12　单层工业厂房为什么要设置天窗？天窗有哪些类型？试分析它们的优点和缺点。

10-13　常见的矩形天窗布置有什么要求？它由哪些构件组成？天窗架有哪些形式，如何选择？

10-14　选择垫层和面层应考虑哪些因素？对基层有什么要求？

10-15　什么是矩形避风天窗？为什么矩形避风天窗排气、通风性能稳定？

10-16　矩形避风天窗的挡风板有哪些形式？

10-17　厂房地面有什么特点和要求？地面由哪些构造层次组成？它们有什么作用？

第11章 建筑施工图的识读

学习目标

了解建筑施工图的图示规定、内容和用途；了解施工总说明及建筑总平面图的主要内容和有关要求；了解建筑平面图的用途和种类，掌握识图要点；了解立面图、剖面图的内容和要求，掌握识图要点；了解建筑详图的用途和主要内容，掌握识图要点；基本掌握建筑平面图、立面图、剖面图的相互关系和绘图的主要步骤。

11.1 概述

房屋建筑施工图是按建筑设计要求绘制的、用以指导施工的图样，是建造房屋的依据。工程技术人员必须看懂整套施工图，按图施工，这样才能体现出房屋的功能用途、外形规模及质量安全。因此掌握识读和绘制房屋施工图是从事建筑专业的工程技术人员的基本技能。

11.1.1 房屋建筑图的分类

建筑工程施工图按照专业分工的不同，可分为建筑施工图、结构施工图和设备施工图。

1. 建筑施工图

建筑施工图包括建筑总平面图、建筑平面图、建筑立面图、建筑剖视图和建筑详图及其说明书等。

2. 结构施工图

结构施工图包括基础平面图、基础详图、结构平面图、楼梯结构图和结构构件详图及其说明书等。

3. 设备施工图

设备施工图包括给水排水、采暖通风、电气照明等设备的平面布置图、系统图和施工详图及其说明书等。

由此可见，各工种的施工图一般又包括基本图和详图两部分。基本图表示全局性的内容；详图则表示某些构配件和局部节点构造等详细情况。

11.1.2 施工图的编排顺序

一套简单的房屋施工图就有一二十张图纸，一套大型复杂建筑物的图纸至少也得有几十张、上百张甚至会有几百张之多。因此，为了便于看图，易于查找，就应把这些图纸按顺序编排。

建筑工程施工图一般的编排顺序是：首页图（包括图纸目录、施工总说明、汇总表等）、建筑施工图、结构施工图、给水排水施工图、采暖通风施工图、电气施工图等。如果是以某专业工种为主体的工程，则应该突出该专业的施工图而另外编排。

各专业的施工图，应按图纸内容的主次关系系统地排列。如基本图在前，详图在后；总体图在前，局部图在后；主要部分在前，次要部分在后；布置图在前，构件图在后；先施工的图在前，后施工的图在后等。

11.2 建筑总平面图

将拟建房屋的施工要求和总体布局，由施工总说明和建筑总平面图表示出来。一般中、小型房屋建筑施工图首页（即是施工图的第一页）就包含了这些内容。

11.2.1 总平面图的成图与作用

建筑总平面图是表明新建房屋基地所在范围内总体布置的图样。将拟建工程四周一定范围内的新建、拟建、既有和拆除的建（构）筑物连同其周围的地形、地物状况，用水平投影方法和相应的图例所画出的图样即为总平面图（或称为总平面布置图）。它能反映出上述建筑的平面形状、位置、朝向和与既有建筑物的关系，周围道路、绿化布置及地形地貌等内容，因此成为新建筑的施工定位、土方施工及作施工总平面设计的重要依据。

11.2.2 总平面图的内容与读图示例

1. 施工总说明

对整个工程的统一要求（如材料、质量要求）、具体做法及该工程的有关情况都可在施工总说明中作具体的文字说明。如某工程的施工总说明如下：

设计说明

1. 设计依据

   1.1 甲方与我院签订的有关设计合同

   1.2 甲方提供的有关设计资料

   1.3 当地规划部门及甲方批准同意的设计方案

2. 概述

   总建筑面积为530m²

3. 标高

   3.1 本工程室内±0.000相当于绝对标高，见总图

   3.2 阳台、厨房、厕所及楼梯标高较相应楼层低20

4. 用料及做法

   4.1 ±0.000以上墙体和砂浆标号详见结构说明

   4.2 墙身防潮层做法详见J9501 $\frac{1}{1}$

4.3　地面

水泥地面：J9501 $\frac{2}{2}$ 用于除楼梯外所有房间

地砖地面：J9501 $\frac{14}{2}$ 用于楼梯地面

4.4　楼面

水泥楼面：45 厚 C20 细石混凝土

水泥地面：J9501 $\frac{2}{3}$ 用于厨房、阳台及楼梯

地砖地面：J9501 $\frac{14}{3}$ 用于楼梯地面

4.5　外墙

以上材料订货时应送样品，由建筑设计人员和甲方审定

4.6　内墙

混合砂浆粉刷：J9501 $\frac{5}{5}$ 用于所有房间（取消涂料面层）

水泥砂浆粉刷：J9501 $\frac{3}{4}$ 用于厨房及厕所（取消涂料面层）

台度踢脚：J9501 $\frac{1}{5}$ 踢脚高 150 用于除厨房及厕所外其余房间

水泥护角线：J9501 $\frac{30}{5}$

4.7　屋面

瓦屋面均采用“英红彩瓦”，具体施工做法按厂家

瓦屋面挑檐：参见 J9503 $\frac{1}{31}$ $\frac{5}{32}$

檐沟内落水：详见 J9503 $\frac{1}{46}$

4.8　油漆

木门油漆详：J9501 $\frac{3}{9}$，色另详，仅用于分户门外侧，其余内门不油

金属面油漆详：J9501 $\frac{22}{9}$，色另详

4.9　楼梯

楼梯栏杆及楼梯半层休息平台处护窗栏杆均采用铸铁花饰（由甲方自理），其余详见结构图

4.10　阳台

5. 除图中注明外，本工程所有内隔墙均做到梁底并堵塞严密
6. 施工现场如有与图样不相符之处请及时与设计人员联系协商解决
7. 本工程施工时应与各专业各工种密切配合，切忌事后挖孔打洞，影响工程质量
8. 本工程施工及验收均应严格执行国家现行建筑安装工程施工及验收规范
9. 室外散水详见 J9508 $\frac{3}{39}$，砖砌踏步详见 J9508 $\frac{1}{40}$
10. 铸铁花饰及相关埋件均由甲方自理

2. 建筑总平面图

（1）总平面图常用图例（表 11-1）

（2）总平面图识读方法

1）先看图样的比例，图例及有关的文字说明。总平面图因包括的地方范围较大，所以绘制时都用较小的比例，如1∶2000、1∶1000、1∶500等。总平面图上标注的尺寸，一律以米为单位，图中使用较多的图例符号，必须熟识它们的意义。“国标”中所规定的几种常用图例见表11-1。在较复杂的总平面图中，若用到一些“国标”没有规定的图例，必须在图中另加说明。

表11-1 总平面图图例

名称	图例	备注
新建建筑物		1. 需要时，可用▲表示入口，可在图形内右上角用点数或数字表示层数 2. 建筑物外形（一般以±0.000高度处的外墙定位轴线或外墙面线为准）用粗实线表示。需要时，地面以上建筑用中粗实线表示，地面以下建筑用细虚线表示
既有建筑物		用细实线表示
计划扩建的预留地或建筑物		用中粗虚线表示
拆除的建筑物		用细实线表示
围墙及大门		上图为实体性质的围墙，下图为通透性质的围墙，若仅表示围墙时不画大门
坐标	X105.00 Y425.00 A131.51 B278.25	上图表示测量坐标，下图表示建筑坐标
护坡		1. 边坡较长时，可在一端或两端局部表示 2. 下边线为虚线时表示填方
原有道路		
计划扩建的道路		
新建的道路	0.6 101.00 R9 150.00	“R9”表示道路转弯半径为9m，“150.00”为路面中心控制点标高，“0.6”表示0.6%的纵向坡度，“101.00”表示变坡点间距离
桥梁		1. 上图表示公路桥，下图表示铁路桥 2. 用于旱桥时应注明
绿化乔木		左图为常绿针叶乔木，右图为常绿阔叶乔木
挡土墙		

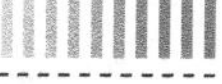

（续）

名　称	图　例	备　注
花坛		
草坪		

2）了解新建工程的性质与总体布置，了解各建（构）筑物的位置、道路、场地和绿化等布置情况，以及各建筑物的层数等。

3）明确新建工程或扩建工程的具体位置，新建工程或扩建工程通常根据既有房屋或道路定位，并以米为单位标注出定位尺寸。当新建成片的建（构）筑物或较大的建筑物时，往往用坐标来确定每一建筑物及道路转折点等位置。地形起伏较大的地区，还应画出地形等高线。

4）看新建房屋底层室内地面和室外整平地面的绝对标高，可知室内、外地面的高差及正负零与绝对标高的关系；总平面图中标高数字以米为单位，一般至小数点后两位。

5）看总平面图中的指北针或风向频率玫瑰图（图上箭头指的是北向）可明确新建房屋、构筑物的朝向和该地区的常年风向频率，有时也可只画单独的指北针。

（3）读图实例　从图 11-1 的图名和图中各房屋所标注的名称，可知拟建工程是某小

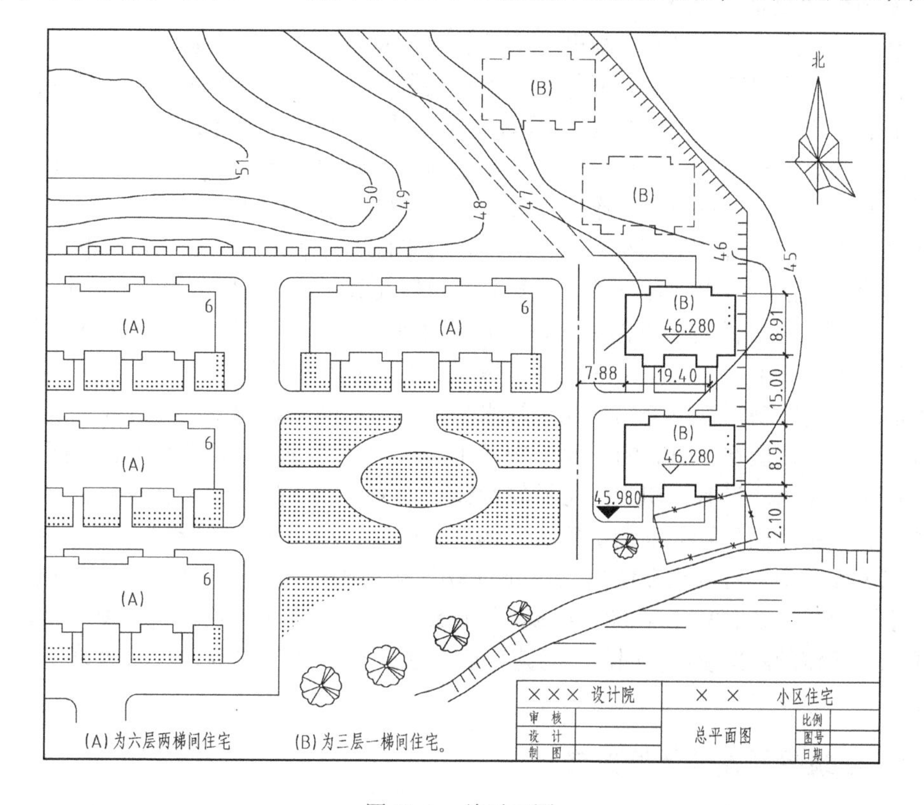

图 11-1　总平面图

区两幢相同的住宅。从图中等高线所注写的数值，可知该地势是自西向东倾斜。

该住宅为三层楼，它的平面定位尺寸东、西向以中心花园东侧道路的中心线为基准，南、北向与既有的建筑平齐；住宅楼的底层地面相对标高 ±0.000 =46.28m（绝对标高），室外地坪绝对标高为45.98m；室内、外地面高差为0.30m：通过拟建房屋平面图上的长、宽尺寸可算出房屋占地面积。看房屋之间的定位尺寸，可知房屋之间的相对位置。

该住宅位于小区东侧，东面有围墙，院内道路用细实线表示，南面画“×”的房屋表示拆除建筑，花草树木绿化地带用图例符号表示。图中的风向频率图（即风玫瑰图）表示出该地的常年风向。

11.3 建筑平面图

11.3.1 建筑平面图的成图与数量

1. 建筑平面图的形成及作用

建筑平面图是假想用一个水平剖切平面，沿着房屋门窗口的位置，将房屋剖开，拿掉上部分，对剖切平面以下部分所做出的水平投影图，即为建筑平面图，简称平面图；平面图（除屋顶平面图外）实际上是一个房屋的水平全剖面图，它反映出房屋的平面形状，大小和房间的布置，墙（或柱）的位置、厚度和材料，门窗的类型和位置等情况。这是施工图中最基本的图样之一。

2. 平面图的数量及内容

一般来说，房屋有几层就应画出几个平面图，并在图的下面注明相应的图名，如底层平面图、二层平面图等。如果上下各楼的房间数量、大小和布置都一样时，则相同的楼层可用一个平面图表示，称为标准层平面图或×-×层平面图。若建筑平面图左右对称时，也可将两层平面图画在同一个平面图上，左边画出一层的一半平面图，右边画出另一层的一半平面图，中间画一对称符号作分界线，并在图的下边分别注明图名。

楼房的平面图是由多层平面图组成的，底层平面图除表示该层的内部形状外，还画有室外的台阶、花池、散水（或明沟）、雨水管和指北针，以及剖面的剖切符号，如1—1、2—2等，以便与剖面图对照查阅。房屋中间层平面图除表示本层室内形状外，需要画上本层室外的雨篷、阳台等。屋顶平面图是房屋顶面的水平投影图。

平面图上的线型粗细应分明，凡是被水平剖切平面剖切到的墙、柱等断面轮廓线用粗实线画出，而粉刷层在1∶100的平面图中是不画的。在1∶50或比例更大的平面图中粉刷层则用细实线画出。没有剖切到的可见轮廓线，如窗台、台阶、明沟、花台、梯段等用中实线画出。表示剖面位置的剖切位置线及剖视方向线，均用粗实线绘制。

底层平面图中，可以只在墙角或外墙的局部分段地画出散水（或明沟）的位置。

由于平面图一般是采用1∶100、1∶200和1∶50的比例绘制的，所以门、窗和设备等均采用“国标”规定的图例表示。因此，阅读平面图必须熟记建筑图例。常用建筑制图图例见表11-2。

11.3.2 建筑平面图的阅读方法

1）看图名、比例，了解该图是哪一层平面图，绘图比例是多少。

2）看底层平面图上画的指北针，了解房屋的朝向。

3）看房屋平面外形和内部墙的分隔情况，了解房屋平面形状和房间分布、用途、数量及相互间联系，如入口、走廊、楼梯和房间的位置等。

4）在底层平面图上看室外台阶、花池、散水坡（或明沟）及雨水管的大小和位置。

5）看图中定位轴线的编号及其间距尺寸。从中了解各承重墙（或柱）的位置及房间大小，以便于施工时定位放线和查阅图样。

表 11-2　常用建筑制图图例

序号	名称	图　例	备　注
1	墙体		1）上图为外墙，下图为内墙 2）外墙细线表示有保温层或有幕墙 3）应加注文字、涂色或图案填充表示各种材料的墙体 4）在各层平面图中防火墙宜着重以特殊图案填充表示
2	隔断		1）加注文字、涂色或图案填充表示各种材料的轻质隔断 2）适用于到顶与不到顶隔断
3	玻璃幕墙		幕墙龙骨是否表示由项目设计决定
4	栏杆		—
5	楼梯	下 下 上 上	1）上图为顶层楼梯平面，中图为中间层楼梯平面，下图为底层楼梯平面 2）需设置靠墙扶手或中间扶手时，应在图中表示
6	空门洞	$h=$	h 为门洞高度
7	单面开启单扇门（包括平开或单面弹簧）		1）门的名称代号用 M 表示 2）平面图中，下为外，上为内 门开启线为 90°、60°或 45°，开启弧线宜绘出 3）立面图中，开启线实线为外开，虚线为内开。开启线交角的一侧为安装合页一侧。开启线在建筑立面图中可不表示，在立面大样图中可根据需要绘出 4）剖面图中，左为外，右为内 5）附加纱扇应以文字说明，在平、立、剖面图中均不表示 6）立面形式应按实际情况绘制

（续）

序号	名称	图例	备注
7	双面开启单扇门（包括双面平开或双面弹簧）	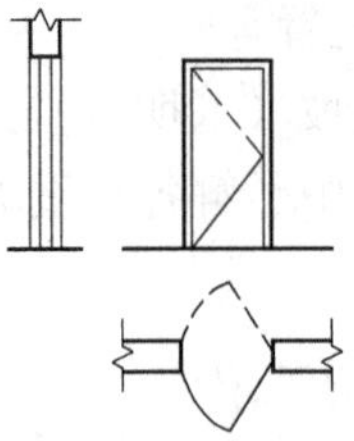	1）门的名称代号用M表示 2）平面图中，下为外，上为内 门开启线为90°、60°或45°，开启弧线宜绘出 3）立面图中，开启线实线为外开，虚线为内开。开启线交角的一侧为安装合页一侧。开启线在建筑立面图中可不表示，在立面大样图中可根据需要绘出 4）剖面图中，左为外，右为内 5）附加纱扇应以文字说明，在平、立、剖面图中均不表示 6）立面形式应按实际情况绘制
	双层单扇平开门	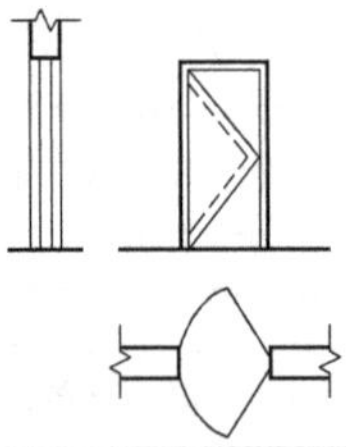	
8	单面开启双扇门（包括平开或单面弹簧）	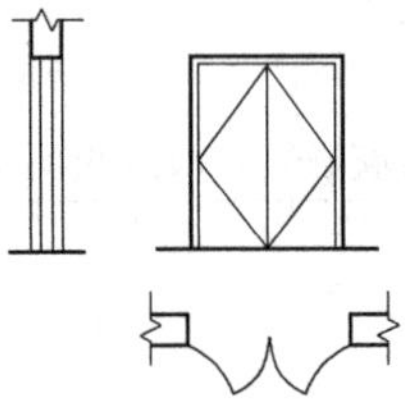	1）门的名称代号用M表示 2）平面图中，下为外，上为内 门开启线为90°、60°或45°，开启弧线宜绘出 3）立面图中，开启线实线为外开，虚线为内开。开启线交角的一侧为安装合页一侧。开启线在建筑立面图中可不表示，在立面大样图中可根据需要绘出 4）剖面图中，左为外，右为内 5）附加纱扇应以文字说明，在平、立、剖面图中均不表示 6）立面形式应按实际情况绘制
	双面开启双扇门（包括双面平开或双面弹簧）	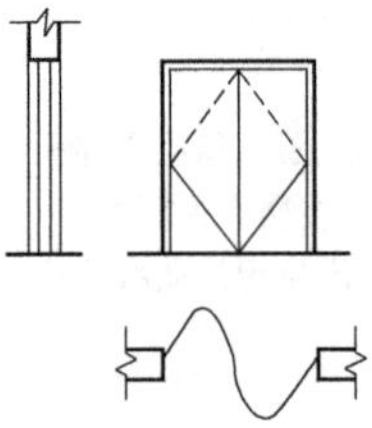	
	双层双扇平开门	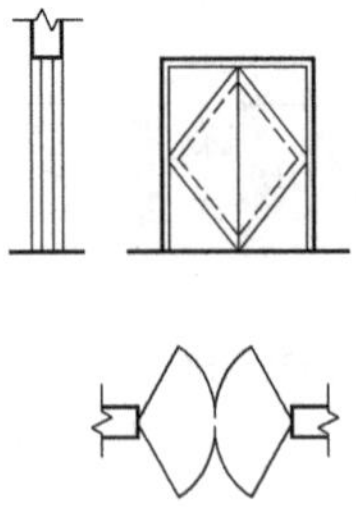	
9	单层外开平开窗	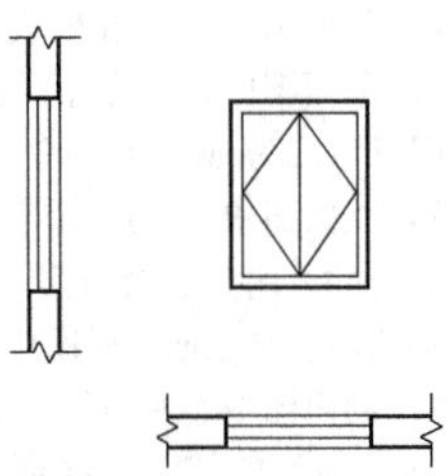	1）窗的名称代号用C表示 2）平面图中，下为外，上为内 3）立面图中，开启线实线为外开，虚线为内开。开启线交角的一侧为安装合页一侧。开启线在建筑立面图中可不表示，在门窗立面大样图中需绘出 4）剖面图中，左为外，右为内。虚线仅表示开启方向，项目设计不表示 5）附加纱窗应以文字说明，在平、立、剖面图中均不表示 6）立面形式应按实际情况绘制

（续）

序号	名称	图例	备注
9	单层内开平开窗	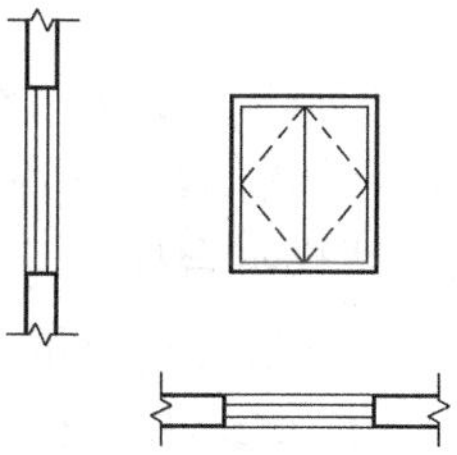	1）窗的名称代号用 C 表示 2）平面图中，下为外，上为内 3）立面图中，开启线实线为外开，虚线为内开。开启线交角的一侧为安装合页一侧。开启线在建筑立面图中可不表示，在门窗立面大样图中需绘出 4）剖面图中，左为外，右为内。虚线仅表示开启方向，项目设计不表示 5）附加纱窗应以文字说明，在平、立、剖面图中均不表示 6）立面形式应按实际情况绘制
	双层内外开平开窗	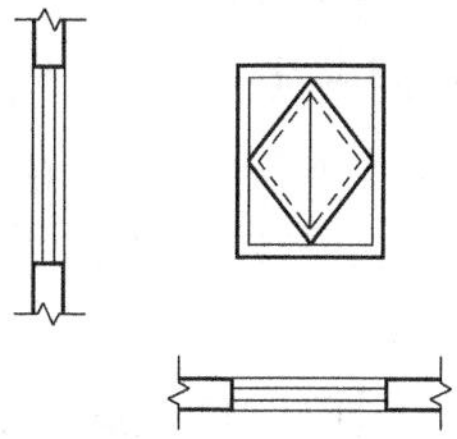	
10	单层推拉窗	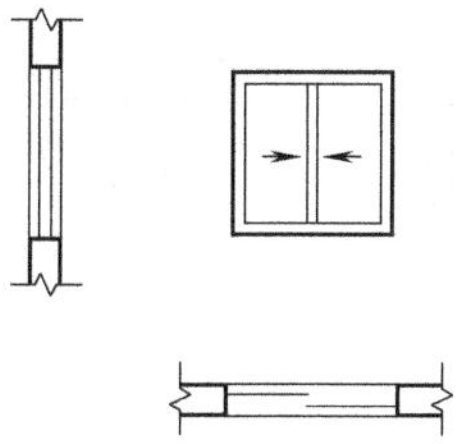	1）窗的名称代号用 C 表示 2）立面形式应按实际情况绘制
	双层推拉窗	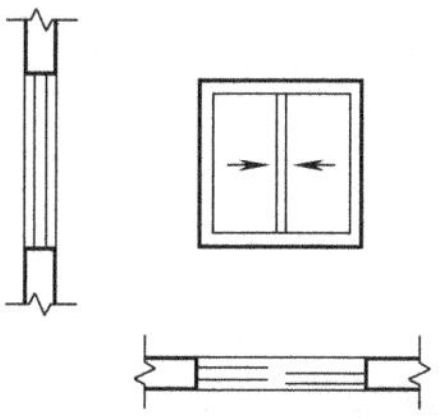	1）窗的名称代号用 C 表示 2）立面形式应按实际情况绘制

6）看平面图的各部尺寸，平面图中的尺寸分为外部尺寸和内部尺寸。从各道尺寸的标注，可知各房间的开间、进深、门窗及室内设备的大小、位置。

一般在建筑平面图上的尺寸（详图例外）均为未装修的结构表面尺寸（如墙厚、门窗口尺寸等）。现将平面图的尺寸标注形式介绍如下：

① 外部尺寸。外部尺寸通常由三道尺寸构成。第一道尺寸：表示外轮廓的总尺寸，即指从一端外墙边到另一端外墙边的总长和总宽尺寸。用总尺寸可计算出房屋的占地面积。

第二道尺寸：表示轴线间的距离，用以说明房间的开间和进深大小的尺寸。

第三道尺寸：表示门窗洞口、窗间墙及柱等的尺寸。

如果房屋前后或左右不对称时，则平面图上四周都应分别标注三道尺寸，相同的部分不必重复标注。

另外，台阶、花池及散水（或明沟）等细部的尺寸，可单独标注。

② 内部尺寸：为了表明房间的大小和室内的门窗洞、孔洞、墙厚和固定设备（例如厕所、盥洗室、工作台、搁板等）的大小与位置，在平面图上应清楚地注写出有关内部尺寸。

7）看地面标高，在平面图上清楚地标注着地面标高。楼地面标高是表明各层楼地面对标高零点（即正负零）的相对高度。一般平面图分别标注下列标高：室内地面标高、室外地面标高、室外台阶标高、卫生间地面标高、楼梯平台标高等。

8）看门窗的分布及其编号，了解门窗的位置、类型及其数量。图中窗的名称代号用C表示。门的名称代号用M表示。由于一幢房屋的门窗较多，其规格大小和材料组成又各不相同，所以对各种不同的门窗除用各自的代号表示外，还需分别在代号后面写上编号如M1、M2、…和C1、C2、…等。同一编号表示同一类型的门或窗，它们的构造尺寸和材料都一样，从所写的编号可知门窗共有多少种。一般情况下，在首页图上或在本平面图内，附有一个门窗表，列出门窗的编号、名称、尺寸、数量及其所选标准图集的编号等内容，至于门窗的详细构造，则要看门窗的构造详图。

9）在底层平面图上看剖面的剖切符号，了解剖切部位及编号，以便与有关剖面图对照阅读。

10）查看平面图中的索引符号，当某些构造细部或构件，需另画详图或引用有关标准图时，则须标注出索引符号，以便与有关详图符号对照查阅。

11.3.3 建筑平面图读图举例

现以某住宅楼建筑平面图为例，识读如下：

1. 底层平面图的识读

1）图11-2所示为某住宅楼底层平面图，绘图比例为1∶100，该建筑底层为商店，从图中指北针可知房屋朝向为北偏西。

2）房屋的东面设有厨房、卫生间及楼梯间，商店外有两级台阶到室外，另三面外墙外设有500mm宽的散水，室内外高差为350mm。

3）平面图横向编号的轴线有①~④，竖向编号的轴线有Ⓐ~Ⓒ。通过轴线表明商店的总开间和总进深为9400mm×10000mm，厨房为2400mm×3200mm，卫生间为2400mm×1800mm，楼梯间为2400mm×5000mm。墙体厚度除厨房与卫生间的隔墙为120mm外，其余均为180mm（图中所有墙身厚度均不包括抹灰层厚度）。

4）平面图中的门有M1、M2、…，窗C1、C2、…等多种类型，各种类型的门窗洞尺寸，可见平面尺寸的标注。如M4为3000mm，C1为1200mm等。

5）底层平面图中有一个剖面剖切符号，表明剖切平面图1—1在轴线②~③之间，通过商店大门及③~④之间楼梯间的轴线所作的阶梯剖面。

6）整个建筑的总尺寸为11800mm×10000mm。

2. 楼层平面图的识读

（1）夹层平面图的识读

1）图11-3所示为该建筑的夹层平面图，本层为三室二厅一厨二卫的住宅，其轴线与首层轴线一一对应。由于图示的分工，夹层平面图画有出入楼房门口顶与外墙连接的雨篷，不再画底层平面图中的台阶、散水，以及剖面的剖切符号等。

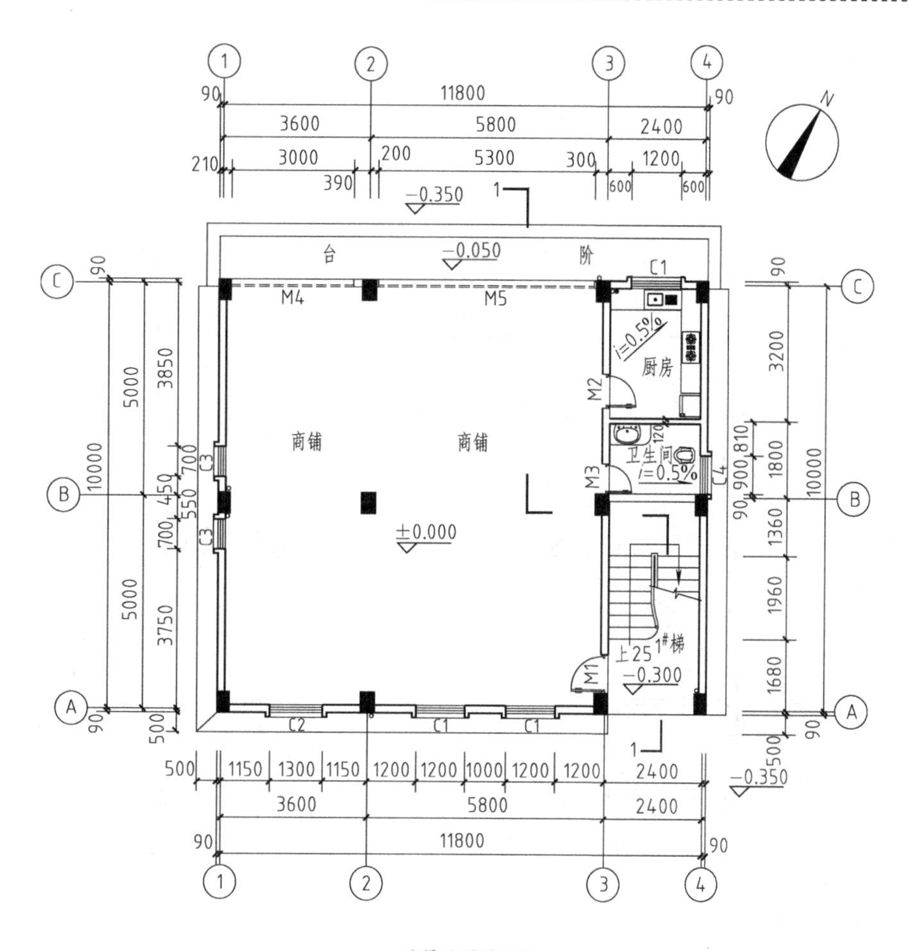

图 11-2　底层平面图

2）夹层南侧布置有 4600mm × 5000mm 的主卧室，4600mm × 6200mm 的客厅及 2400mm × 6200mm 的楼梯间，北侧布置有 3200mm × 3600mm 及 2800mm × 3800mm 的两个次卧室和 3000mm × 3800mm 的餐厅，2400mm × 3800mm 的厨房，客厅南面有一个 5800mm × 1300mm 的阳台。

3）底层到夹层的楼梯为双跑楼梯，夹层平面图楼梯间不但看到了上行梯段的部分踏步，也看到了底层上夹层第二梯段的部分踏步，中间是用 45°斜的折断线为界。

4）楼地面的标高为 3.600m，墙体厚度除厨房与卫生间的隔墙为 120mm 外，其余均为 180mm，门、窗均由图上的 M1、M2、…，C1、C2、…进行标注。

5）雨篷及阳台位置处有剖面详图索引标注。

（2）二层平面图的识读　图 11-4 为该建筑的二层平面图，二层以上是独户住宅，即二层为该住宅的第一层。楼面标高为 6.300m。

1）南侧除楼梯间外，①～③轴间没分隔，作为客厅和休闲角，北侧的①～②间有一个 3600mm × 4400mm 的卧室及 2400mm × 1800mm 的卫生间，②～③轴间为餐厅、楼梯间和吧台，③～④轴间的厨房同夹层。

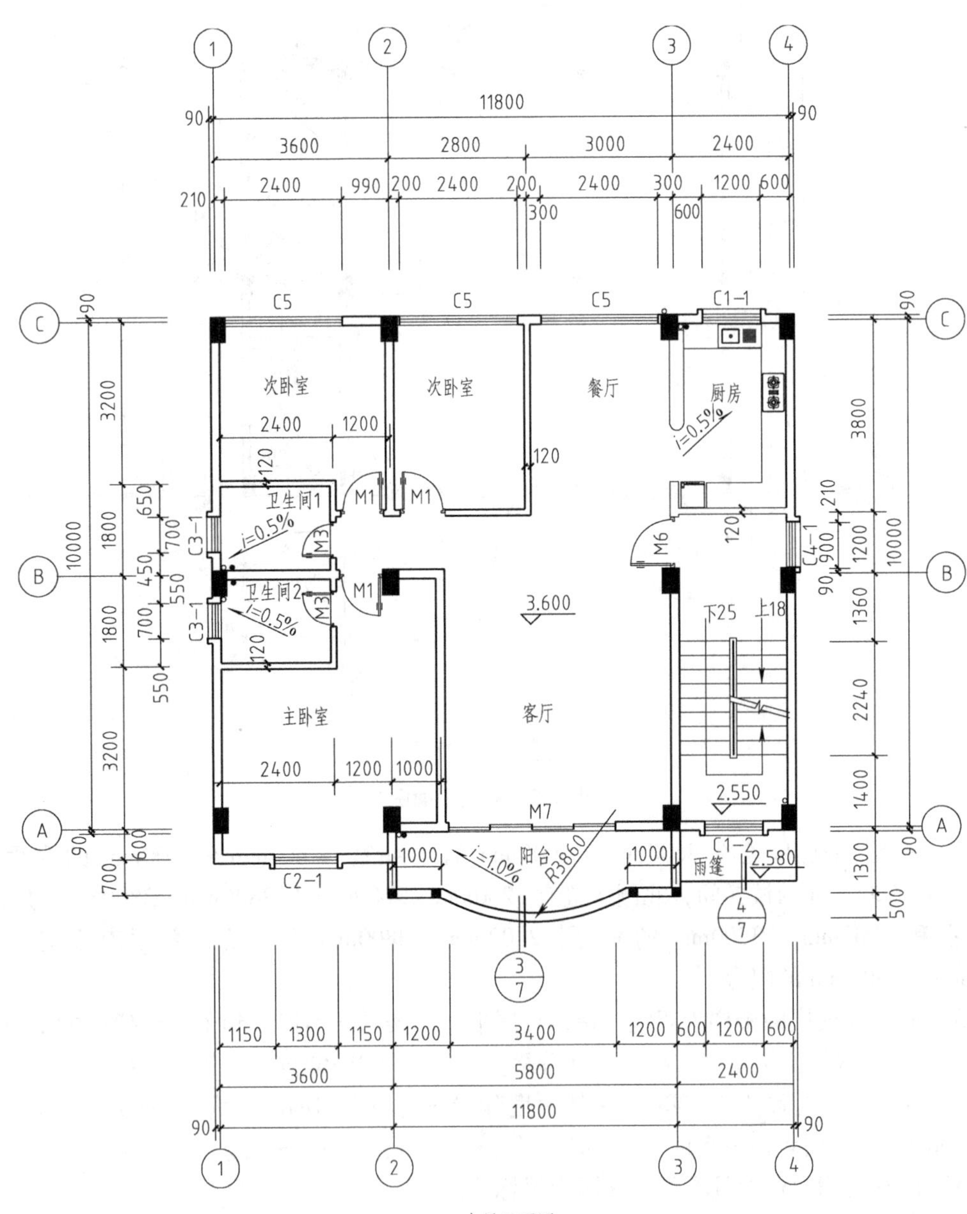
次卧室
次卧室
餐厅
厨房
卫生间1
卫生间2
主卧室
客厅
阳台
雨篷
3.600
2.550
2.580
R3860
下25
上18
C5
C1-1
C1-2
C2-1
C3-1
C4-1
M1
M3
M6
M7
i=0.5%
i=1.0%
11800
3600
2800
3000
2400
5800
10000
夹层平面图 1:100

图 11-3　夹层平面图

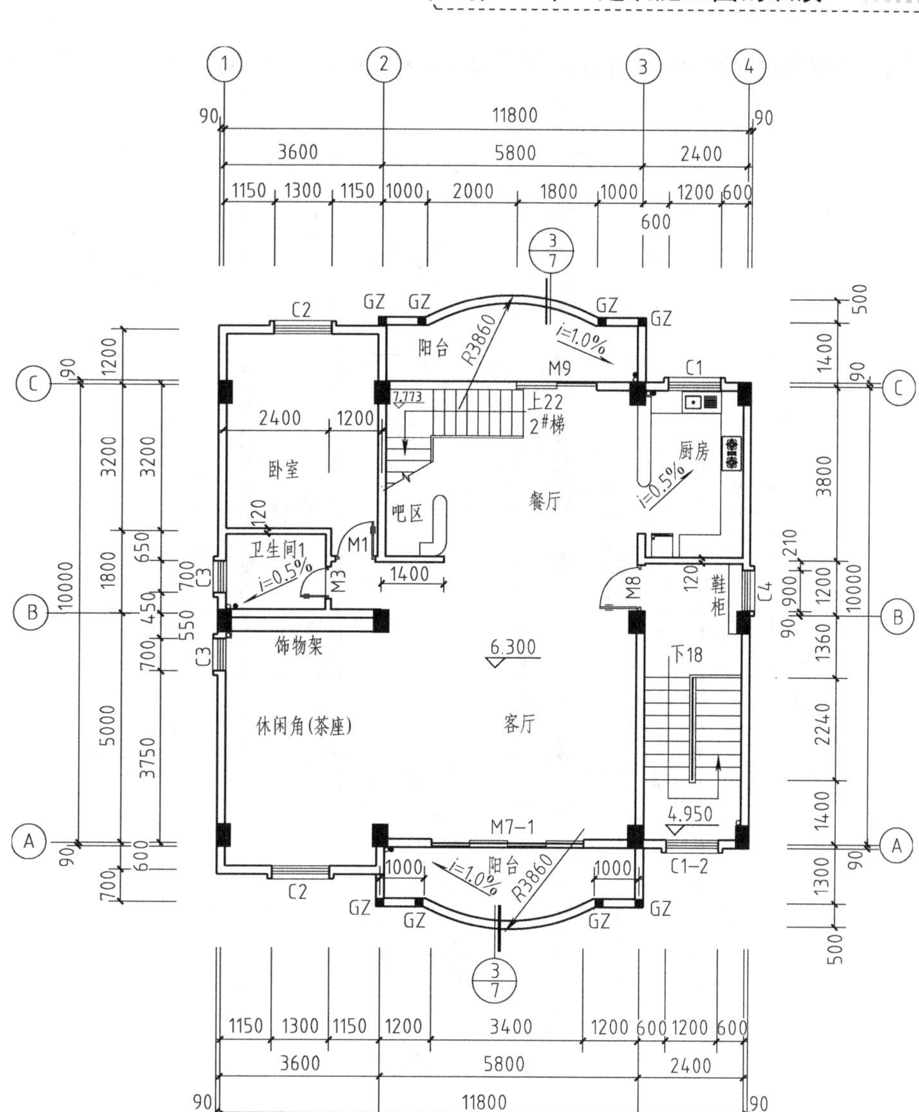

二层平面图 1:100

图 11-4　二层平面图

2）本层设有南、北两个阳台，南阳台同夹层，北阳台为 5800mm × 1400mm。

3）③～④轴间的楼梯到二层为止，所有水平投影两个梯段都可见，同时在餐厅另有一部上三楼的直角楼梯。

（3）三层平面图的识读

图 11-5 所示为该建筑的三层平面图，楼面标高为 9. 900m。

1）三层北边中部（②～③轴）为楼梯间和一起居室，①～②轴间为 3600mm × 4400mm 的卧室，③～④轴间为 2400mm × 3800mm 的书房。

2）南边为一个 4600mm × 5000mm 的卧室和一个包含卧室、梳妆间及卫生间的主套房，其中卧室面积为4600mm×5000mm，梳妆间为2400mm×4200mm，卫生间为2400mm×2000mm。

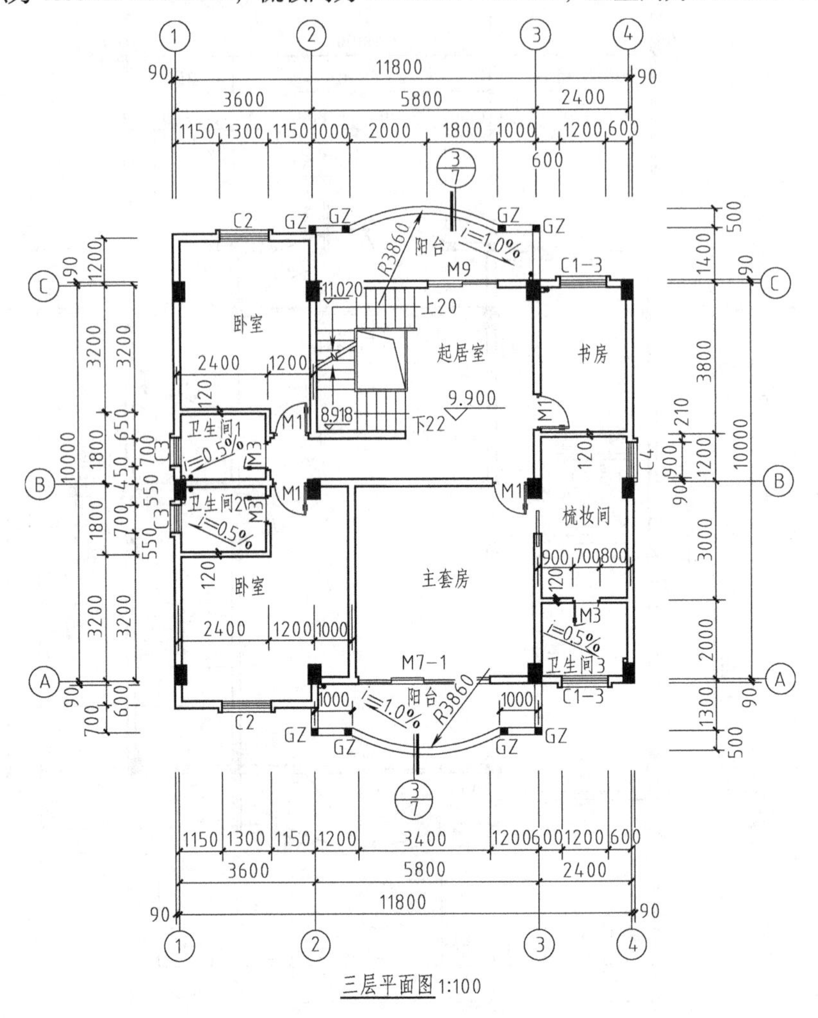

图11-5 三层平面图

（4）四层平面图的识读

图11-6所示为该建筑的四层平面图，楼面标高为13.100m。四层是本建筑的顶层。

1）该层布置有起居室、楼梯间和两间客房。

2）三层的书房及主套房上部在四层为露台，露台面的标高为13.050m，比起居室地面低0.050m。

3）露台泛水处有标准详图索引，栏板处有剖面详图索引。

11.3.4 屋顶平面图

屋顶平面图就是屋顶外形的水平投影图。在屋顶平面图中，一般表明屋顶形状、屋面排水方向及坡度、天沟或檐沟的位置、女儿墙和屋脊线、烟囱、通风道、屋面检查上人孔、雨水管及避雷针的位置等。

图11-7所示为该住宅楼的屋顶平面图。该住宅楼为平屋顶，屋顶标高为16.300m，

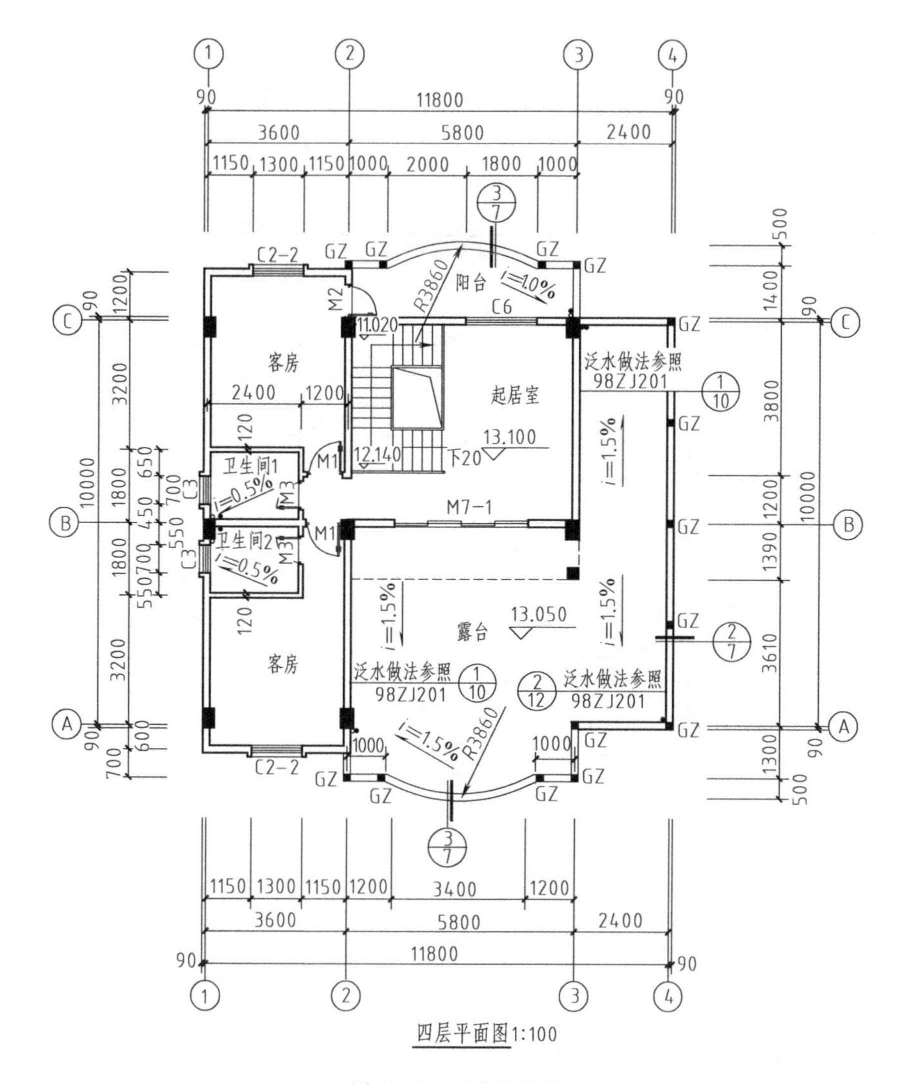

图11-6 四层平面图

双面排水。屋脊线与②轴重合，②~①轴段的排水坡度为2.5%，②~③轴段的排水坡度为2.0%，屋面铺有架空隔热层。女儿墙顶向外挑出宽570mm。泛水做法和出水口有标准详图索引，屋檐做法有剖面详图索引。

11.3.5 建筑平面图的画法

1）定比例、选图幅。建筑施工平面图的常用比例为1:50、1:100、1:200。根据建筑物的大小及选定的比例按国家《房屋建筑制图统一标准》（GB/T 50001—2010）的规定选择图幅。

2）图面布置。图面布置（包括图样、尺寸标注、图名、文字说明等）要均匀整齐，当平面图与其他图样画在同一张图纸时，要做到主次分明，排列均匀紧凑，表达清晰。

3）画底稿线。

① 定轴线，画墙身和柱。

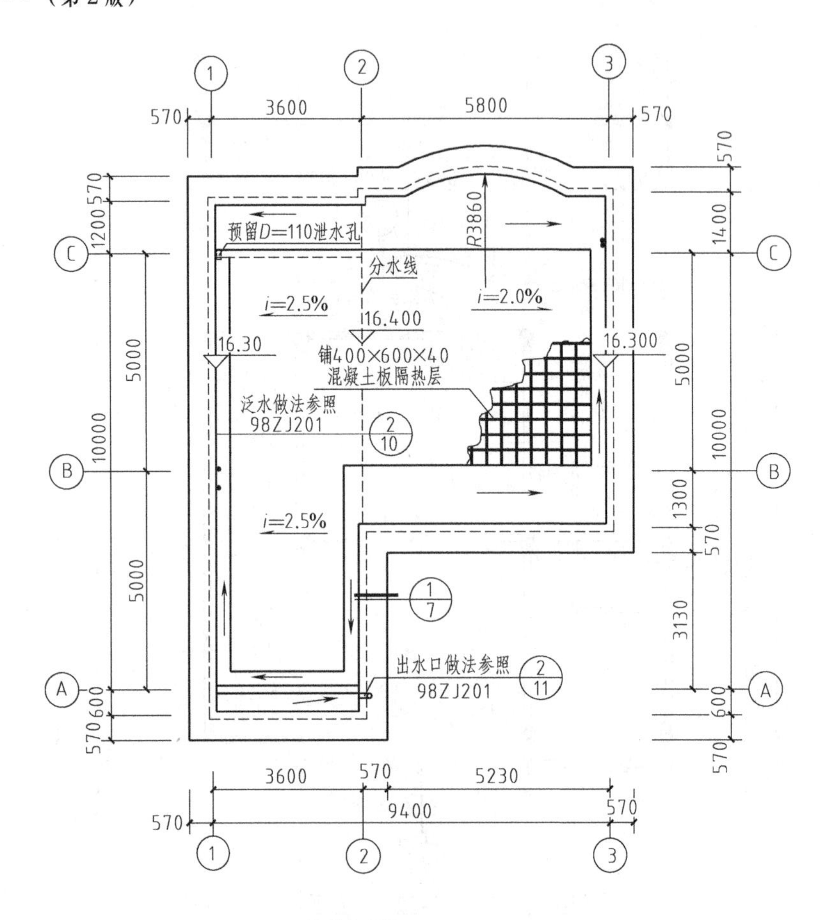

图 11-7　屋顶平面图

② 定门窗位置，画细部。如门窗洞、楼梯、台阶、卫生间、散水等。

③ 检查复核。

4）按施工图的线型要求加深图线。

5）尺寸标注及填写文字说明，最后加粗图框线。

11.4　建筑立面图

11.4.1　建筑立面图成图与数量

在与房屋立面平行的投影面上所作房屋的正投影图称为建筑立面图，简称立面图。

房屋有多个立面，立面图的名称，通常有以下三种叫法：按立面的主次来命名，把房屋的主要出入口或反映房屋外貌主要特征的立面图称为正立面图，而把其他立面图分别称为背立面图、左侧立面图和右侧立面图等；按着房屋的朝向来命名时，可把房屋的各个立面图分别称为南立面图、北立面图、东立面图和西立面图等；按立面图两端的轴线编号来命名，可把房屋的立面图分别称为如①～③轴立面图、Ⓐ～Ⓒ轴立面图等。

11.4.2　建筑立面图内容与阅读方法

1）看图名和比例，了解是房屋哪一个立面的投影，绘图比例是多少，以便与平面图对照阅读。

2）看房屋立面的外形，以及门窗、屋檐、台阶、阳台、烟囱、雨水管等形状及位置。

3）看立面图中的标高尺寸，通常立面图中注有室外地坪、出入口地面、勒脚、窗口、大门口及檐口等处标高。

4）看房屋外墙表面装修的做法和分格形式等，通常用指引线和文字来说明粉刷材料的类型、配合比和颜色等。

5）查看图上的索引符号，有时在图上用索引符号表明局部剖面的位置。

11.4.3　建筑立面图读图举例

现以某住宅楼建筑立面图为例，识读如下：

1）由图11-8～图11-11可知这是房屋四个立面的投影，用轴线标注着立面图的名

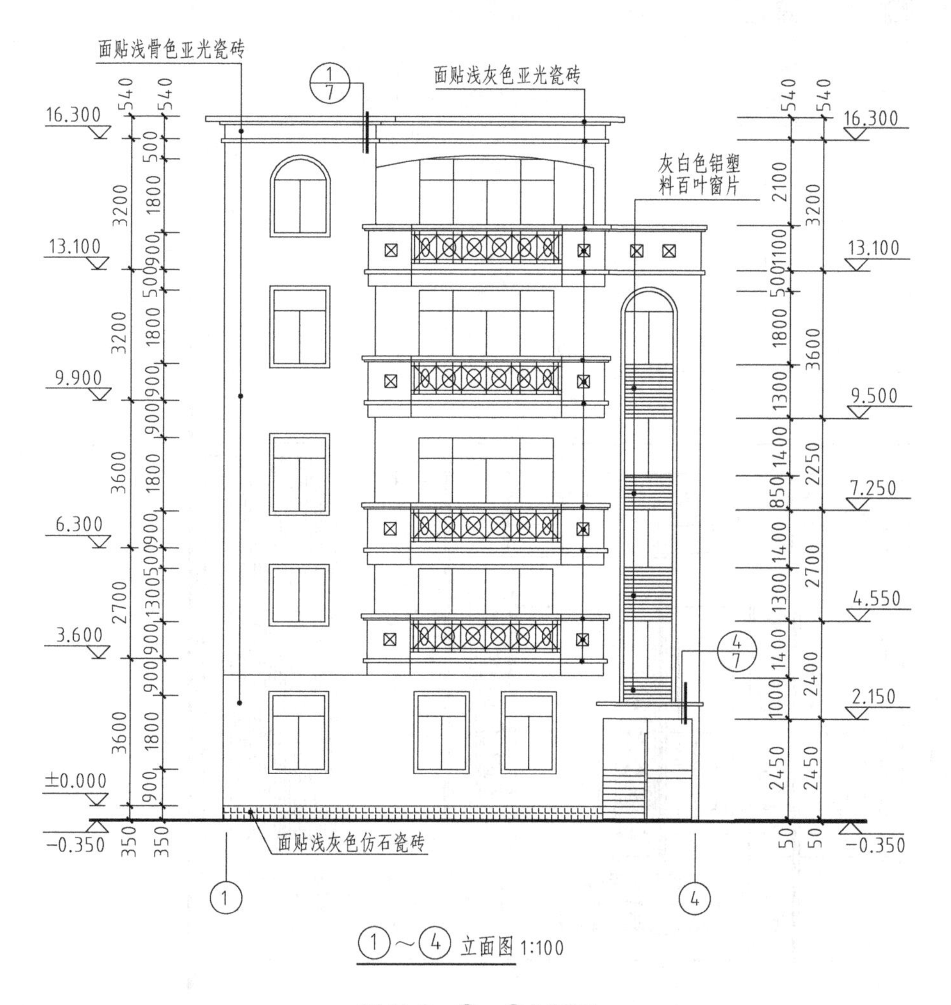

图 11-8　①～④立面图

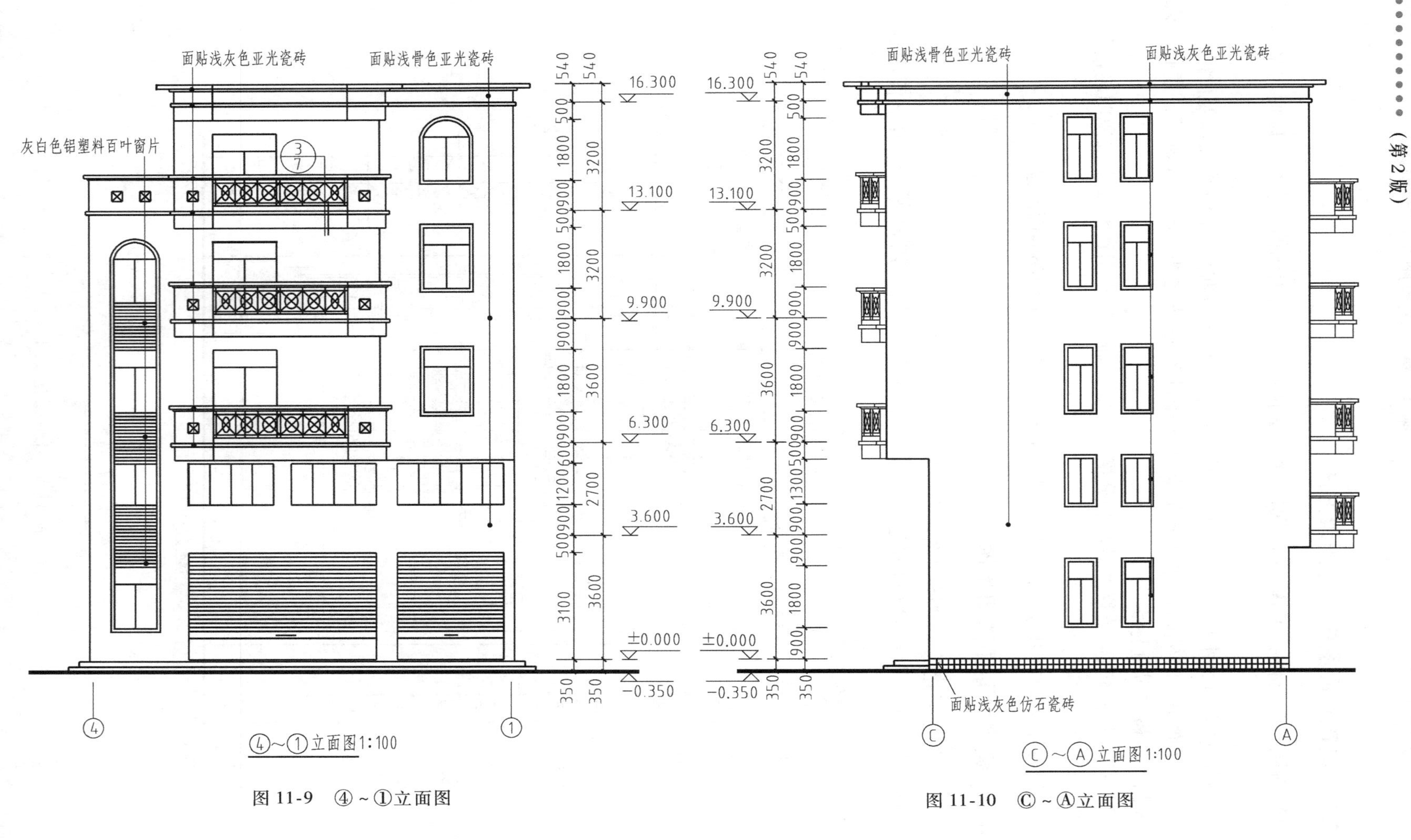

图 11-9　④～①立面图

图 11-10　Ⓒ～Ⓐ立面图

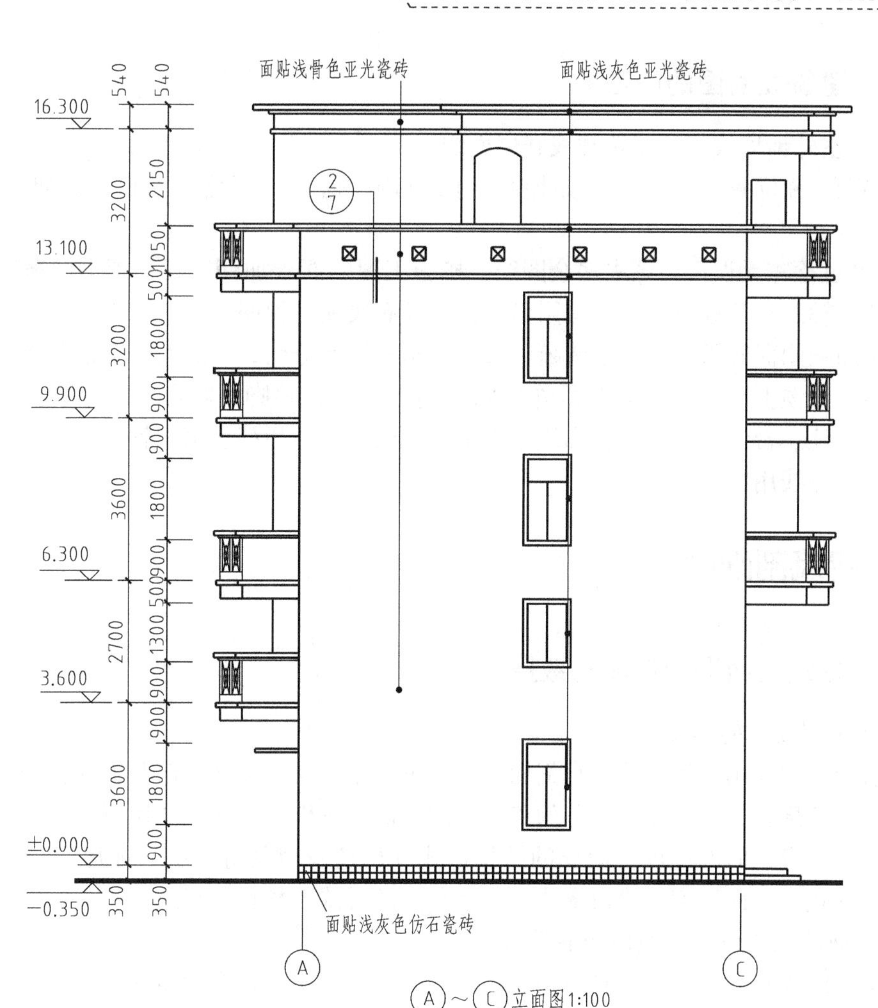

图 11-11　Ⓐ ~ Ⓒ立面图

称，也可以把它们分别看成是房屋的背立面、正立面、右侧立面、左侧立面四个立面图，图的比例均为 1∶100；图中表明，该房屋是五层楼，平顶屋面。

2）① ~ ④轴立面图是住宅楼主要出入口一侧的立面图，可看到楼梯出入口的雨篷的位置和外形。

3）④ ~ ①轴立面图是底层商店正面一侧的立面图，可看到商店外面室外台阶的位置和外形。

4）Ⓐ ~ Ⓒ轴左侧立面图，可看到南、北两侧阳台挑出的情况，与① ~ ④轴立面图、④ ~ ①轴立面图对照可看到四层露台的外形样式。

5）通过四个立面图可看到整个楼房各立面门窗的分布和式样，屋檐、勒脚、墙面的分格、装修的材料和颜色：如勒脚全是贴浅灰色仿石瓷砖，屋檐口、阳台口都贴浅灰色亚光瓷砖，墙面都贴浅骨色亚光瓷砖等。

6）看立面图的标高尺寸，可知房屋室外地坪为 −0. 350m。各层楼面标高、各层阳台栏杆面的标高分别为 4. 550m、7. 250m 等，女儿墙高为 540mm 等。

11.4.4 建筑立面图的画法

1）定室外地坪线、外墙轮廓线和屋面线。

2）定门窗位置，画细部，如檐口、门窗洞、窗台、雨篷、阳台、勒脚、室外台阶等。

3）经过检查无误后，擦去多余图线，按施工图的要求加深图线，画出门窗装饰、墙面分格线、轴线，并标注标高，写图名、比例及有关文字说明。

为了加强图面效果，使外形清晰、重点突出和层次分明，在立面图上往往选用各种不同的线型。习惯上屋脊和外墙等最外轮廓线用粗实线，勒脚、窗台、门窗洞、檐口、阳台、雨篷、柱、台阶和花池等轮廓线用中实线，门窗扇、栏杆、雨水管和墙面分格线等均用细实线，坪线用特粗实线。

11.5 建筑剖面图

11.5.1 建筑剖面图的形成与数量

1. 建筑剖面图的形成

建筑剖面图是用一假想的竖直剖切平面，垂直于外墙，将房屋剖开，移去剖切平面与观察者之间的部分，作出剩下部分的正投影图，简称剖面图。剖面图用以表示房屋内部的楼层分层、垂直方向的高度、简要的结构形式和构造及材料等情况。如房间和门窗的高度、屋顶形式、屋面坡度、檐口形式、楼板搁置的方式、楼梯的形式等。

2. 剖面的剖切位置与剖面图的数量

用剖面图表示房屋，通常是将房屋横向剖开，必要时也可纵向将房屋剖开。剖切面选择在能显露出房屋内部结构和构造比较复杂、有变化、有代表性的部位，并应通过门窗洞口的位置，若为多层房屋应选择在楼梯间和主要入口。

通常在剖面图上不画基础。剖面图中断面上的材料图例和图中线型的画法均与平面图相同。

11.5.2 建筑剖面图内容与阅读方法

1）看图名、轴线编号和绘图比例。与底层平面图对照，确定剖切平面的位置及投影方向，从中了解所画出的是房屋的哪一部分的投影。

2）看房屋内部构造和结构形式。如各层梁板、楼梯、屋面的结构形式、位置及其与墙（柱）的相互关系等。

3）看房屋各部位的高度。如房屋总高、室外地坪、门窗顶、窗台、檐口等处标高，室内底层地面、各层楼面及楼梯平台面标高等。

4）看楼地面、屋面的构造。在剖面图中表示楼地面、屋面的构造时，通常用一条引出线指向需说明的部位，并按其构造层次顺序地列出材料等说明。有时将这一内容放在墙身剖面详图中表示。

5）看图中有关部位坡度的标注。如屋面、散水、排水沟与坡道等处，需要做成斜面

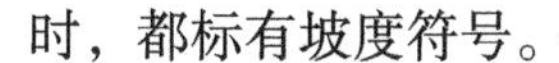

时，都标有坡度符号。

6）查看图中的索引符号。剖面图尚不能表示清楚的地方，还注有详图索引，说明另有详图表示。

11.5.3　建筑剖面图读图举例

图 11-12 所示为某住宅楼的剖面图。

1）从底层平面图中 1—1 剖切线的位置可知，从②～③轴线间通过商店转折到③～④轴间再通过楼梯间所做的阶梯剖切，拿掉房屋剖切线右半部分，所作的左视剖面图。

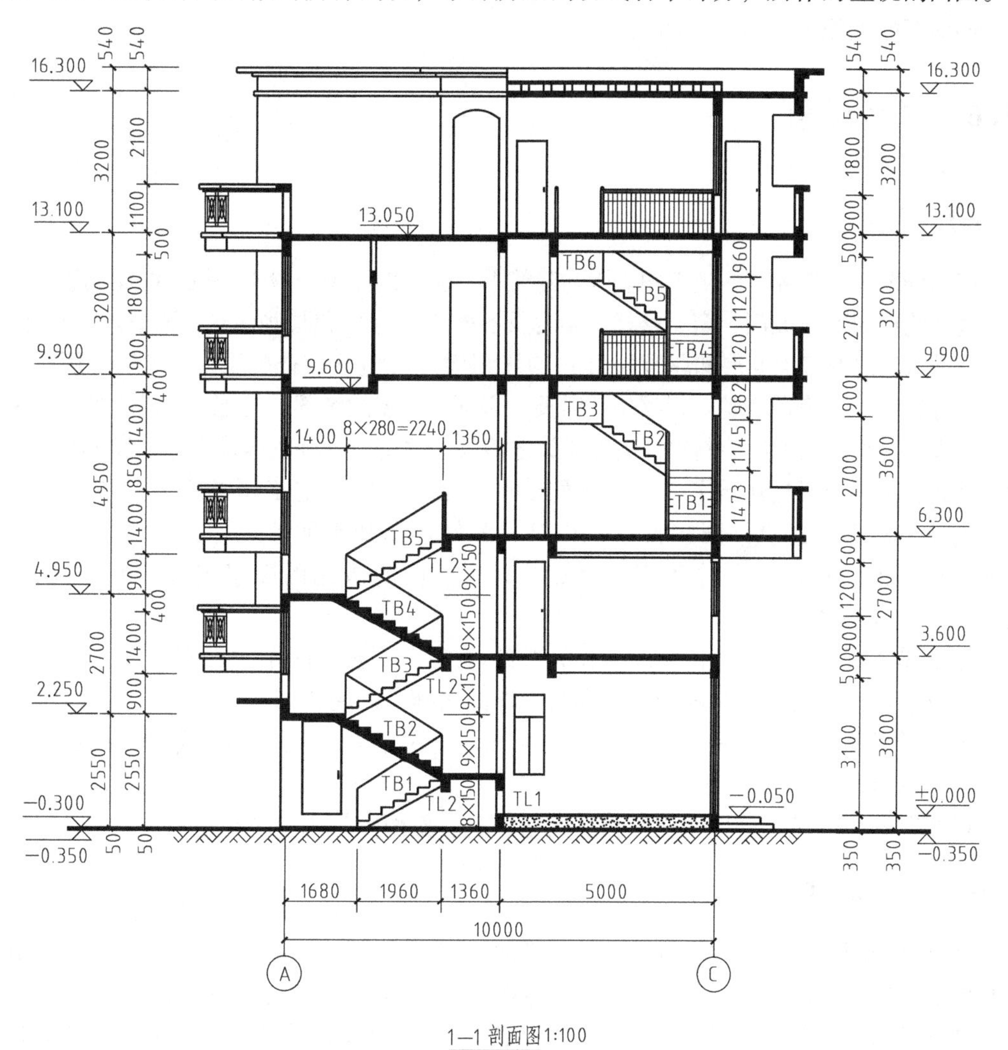

图 11-12　1—1 剖面图

2）1—1 剖面图表明该房屋是五层楼房（包括夹层）、平屋顶，屋顶上四周有女儿墙，钢筋混凝土框架结构。室外地面标高为 -0.350m，迈上两步台阶是商店门口，标高为 -0.050m，商店内地面标高为 ±0.000（正负零）。室内夹层，二、三、四层楼地面标高是 3.600m、6.300m、9.900m、13.100m。平台标高与夹层之间标高是 2.250m，夹层与二层之间标高是4.950m，屋顶标高是16.300m。女儿墙高度为540mm。

11.5.4 建筑剖面图的画法

1）定轴线、室内外地坪线、楼面线和顶棚线，并画墙身。

2）定门窗和楼梯位置，画细部，如门洞、楼梯、梁板、雨篷、檐口、屋面、台阶等。

3）按施工图要求加粗图线，画材料图例，注写标高、尺寸、图名、比例及有关文字说明。

剖面图的图线要求与平面图相同。

11.6 建筑详图

11.6.1 概述

建筑详图是建筑细部的施工图。因为建筑平、立、剖面图一般采用较小的比例绘制，因而某些建筑构配件（如门、窗、楼梯、阳台及各种装饰等）和某些建筑剖面节点（如檐口、窗台、散水，以及楼地面层和屋顶层等）的详细构造（包括式样、层次、做法、用料和详细尺寸等）都无法表达清楚。根据施工需要，必须对房屋的细部或构配件用较大的比例将其形状、大小、材料和做法绘制出详细图样，才能表达清楚，这种图样称为建筑详图，简称详图。因此，建筑详图是建筑平、立、剖面图的补充，是建筑施工图的重要组成部分，是施工的重要依据。建筑详图包括建筑构件、配件详图和剖面节点详图。对于采用标准图或通用详图的建筑构配件和剖面节点，只要注明所采用的图集名称、编号或页次，则可不必再画详图。

建筑详图所画的节点部位，除应在有关的建筑平、立、剖面图中标注出索引符号外，还需在所画建筑详图上绘制详图符号和写明详图名称，以便查阅。

建筑详图的特点：一是比例较大，二是图示详尽清楚（表示构造合理，用料及做法适宜），三是尺寸标注齐全。

详图数量的选择与房屋的复杂程度及平、立、剖面图的内容及比例有关。

11.6.2 外墙身详图

外墙身详图实际上是建筑剖面图的局部放大图，它表达房屋的屋面、楼层、地面和檐口与墙的连接、门窗顶、窗台和勒脚、散水等处构造的情况，是施工的重要依据。

墙身详图根据需要可以画出若干个，以表示房屋不同部位的不同墙身详图，在多层房屋中，若各层的情况一样时，可只画底层、顶层，加一个中间层来表示。画图时，通常在窗洞中间处断开，成为几个节点详图的组合。

现以图11-13为例，说明外墙身详图的内容与阅读方法：

1）看图名。从图名可知该图为墙身剖面详图，比例为1∶50。

2）看檐口剖面部分。可知该房屋女儿墙（也称包檐）、屋顶层及女儿墙的构造。女儿墙构造尺寸如图11-13所示，女儿墙压顶有详图索引。屋顶层是钢筋混凝土楼板，下面有吊顶。

3）看窗顶剖面部分。可知窗顶钢筋混凝土过梁的构造情况，图中所示的各层窗顶都有一斜檐遮阳。

4）看楼板与墙身连接剖面部分。了解楼层地面的构造，楼板与梁、墙的相对位置等。

5）看墙脚剖面部分。可知散水、防潮层等的做法。

6）从图中外墙面指引线可知墙面装修的做法。

7）看图中的各部位标高尺寸可知室外地坪，室内一、二、三层地面，顶棚和各层窗口上下，以及女儿墙顶的标高尺寸。

11.6.3 楼梯详图

房屋中的楼梯是由楼梯段（简称梯段，包括踏步或斜梁）、平台（包括平台板和梁）和栏杆（或栏板）等组成。

楼梯详图主要表示楼梯的类型、结构形式、各部位的尺寸及装修做法，是楼梯施工放样的主要依据。

楼梯详图一般由楼梯平面图、剖面图及踏步、栏杆等详图组成。楼梯详图一般分为建筑详图与结构详图，并分别绘制。但对比较简单的楼梯，有时可将建筑详图与结构详图合并绘制，列入建筑施工图或结构施工图中均可。

现以住宅楼的楼梯（图 11-14、图 11-15）为例，说明楼梯详图的内容与阅读方法：

1. 楼梯平面图

楼梯平面图是用水平剖切面作出的楼梯间水平全剖图，通常底层和顶层是不可少的。中间层如果楼梯构造都一样，只画一个平面并标明“×—×层平面”或“标准层平面图”即可，否则要分别画出。

该楼梯位于③～④轴内，从图中可见底层到夹层是三个梯段，夹层到二层是两个梯段。第一个梯段的标注是 7×280=1960。说明，这个梯段是 8 个踏步，踏面宽为 280mm，梯段水平投影长为 1960mm。从投影特性可知，8 个踏步从梯段的起步地面到梯段的顶端地面，其投影只能反映出 7 个踏面宽（即 7×280），而踢面积聚成直线 8 条（即踏步的分格线）；而第二个梯段的标注是 8×280=2240。说明，这个梯段是 9 个踏步，踏面宽为 280mm，梯段水平投影长为 2240mm。第三个梯段及以上各梯段的标注均与第二个梯段相同。由此看出，底层到夹层共 26 个踏步。夹层到二层设两个梯段，共 18 个踏步。梯段上的箭头指示上下楼的方向。

楼梯平面图对平面尺寸和地面标高作了详细标注，如开间、进深尺寸分别为 2400mm 和 5000mm，梯段宽为 1190mm，梯段水平投影长为 1960mm 及 2240mm，平台宽为 1180mm。入口地面标高为 -0.150m，楼面标高为 3.600m，平台标高为 0.900m、2.250m 等。该平面图还对楼梯剖面图的剖切位置作了标志及编号，如图 11-14 所示。

2. 楼梯剖面图

楼梯剖面图同房屋剖面图的形成一样，用一假想的铅垂剖切平面，沿着各层楼梯段、平台及窗（门）洞口的位置剖切，向未被剖切梯段方向所作的正投影图。它能完整地表示出各层梯段、栏杆与地面、平台和楼板等的构造及相互组合关系。剖面图（图11-15）是图 11-14 楼梯平面图的剖切图。它从楼梯间的外门经过入室内的第二梯段剖切的，即剖切面将二、四梯段剖切，向一、三、五梯段作投影。被剖切的二、四梯段和楼板、梁、地面和墙等，都用粗实线表示，一、三、五梯段是作外形投影，用中实线表示。

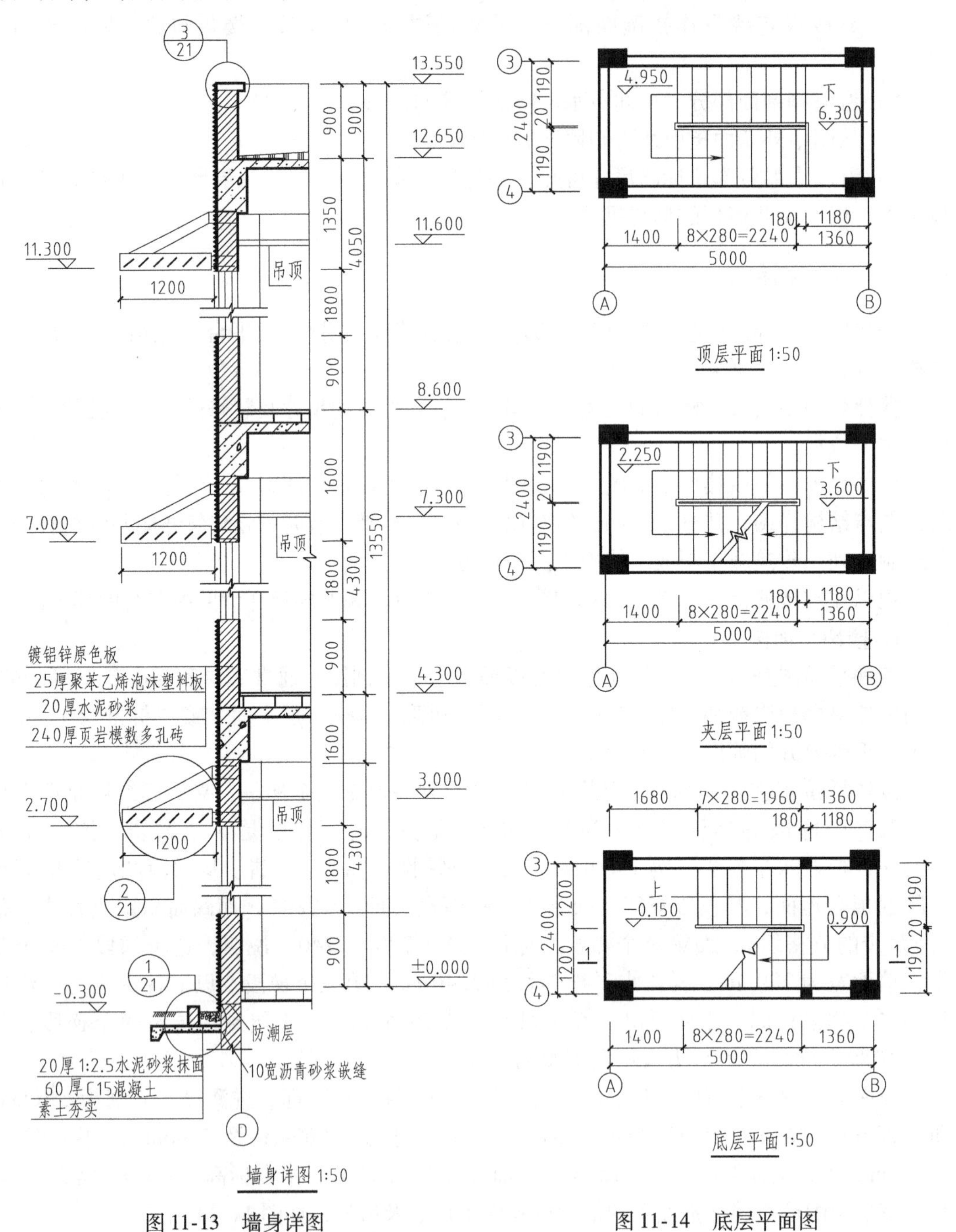

图 11-13　墙身详图　　　　图 11-14　底层平面图

从剖面图可见，底层到夹层是三跑楼梯，夹层到二楼是两跑楼梯，第一跑（梯段）是 $8\times150=1200$，即8个踏步，高为150mm。其余每跑（梯段）都是 $9\times150=1350$，即9个踏步，高为150mm。地面到平台的距离为1200mm，楼面到平台的距离均为1350mm。

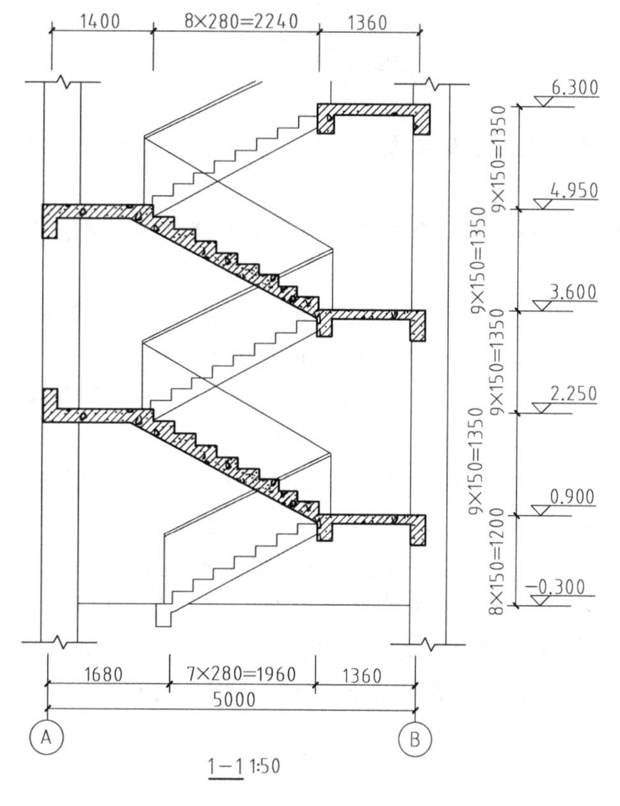

图 11-15　楼梯剖面图

11.6.4　其他建筑详图示例

住宅阳台栏杆详图如图 11-16 所示，室外台阶详图如图 11-17 所示。

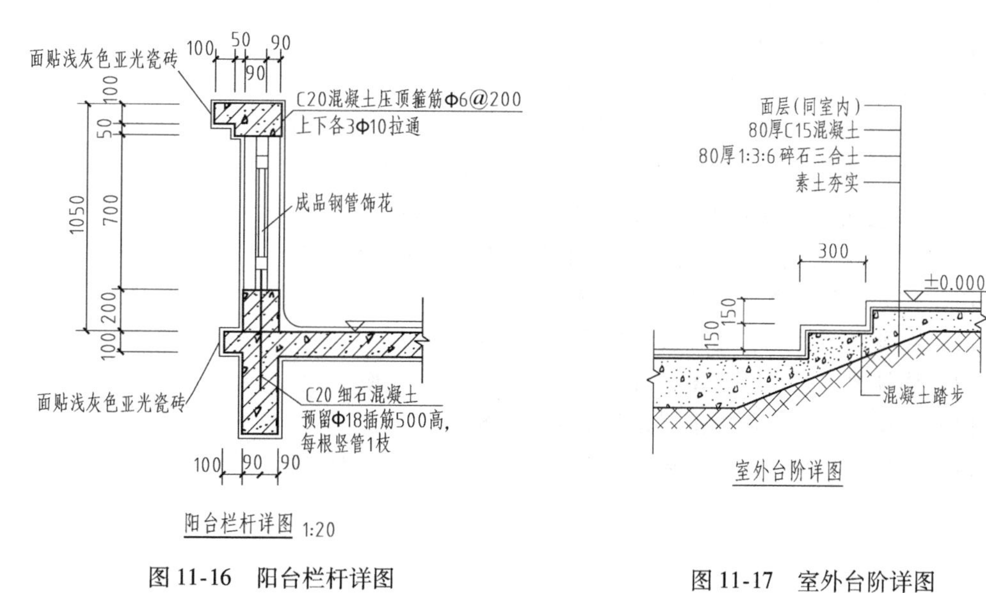

图 11-16　阳台栏杆详图

图 11-17　室外台阶详图

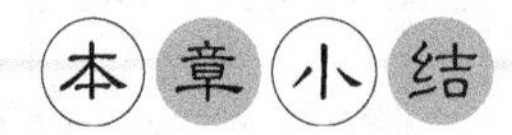

本章小结

1）总平面图主要用来确定拟建房屋的位置、朝向，以及拟建房屋与既有房屋周围地形、地物的关系等。

2）建筑平面图、立面图和剖面图是表示房屋外部整体形式、内部房间布置、建筑构造及材料和外装修等内容。

① 根据平面图，可看出每一层房屋的平面形状、大小和房间布置，楼梯走廊位置，墙柱的位置、厚度和材料，门窗的类型和位置等情况。

② 根据平面图和剖面图，可看出墙厚和使用材料，可了解各房间的长、宽、高尺寸及门窗洞的宽、高尺寸。

③ 根据立面图和剖面图，可了解房屋立面上建筑装饰的材料和颜色、屋顶的构造形式、房屋的分层及高度、屋檐的形式及室内外地面的高差等。

④ 根据平、立、剖面图，还可以了解门、窗种类，数量和式样。

3）在平、立、剖面图中表示不清楚的部位，用较大的比例画出各局部的详细构造图。通常需要画详图表示的部位有墙身、门窗、楼梯、厕所，以及檐口、台阶等。详图是建筑施工图的重要组成部分，它详细地表示出所画部位的构造形状、大小尺寸、使用材料和施工方法。

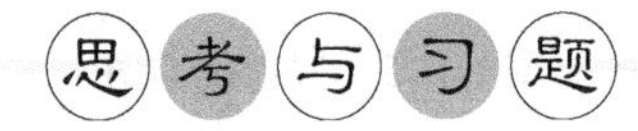

思考与习题

11-1　什么是总平面图？

11-2　总平面图的内容是什么？怎样阅读总平面图？

11-3　什么是建筑平面图？

11-4　建筑平面图的内容是什么？怎样阅读建筑平面图？

11-5　底层平面图比中间层平面图多绘制了哪些内容？

11-6　什么是建筑剖面图？怎样找该剖面图的剖切平面位置和投影方向？

11-7　建筑剖面图的内容是什么？怎样阅读建筑剖面图？

11-8　什么是建筑立面图？立面图的名称有几种叫法？

11-9　建筑立面图的内容是什么？怎样阅读建筑立面图？

11-10　什么是建筑详图？通常建筑物哪些部位要作详图？

11-11　墙身详图的内容是什么？怎样阅读墙身详图？

11-12　楼梯详图是由哪些图样所组成？怎样阅读这些图样？

11-13　阅读别墅建筑施工图（附图1～附图8）。

11-14　抄绘底层平面图、二层平面图及正立面图，比例1:100。

第12章 结构施工图的识读

学习目标

学习结构施工图的主要内容和有关要求，掌握钢筋混凝土结构的基本知识；学习基础平面图、基础详图主要内容和有关要求，能够阅读和绘制基础图；学习结构平面图的主要图示内容和规定要求及钢筋混凝土构件详图的内容；学习平面整体表示法的制图规则，要求能够阅读采用平面整体表示法绘制的结构施工图；学习钢结构施工图的主要内容和有关要求。

12.1 概述

前面讲述的房屋建筑施工图是表达房屋的外形、内部布置、建筑构造和内部装修等内容的图样。对于房屋的各承重构件，如基础、梁、板、柱，以及其他构件的布置、结构选型等内容都没有表达出来。因此，在房屋设计中，除了进行建筑设计，画出建筑施工图外，还要进行结构设计，绘制出结构施工图。

12.1.1 结构施工图及其用途

结构施工图主要表达结构设计的内容，它是表示建筑物各承重构件（如基础、承重墙、柱、梁、板、屋架等）的布置、形状、大小、材料、构造及其相互关系的图样。它还要反映出其他专业（如建筑、给排水、暖通、电气等）对结构的要求。

结构施工图主要用来作为施工放线，挖基槽，支模板，绑扎钢筋，设置预埋件，浇捣混凝土，安装梁、板、柱等构件，以及编制预算和施工组织计划等的依据。

12.1.2 结构施工图的组成

1. 结构设计说明

2. 结构平面图

（1）基础平面图　工业厂房还有设备基础布置图、基础梁平面布置图等。

（2）楼层结构平面布置图　工业厂房还有柱网、起重机梁、柱间支撑、连系梁布置图等。

（3）屋面结构平面布置图　包括屋面板、天沟板、屋架、天窗架及支撑系统布置图等。

3. 构件详图

（1）梁、板、柱及基础结构详图

（2）楼梯结构详图

（3）屋架结构详图

（4）其他详图　如支撑详图等。

12.1.3　常用钢筋符号

在钢筋混凝土结构设计中，钢筋按其强度和品种分成不同的等级，并分别用不同的直径符号表示，以便标注与识别，见表12-1。

表12-1　普通钢筋符号表

种　类	符号	种　类	符号
HPB 235(Q235)	Φ	HRB 400(20MnSiV、20MnSiNb、20MnTi)	Φ
HRB 335(20MnSi)	Φ	RRB 400(K20MnSi)	$Φ^R$

12.1.4　钢筋混凝土构件简介

混凝土由水泥、砂、石子和水组成，凝固后坚硬如石，受压能力好，但抗拉能力差，容易因受拉而断裂。为了解决这个矛盾，充分发挥混凝土的受压能力，常在混凝土受拉区域内或相应部位加入一定数量的钢筋，使两种材料粘结成一个整体，共同承受外力。这种配有钢筋的混凝土，称为钢筋混凝土，如图12-1所示。

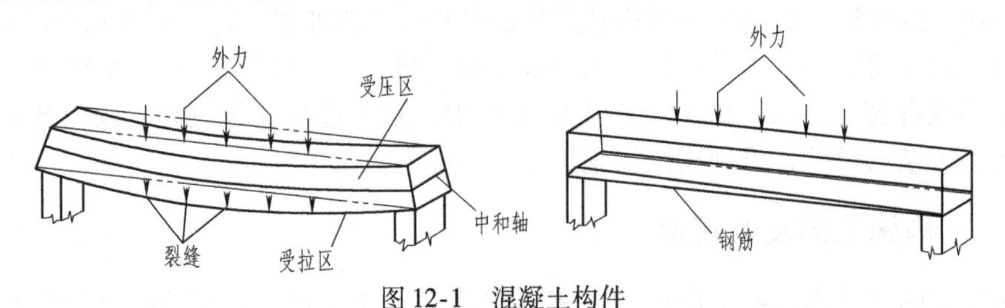

图12-1　混凝土构件

用钢筋混凝土浇捣制成的梁、板、柱、基础等构件，称为钢筋混凝土构件。钢筋混凝土构件在工地现场浇制的，称为现浇钢筋混凝土构件；在工厂（或工地）预先把构件制作好，然后运到工地安装的，称为预制钢筋混凝土构件。此外，有的构件在制作时通过张拉钢筋对混凝土预加一定的压力，以提高构件的抗拉和抗裂性能，称为预应力钢筋混凝土构件。

1. 钢筋的分类和作用

配置在钢筋混凝土结构中的钢筋如图12-2所示，按其作用可分为下列几种：

（1）受力筋　承受拉、压应力的钢筋。

（2）钢筋（箍筋）　承受一部分斜拉应力，并固定受力筋的位置，多用于梁和柱内。

（3）架立筋　用以固定梁内钢箍的位置，构成梁内的钢筋骨架。

（4）分布筋　用于屋面板、楼板内，与板的受力筋垂直布置，将承受的重量均匀地传给受力筋，并固定受力筋的位置，以及抵抗热胀冷缩所引起的温度变形。

（5）其他　因构件构造要求或施工安装需要而配置的构造筋，如腰筋、预埋锚固筋等。

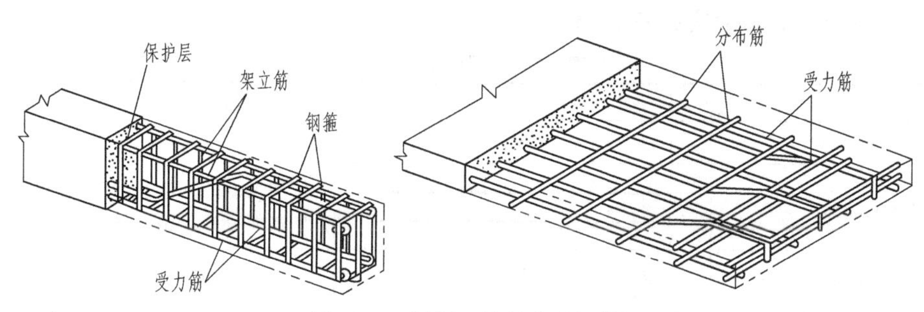

图12-2　混凝土构件中的钢筋

2. 保护层和钢筋弯钩

为了保护钢筋、防腐蚀、防火，以及加强钢筋与混凝土的粘结力，在构件中的钢筋外面要留有保护层，根据不同的构件、钢筋类型及混凝土强度等级，按规范规定选择相应的保护层厚度。

如果受力筋用光圆钢筋，则两端要弯钩，以加强钢筋与混凝土的粘结力，避免钢筋在受拉时滑动。带纹钢筋与混凝土的粘结力强，两端不必弯钩。

3. 常用代号及图示特点

房屋结构的基本构件，如梁、板、柱等，种类繁多，布置复杂，为了图示简明扼要，并把构件区分清楚，便于施工、制表、查阅，规定把各类构件名称用代号表示。常用构件代号“国标”规定见表12-2。

表12-2　常用构件的代号表

序号	名　称	代号	序号	名　称	代号	序号	名　称	代号
1	板	B	15	起重机梁	DL	29	基础	J
2	屋面板	WB	16	圈梁	QL	30	设备基础	SJ
3	空心板	KB	17	过梁	GL	31	桩	ZH
4	槽形板	CB	18	连系梁	LL	32	柱间支撑	ZC
5	折板	ZB	19	基础梁	JL	33	垂直支撑	CC
6	密肋板	MB	20	楼梯梁	TL	34	水平支撑	SC
7	楼梯板	TB	21	檩条	LT	35	梯	T
8	盖板或沟盖板	GB	22	屋架	WJ	36	雨篷	YP
9	挡雨板或檐口板	YB	23	托架	TJ	37	阳台	YT
10	吊车安全走道板	DB	24	天窗架	CJ	38	梁垫	LD
11	墙板	QB	25	框架	KJ	39	预埋件	M
12	天沟板	TGB	26	刚架	GJ	40	天窗端壁	TD
13	梁	L	27	支架	ZJ	41	钢筋网	W
14	屋面梁	WL	28	柱	Z	42	钢筋骨架	G

4. 钢筋混凝土的图示特点

为了突出表示钢筋的配置状况，在构件的立面图和断面图上，轮廓线用中粗线或细实线画出，图内不画材料图例，而用粗实线（在立面图）和黑圆点（在断面图）表示钢筋，并要对钢筋加以说明标注。

1）钢筋的一般表示法见表12-3。

表12-3　钢筋的表示法

名　称	图　例	说　明
钢筋横断面		
无弯钩的钢筋端部		下图表示长短钢筋投影重叠时，可在短钢筋的端部用45°短画线表示
预应力钢筋横断面		
预应力钢筋或钢铰线		用粗双点画线
无弯钩的钢筋搭接		
带半圆形弯钩的钢筋端部		
带半圆形弯钩的钢筋搭接		
带直弯钩的钢筋端部		
带直弯钩的钢筋搭接		
带螺纹的钢筋端部		

2）钢筋的标注应包括钢筋的编号、数量（或间距）、代号、直径及所在位置，通常是沿钢筋的长度标注或标注在钢筋的引出线上。简单的构件，钢筋可不编号。板的配筋和梁、柱的箍筋一般是标注其间距，不注数量。具体标注方式如图12-3所示。

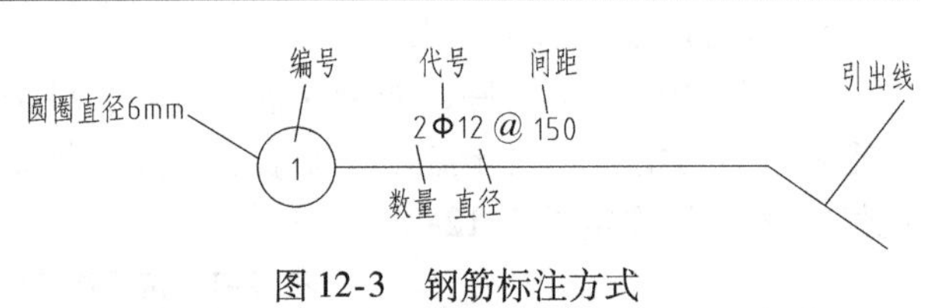

图12-3　钢筋标注方式

12.2　基础结构图

基础是在建筑物地面以下承受房屋全部荷载的构件。基础的形式一般取决于上部承重结构的形式和地基等情况。常用的形式有条形基础和单独基础。

基础图是表示房屋地面以下基础部分的平面布置和详细构造的图样。它是施工时在基地上放灰线、开挖基坑和砌筑基础的依据。基础图通常包括基础平面图和基础详图。

12.2.1　基础平面图

基础平面图是假想用一个水平剖切面沿房屋的地面与基础之间把整幢房屋剖开后，移去地面以上的房屋及基础周围的泥土所作出的基础水平全剖图。

1. 基础平面图的图示特点及尺寸标注

在基础平面图中，只画出基础墙（或柱）及其基础底面的轮廓线，而基础的细部轮廓线可省略不画。这些细部的形状，将具体反映在基础详图中。基础墙（或柱）的外轮廓线应画成粗实线。由于基础平面图常采用1:100的比例绘制，故材料图例的表示方法与建筑平面图相同，即剖到的基础墙可不画材料图例，钢筋混凝土柱涂黑表示。条形基础和独立基础的底面外形是可见轮廓线，则画成中实线。

基础平面图中的尺寸标注，必须注明基础的定形尺寸和定位尺寸。基础的定形尺寸即基础墙的宽度、柱外形尺寸，以及它们的基础底面尺寸。基础的定位尺寸也就是基础墙（或柱）的轴线尺寸，这里的定位轴线及其编号，必须与建筑平面图完全一致。

2. 基础平面图的内容及阅读方法

1）看图名，了解是哪个工程的基础，绘图比例是多少。

2）看纵、横定位轴线编号，可知有多少道基础，基础间的定位轴线尺寸各是多少，与房屋平面图对照是否一致，如有矛盾要立即修改达到统一，才能施工。

3）看基础墙、柱，以及基础底面的形状、大小尺寸及其与轴线的关系。

4）看基础梁的位置和代号，根据代号可以统计梁的种类、数量和查看梁的详图。

5）看基础平面图中剖切线及其编号（或注写的基础代号），可了解到基础断面图的种类、数量及其分布位置，以便与断面图（即基础详图）对照阅读。

6）看施工说明，从中了解施工时对基础材料及其强度等的要求。

3. 基础平面图读图举例

图 12-4 所示为某住宅楼基础平面图，从图中可见绘图比例是 1∶100。基础为独立桩基础，基础是用其轴线尺寸定位的。图中表示，①、③、④轴上的桩基中心分别偏离①、③、④轴 60mm，Ⓐ、Ⓑ、Ⓒ轴上的桩基中心（除 Z4 外）分别偏离Ⓐ、Ⓑ、Ⓒ轴 160mm，此建筑共有 12 根桩柱，桩径分别为 600mm 和 800mm。

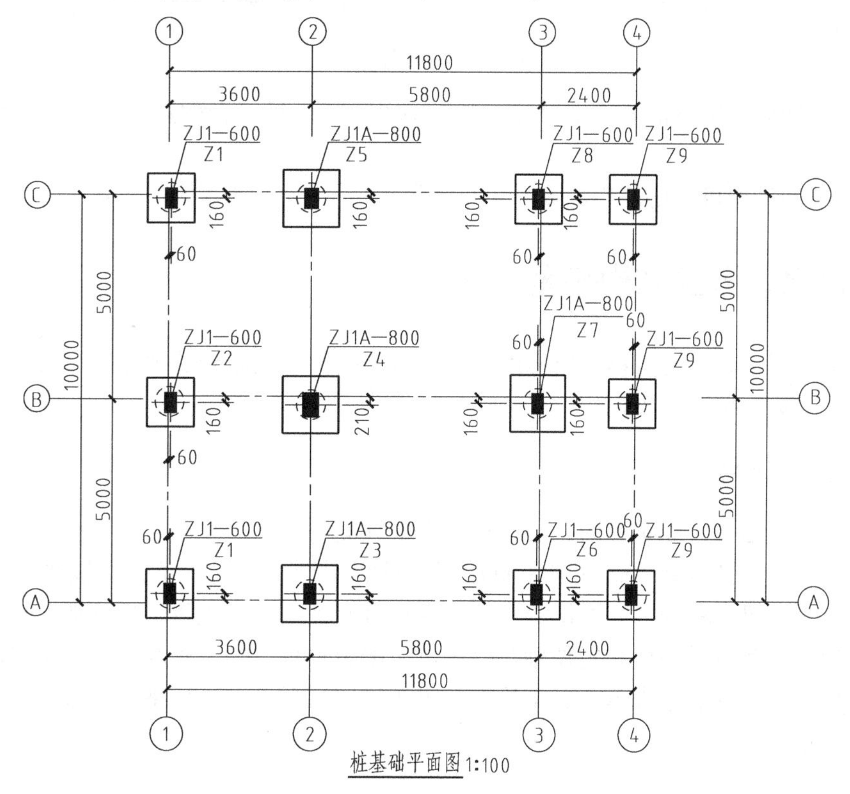

图 12-4　基础平面图

12.2.2　基础详图

基础平面图只表明了基础的平面布置，而基础各部分的形状、大小、材料、构造，以及基础的埋置深度等都没有表达出来，这就需要画出各部分的基础详图。

基础详图的内容及读图举例如下：

1）看图名、比例，图名常用1—1、2—2、…断面或用基础代号表示，以图12-5所示的基础详图为例。该图中有基础断面图ZJ1和ZJ2，基础详图比例（比基础平面图比例放大）常用1:20或1:30、1:40的比例绘制。读图时先用基础详图的名字去对基础平面图的位置，了解这是哪一个基础的详图。

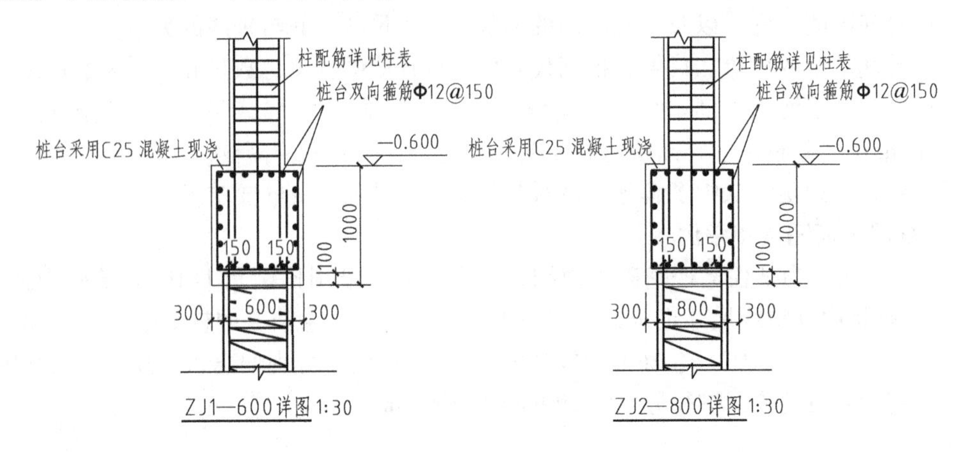

图12-5　基础详图

2）看基础详图中各部分详细尺寸，从图中可见桩与桩承台的连接关系及承台的配筋情况。

3）看基础详图可了解基础的高、宽尺寸等。

12.3　楼层、屋面结构布置平面图

结构平面图是表示建筑物各层楼面及屋顶承重构件平面布置的图样，分为楼层结构平面布置图、屋顶结构平面布置图。

12.3.1　图示方法

楼层、屋顶结构平面布置图，是假想沿楼板顶面将房屋水平剖切后，所作的楼层、屋顶的水平投影图。被楼板挡住而看不见的梁、柱、墙面用虚线画出，楼板块用细实线画出。楼层上各种梁、板构件，在图上都用构件代号及其构件的数量、规格加以标记。查看这些构件代号及其数量规格和定位轴线，就可了解各种构件的位置和数量。楼梯间在图上用打了对角交叉线的方格表示，其结构布置另用详图表示。在结构平面布置图上，构件也可用单线表示。

12.3.2　图示内容

1. 楼层结构平面布置图

（1）图示内容

1）标注出与建筑图一致的轴线网及墙、柱、梁等构件的位置和编号。

2）注明预制板的跨度方向、代号、型号或编号、数量和预留洞的大小及位置。

3）在现浇板的平面图上，画出其钢筋配置，并标注预留孔洞的大小及位置。

4）注明圈梁或门窗洞过梁的编号。

5）注出各种梁、板的底面结构标高和轴线间尺寸，有时还可注出梁的断面尺寸。

6）注出有关剖切符号或详图索引符号。

7）附注说明选用预制构件的图集编号、各种材料标号，板内分布筋的级别、直径、间距等。

（2）楼层结构平面布置图的读图举例　现以图 12-6 某住宅楼层为例，说明楼层结构平面布置图的读图方法。

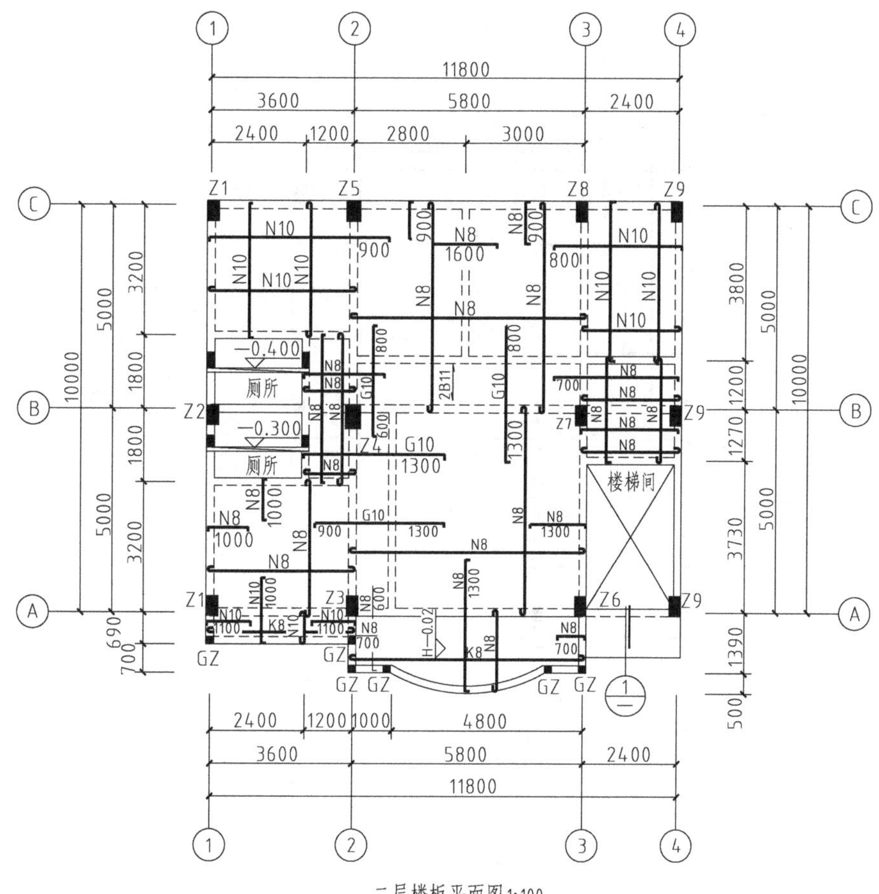

说明:

1.楼面混凝土强度等级为C20。

2.图中 K6 表示Φ6@200,图中 N6 表示Φ6@150,图中 G6 表示Φ6@100,图中 K8 表示Φ8@200,图中 N8 表示Φ8@150,图中 G8 表示Φ8@100,图中 K10表示Φ10@200,图中 N10表示Φ10@150,图中 G10表示Φ10@100。

3.图中凡未注明钢筋的小跨度板为Φ8@200 双层双向。

4.图中未注明的板厚为 120mm。

5.底筋相同的相邻跨板施工时其底筋可以连通。

6.板面标高相差不超过 20mm 时其间面筋连通设置,但施工时需做成 ⌐‿¬。

7.图中未注明的板面和梁顶标高为 H_m ,卫生间板面下沉400mm,2楼层楼板面建筑标高 H 为3.600m。

图 12-6　二层楼板平面图

从图12-6的图名得知此图为二层的楼层结构平面布置图，图中虚线为不可见的构件轮廓线。从图中的图示方法及内容可知，此房屋为一幢钢筋混凝土框架结构，其中画有交叉对角线处为楼梯间。板内画有钢筋的平面布置及形状，一共有九种受力筋，都用代号标注。在图纸中说明代号的意义，在每一代号的标注中，可知每一类钢筋的具体情况，如N8表示Φ8@150，即此钢筋是HPB 235钢筋，其直径为8mm，每根钢筋的中心距为150mm。

2. 屋顶结构平面布置图

平屋顶的结构布置和楼层的结构布置基本相同，如图12-7所示。

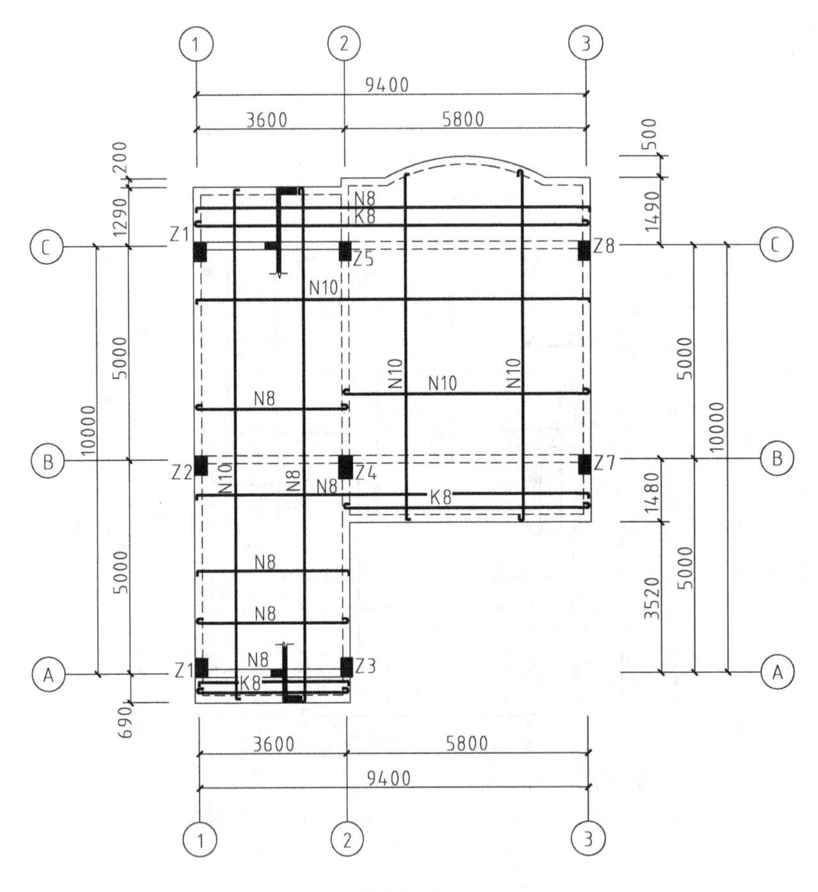

说明：
1.楼面混凝土强度等级为C20。
2.图中K6表示Φ6@200,图中N6表示Φ6@150,图中G6表示Φ6@100,图中K8表示Φ8@200,图中N8表示Φ8@150,图中G8表示Φ8@100,图中K10表示Φ10@200,图中N10表示Φ10@150,图中G10表示Φ10@100。
3.图中凡未注明钢筋的小跨度板为Φ8@200双层双向。
4.图中未注明的板厚为120mm。
5.底筋相同的相邻跨板施工时其底筋可以连通。
6.板面标高相差不超过20mm时其间面筋连通设置，但施工时需做成⌐⌐。
7.图中未注明的板面和梁顶标高为H_m，卫生间板面下沉400mm，6楼层楼板面建筑标高H为16.300m。

图12-7　屋顶平面图

12.4　钢筋混凝土构件详图

钢筋混凝土构件主要有梁、板、柱、屋架等。在结构平面图中只表示出建筑物各承重构件的布置情况，对于各种构件的形状、大小、材料、构造和连接情况等，则需要分别画出各种构件的结构详图来表示。

1. 钢筋混凝土梁

钢筋混凝土梁构件详图包括钢筋混凝土梁的立面图、断面图和钢筋详图。有时为了标注钢筋直径或统计用料方便，还要画出钢筋表。

钢筋混凝土梁结构详图读图举例如下：

1）看图名、比例，L 是一个简支梁，绘图比例为 1∶40。

2）看梁的立面图和断面图。立面图表示梁的立面轮廓、长度尺寸，以及钢筋在梁内上下、左右的配置。断面图表示梁的断面形状、宽度、高度尺寸和钢筋上下、前后的排列情况。把 L_{208} 的立面图和断面图 1—1、2—2 对照阅读，就会看到，L_{208} 梁是宽度为 150mm、高度为 300mm 的 T 形断面梁，梁长为 3840mm。通过立面图、断面图两个图对照可知，钢筋标注①2Φ14 表示受力筋编号为①的是两根直径 14mm 的钢筋，在梁的下面放置。②号受力筋 1Φ14 是一根直径为 14mm 的 HPB 300 钢筋，放在梁底的中间，近梁端部时弯起。③号钢筋是两根直径为 10mm 的架立筋，放在梁上面。④号钢筋是钢箍，在立面图中不需要完全画出。标注Φ6@200，表示是直径为 6mm 的 HPB 300 钢箍，两支相邻钢箍的中心距为 200mm。

3）看钢筋详图。对于配筋较复杂的钢筋混凝土构件，除画出其立面图和断面图外，一般还要把每种规格的钢筋抽出另画成钢筋详图，以便钢筋下料加工。如图 12-8 所示，在钢筋详图中应注明每种钢筋的编号、根数、直径、各段长度，以及弯起点位置等。如①号钢筋上面数字 $l=3923$ 是该钢筋的下料长度，即把两端弯钩扳直时的总长度。

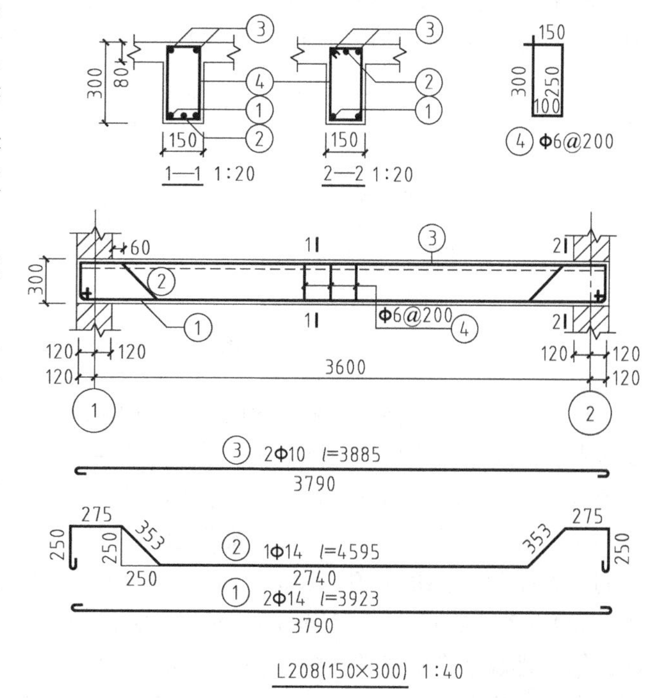

图 12-8　钢筋混凝土梁结构详图

4）看钢筋表。有的构件钢筋种类较多，图中只标注钢筋编号，而钢筋的数量、规格用钢筋表表示。钢筋表中列出构件名称、构件数量、钢筋简图和钢筋的直径、长度、数量、总数量、总长及重量等，见表 12-4。钢筋表还可以作为编制预算、统计用料的依据。

表 12-4　钢筋表

构件名称	构件数	钢筋编号	钢筋规格	简　图	长度/mm	每件根数	总长度/m	重量累计/kg
L_{208}	3	①	Φ14		3923	2	23.538	28.6
		②	Φ14		4595	1	13.785	16.7
		③	Φ10		3885	2	23.310	14.4
		④	Φ6		800	20	48.000	10.5

2. 钢筋混凝土结构施工图平面整体表示法

钢筋混凝土结构施工图平面整体设计方法把结构构件的截面形式、尺寸及所配钢筋规格在构件的平面位置用数字和符号直接表示，再与相应的“结构设计总说明”和梁、柱、墙等构件的“构造通用图及说明”配合使用。平法的优点是图面简洁、清楚、直观性强，图纸数量少，方便设计和施工。

为了保证按平法设计的结构施工图实现全国统一，住房和城乡建设部已将平法的制图规则纳入国家建筑标准设计图集，详见《混凝土结构施工图平面整体表示方法制图规则和构造详图》（11G101）。

在平面图上表示各构件尺寸和配筋值的方式，有平面注写方式（标注梁）（图12-9）、列表注写方式（标注柱和剪力墙）和截面注写方式（标注柱和梁）等三种。

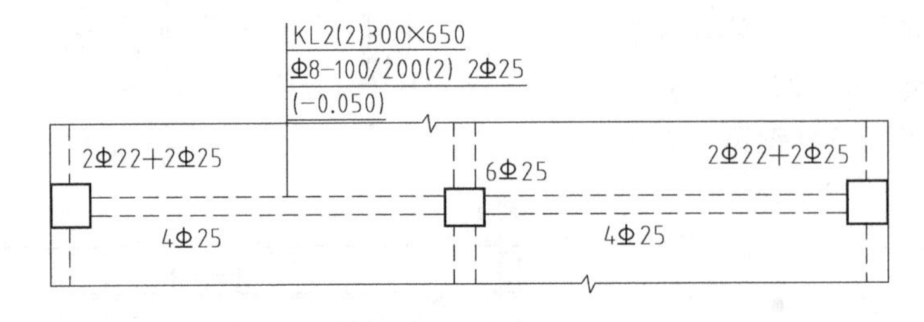

图 12-9　梁的平面注写

梁的平面注写包括集中标注和原位标注两部分，集中标注表达梁的通用数值，如图12-9中引出线上所注写的三排数字。第一排数字注明梁的编号和截面尺寸：KL2 表示这是一根框架梁（KL），编号为 2，共有 2 跨（括号的数字 2），梁截面尺寸是 300mm × 650mm；第二排尺寸注写箍筋和上部贯通筋（或架主筋）情况：Φ8 – 100/200（2）表示箍筋为直径Φ8 的 HPB 300 钢筋，加密区（靠近支座处）间距为 100，非加密区间距为 200，均为 2 肢箍筋。2Φ25 表示梁的上部配有两根直径为 25mm 的 HRB 335 钢筋为贯通筋；第三排数字表示梁顶面标高相对于楼层结构标高的高差值，需注写在括号内。梁顶面高于楼层结构标高时，高差为正（+）值，反之为负（–）值。图中（–0.050）表示该梁顶面标高比楼层结构标高低 0.05mm。

某住宅楼二层 × 向平面梁图例如图 12-10 所示。

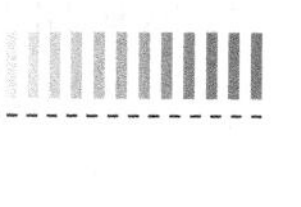

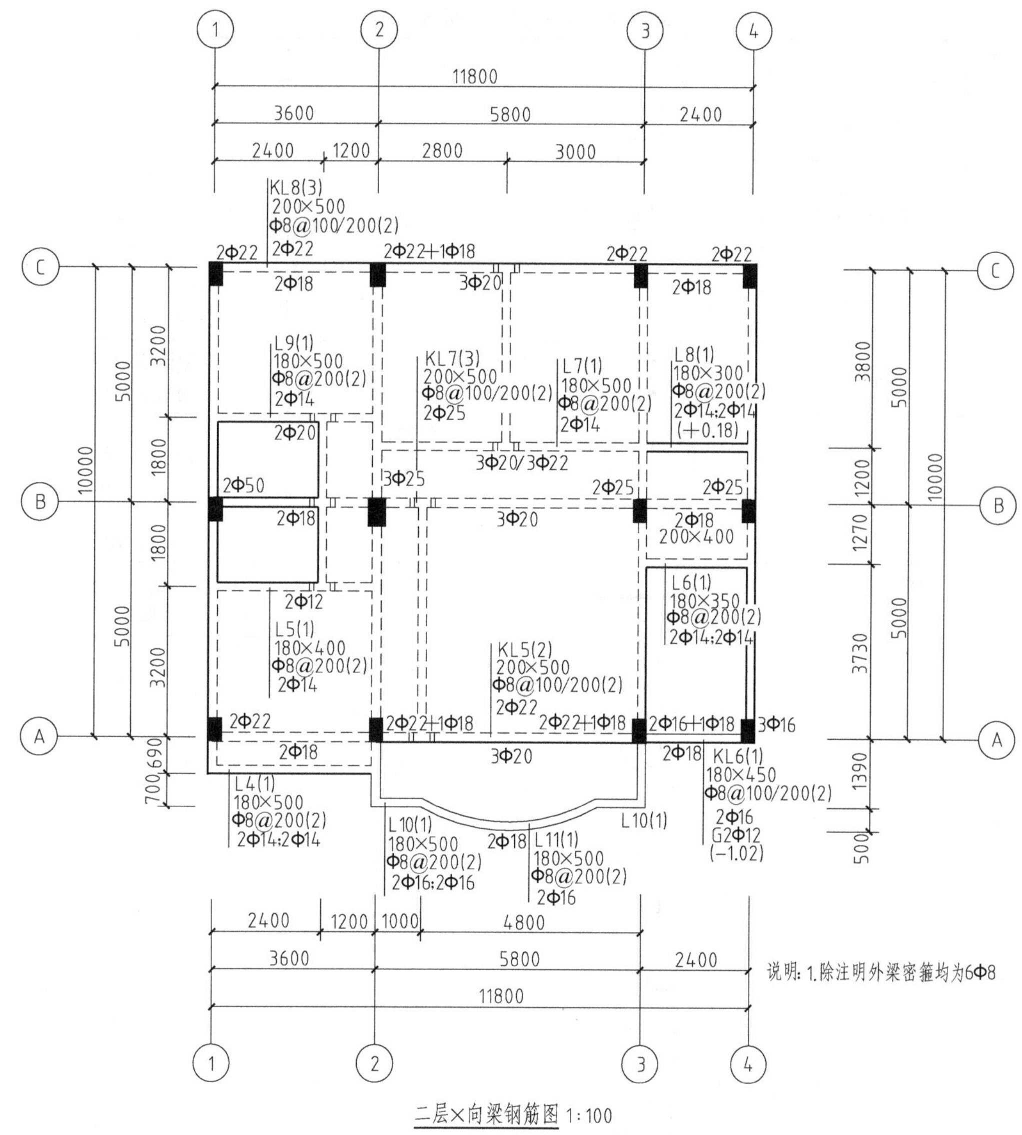

图 12-10　某住宅楼二层 × 向平面梁图例

12.5　钢结构图

钢结构是由各种形状的型钢组合连接而成的结构物，主要用于大跨度建筑和高层建筑，作为房屋的骨架，制成钢柱、钢梁、钢屋架等。

12.5.1　图示方法

钢结构图中的型钢及其连接常用符号表示，表 12-5 为常用型钢及其标注，表 12-6 为常用螺栓、孔、电焊铆钉的表示方法，如图 12-11 ~ 图 12-18 所示为各种焊接标注的方法。

表 12-5 常用型钢的标注方法

序号	名称	截面	标注	说明
1	等边角钢		$b \times t$	b为肢宽 t为肢厚
2	不等边角钢	 B	$B \times b \times t$	B为长肢宽 b为短肢宽 t为肢厚
3	工字钢		N　Q N	轻型工字钢加注Q字 N为工字钢的型号
4	槽钢		N　Q N	轻型槽钢加注Q字 N为槽钢的型号
5	方钢	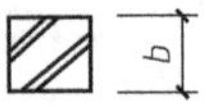 b	b	b为方钢边长
6	扁钢	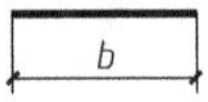 b	$b \times t$	b为宽度 t为厚度
7	钢板		$\frac{-b \times t}{l}$	$\frac{\text{宽} \times \text{厚}}{\text{板长}}$
8	圆钢		ϕd	d为直径
9	钢管		$DN \times \times$ $d \times t$	内径 外径×壁厚
10	薄壁方钢管		B $b \times t$	薄壁型钢加注B字 t为壁厚
11	薄壁等肢角钢		B $b \times t$	
12	薄壁等肢卷边角钢	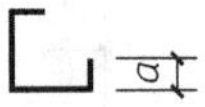 a	B $b \times a \times t$	
13	薄壁槽钢	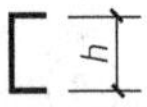 h	B $h \times b \times t$	
14	薄壁卷边槽钢	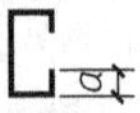 a	B $h \times b \times a \times t$	
15	薄壁卷边 Z 型钢	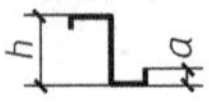 h　a	B $h \times b \times a \times t$	
16	T 型钢		TW ×× TM ×× TN ××	TW为宽翼缘T型钢 TM为中翼缘T型钢 TN为窄翼缘T型钢
17	H 型钢		HW ×× HM ×× HN ××	HW为宽翼缘H型钢 HM为中翼缘H型钢 HN为窄翼缘H型钢
18	起重机钢轨		QU××	详细说明产品规格型号
19	轻轨及钢轨		××kg/m 钢轨	

表 12-6　常用螺栓、孔、电焊铆钉的表示方法

序号	名　称	图　例	说　明
1	永久螺栓	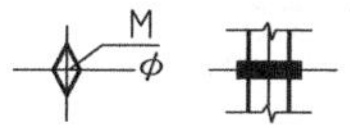	1. 细“+”线表示定位线 2. M表示螺栓型号 3. ϕ表示螺栓孔直径 4. d表示膨胀螺栓、电焊铆钉直径 5. 采用引出线标注螺栓时，横线上标注螺栓规格，横线下标注螺栓孔直径
2	高强螺栓	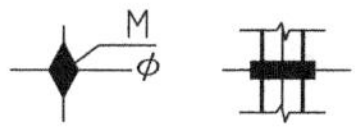	
3	安装螺栓	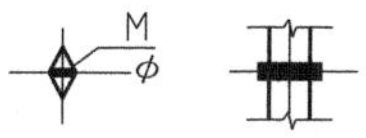	
4	膨胀螺栓	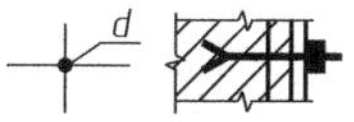	
5	圆形螺栓孔	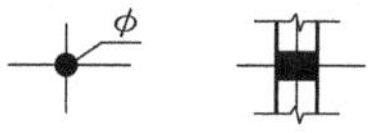	
6	长圆形螺栓孔	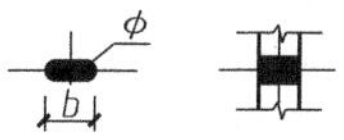	
7	电焊铆钉	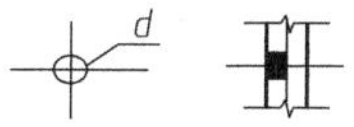	

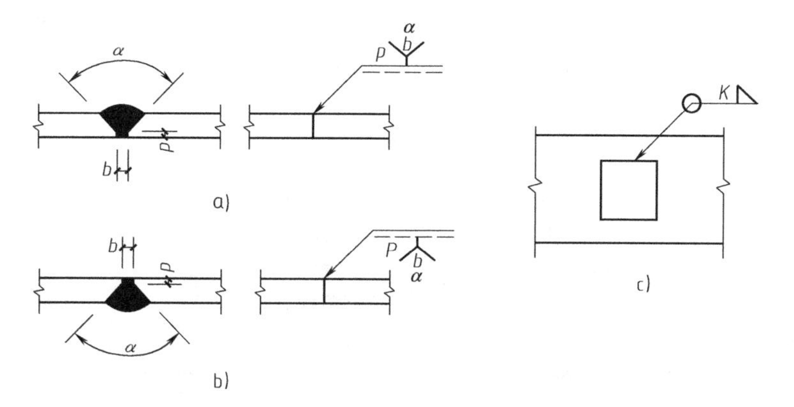

图 12-11　单面焊缝的标注方法

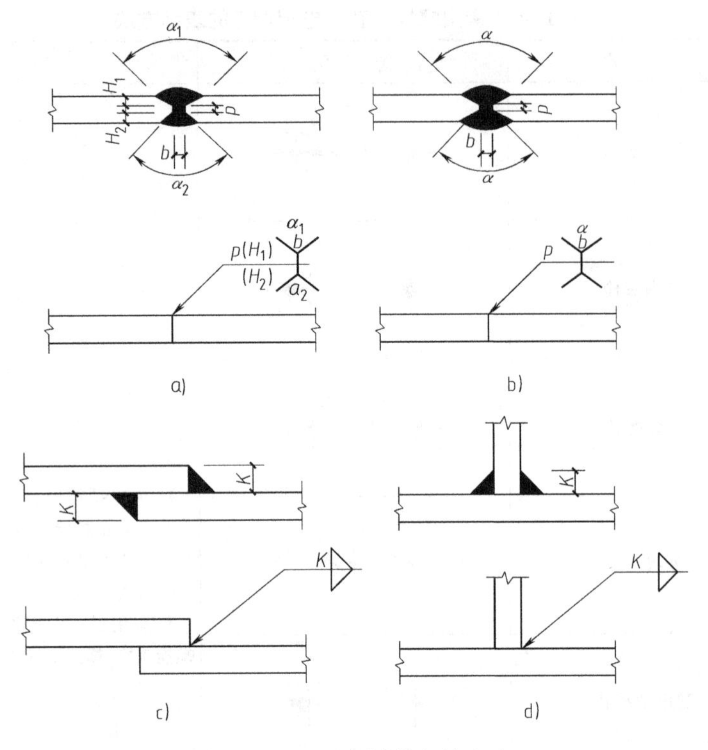

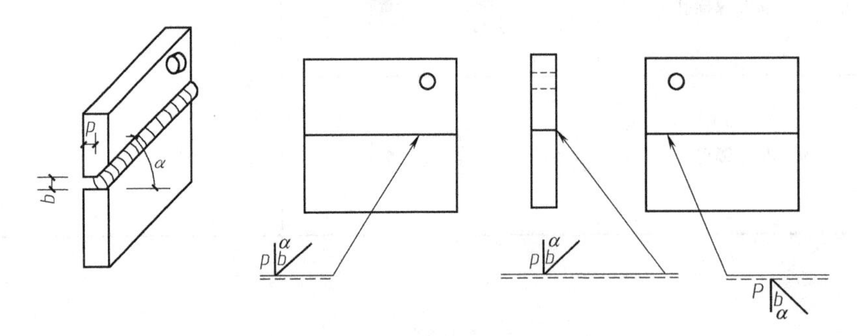

图 12-12　双面焊缝的标注方法

图 12-13　1 个焊件带坡口的焊缝标注方法

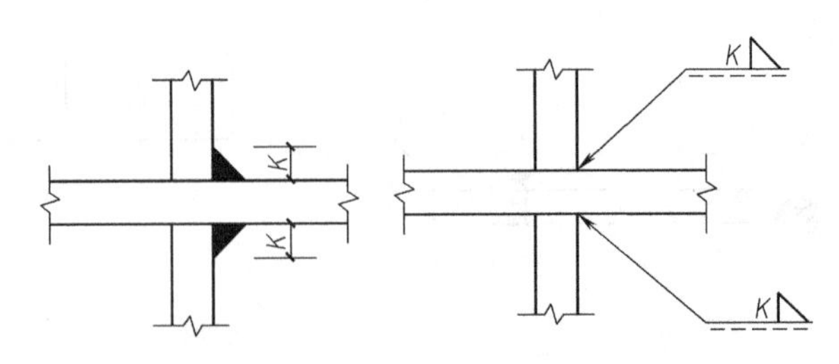

图 12-14　3 个以上焊件的焊缝标注方法

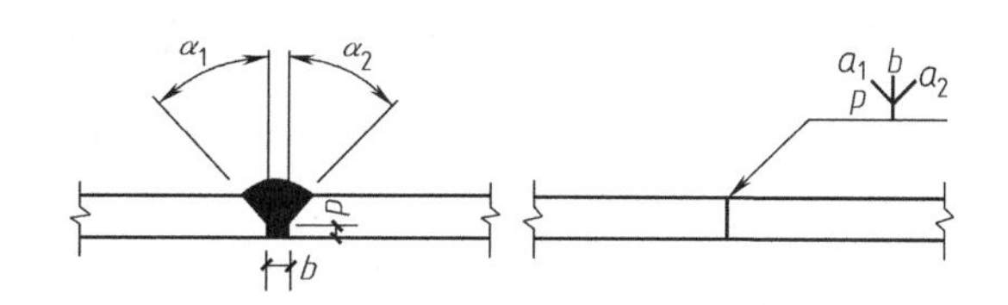

图 12-15　不对称坡口焊缝标注方法

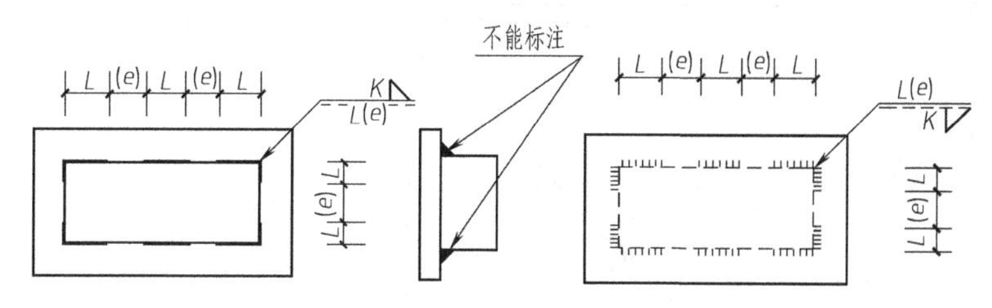

图 12-16　不规则焊缝标注方法

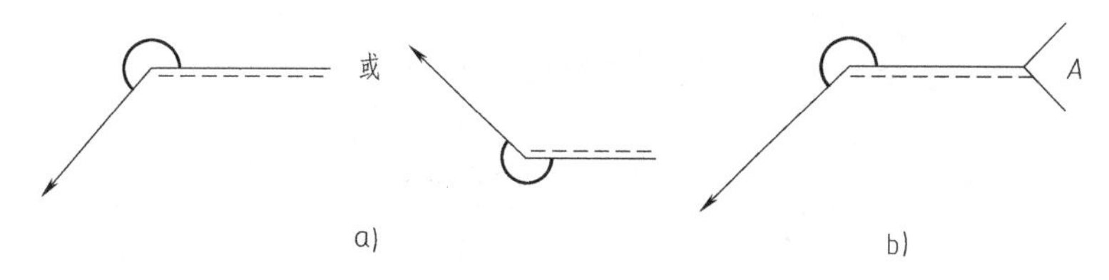

图 12-17　相同焊缝的标注方法

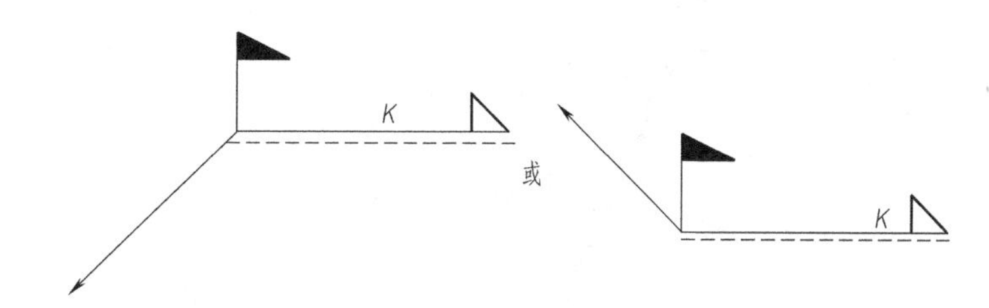

图 12-18　现场焊缝的标注方法

12.5.2　图示内容

钢屋架结构详图是表示钢屋架的形式、大小、型钢的规格，杆件的组合和连接情况的图样，其主要内容包括屋架简图、屋架详图、杆件详图、连接板详图、预埋件详图，以及钢材用量表等。现以某厂房钢屋架结构详图（图 12-19）为例说明如下：

1. 屋架简图

屋架简图用以表达屋架的结构形式，各杆件的计算长度，作为放样的依据。在简图中，屋架各杆件用单线画出，习惯上放在图纸的左上角或右上角。图中注明屋架的跨度为 5610mm，高度为 1200mm，以及节点之间杆件的长度尺寸等。

2. 屋架详图

屋架详图是指用较大的比例画出屋架的立面图。由于屋架完全对称，所以只画出半个屋架，并在中心线上画上对称符号。图中详细画出各杆件的组合、各节点的构造和连接情

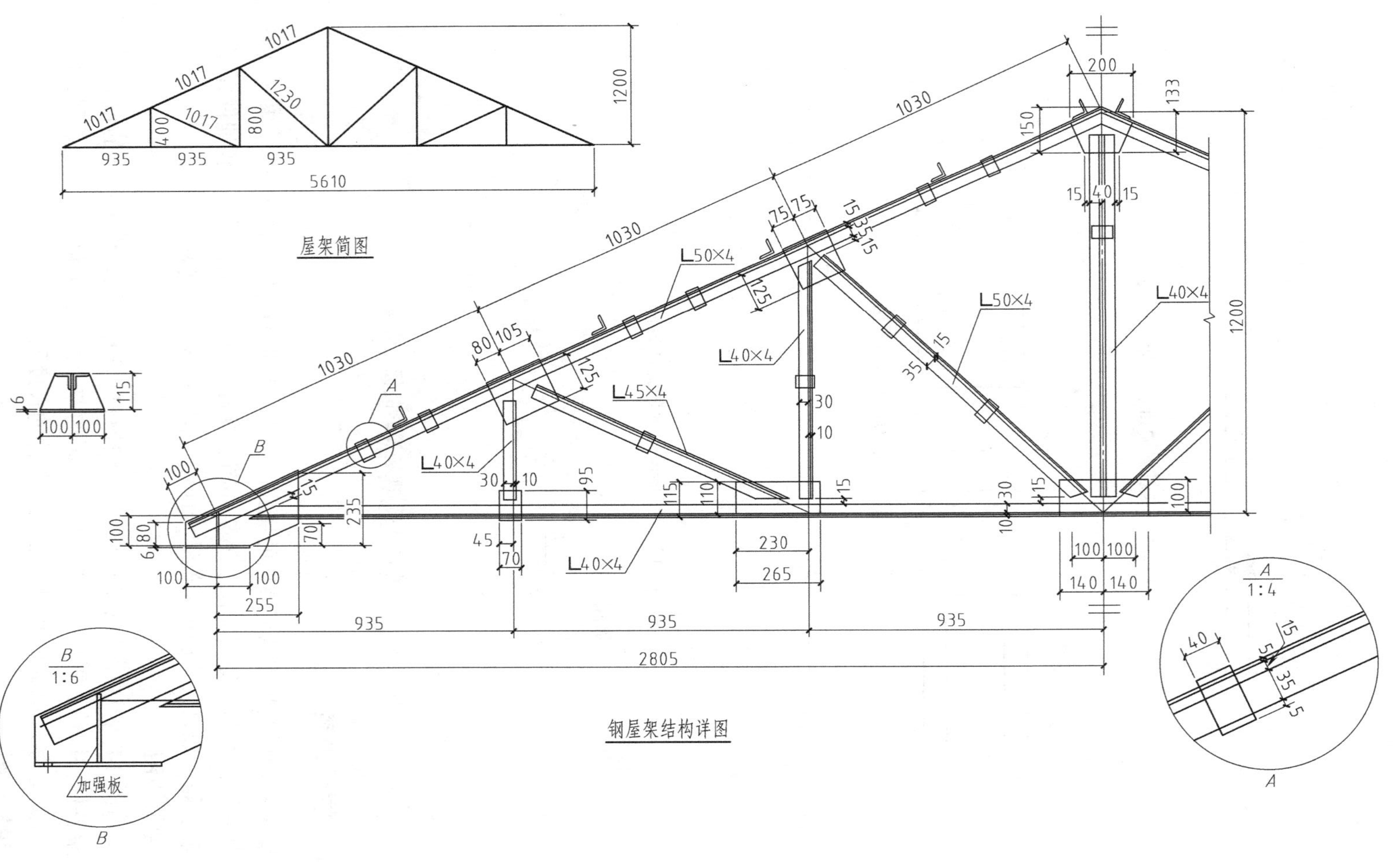

图 12-19　钢屋架结构详图

况，以及每根杆件的型钢型号、长度和数量等。对于构造复杂的上弦杆和节点还另外画出较大比例的详图，如图中的 A、B 详图。

在同一钢屋架详图中，因杆件长度与断面尺寸相差较大，经常采用两种比例，即屋架轴线长度采用较小的比例，而杆件的断面则用较大的比例，这样即能节省图纸，又能把细部表示清楚。

1）基础平面图主要表示基础的平面布置、基础墙厚及基础底宽尺寸、轴线在基础中的位置、各基础断面剖切位置符号等。从断面图中可知道各轴的基础断面形状与标高等尺寸。

2）结构平面布置图主要叙述了楼层、屋顶结构平面布置图。平面图表示出构件（梁、板）的平面布置与代号，从中了解构件的类型、构件尺寸及其与轴线的关系。

3）钢筋混凝土构件详图，包括梁、板、柱、杯型基础等钢筋混凝土构件图。配筋图通常都用一个立面图加上若干个断面图及其钢筋详图来表示。

4）钢结构图（以屋架为例）主要是由屋架简图、立面图和详图所组成。简图表示屋架的几何尺寸；立面图表示出屋架各杆件的材料大小、连接方式、节点构造及其详细尺寸等；详图表示节点的做法与尺寸。

12-1　结构施工图通常是指哪些图？

12-2　写出梁、柱、预制钢筋混凝土空心板、预应力钢筋混凝土空心板、钢筋混凝土实心板、过梁、雨篷、圈梁等结构构件的代号。

12-3　简述基础的图示特点、图示内容及识读方法。

12-4　楼层结构平面图表示哪些内容？

12-5　分别说明钢筋混凝土梁、柱、板内钢筋的组成、作用及其配筋图的识读方法。

12-6　说明钢屋架图的图形组成与图示内容。

12-7　阅读别墅结构施工图（附图 9 ~ 附图 13）。

12-8　抄绘基础平面图，比例为 1∶100。

第13章 建筑装饰施工图的识读

学习目标

了解建筑装饰施工图的图示规定、内容和用途；了解建筑装饰平面图的种类和用途，掌握识图要点；了解建筑装饰立面图、剖面图的内容和要求，掌握识图要点；了解建筑装饰构造详图的用途和主要内容，掌握识图要点。

13.1 概述

装饰设计是建筑设计的延续和深化，建筑设计图与装饰设计图有部分重叠，但设计内容却不同，绘制的设计图表达的重点也不同。一套完整的装饰设计施工图应包括平面图、顶棚图、立面图、详图、透视图等。装饰设计图是施工的依据，预决算的凭证，装饰设计方案的最后实施必须依据设计图绘制的图样完成。

装饰设计图的图样，同样是用正投影法绘制的。它们应符合正投影规律与投影关系，一个设计项目中的设计图——平面图、立面图、顶棚图等必须相互对应。

装饰设计分为两个阶段：方案设计、施工图设计。方案设计阶段是根据甲方的要求、现场的情况及有关规范、设计原则等，绘出一组或多组装饰方案图，主要包括平面布置图、立面布置图、透视图、文字说明等；经修改补充，取得较合理的方案后进入施工图设计阶段。

建筑装饰施工图一般包括：建筑装饰平面图、建筑装饰立面图及建筑装饰剖面图和详图。

13.2 建筑装饰平面图

建筑装饰平面图一般包括平面布置图和顶棚平面图，若地面装饰较复杂，还需另绘地面装饰平面图。

1. 平面布置图

平面布置图是将建筑物从距楼地面1500mm左右的高度沿水平方向切开，移去上部分，由上往下看所得的正投影图，是由墙、柱、窗等建筑结构构件，家具、陈设、各种标注符号等所组成的图面。

（1）平面布置图的内容

1）图名，比例，图号。

2）空间的大小、平面形状、内部分隔、家具、门窗位置等。

3）各房间名称，主要家具陈设的平面尺寸。

4）各立面位置，详图索引符号，图例。

（2）平面布置图的阅读　图 13-1 所示为某住宅室内设计平面布置图

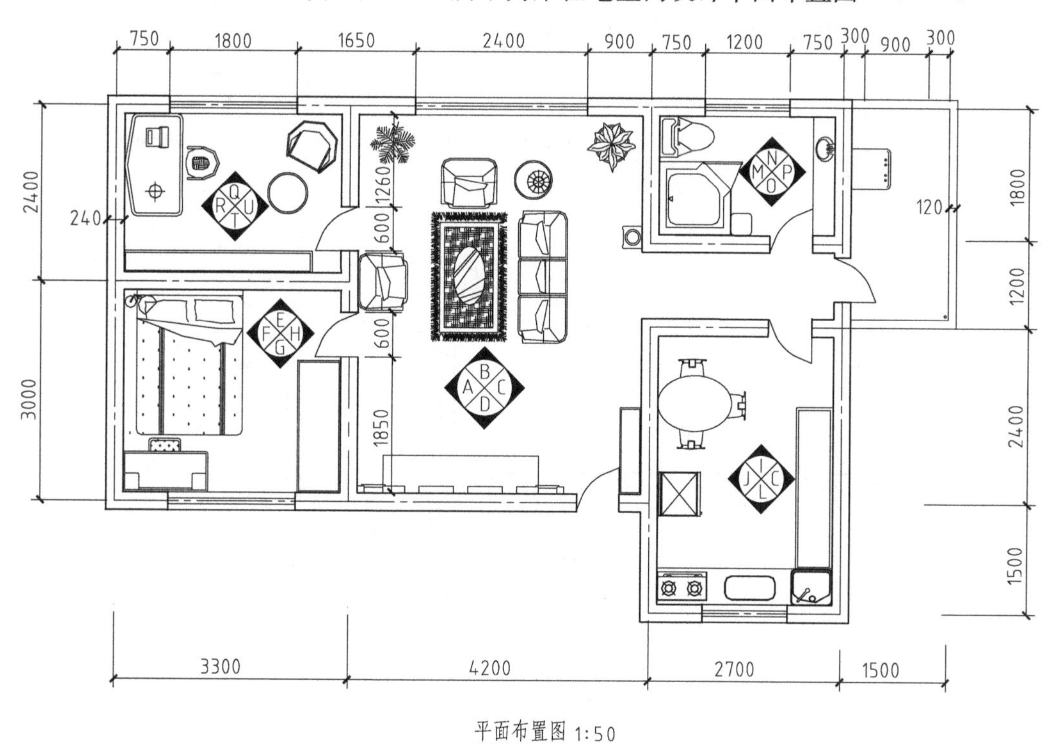

图 13-1　平面布置图

1）首先通过阅读图名知道该图为平面布置图，比例为 1:50。

2）通过阅读室内设计平面图每一功能分区，了解设计的内容、各功能区之间的空间关系、布局、形状。图示中私密性空间有卧室、书房各一间；公用空间有客厅、卫生间、厨房各一间。

3）通过每一功能分区的内容了解家具陈设、绿化的布置。如图所示客厅有沙发、电视机、茶几、多功能柜。从图中可以知道它们之间的位置关系、空间布置。

4）根据尺寸标注了解各功能区域的大小及家具陈设分隔空间的尺寸、交通空间的尺寸。

5）图中还用符号表明各立面图的投影方向。

2. 顶棚平面图

假定将室内空间从距顶棚吊顶 300mm 左右水平方向剖切，移去下部分，所获得的顶棚镜像投影图。它是由顶棚造型、电器设备、灯具等组成的图样。

顶棚平面图主要功能是表示顶棚的造型处理、灯光设计布置、电器设备位置。

（1）顶棚平面图的内容

1）图名，比例，图号。

2）说明顶棚的造型及建材。

3）说明顶棚的各类设备（如各种照明灯具等）。

（2）顶棚图的阅读　阅读室内设计顶棚图，结合平面图，能了解顶棚的平面形状、顶棚造型、顶棚饰面材料；了解顶棚（或吊顶）距地面的高度尺寸，灯具、电器的位置与类型。

如图13-2所示，此设计房间的顶棚处理为平顶，标高为2.600m，书房、客厅、卫生间、中心位置各选用吸顶灯一盏，卧室中心位置选用漫射灯，厨房选用投光灯，卫生间装有浴霸，厨房、卫生间的顶棚采用PVC条形扣板吊顶。

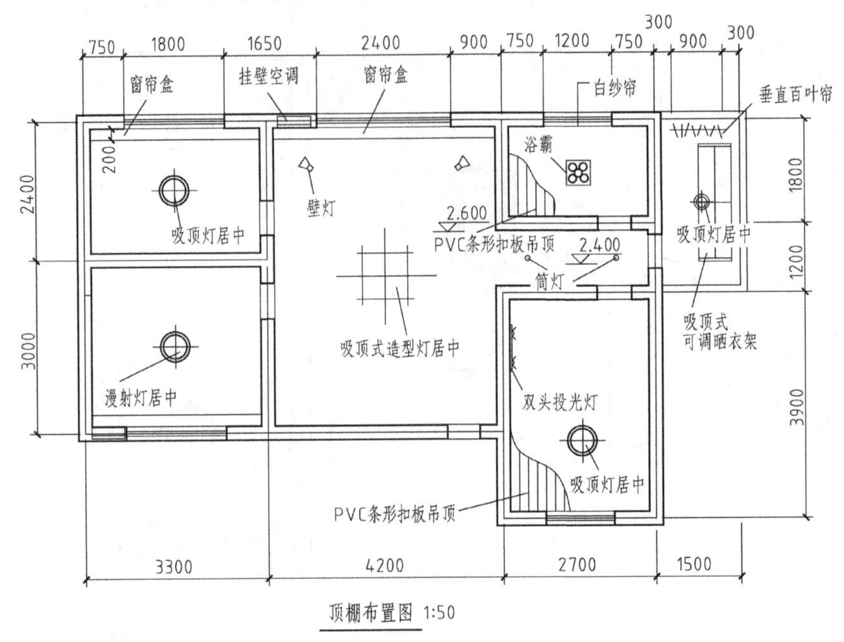

图13-2　顶棚布置图

3. 地面平面图

通过地面平面图，能了解地面的平面形状、地面材料。

由图13-3可知该住宅客厅地面为米色抛光砖，卧室、书房为水曲柳地板，厨房、卫生间、阳台为300mm×300mm地砖抛光。

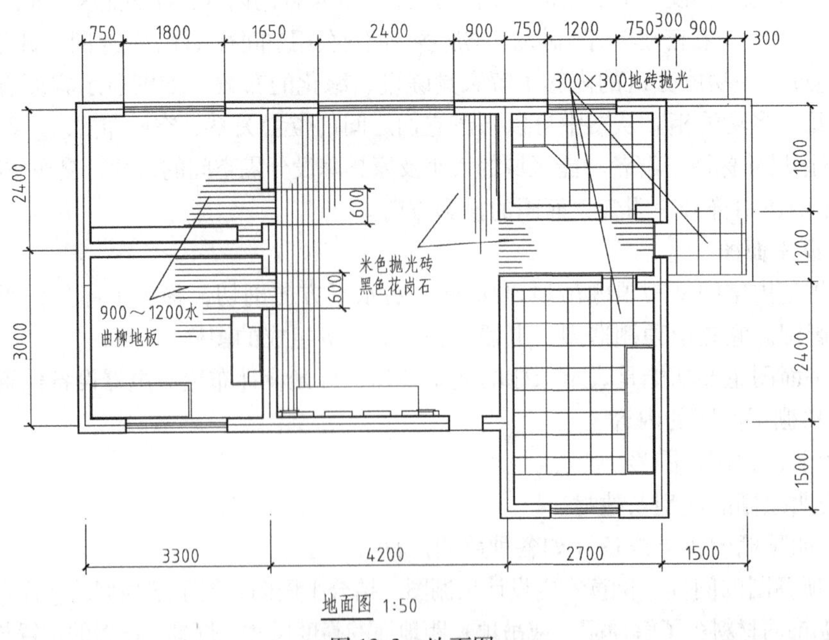

图13-3　地面图

13.3　建筑装饰立面图

建筑装饰立面图是表现室内空间垂直面的正投影图。建筑装饰立面图应包括投影方向可见的室内轮廓线和装修构造、门窗、构配件、墙面做法、固定家具、灯具、必要的尺寸和标高及需要表达的非固定家具、灯具、装饰物件等。建筑装饰立面图中的顶棚绘制有两种形式：只绘制可见顶棚面轮廓；绘制顶棚剖面构造。由于建筑空间的垂直面至少有四个面，按一固定方向依序绘制各墙立面图，只要墙面有不同地方，就必须绘制立面图。如果是圆形或多边形平面的室内空间，可分段展开绘制室内立面图，但均应在图名后加注“展开”二字。

室内立面图的名称，应根据平面图中内视符号的编号或字母确定。为表示室内立面在平面图中的位置，应在平面图上用内视符号注明视点位置、方向及立面符号。符号中的圆应用细实线绘制，根据图样比例圆的直径可选择8～12mm。立面编号宜用阿拉伯数字或拉丁字母表示，内视符号如图 13-4 所示。

图 13-4　立面图的投影方向符号

1. 建筑装饰立面图的内容

1）图名、比例。

2）说明室内空间的尺度及垂直方向的造型、材质的空间构想。

3）说明门、窗、家具等设备的位置，尺寸大小、材质、样式及相互关系。

4）其说明高度是指楼地面至顶棚（或吊顶），左右宽度是指自左侧墙面到右侧墙面（将必要的建筑结构，梁、柱、楼板表现出来）。

5）吊顶标高。

6）详图索引符号。

2. 建筑装饰立面图的阅读

建筑装饰立面图如图 13-5～图 13-8 所示。

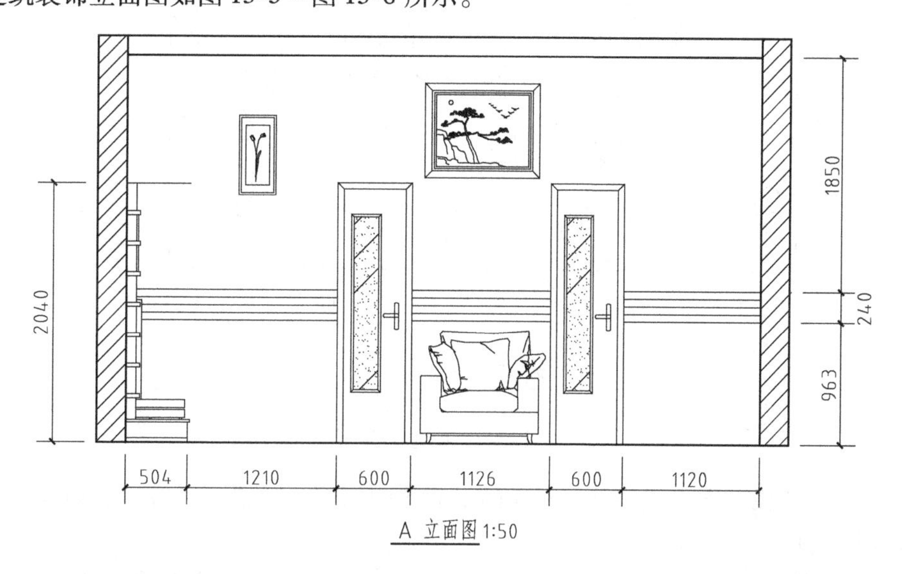

图 13-5　A 立面图

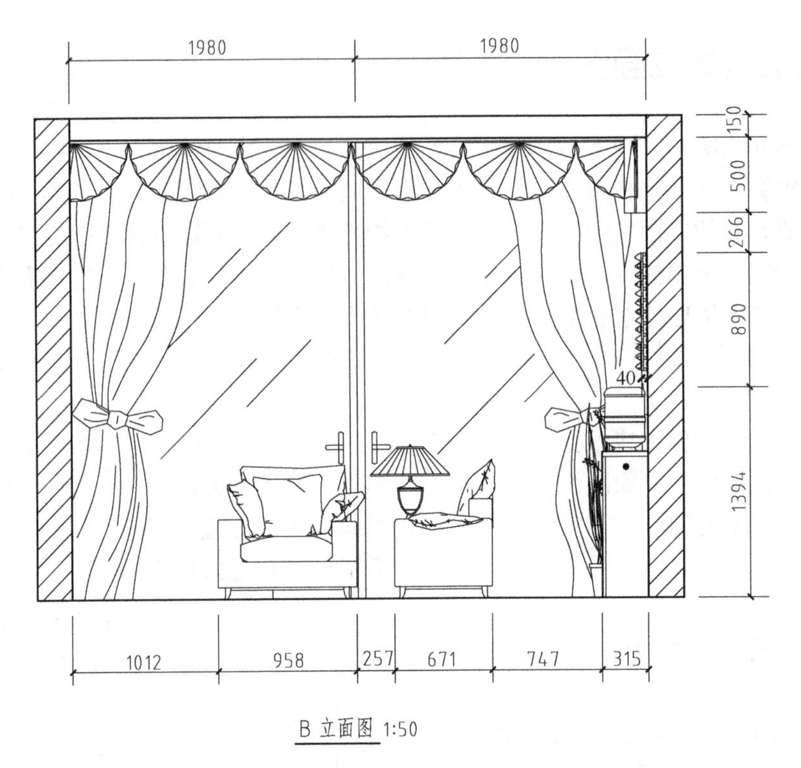

图 13-6 B 立面图

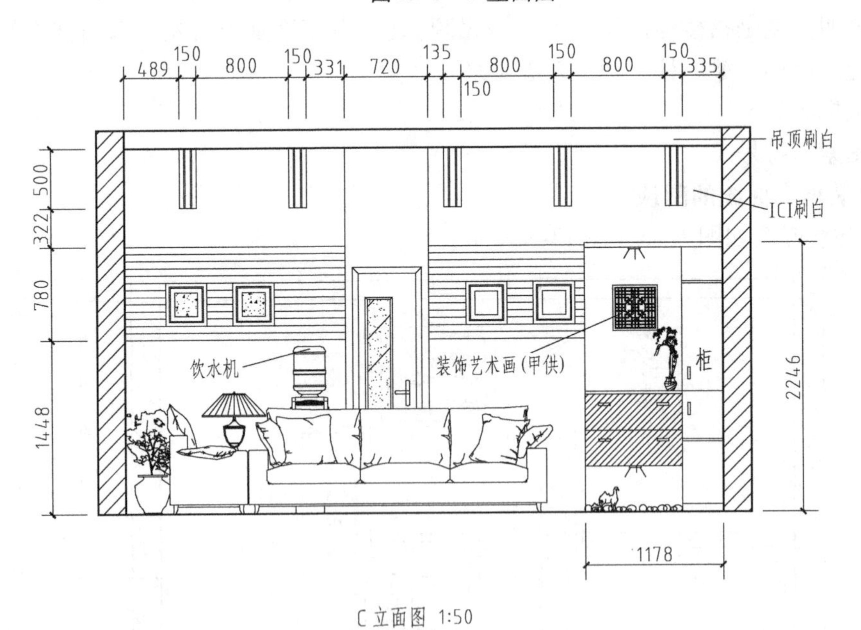

图 13-7 C 立面图

1）根据立面图的图名查出其相对应的平面图中的视看位置，了解绘制的是空间中哪一方向的垂直面。

2）对照平面图，从左往右阅读立面图，了解在该立面图中绘制的家具陈设有哪些，

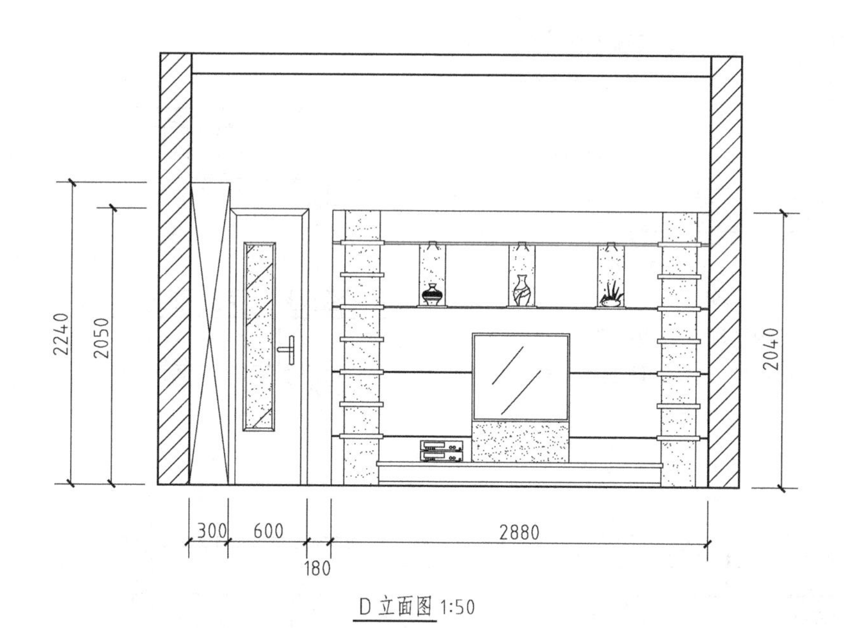

图 13-8　D 立面图

结合平面图中家具的平面形状与立面图中的立面造型想象空间实物造型。

3）阅读图中文字说明了解该墙面饰面材料、家具陈设饰面材料，通过标高与尺寸标注了解垂直面的造型及其临近家具陈设的尺寸大小。

4）设想其空间局部效果。

13.4　建筑装饰剖面图与详图

装饰剖面图是将装饰面整个剖切或局部剖切，以表达内部结构的视图，主要有地面、墙身、顶棚等剖面。

1. 楼地面构造详图

楼地面构造层由不同作用的层次组成，基本构造层为面层、垫层、基层；楼层地面的基本构造层为面层和楼板。当地面和楼层地面的基本构造层不能满足使用或构造要求时，可增设结合层、隔离层、填充层、找平层等其他构造层，如图 13-9 ~ 图 13-11 所示。

2. 墙体饰面构造详图

在室内装修设计中，为强化主题，创造良好的环境氛围，内墙面常进行适当饰面处理，以达到调节空间环境的效果。有些墙面饰面装饰材料有吸声、隔声、反射等作用，根据室内空间的功用与艺术气氛的要求，选择适合墙体的饰面材料。墙体的饰面材料常见的有石材、木材、皮革、布、玻璃、金属等，如图 13-12 所示。

3. 吊顶构造详图

在室内设计中，为达到一定的艺术效果或为加强隔声效果，顶棚常常设计吊顶。常用吊顶材料有夹板贴壁纸（或刷漆、贴木皮等）、实木企口板、矿棉板、铝板等，如图 13-13所示。

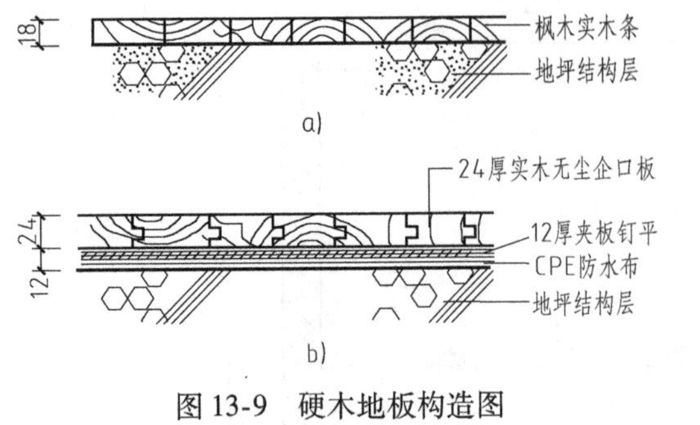

图 13-9　硬木地板构造图
a）基本构造层　b）增设 CPE 防水布隔离层

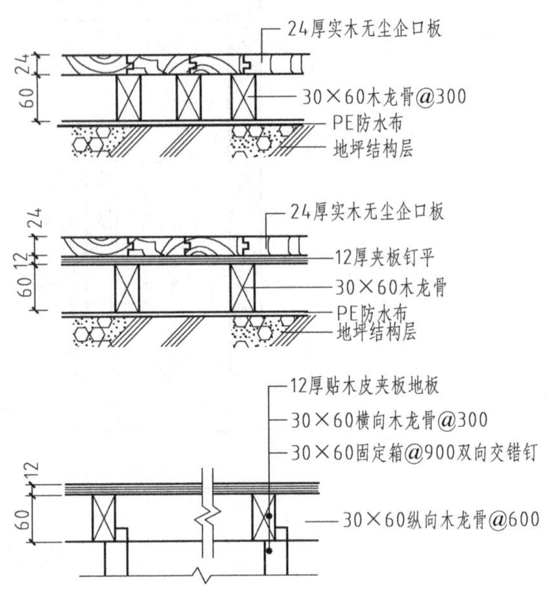

瓷砖饰面层
粘贴层1:2水泥砂浆
1:3水泥砂浆找平层
地坪结构层
间缝水泥
石粉浆勾缝

图 13-11　瓷砖饰面处理

图 13-10　木搁栅架空木地板构造图

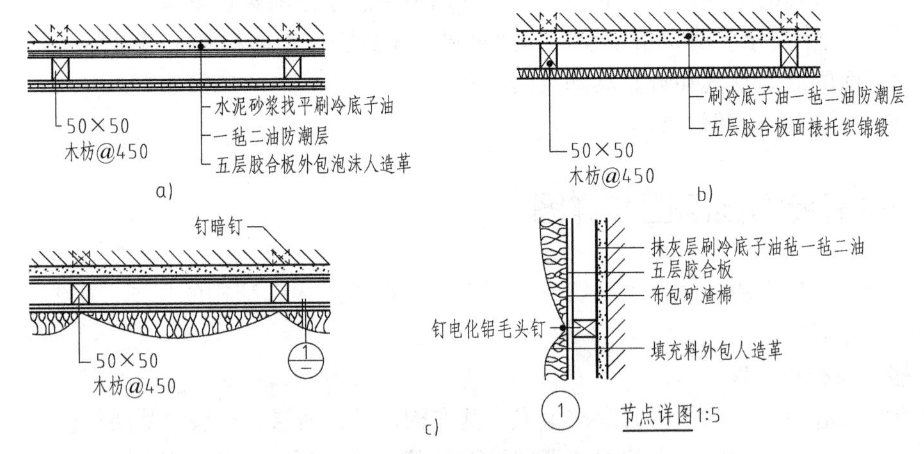

图 13-12　软包饰墙面的几种构造做法
a）泡沫人造革包饰墙面构造　b）裱托织锦缎饰面构造　c）矿渣棉人造革包饰墙面构造

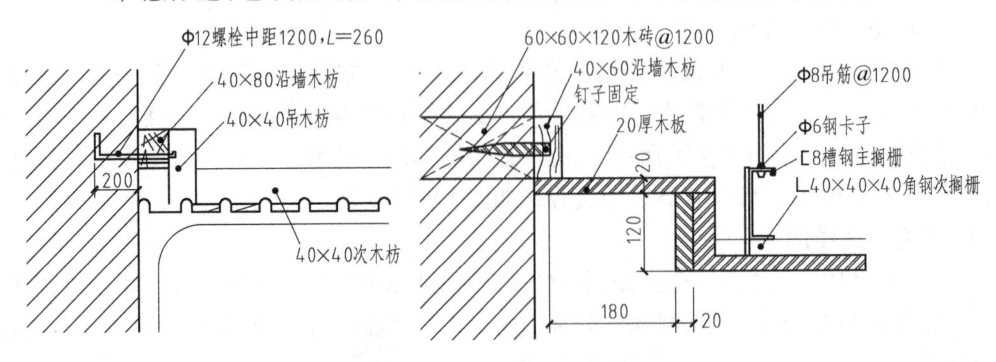

图 13-13　板材吊顶端部详图

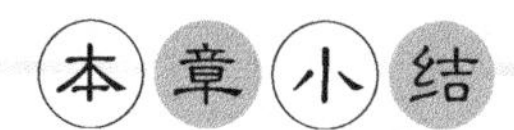

1）建筑装饰平面布置图主要表示平面内部分隔、家具位置及主要家具陈设的平面尺寸，各立面投影方向，详图索引符号等。顶棚平面图是顶棚镜像投影图，它由顶棚造型、电器设备、灯具等图样组成。

2）建筑装饰立面图表明室内空间的尺度及垂直方向的造型，门、窗、家具等设备的位置，尺寸大小、材质、样式及相互关系。

3）建筑装饰剖面图和详图是表达装饰层内部结构的视图，主要有地面、墙身、顶棚等剖面详图。

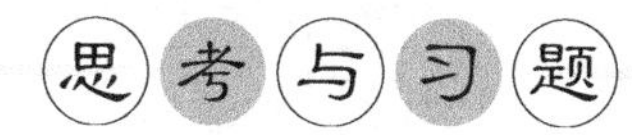

13-1　观察一个已装饰空间（如住宅、办公室、娱乐厅等），并思考如何用图样去表达装饰手段及效果。

13-2　阅读别墅装饰施工图（附图14～附图17）。

13-3　抄绘顶棚布置图及E、H立面图，比例为1∶100。

附录　某工程建筑施工图

建筑设计说明

1. 本工程建筑面积 387.92m^2。
2. 室外地坪设计标高 −0.300m，室内外高差 0.300m。
3. 尺寸：标高为建筑标高，单位为 m，其余为 mm，所有尺寸以图注为准，不得按比例量取。
4. 本工程为砖混结构，墙下条形基础。
5. 墙体工程：±0.000 以下采用 MU10 机制红砖，M10 水泥砂浆砌筑，外做 20 厚 1:3 水泥砂浆抹光；±0.000 以上用强度 MU10，KP1 黏土多孔砖，M7.5 混合砂浆砌筑。砖墙厚度均为 240mm，防潮层设在地面以下 60mm 处全部墙身，用 1:2 水泥砂浆抹 20 厚，掺加防水剂。
6. 地面：20 厚 1:2.5 水泥砂浆找平，70 厚 C15 素混凝土，100 厚碎石垫层，素土夯实。
7. 楼面：20 厚 1:2 水泥砂浆抹光（楼梯间采用 15 厚），现浇板，板底 15 厚 1:1:4 混合砂浆，批白水泥二道，卫生间、阳台、相对与对应楼面标高下沉 20mm。
8. 内墙：15 厚 1:1:4 混合砂浆分层抹光（卫生间、厨房采用 20 厚 1:3 水泥砂浆分层抹光），批白水泥二道，阳角处均需做 40mm 宽，1800mm 高 1:2 水泥砂浆护角。
9. 屋面：红色水泥瓦，30 厚 1:3 水泥砂浆抹平，SBS 防水隔热卷材（厚 >4mm，聚酯胎体，铅箔保护），冷底子油一道，15 厚 1:3 水泥砂浆抹平，混凝土现浇屋面板随打随抹（3% 结构找坡），15 厚 1:1:6 混合砂浆抹光。
10. 楼梯：采用不锈钢扶手，见详图。
11. 顶棚：10 厚 1:2.5 水泥砂浆打底抹平，刷白二度，吊顶做法用户自理。
12. 踢脚线：25 厚 1:2 水泥砂浆抹平，高 150mm。
13. 油漆：底层门用一底二度浅棕红色调和漆，室内木门一底二度乳白色调和漆，外露钢构件均用红丹一度，银粉漆二度漆面。
14. 屋面雨水管采用 75PVC-U 管，铸铁水箅子。
15. 塑钢门窗为乳白色外框，5mm 厚无色玻璃。
16. 散水：详见大样。
17. 外墙粉刷：20 厚 1:3 水泥砂浆分层抹光，白水泥二道，外墙材料用户自定。
18. 未尽事宜按规范及有关手册执行，或与设计者联系。

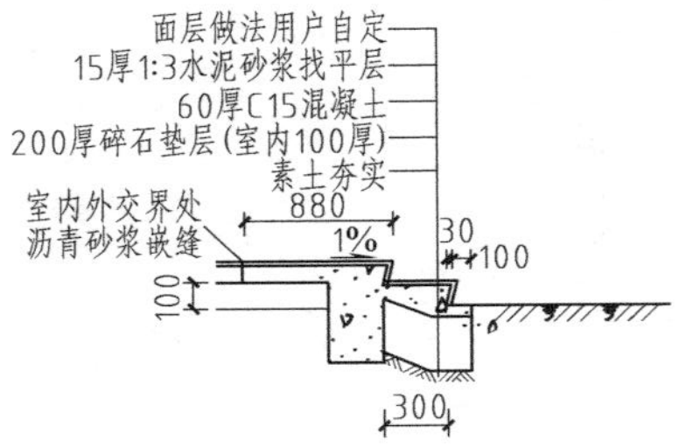

面层做法用户自定
15厚1:3水泥砂浆找平层
60厚C15混凝土
200厚碎石垫层(室内100厚)
素土夯实
室内外交界处
沥青砂浆嵌缝
880　30　100　1%　100　300

③ 台阶大样

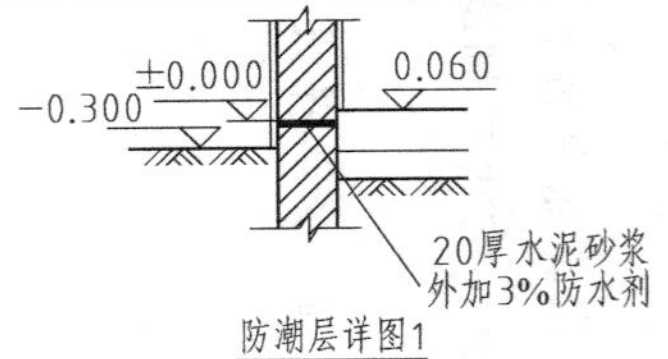

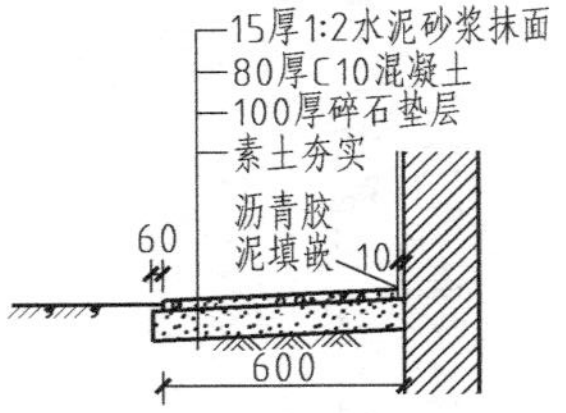

15厚1:2水泥砂浆抹面
80厚C10混凝土
100厚碎石垫层
素土夯实
沥青胶泥填嵌
60　10　600

② 散水大样

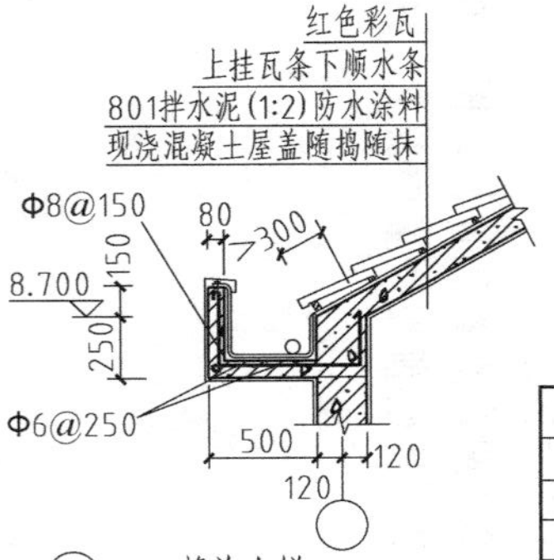

红色彩瓦
上挂瓦条下顺水条
801拌水泥(1:2)防水涂料
现浇混凝土屋盖随捣随抹
Φ8@150　80　>300　8.700　150　250　Φ6@250　500　120　120

④ 檐沟大样

−0.300　±0.000　0.060
20厚水泥砂浆
外加3%防水剂

防潮层详图1

门窗表

类别	设计编号	洞口尺寸/mm 宽	洞口尺寸/mm 高	数量	采用标准图集及编号 图集代号	采用标准图集及编号 编号	备注
门	M−1	1000	2100	12			木门
	M−2	2100	2400	1			木门
	M−3	2400	3000	1			保安门
	M−4	2400	2400	4			保安门
	M−5	2400	2400	2			玻璃门
窗	C−1	2400	1500	3			塑钢窗
	C−2	1200	1500	3			塑钢窗
	C−3	2100	1500	10			塑钢窗
	C−4	3600	1500	1			塑钢窗
	C−5	3600	4500	1			塑钢窗

审定		专业负责人		建筑设计说明、门窗表、部分详图	阶段	施工图
总师		校对			专业	建筑
审核		设计			比例	
工程负责人		制图			工程号	
总负责人		出图日期			图号	−01

附图 1　建筑设计说明、门窗表及部分详图

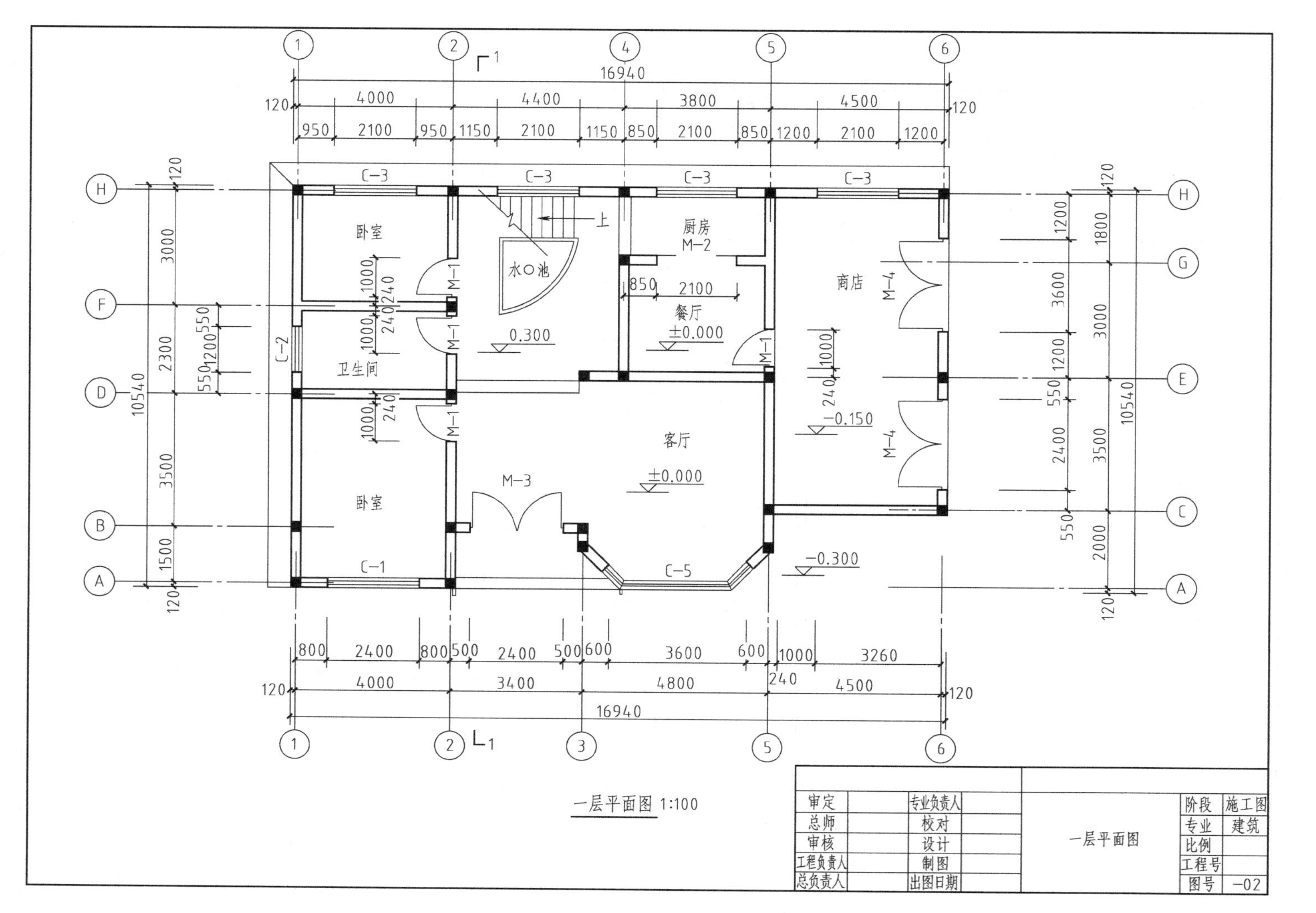
卧室
水O池
上
厨房
M-2
餐厅
±0.000
商店
M-4
M-1
卫生间
C-2
C-3
0.300
客厅
±0.000
M-3
C-1
C-5
-0.150
-0.300
16940
10540
一层平面图 1:100
审定
总师
审核
工程负责人
总负责人
专业负责人
校对
设计
制图
出图日期
一层平面图
阶段 施工图
专业 建筑
比例
工程号
图号 -02

附图 2　一层平面图

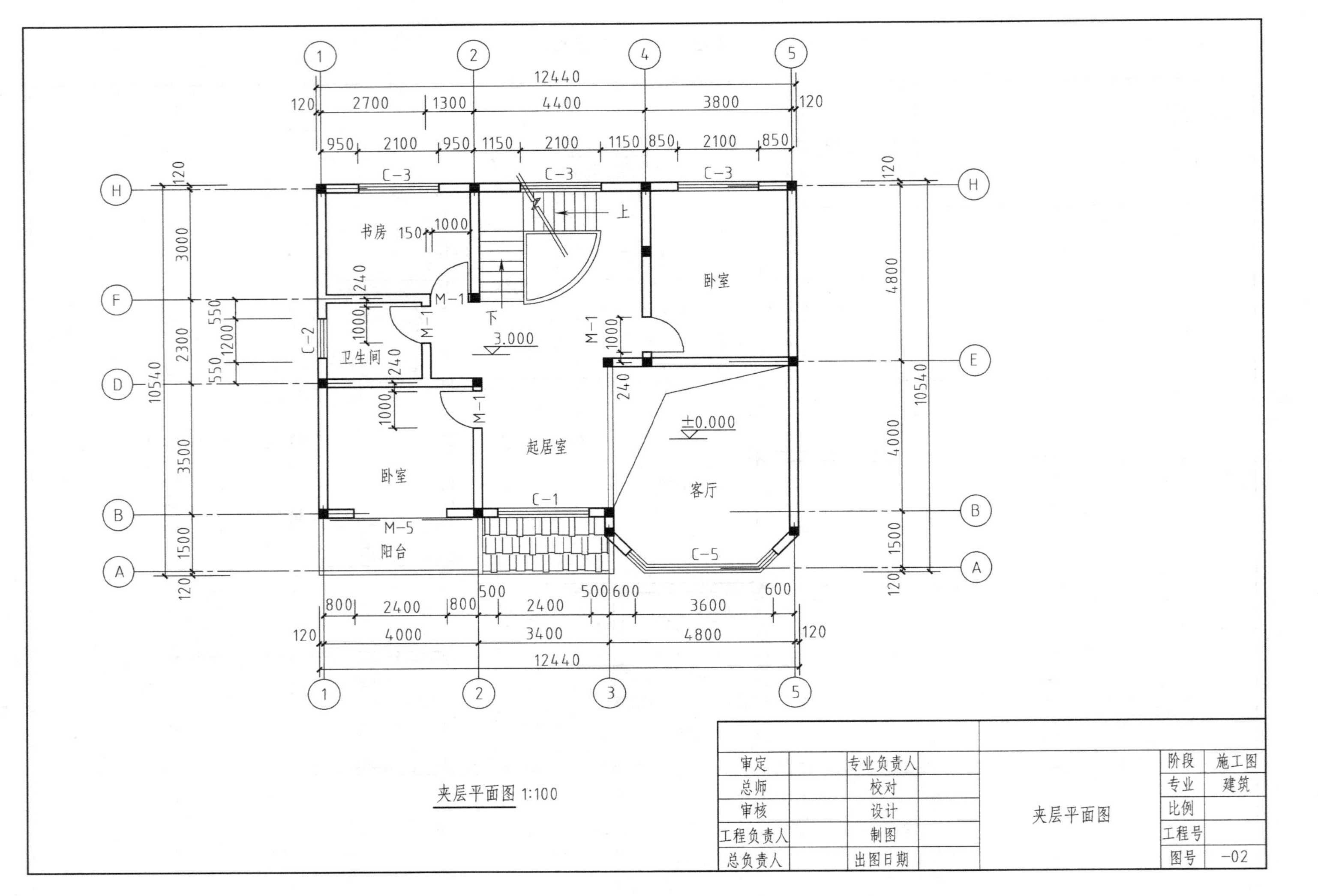
书房
卫生间
卧室
起居室
客厅
阳台
3.000
±0.000
夹层平面图 1:100
审定
总师
审核
工程负责人
总负责人
专业负责人
校对
设计
制图
出图日期
夹层平面图
阶段
施工图
专业
建筑
比例
工程号
图号
-02

附图3　夹层平面图

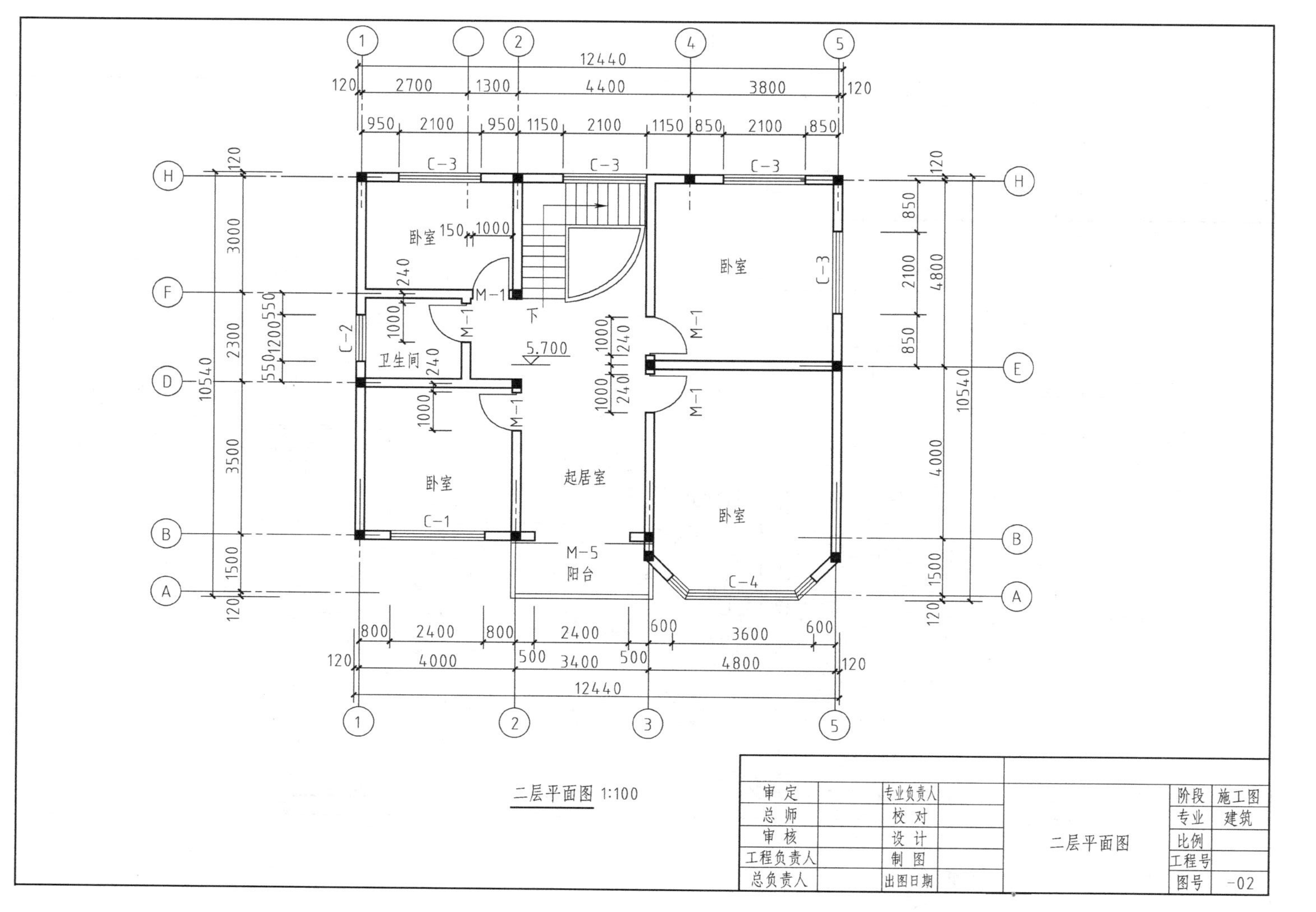

12440
120
2700
1300
4400
3800
950
2100
1150
850
C-3
卧室
起居室
阳台
卫生间
M-1
M-5
C-1
C-2
C-4
5.700
下
10540
3000
2300
3500
1500
4800
4000
二层平面图 1:100
审 定
总 师
审 核
工程负责人
总负责人
专业负责人
校 对
设 计
制 图
出图日期
二层平面图
阶段 施工图
专业 建筑
比例
工程号
图号 -02

附图 4 二层平面图

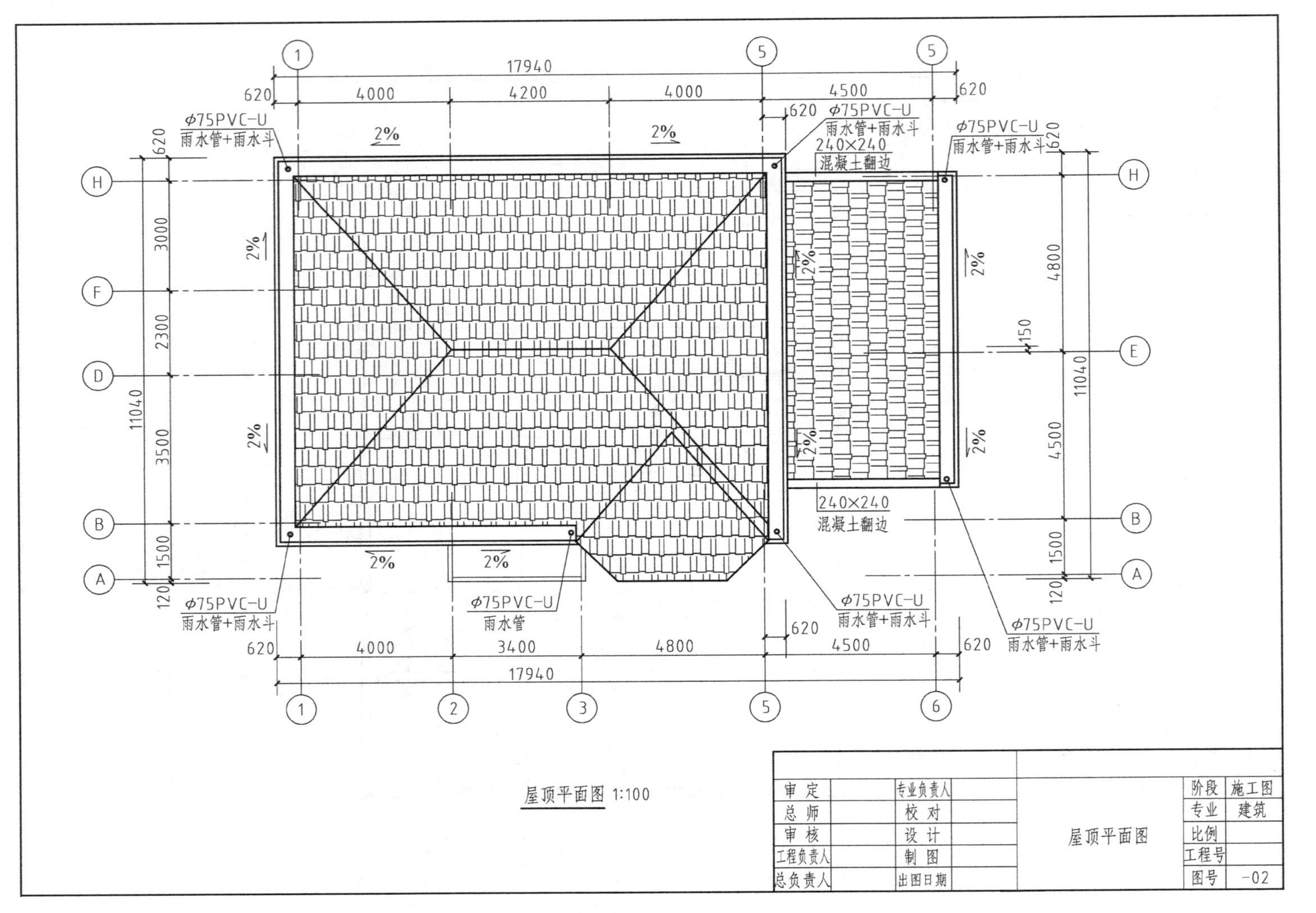
17940
620
4000
4200
4500
Φ75PVC-U
雨水管+雨水斗
240×240
混凝土翻边
2%
3000
2300
3500
11040
1500
120
4800
150
Φ75PVC-U
雨水管
3400
屋顶平面图 1:100
审定
总师
审核
工程负责人
总负责人
专业负责人
校对
设计
制图
出图日期
屋顶平面图
阶段 施工图
专业 建筑
比例
工程号
图号 -02

附图5 屋顶平面图

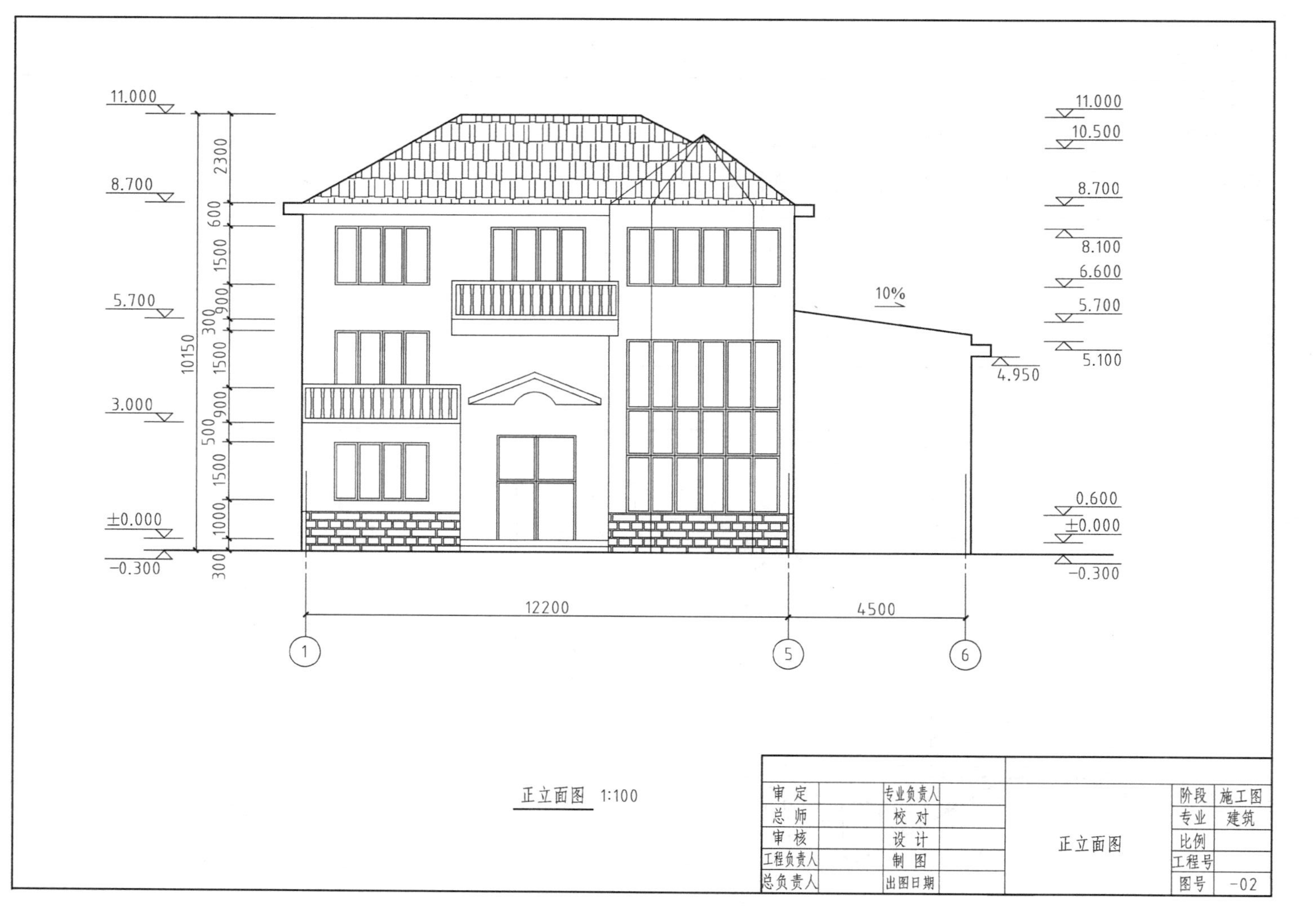
11.000
8.700
5.700
3.000
±0.000
-0.300
2300
600
1500
900
300
10150
500
1000
11.000
10.500
8.700
8.100
6.600
5.700
5.100
4.950
10%
0.600
±0.000
-0.300
12200
4500
1
5
6
正立面图 1:100
审定
总师
审核
工程负责人
总负责人
专业负责人
校对
设计
制图
出图日期
正立面图
阶段 施工图
专业 建筑
比例
工程号
图号 -02

附图 6　正立面图

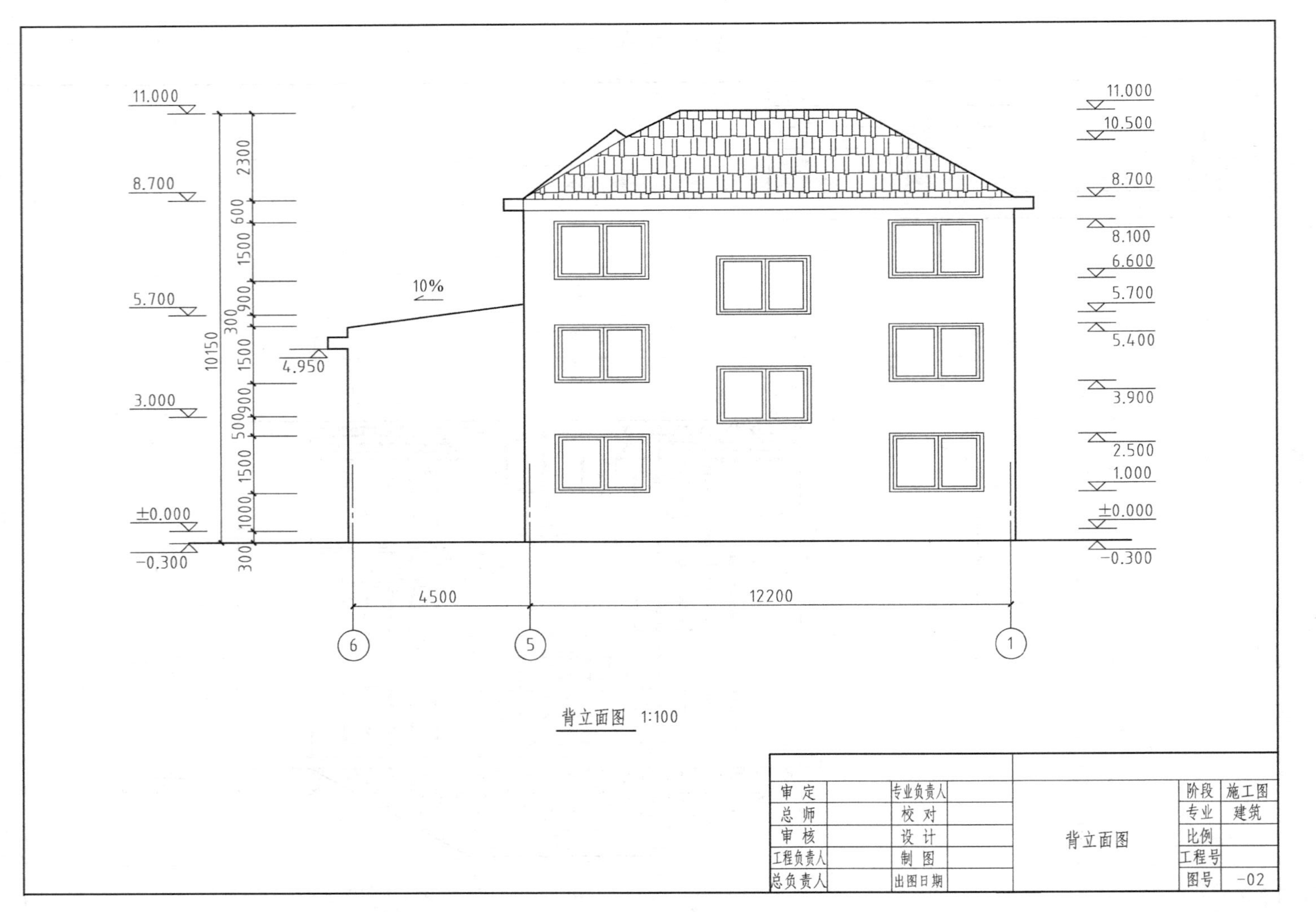
11.000
8.700
5.700
3.000
±0.000
-0.300
2300
600
1500
900
300
1500
900
500
1500
1000
300
10150
10%
4.950
11.000
10.500
8.700
8.100
6.600
5.700
5.400
3.900
2.500
1.000
±0.000
-0.300
4500
12200
6
5
1
背立面图 1:100
审 定
总 师
审 核
工程负责人
总负责人
专业负责人
校 对
设 计
制 图
出图日期
背立面图
阶段 施工图
专业 建筑
比例
工程号
图号 -02

附图7 背立面图

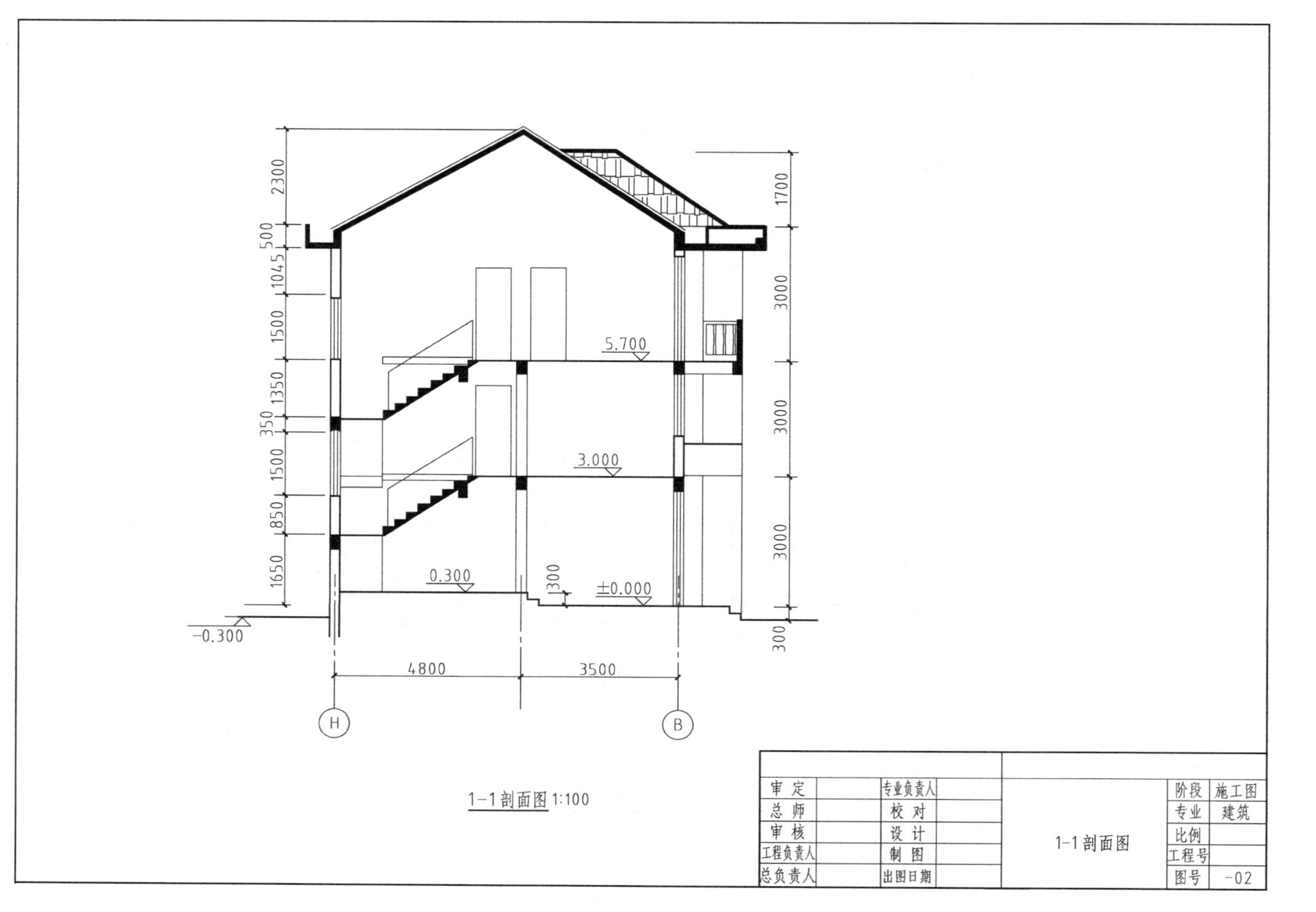

2300
500
1045
1500
1350
350
1500
850
1650
1700
3000
3000
3000
300
5.700
3.000
0.300
300
±0.000
-0.300
4800
3500
H
B
1-1剖面图 1:100
审定
总师
审核
工程负责人
总负责人
专业负责人
校对
设计
制图
出图日期
1-1剖面图
阶段 施工图
专业 建筑
比例
工程号
图号 -02

附图 8　1—1 剖面图

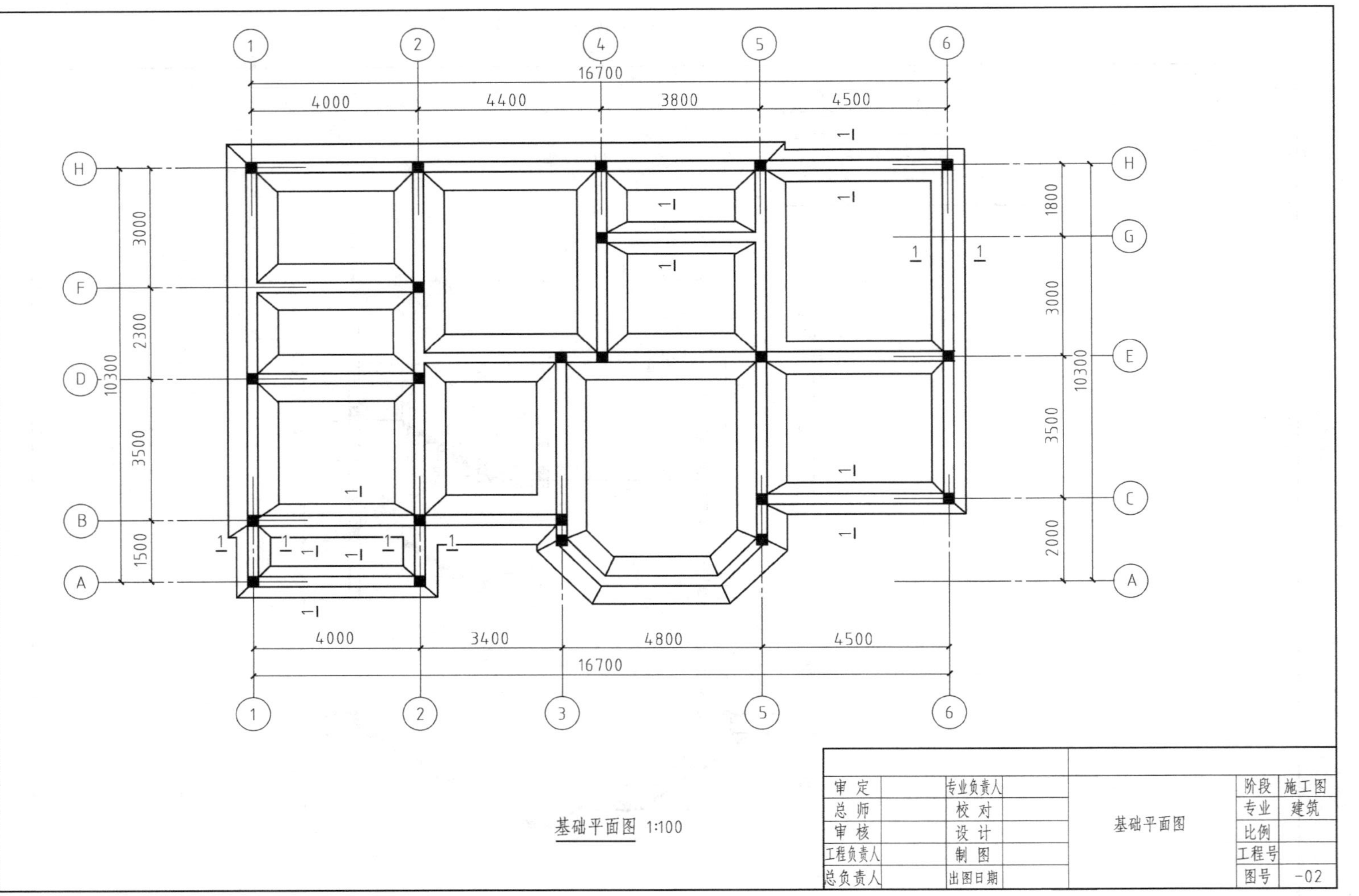
16700
4000
4400
3800
4500
3000
2300
3500
1500
10300
1800
2000
3400
4800
1-1
基础平面图 1:100
审定
总师
审核
工程负责人
总负责人
专业负责人
校对
设计
制图
出图日期
基础平面图
阶段 施工图
专业 建筑
比例
工程号
图号 -02

附图9 基础平面图

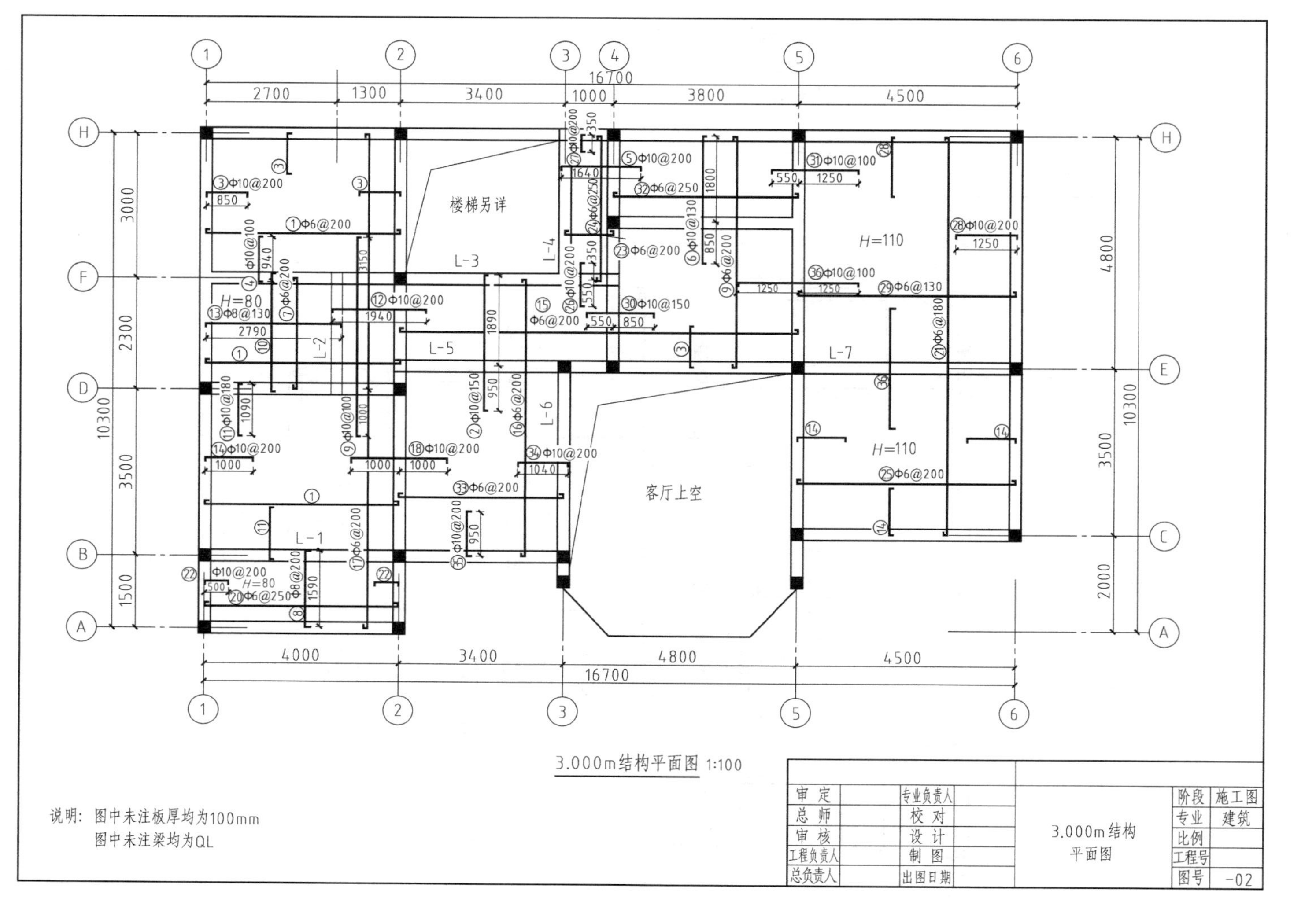

附图 10 3.000m 结构平面图

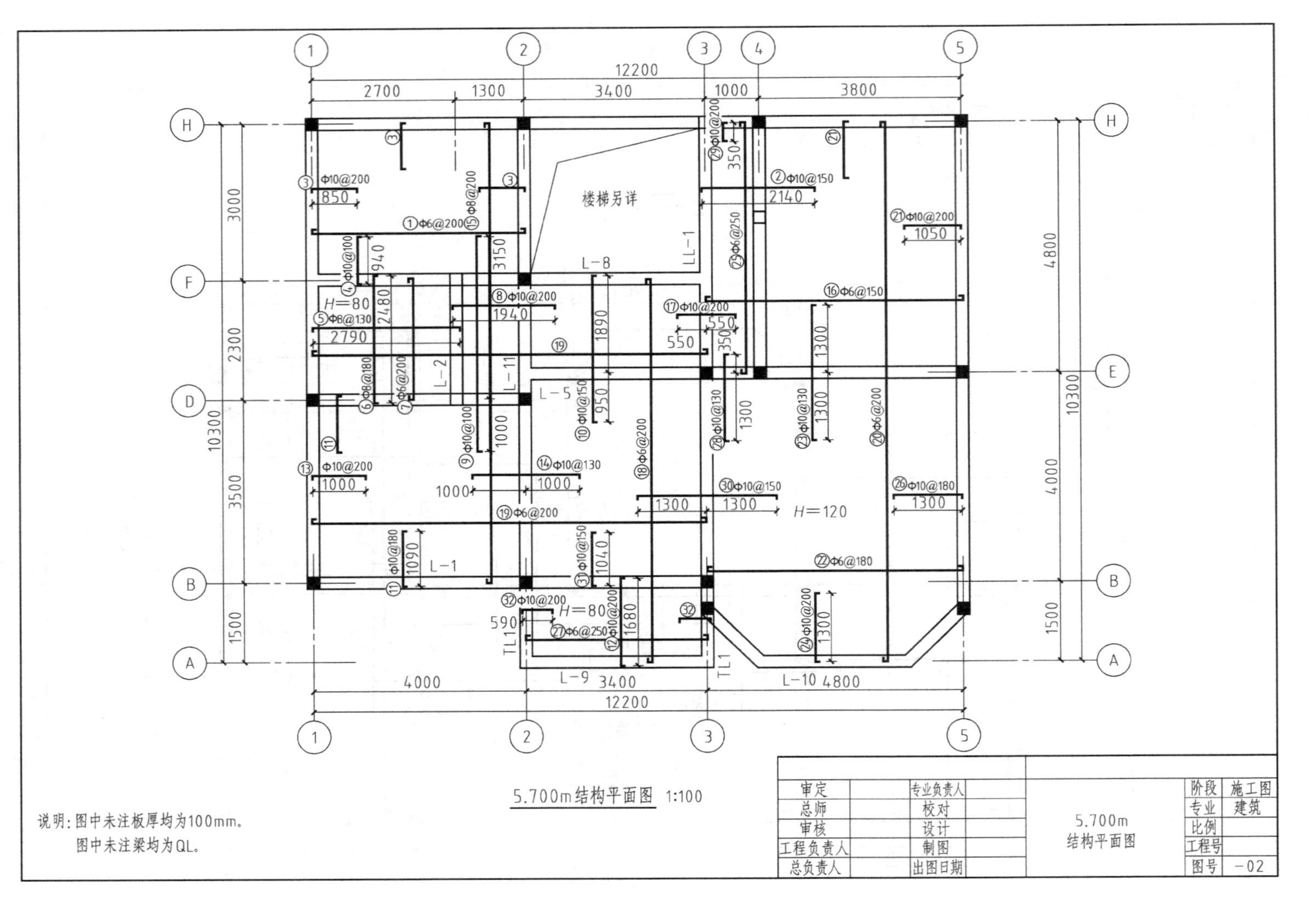

附图11 5.700m结构平面图

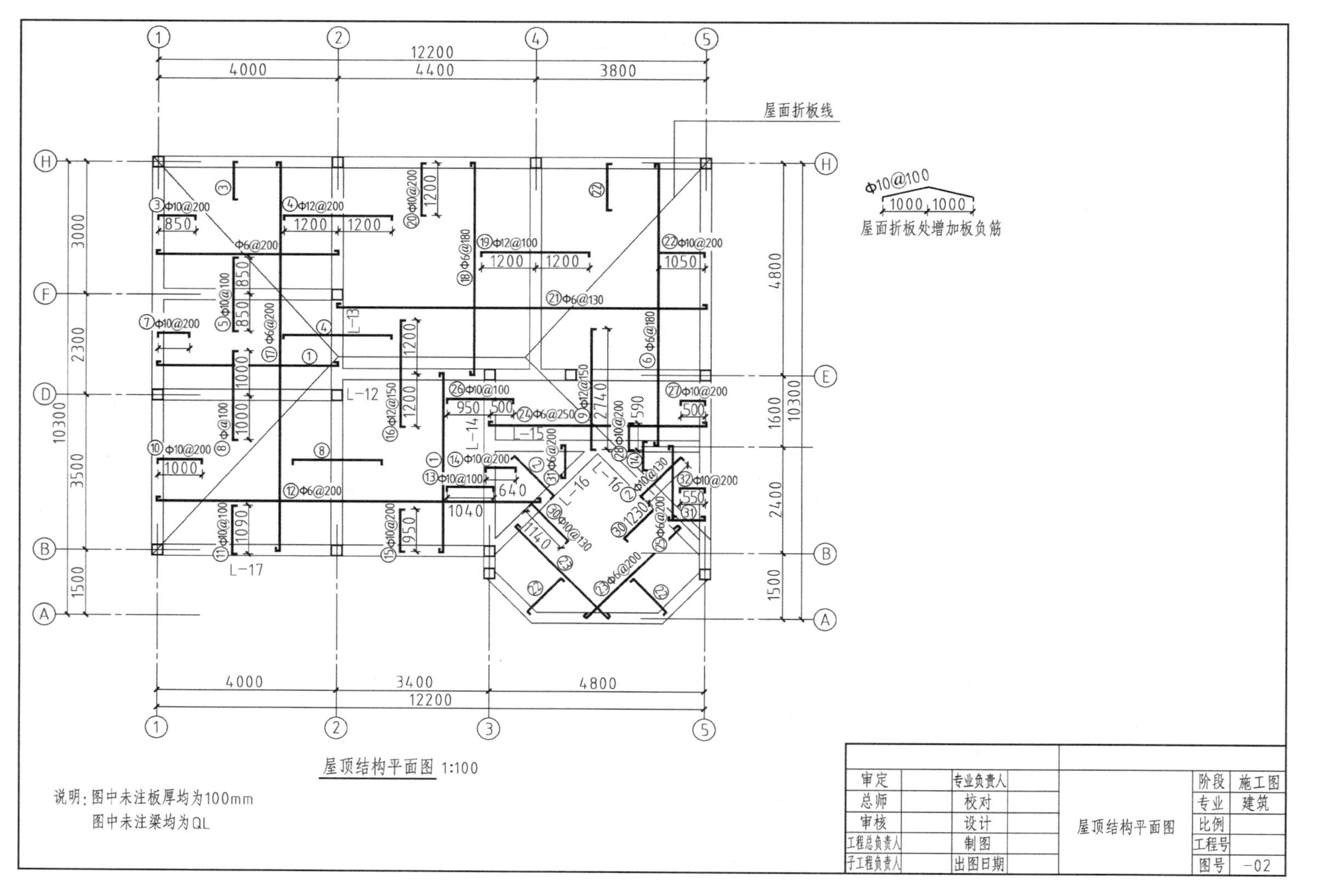

附图 12　屋顶结构平面图

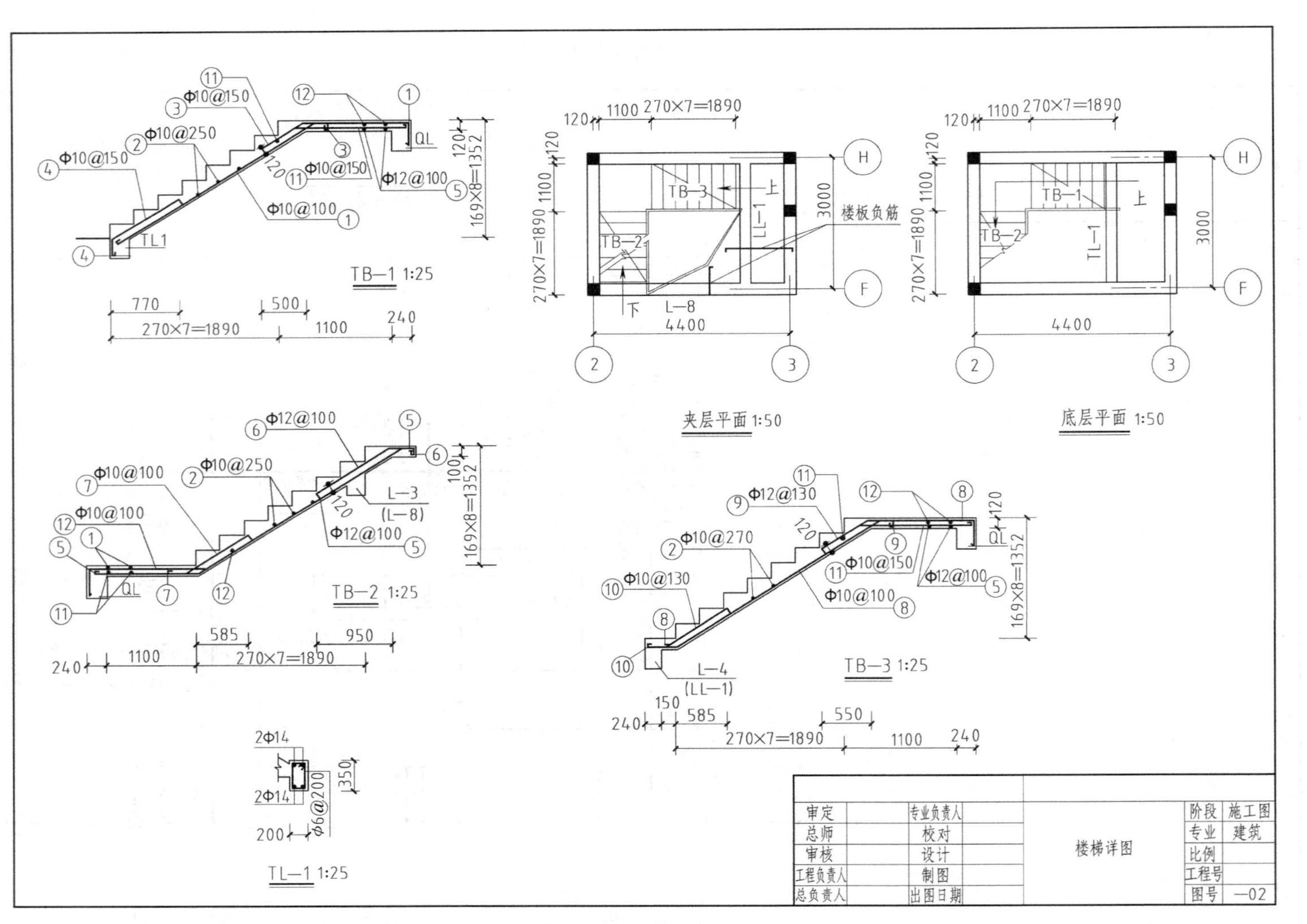
TB—1 1:25
TB—2 1:25
TB—3 1:25
TL—1 1:25
夹层平面 1:50
底层平面 1:50
楼板负筋
TB—1
TB—2
TB—3
TL—1
TL1
LL—1
L—8
L—3
(L—8)
L—4
(LL—1)
QL
上
下
Φ10@150
Φ10@250
Φ10@100
Φ12@100
Φ12@130
Φ10@270
Φ10@130
Φ6@200
2Φ14
3000
4400
1100
120
240
270×7=1890
169×8=1352
770
500
585
950
550
150
100
350
200
审定
总师
审核
工程负责人
总负责人
专业负责人
校对
设计
制图
出图日期
楼梯详图
阶段
施工图
专业
建筑
比例
工程号
图号
—02

附图13 楼梯详图

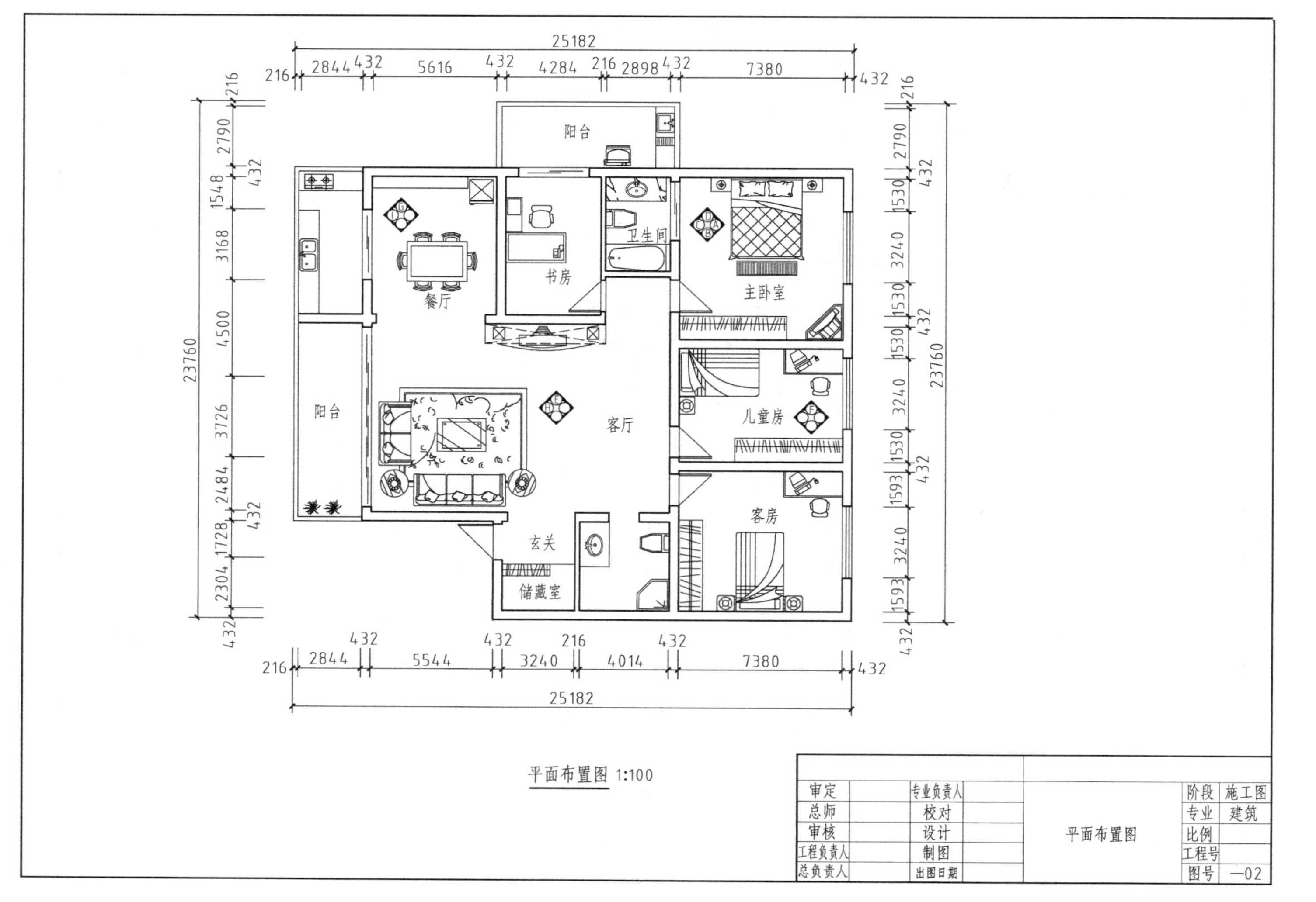

25182
216
2844
432
5616
4284
2898
7380
阳台
书房
卫生间
主卧室
餐厅
儿童房
客厅
客房
玄关
储藏室
23760
2790
1548
3168
4500
3726
2484
1728
2304
1530
3240
1593
5544
4014
平面布置图 1:100
审定
专业负责人
总师
校对
审核
设计
工程负责人
制图
总负责人
出图日期
平面布置图
阶段
施工图
专业
建筑
比例
工程号
图号
—02

附图 14　平面布置图

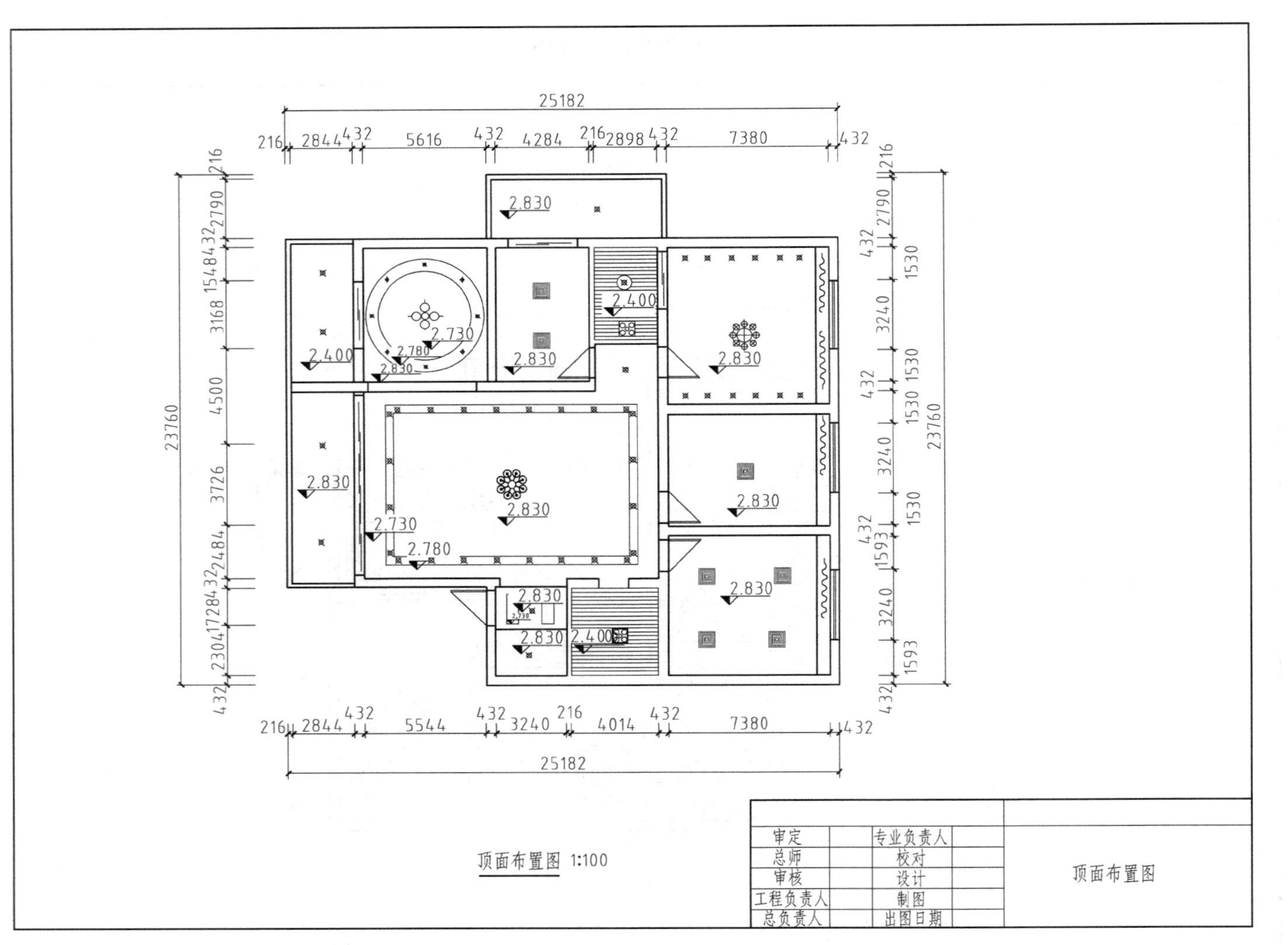
25182
216
2844
432
5616
4284
2898
7380
23760
2790
1548
3168
4500
3726
2484
1728
2304
1530
3240
1593
5544
4014
2.830
2.400
2.730
2.780
顶面布置图 1:100
审定
总师
审核
工程负责人
总负责人
专业负责人
校对
设计
制图
出图日期
顶面布置图

附图15　顶面布置图

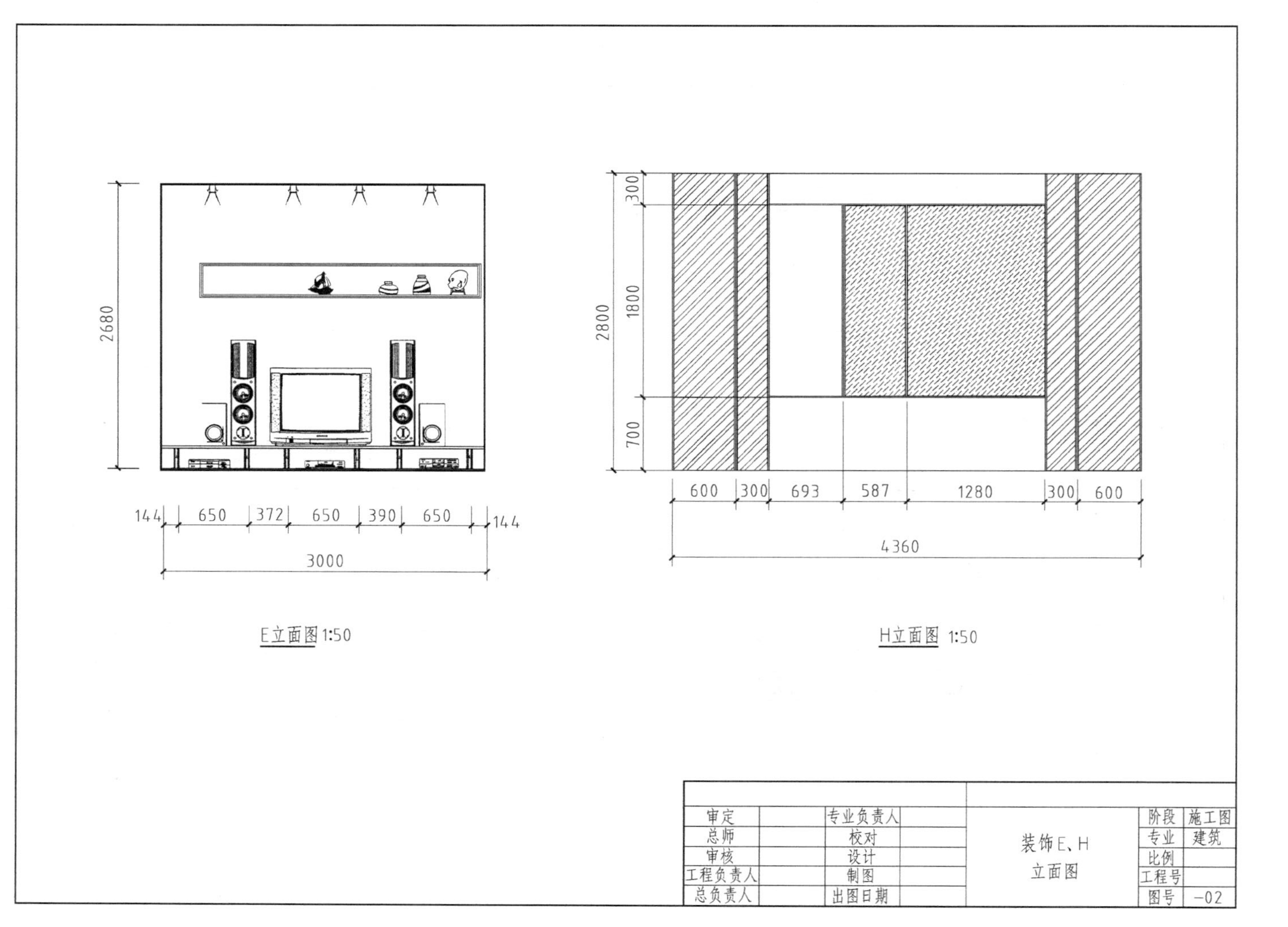

附图16 装饰E、H立面图

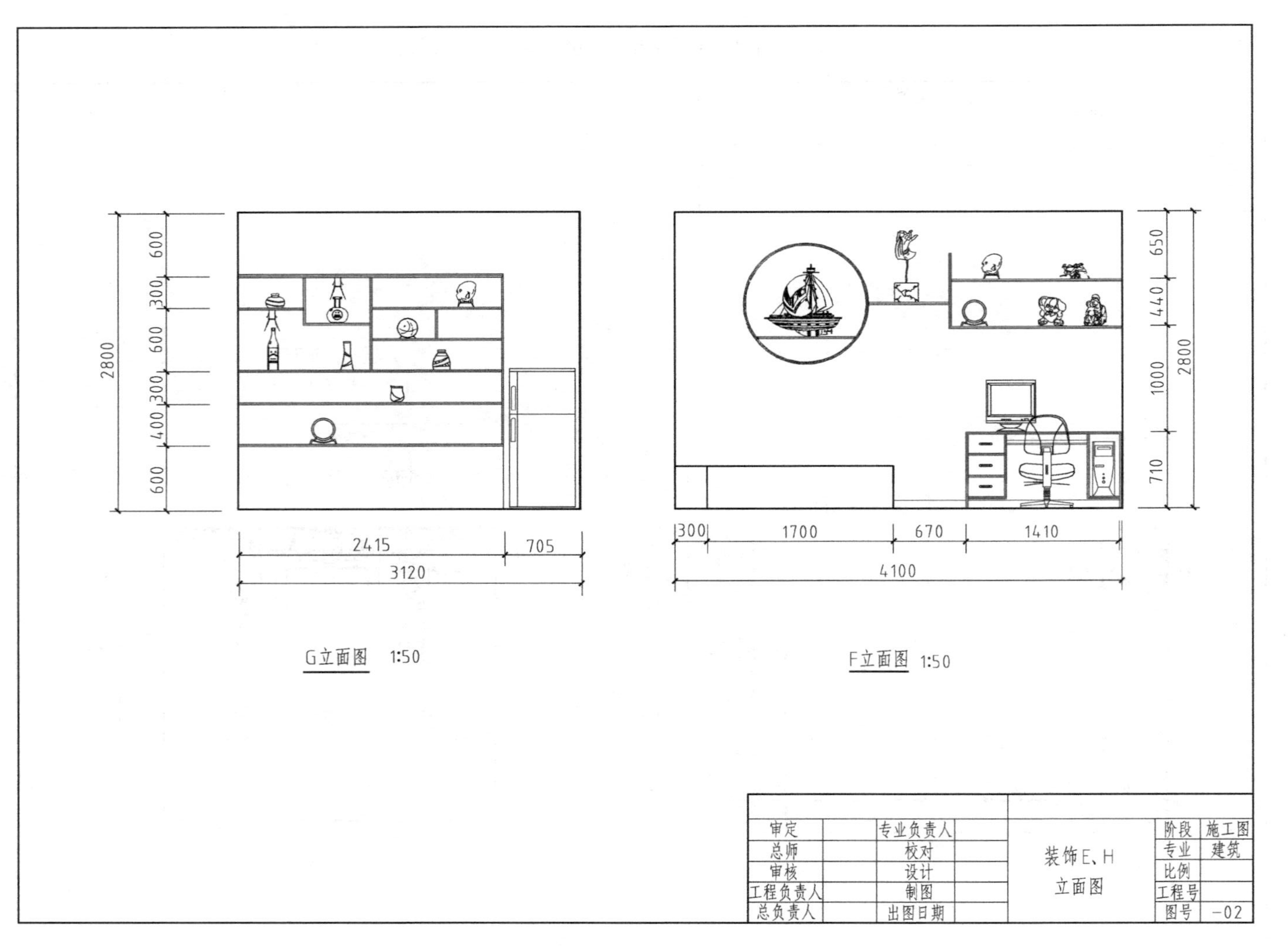

附图17 装饰G、F立面图

参考文献

[1] 刘昭如. 房屋建筑构成与构造 [M]. 上海：同济大学出版社，2005.
[2] 樊振和. 建筑构造原理与设计 [M]. 天津：天津大学出版社，2004.
[3] 孙玉红. 房屋建筑构造 [M]. 北京：机械工业出版社，2003.
[4] 赵研. 房屋建筑学 [M]. 北京：高等教育出版社，2002.
[5] 赵研. 建筑识图与构造 [M]. 北京：中国建筑工业出版社，2003.
[6] 同济大学，等. 房屋建筑学 [M]. 北京：中国建筑工业出版社，1998.
[7] 宋安平. 建筑制图 [M]. 北京：中国建筑工业出版社，1997.
[8] 刘志麟. 建筑制图 [M]. 北京：机械工业出版社，2002.